21世纪软件工程专业规划教材

Java核心技术

马志强 张然 李雷孝 编著

清华大学出版社
北京

内容简介

本书涵盖了Java平台标准版的全部基础知识和高级特性，包括Java编程基础知识、Java面向对象程序设计、数组、高级类特性、Java GUI程序设计、集合框架、泛型、Java异常处理、I/O流、JDBC访问数据库、线程编程、Socket网络编程等。

全书结构严谨，层次清晰，语言生动，理论论述精准深刻，程序实例丰富实用。本书不仅适合作为普通高校或职业培训教材，本书也可作为Java初学者和程序员的首选参考书。

图书在版编目(CIP)数据

Java核心技术/马志强，张然，李雷孝编著. —北京：清华大学出版社，2014(2022.1重印)
21世纪软件工程专业规划教材
ISBN 978-7-302-35205-1

Ⅰ. ①J… Ⅱ. ①马… ②张… ③李… Ⅲ. ①JAVA语言－程序设计－教材 Ⅳ. ①TP312

中国版本图书馆CIP数据核字(2014)第014310号

责任编辑：张　玥
封面设计：傅瑞学
责任校对：梁　毅
责任印制：朱雨萌

出版发行：清华大学出版社
网　　址：http://www.tup.com.cn，http://www.wqbook.com
地　　址：北京清华大学学研大厦A座　　**邮　　编**：100084
社 总 机：010-62770175　　**邮　　购**：010-83470235
投稿与读者服务：010-62776969，c-service@tup.tsinghua.edu.cn
质 量 反 馈：010-62772015，zhiliang@tup.tsinghua.edu.cn
课 件 下 载：http://www.tup.com.cn，010-83470236
印 装 者：小森印刷霸州有限公司
经　　销：全国新华书店
开　　本：185mm×260mm　　**印　　张**：28　　**字　　数**：699千字
版　　次：2014年4月第1版　　**印　　次**：2022年1月第9次印刷
定　　价：79.00元

产品编号：054158-03

前言

近年来，在TIOBE公布的排名中，Java始终保持位列三甲的成绩。排名在一定程度上说明Java在行业中得到广泛应用，使用Java技术进行软件开发的人员较多。要想成为Java技术类的开发人员，不仅需要有扎实的Java语言功底，还要学习掌握软件设计与开发技术。

本书既叙述软件开发技术，又培养工程实践能力。以IT企业对开发人员的技术能力要求为基础，以工程能力培养为目标，阐述软件工程对计算机语言要求的知识点，并形成相应知识单元；按照工程需求顺序组织课程内容，便于学习和掌握；提供一定量案例，注重培养实践能力。

全书共分13章，内容安排以工程应用为主线。第1章为Java语言概述；第2章为Java语法基础；第3章为面向对象编程；第4章为数组；第5章为抽象类、接口、内部类以及反射；第6章为GUI基础、事件处理、适配器类以及常用Swing组件编程；第7章为List、Set和Map接口与其实现类的使用；第8章为泛型类、泛型方法的定义与使用；第9章为Java程序中异常的处理；第10章为I/O流的读/写操作；第11章为JDBC编程，事务处理以及DAO模式编程；第12章为线程编程；第13章为基于TCP和UDP协议的Socket编程。

本书具有以下特点。

(1) 遵照教指委计算机科学与技术和软件工程专业的培养目标和方案，合理安排知识体系，结合Java技术方向的先行课程和后续课程组织知识点与内容。

(2) 注重理论和实践结合，融入面向对象软件开发过程和工程实践背景的项目案例，使学生在掌握理论知识的同时提高分析问题和解决问题的能力，加强创新意识，理论知识和实践技能得到全面发展。

(3) 每个知识点都包括基础案例，每章都有一个综合案例，知识内容层层推进，易于学习。每章综合案例以“大学生综合测评系统”为基础，以开发过程为主线，将知识点有机串联在一起，便于掌握理解。

(4) 章节习题提供一定数量的课外实践题目，采用课内外结合的方式提高学生的软件开发兴趣和工程实践能力，满足当前社会对软件开发人员的需求。

(5) 本书提供配套课件和案例的源码。

本书由马志强、张然和李雷孝编著。其中，马志强编写第1、2、3、4、11和13章并统稿，张然编写第8章、各章综合案例与习题，李雷孝编写第5、6、7、9、10和12章。编写过程中参阅了甲骨文(Oracle)公司、安博教育集团、青岛软件园、达内时代科技、杰普软件等公司的教学科研成果，也吸取了国内外教材的精髓，在此表示由衷感谢。感谢柯展、闫瑞在案例代码的实现和测试中的贡献。

本书的出版得到刘利民教授、刘建兰老师的支持和帮助；还得到清华大学出版社的大力支持，在此表示诚挚的感谢。

本书受到全国高等学校计算机教育研究会 2013 年度高等学校计算机教材建设项目资助。

由于作者水平有限，书中难免有不妥和疏漏之处，恳请读者不吝赐教，作者邮箱为 mzq_bim@imut.edu.cn。

编者

2013 年 10 月

目录

CONTENTS

Java 语言概述

作为一门纯面向对象程序设计语言,Java 在软件开发领域得到了广泛应用。本章主要介绍了 Java 技术的构成、Java 桌面应用程序的开发过程以及基本的输入输出方法。

1.1 Java 技术

面向对象编程语言起源于 20 世纪 60 年代开发的 Simula 67,其首次在程序设计中提出了对象的概念;20 世纪 70 年代出现的 Ada 语言是一种重要的支持数据抽象、基于对象的语言,但没有全面地支持继承。接着出现的 Smalltalk 语言也是一门真正的面向对象编程语言,它丰富了面向对象的概念,实现了面向对象技术的机制。后来所有面向对象语言都受到它的启发。

20 世纪 90 年代初,随着互联网应用的兴起,一门可以跨平台应用的面向对象程序设计语言——Java 出现了。特别是在全球云计算和移动互联网的产业环境下,Java 更具备了显著优势和广阔前景。

1.1.1 Java 语言

Java 技术包括 Java 语言和 Java 平台两部分。Java 语言是一门高级的面向对象语言,具有简单性、面向对象性、分布式、多线程、动态性、体系结构的中立性、可移植性、高性能、健壮性和安全性的特点。

(1) 简单性(Simple):Java 语言的语法与 C 和 C++ 语言很接近,同时丢弃了 C++ 中很少使用和很难理解的特性,如操作符重载、多继承、自动的强制类型转换,因此大多数程序员很容易掌握。特别地,Java 语言不使用指针,并提供了自动垃圾收集功能,因此程序员不必为内存管理担忧。

(2) 面向对象性(Object Oriented):Java 提供了类、接口和继承等原语。为了简单起见,只支持类之间的单继承,但支持接口之间的多继承,并支持类与接口之间的实现机制。Java 语言全面支持动态绑定,而 C++ 语言只对虚函数使用动态绑定。总之,Java 语言是一个纯面向对象程序设计的语言。

(3) 分布式(Distributed)：Java 支持 Internet 应用的开发，在基本 Java 应用编程接口中有一个网络应用编程接口(java. net)，它提供了用于网络应用编程的类库，包括 URL、URLConnection、Socket、ServerSocket 等。Java 的远程方法调用(RMI)机制也是开发分布式应用的重要手段。

(4) 多线程(Multithreaded)：线程是一种特殊的对象，它的活动由一组方法来控制。Java 语言支持多个线程同时执行，并提供多线程之间的同步机制(最简单的方法是使用关键字 Synchronized)。

(5) 动态性(Dynamic)：Java 类能够动态地载入到运行环境，也可以通过网络载入需要的类，有利于软件的升级。

(6) 体系结构的中立性(Architecture Neutral)：程序在 Java 平台上被编译为体系结构中立的字节码格式，然后可以在装有 Java 平台的任何系统中运行。这种途径适于异构的网络环境和软件的分发。

(7) 可移植性(Portable)：Java 系统本身是中立的，具有很强的可移植性。Java 还严格规定了各个基本数据类型的长度，Java 编译器是用 Java 实现的，Java 的运行环境是用 ANSIC 实现的。

(8) 高性能(High Performance)：Java 是解释型语言。但是，与普通的解释型高级脚本语言相比，Java 的确是高性能的。事实上，随着 JIT(Just-In-Time)编译技术的发展，Java 的运行速度越来越接近 C++。

(9) 健壮性(Robust)：Java 采用强类型检查、异常处理、垃圾回收等机制实现健壮性。对指针的丢弃是 Java 的明智选择，Java 的安全检查机制使得 Java 更具健壮性。

(10) 安全性(Secure)：Java 常被用在网络环境中，Java 提供了一种安全管理机制(类 SecurityManager)，防止恶意代码攻击。

1.1.2 Java 平台

Java 平台由两部分组成：Java 虚拟机(Java Virtual Machine，JVM)和 Java 应用程序接口(Java Application Programming Interface，API)。Java 平台将 Java 程序和硬件平台隔离开，实现了“一次编写，到处执行”的特点，Java 平台体系结构如图 1-1 所示。

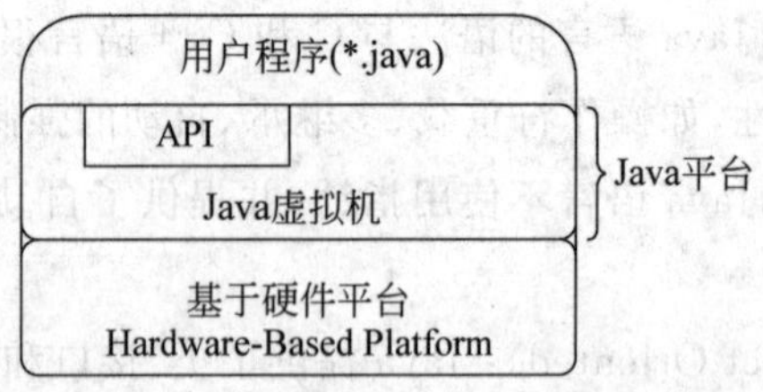

图 1-1 Java 平台体系结构

Java 虚拟机(以下简称 JVM)是运行 Java 代码的虚拟计算机，是一台通过软件模拟实现的真实计算机系统。JVM 是一种用于计算机设备的规范，可以采用不同方式(软件或硬件)加以实现。所以,JVM 有自己的硬件,如处理器、堆栈、寄存器等;还有相应的指令系统,为 Java 字节码程序提供了独立的运行环境。

执行字节码时,JVM 需要把字节码解释成具体平台上的机器指令执行。因此,只要根据 JVM 规格描述编写对应计算机系统上的 JVM,就能保证经过编译的任何 Java 代码能够在该系统上运行,实现"一次编写,到处执行"。

JVM 的体系结构包括 4 部分,分别是类装载子系统、执行引擎子系统、本地方法接口和运行时数据区。JVM 体系结构如图 1-2 所示。

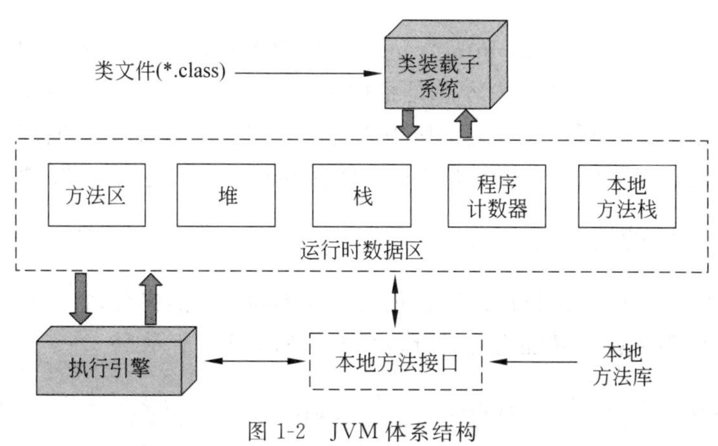

图 1-2 JVM 体系结构

1. 类装载子系统(Class Loader Subsystem)

根据给定的类全名,如 java. lang. Object 来装载类(class)文件的内容到运行时数据空间(Runtime Data Area)中的方法区域(Method Area)。程序员可以继承 java. lang. ClassLoader 类来写自己的类装载器。

2. 执行引擎子系统(Execution Engine)

执行引擎子系统由一套字节码指令集构成,通过执行引擎完成字节码的执行,执行类(class)中的指令。第一代 JVM 执行引擎采用解释技术;第二代 JVM 执行引擎采用 JIT 编译技术;目前的 JVM 执行引擎采用自适应优化技术。

3. 本地方法接口(Native Method Interface)

与本地方法库(Native Method Libraries)交互,是其他编程语言交互的接口。调用本地方法时,就进入了不再受虚拟机限制的空间,因此很容易出现 JVM 无法控制的本地堆溢出(Native Heap Out of Memory)的情况。

4. 运行时数据区(Runtime Data Area)

运行时数据区就是 JVM 的内存,包括堆、栈、方法区、程序计数器和本地方法栈 5 部分。

① 堆(Heap)：每个 JVM 实例中只存在一个堆空间，实现虚拟机中的数据共享。它是一个可动态申请的内存空间，负责存储对象的数据。所有使用 new 类名()构造出的对象都在堆中存储。

② 栈(Stack)：是一个先进后出的数据结构，通常用于保存方法中的参数、局部变量、所有基本类型和引用类型。它的存储空间小，但速度比较快。

③ 方法区(Method Area)：被装载的类信息存储在方法区的内存中。当虚拟机装载某个类型时，它使用类装载器定位相应的类文件，然后读入这个类文件内容，并把它传输到虚拟机中。

④ 程序计数器(Program Counter)：每一个线程都有它自己的 PC 寄存器，也是该线程启动时创建的。PC 寄存器的内容总是指向下一条将被执行指令的地址，这里的地址可以是一个本地指针，也可以是在方法区中相对应于该方法起始指令的偏移量。

⑤ 本地方法栈(Native Method Stack)：保存 native 方法进入区域的地址。

1.1.3 Java API 使用

Java API 是 Java 语言提供的组织成包接口的类和接口的集合，它为开发者提供了各种有效的类和接口，并按照功能进行了分包存放。如图 1-3 所示。

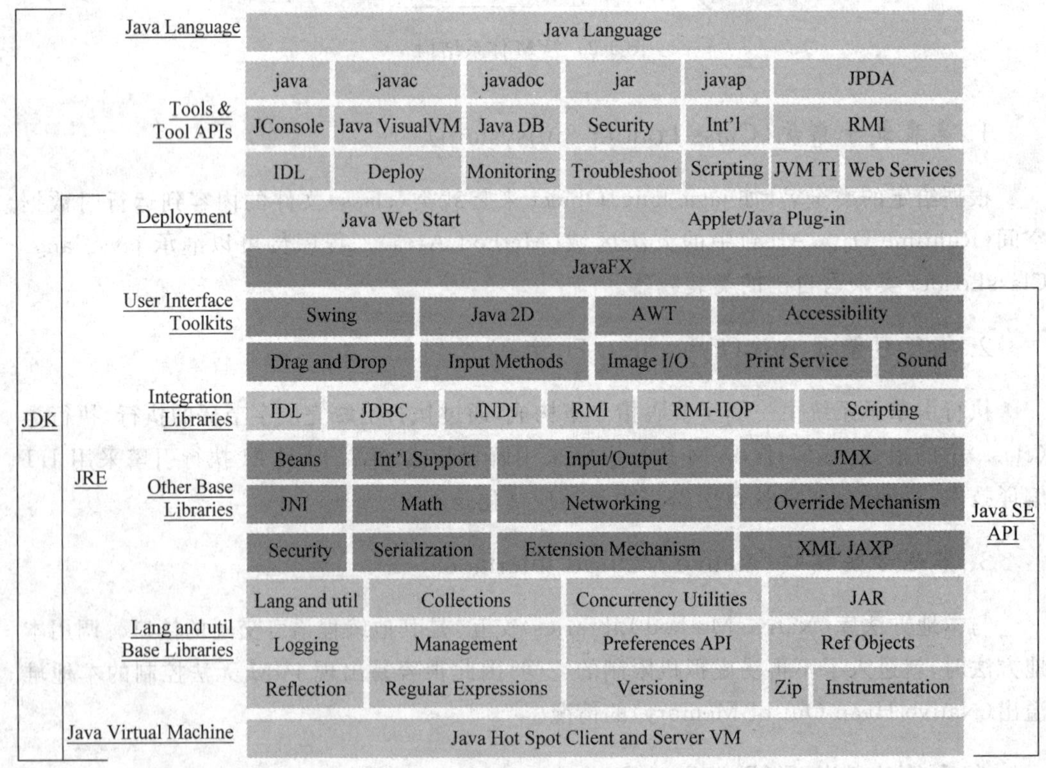

图 1-3　Java API[①]

① 引自 Oracle Java 7.0 用户手册。

表 1-1 中对 Java API 中的常用包进行了说明。

表 1-1 Java API 部分包说明

包　　名	主 要 功 能
java. applet	创建 Applet 需要的类和接口
java. awt	创建图形用户界面的类和接口
java. beans	开发 Java Bean 需要的类和接口
java. io	系统输入/输出的类和接口
java. lang	Java 语言的基础类和接口
java. math	提供任意精度整数和实数的类和接口
java. net	网络应用的类和接口
java. rmi	远程方法调用的类和接口
java. security	用于安全方案的类和接口
java. sql	访问标准数据源数据的类和接口
java. text	提供与语言无关的处理文本、日期、数字和消息的类和接口
java. util	集合类、时间处理模式、日期时间、国际化等常用类和接口
javax. accessibility	提供用户界面组件之间相互访问的类和结构
javax. naming	为命名服务提供了一系列的类和接口
javax. swing	提供了轻量级的用户界面组件

1.2 Java 程序的开发过程

使用 Java 语言，可以开发 3 类程序，分别是 Java 桌面应用程序、Java Web 应用程序和 Java Applet 程序。本书主要介绍桌面应用程序的开发。Java 程序的开发过程包括编写源程序、编译、调试、修改错误、装载执行，参见图 1-4。

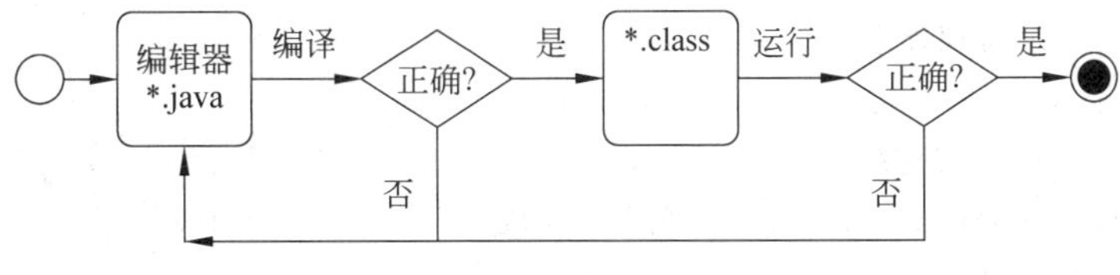

图 1-4 Java 程序开发过程

1.2.1 简单的桌面应用程序结构

最简单的 Java 桌面应用程序应至少包括一个类，类中包括 main 方法。编写 Java 源程序的工具主要分为两类：一类是单纯的文本编辑器，如记事本程序、EditPlus 等；另一类是集成开发工具，如 Eclipse、MyEclipse、NetBeans 等。

【例 1-1】 简单的 Java 桌面应用程序，输出提示"欢迎学习 Java 语言"提示信息。文件名为 ConsoleHello. java。

```
public class ConsoleHello {
    public static void main(String[] args){
        System.out.println("欢迎学习 Java 语言");
    }
}
```

程序说明：

(1) 类定义：由关键字和类体构成。类的关键字为 class，类体由{和}构成，其中类名为用户自定义标识符。标识符详见 2.1 节。

(2) 源程序的文件名命名规则：主文件名应该与修饰为 public 的类名一致，扩展名必须为 java。所以【例 1-1】中的文件名为 ConsoleHello. java。

(3) main 方法：作为桌面程序，类中必须包括 main 方法，它是桌面程序运行的入口。main 的头部要求定义为

```
public static void main(String[] args)
```

public static 是 main 方法的修饰符。其中 args 参数是程序执行时带入程序的命令行参数，目的是使程序按照参数指定的方式运行。

命令行执行格式为：

```
java MyApp arg1 arg2
```

其中 arg1、arg2 为带入程序的参数。

(4) 输出方法：【例 1-1】主要实现了内容的输出，使用了 System 类中 out 对象的 println 方法。

【例 1-2】 编写字符界面的菜单程序，文件名为 ConsoleUI. java。

```
/**
 * 文档注释使用举例
 * @ author Java 课程小组
 * @ version 0.1v
 * 本例是 Java 的入门案例
 * 说明 Java Application 桌面系统的程序组成
 * main 方法的构成
 * 注释的分类与使用说明
 * 输出方法的使用
 */
package ch01;        //包语句
public class ConsoleUI {
        /* 多行注释使用举例
```

```
        这是 main 方法,注意首部的构成,只有桌面系统才有 main 方法,
        其他的如 Applet 和 Web application 都没有 main 方法 */
    public static void main(String[] args){
        //单行注释-输出方法的使用
        //这是一个 console 界面
        System.out.println("--------------------------------");
        System.out.println("*******************************");
        System.out.println("***大学生综合测评管理系统(0.1V)***");
        System.out.println("*******************************");
        System.out.println("**校级教学研究资助项目(2011010)**");
        System.out.println("***********2012-3-1***********");
        System.out.println("--------------------------------");
        System.out.println("* \t1、成绩管理\t* ");
        System.out.println("* \t2、班级排名\t* ");
        System.out.println("* \t3、退出系统\t* ");
        System.out.println("--------------------------------");
        System.out.println("系统已经启动,输入功能编号(1-3)");
    }
}
```

程序说明:

(1) Java 注释:包括 3 种注释,分别是单行、多行和文档注释。单行注释使用"// 单行注释内容"、多行注释使用"/* 多行注释内容 */"、文档注释使用"/** 文档注释内容 */"。

(2) 转义字符:输出字符串时,为了实现对齐,字符串中使用了转义字符"\t",代表水平制表符。

(3) package 语句:是一个建包的语句,详见 3.5 节。

1.2.2 Java 程序的编译

Java 语言是一门编译语言。需要将 Java 编写的源程序(*.java)编译为 Java 字节码程序(*.class),编译正确后,才能让 JVM 加载运行。

Java 编译器、运行环境可以从 Oracle 公司的网站 http://www.oracle.com/下载,目前的最新版本是 7.0,可以根据需要下载相应版本。下载 JDK(Java Development Kit),并进行安装。

Windows 系统安装 JDK 后,需要配置相应的环境变量,内容如下。

(1) 配置环境变量:右击"我的电脑"→"高级"→"环境变量"。

(2) 在系统变量里新建 JAVA_HOME 变量,变量值为安装 JDK 的路径。

(3) 新建 classpath 变量,值为:.;%JAVA_HOME%\lib;%JAVA_HOME%\lib\tools.jar。

(4) 在 path 变量添加变量值:%JAVA_HOME%\bin;%JAVA_HOME%\jre\bin。

Java 程序有两种编译方式:使用命令方式编译;使用集成开发环境编译。

下面是使用命令行进行编译的过程。在命令提示符下输入 Javac 命令和要编译的 Java 源程序。编译正确的情况如图 1-5 所示，编译错误的情况如图 1-6 所示。对于编译错误的程序，根据编译的提示修改源代码，直到编译正确才可以装载到 JVM 上运行。

图 1-5　程序编译正确

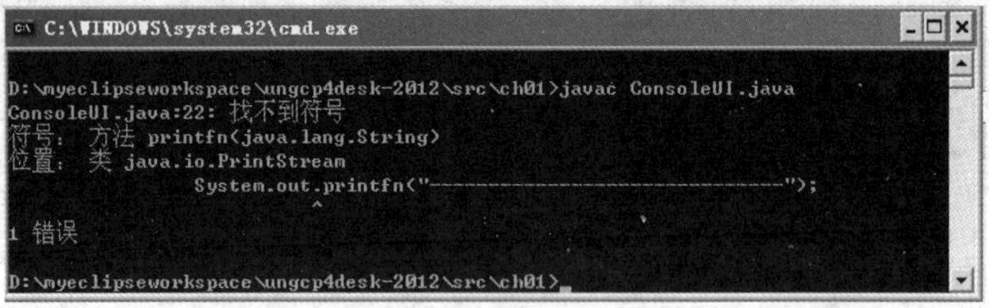

```
C:\WINDOWS\system32\cmd.exe
D:\myeclipseworkspace\ungcp4desk-2012\src\ch01>javac ConsoleUI.java
ConsoleUI.java:22: 找不到符号
符号： 方法 printfn(java.lang.String)
位置： 类 java.io.PrintStream
                System.out.printfn("-------------------------------");
                          ^
1 错误

D:\myeclipseworkspace\ungcp4desk-2012\src\ch01>
```

图 1-6　程序编译错误

1.2.3　装载运行

正确编译后的 Java 程序(class 文件)可以装载到 JVM 上运行，而 JVM 可以安装到任何操作系统上，实现"一次编写，到处执行"，执行过程如图 1-7 所示。Java 程序可以运行在安装 JVM 的任意系统上，执行过程如图 1-8 所示。

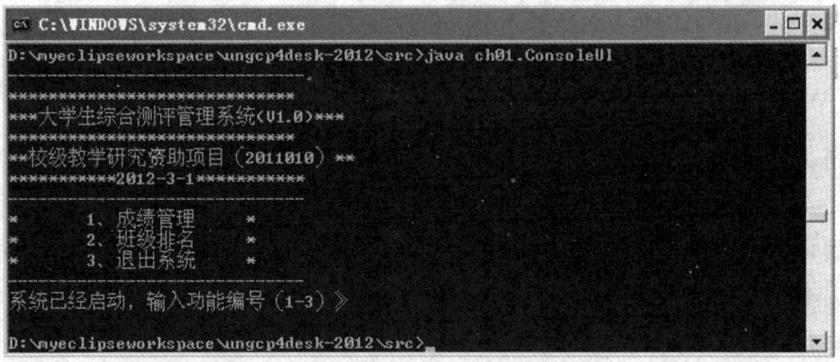

```
C:\WINDOWS\system32\cmd.exe
D:\myeclipseworkspace\ungcp4desk-2012\src>java ch01.ConsoleUI
-------------------------------
*******************************
***大学生综合测评管理系统(V1.0)***
*******************************
**校级教学研究资助项目 (2011010) **
***********2012-3-1***********
-------------------------------
*       1、成绩管理       *
*       2、班级排名       *
*       3、退出系统       *
-------------------------------
系统已经启动, 输入功能编号 (1-3) 》

D:\myeclipseworkspace\ungcp4desk-2012\src>
```

图 1-7　程序执行过程

1.2.4　集成开发环境的使用

集成开发环境 IDE(Integrated Development Environment)是集编辑、编译、运行、调试、打包和发布等功能于一体的软件。Java 的集成开发环境有很多，主要有 JCreator、NeBeans IDE、JDeveloper、Eclipse 和 MyEclipse。Eclipse 是一个开源软件，可以免费下

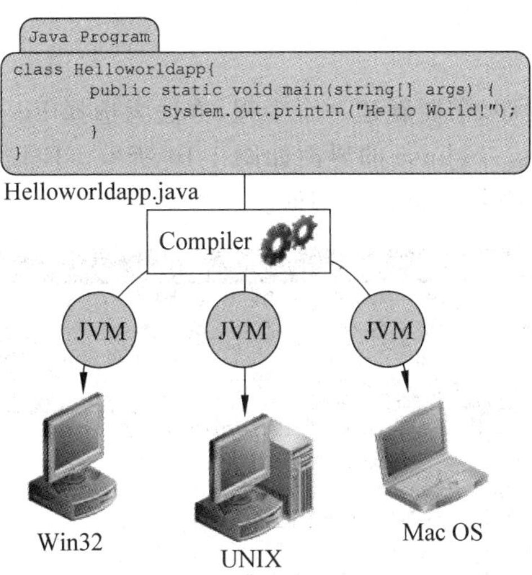

图 1-8 不同环境下 class 文件执行过程

载(地址为 http://www.eclipse.org/),解压后直接使用。如果没有安装 JDK,需要首先按照 1.2.2 节中的办法安装。

1. 启动 Eclipse

启动 Eclipse 后的使用界面如图 1-9 所示。

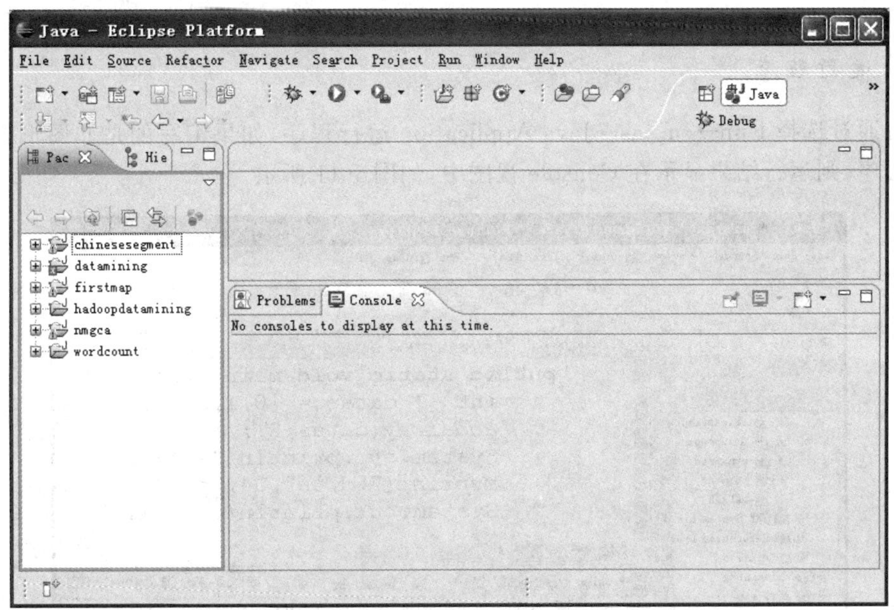

图 1-9 Eclipse 主界面

Eclipse 的界面常用模式有 Java 和 Debug 模式,现在进入的是 Java 模式。调试程序时要进入 Debug 模式。

2. 编辑程序

在 Eclipse 下编辑程序，需要新建一个工程，方法为选择 File→new→Java Project，然后选择 File→new→class。Eclipse 的界面如图 1-10 所示。Eclipse 是一个自动编译的集成环境，编写代码的同时系统就进行了编译。

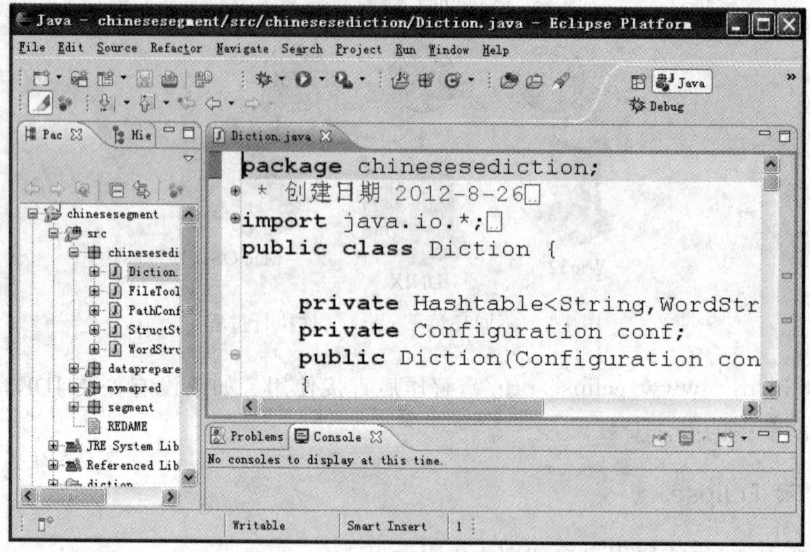

图 1-10　Eclipse 编辑界面

3. 运行程序

可通过选择 Run→run as→Java Application 运行程序，如果编写的是非图形界面的应用程序，则运行结果显示在 Console 视图中，如图 1-11 所示。

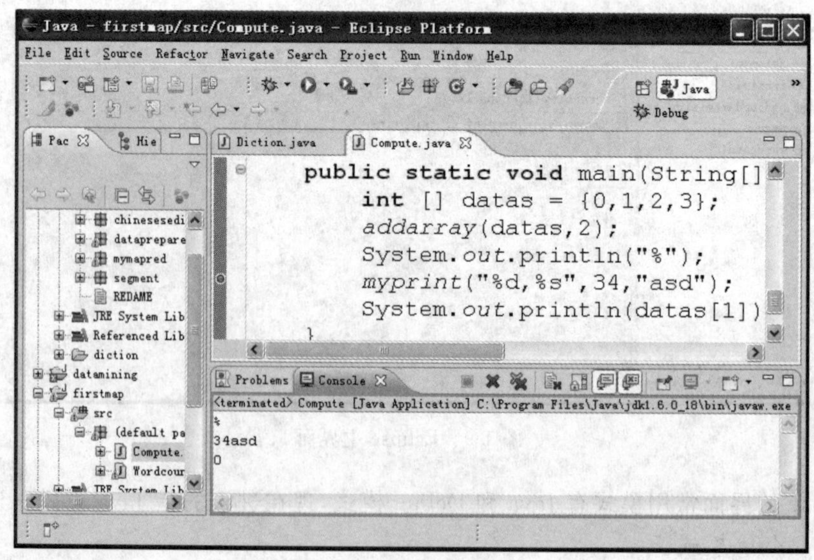

图 1-11　运行界面

4. 调试程序

程序运行后,如果有逻辑错误,需要进行调试。在编写程序窗口的左端双击设置断点,如图 1-11 所示,会出现一个蓝色圆点。然后在 Debug 模式下运行,就可以使用“单步”等调试功能,如图 1-12 所示。

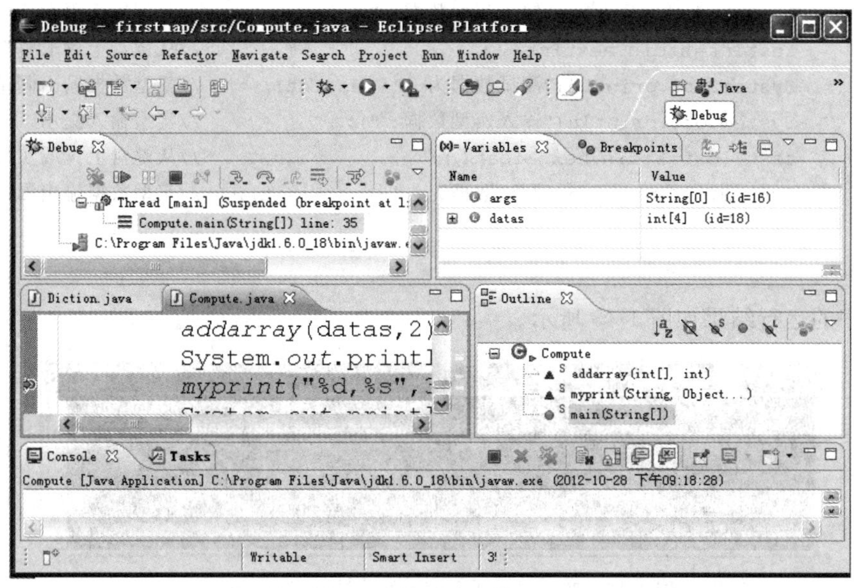

图 1-12 调试界面

1.3 基本输入输出

Java 没有基本的输入与输出语句,它的输入输出全部基于流实现。为了方便学习和测试使用,本节首先介绍基本的输入输出方法。流的原理性内容,将在第 10 章详细介绍。

1.3.1 基本输入方法

键盘是基本输入设备,Java 允许通过键盘输入数据,主要包括 3 种基本方法,分别是 Scanner、BufferedReader 和 JOptionPane。它们都是 JDK 中的类,其中前两种方法是控制台(Console)输入数据的方法,JOptionPane 则是非控制台的方法。

1. 使用 Scanner 类实现键盘输入

JDK 1.5 后的版本提供了 Scanner 类(java.util.Scanner),它方便了用户输入的实现。用户可以像 C 语言那样,按照需要输入各种类型的数据。

【例 1-3】 从键盘输入整型和实型数据,程序文件为 TestInputScanner.java。

```
package ch01;                  //建包语句
import java.util.Scanner;      //引入类语句
```

```
public class TestInputScanner {
    public static void main(String[ ] args){
        Scanner stdin=new Scanner(System.in);
        //指定从标准输入流(System.in)中进行数据输入
        int testInt;                                            //定义整型变量
        float testFloat;                                        //定义实型变量
        System.out.println("输入整型数据：");                    //整型输入提示
        testInt=stdin.nextInt( );                               //从键盘上读取整型数据
        System.out.println("测试数据为："+testInt);              //整型数据输出测试
        System.out.println("输入实型数据：");                    //实型输入提示
        testFloat=stdin.nextFloat( );                           //从键盘上读取实型数据
        System.out.println("测试数据为："+testFloat);            //实型数据输出测试
    }
}
```

程序的运行结果如图 1-13 所示。

```
C:\WINDOWS\system32\cmd.exe
D:\myeclipseworkspace\ungcp4desk-2012\bin>java ch01.TestInputScanner
输入整型数据：
658
测试数据为：658
输入实型数据：
12.647
测试数据为：12.647
```

图 1-13　程序 TestInputScanner. java 的运行结果

2. 使用 BufferedReader 类实现键盘输入

在 JDK 1.5 版本前，使用 BufferedReader 字符输入流实现从键盘上输入数据，输入的数据是字符串，需要进行类型转换才能将字符串转换为用户需要的类型，本节使用字符串到整型的转换 Integer. parseInt(String)。

【例 1-4】 从键盘上输入整型数据，程序文件为 TestInputReader. java。

```
package ch01;                           //建包语句
import java.io.BufferedReader;          //引入带缓冲的字符输入类，实现行输入
import java.io.IOException;             //引入异常类
import java.io.InputStreamReader;       //引入字符输入类
public class TestInputReader {
    public static void main(String[ ] args) throws IOException{
        BufferedReader stdin;           //定义输入流对象
        String dataString;              //定义字符串对象
        int testInt;                    //定义整型数据变量
        stdin=new BufferedReader(new InputStreamReader(System.in));
        //实例化字符输入流
        System.out.println("输入整型测试数据：");    //输入测试数据提示
        dataString=stdin.readLine();                 //从键盘上读取字符串
```

```
        testInt=Integer.parseInt(dataString);    //字符串型数据转换为整型数据
        System.out.println("测试数据"+testInt);   //输出测试数据
    }
}
```

程序的运行结果如图 1-14 所示。

```
C:\WINDOWS\system32\cmd.exe
D:\myeclipseworkspace\ungcp4desk-2012\bin>java ch01.TestInputReader
输入整型测试数据:
456
测试数据456

D:\myeclipseworkspace\ungcp4desk-2012\bin>_
```

图 1-14　程序 TestInputReader.java 的运行结果

3. 从 JOptionPane 对话框输入

JOptionPane 是 javax.swing 中的类，是一种可视化的对话框。通过该对话框可以实现数据输入，但只能输入字符串数据。在做控制台(Console)应用程序时，不推荐使用本方法。

【例 1-5】 使用对话框进行数据输入，程序文件为 TestInputJoptionpane.java。

```
package ch01;                              //建包语句
import javax.swing.JOptionPane;            //引入对话框输入类
public class TestInputJoptionpane {
    public static void main(String[] args){
        int testInt;
        String dataStr;
        dataStr=JOptionPane.showInputDialog("输入数据");  //从对话框输入数据
        testInt=Integer.parseInt(dataStr);          //字符串转换为用户所需数据类型
        System.out.println("测试数据为:"+testInt);         //输出测试结果
    }
}
```

程序的运行结果如图 1-15 所示。

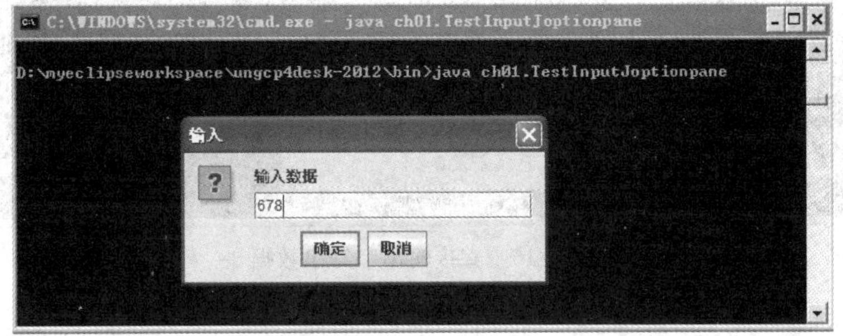

图 1-15　程序 TestInputJoptionpane.java 的运行结果

1.3.2 基本输出方法

Java 语言向标准设备上输出有两种方式：一是控制台方式(Console)；二是可视化的对话框方式。

1. 使用控制台方式输出

Java 使用控制台方式输出时，还是方便的。System 类提供了 out 标准输出流对象，即 System. out，它的类型为 PrintStream，为实现数据输出提供了方便。前面程序中的 System. out. println()就是向控制台输出的一种方法，其他更多方法可以查阅 JDK 文档(http://docs. oracle. com/javase/7/docs/api/)。

2. 使用对话框方式输出

Java 输出也可以采用可视化对话框方式实现。使用 JOptionPane 的 showMessageDialog 方法进行数据输出。输出的数据是字符串，其他类型的数据需要转换。

【例 1-6】 使用对话框进行数据输出，程序文件为 TestOutputJOP. java。

```
package ch01;
import javax.swing.JOptionPane;
public class TestOutputJOP {
    public static void main(String[] args){
        JOptionPane.showMessageDialog(null, "输出数据"); //直接输出字符串数据
        JOptionPane.showMessageDialog(null, String.valueOf(124.5));
        //输出转换后的字符串数据
    }
}
```

程序的运行结果如图 1-16 和图 1-17 所示。

图 1-16　直接输出字符串数据

图 1-17 输出转换为字符串的数据

1.4 案 例

作为贯穿全书的综合案例,"大学生综合测评管理系统"与软件工程迭代开发相结合。根据工程开发实践,每章内容与系统的部分功能相结合,用于说明各章知识点和技术在实际工程实践项目中的应用。

为了配合书中知识点的组织,本案例在原系统的基础上进行了精减。读者可以根据实际情况进行修改,在课程结束时设计出适合自己的系统。案例开发首先是基于字符的桌面程序,然后是基于图形的桌面程序。

1.4.1 案例设计

"大学生综合测评管理系统"为大学生综合测评活动的各级参与者提供一个便捷、准确的操作平台,以提高教学水平,加强管理的标准化、规范化程度。相对传统的人工计算综合测评,工作效率更高,可用性更强。系统包括用户管理、学生信息管理、教师信息管理、课程信息管理、成绩信息管理和综合排名管理等功能模块。出于简单考虑,系统只考虑两类用户,学生和班长,所以本系统只适于一个班级使用。学生可以查看自己的综测信息,班长管理综合测评信息。由于计算综测时需要用到学生信息和课程信息,所以班长还需要管理学生信息和课程信息。

本章案例程序主要实现用命令行形式显示系统主界面,系统功能模块如图 1-18 所示。

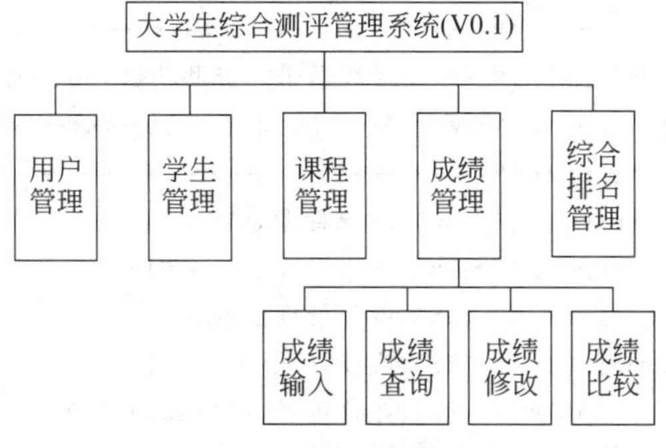

图 1-18 系统功能模块图

1.4.2 案例演示

程序运行后,界面如图 1-19 所示。1～6 之间的数字用于表示系统功能。需要执行对应功能时,从键盘上输入对应的数字。

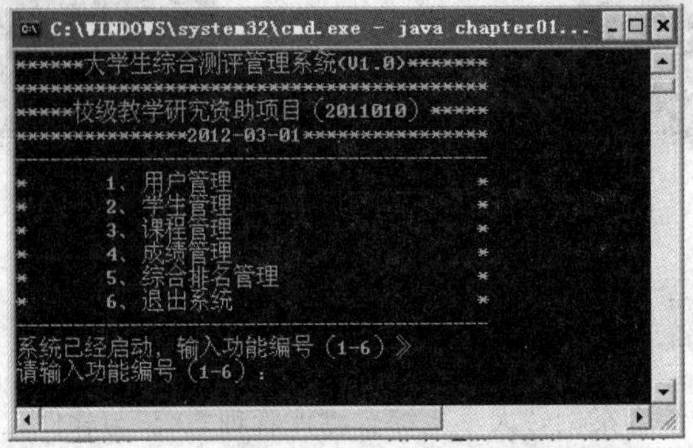

图 1-19　系统运行主界面

1.4.3 代码实现

本程序使用类 MainCUI 实现,具体功能在 main()方法中实现。

程序 MainCUI.java 的具体代码如下。

```
package chapter01;
import java.util.Scanner;
//import 用来导入其他包中的类,import 语句在本章之后的章节介绍
public class MainCUI {
    /**
     * main 方法为类的入口方法,一个类要直接运行必须具有 main 方法
     */
    public static void main(String[] args) {
        System.out.println("------------------------------------");
        System.out.println("**********************************");
        System.out.println("*****大学生综合测评管理系统(V1.0)*****");
        System.out.println("**********************************");
        System.out.println("****校级教学研究资助项目(2011010)****");
        System.out.println("***********2012-03-01************");
        System.out.println("------------------------------------");
        System.out.println("*\t1、用户管理\t\t*");
        System.out.println("*\t2、学生管理\t\t*");
        System.out.println("*\t3、课程管理\t\t*");
        System.out.println("*\t4、成绩管理\t\t*");
        System.out.println("*\t5、综合排名管理\t\t*");
        System.out.println("*\t6、退出系统\t\t*");
        System.out.println("------------------------------------");
```

```
        System.out.println("系统已经启动,输入功能编号(1-6)》");
        Scanner scanner=new Scanner(System.in);
        System.out.println("请输入功能编号(1-6): ");
        String str=scanner.nextLine();
        //从键盘获得输入,返回类型为 String 类型,String 类在本章之后的章节介绍
    }
}
```

可以看出,一个 Java 程序由 package 语句、import 语句和 class 语句组成。在 class 代码块中可以定义方法,其中 main 方法是 Java 桌面程序的入口方法,如果要直接运行一个类,必须有 main 方法,否则将出现错误。

Java 程序中的注释包括单行注释"//..."、多行注释/*...*/和文档注释/**...*/。编写程序时使用程序注释,有利于提高程序的可读性和可维护性。

程序语句"System.out.println("")"为打印语句。程序中的 package 和 import 语句将在 3.5 节中详细阐述。

1.5 习 题

一、选择题

(1) Java 应用程序源文件的扩展名为(　　)。

A. java　　B. class　　C. cxc　　D. html

(2) Java 应用程序经过编译后会产生一个以(　　)为扩展名的字节码文件。

A. java　　B. class　　C. exe　　D. html

(3) main 方法是 Java 桌面应用程序执行的入口点,关于 main 方法首部定义,以下(　　)是合法的。

A. public static void main()

B. public static void main(String args[])

C. public static int main(String [] arg)

D. public void main(String arg[])

(4) 在 Java 中,负责对.class 中间字节码解释执行的是(　　)。

A. 垃圾回收器　　B. 虚拟机　　C. 编译器　　D. 多线程机制

(5) Java 语言有许多优点和特点,下列选项中,(　　)反映了 Java 程序并行机制的特点。

A. 安全性　　B. 多线程　　C. 跨平台　　D. 可移植

(6) Java 为移动设备提供的平台是(　　)。

A. Java ME　　B. Java SE　　C. Java EE　　D. JDK 5.0

(7) 以下属于正确的 Java 注释是(　　)。

A. //This is comment　　B. /*This is comment

C. *This is comment*　　D. /**This is comment

(8) 在 Java 编程中,以下(　　)命令用来执行 java 类文件。

A. javac　　　　B. java

C. appletviewer　　　　D. 以上所有选项都不正确

二、填空题

(1) 如果将类 MyClass 声明为 public,它的文件名称必须是________才能正常编译,编译后的类文件名为________。

(2) main 方法的参数是________,一个源程序文件中可以有________个 public 类。

(3) 有一个 Java 源文件 A. java,编译源文件的命令是________;运行 class 文件的命令是________。

三、程序设计题

(1) 搭建 Java 运行环境,并写一个 Java 程序,打印输出"开始学习 Java 程序设计!"。

(2) 修改下面 4 个 Java 源文件中的错误,使其能够编译和运行。

① Test1. java 源程序:

```
public class Test1 {
  public static void main(String[] args) {
    System.out.println("What's wrong with this program?");
  }
}
public class TestAnother1 {
  public static void main(String[] args) {
    System.out.println("What's wrong with this program?");
  }
}
```

② Test2. java:

```
public class Testing2 {
  public static void main(String[] args) {
    System.out.println("What's wrong with this program?");
  }
}
```

③ Test3. java:

```
public class Test3 {
  public static void main(String args) {
    System.out.println("What's wrong with this program?");
  }
}
```

④ Test4.java：

```
public class Test4 {
  public void main(String[] args) {
    System.out.println("What's wrong with this program?");
  }
}
```

(3) 设计菜单显示类，程序的执行结果如图 1-20 所示。

图 1-20　菜单设计样式图

四、思考题

(1) 通过 Java 程序的运行过程理解 JVM 的工作原理。

(2) 使用 Java API 文档，查阅 java.io 包下的 PrintStream 类，学习 print 方法的使用。

五、实训题

(1) 实训题目

班级成绩管理系统一级菜单的设计与实现。

(2) 实训内容

设计并实现“班级成绩管理系统”字符界面一级菜单。班级成绩管理系统的功能包括班级信息管理、课程管理、成绩输入、平均成绩排名和退出系统。

(3) 实训要求

界面友好，有一定的提示信息，方便用户完成信息的输入和输出。

Java 语法基础

开发 Java 程序，首先要掌握 Java 的程序结构和基本语法内容。本章将以学生成绩的输入案例为基础，介绍 Java 程序的基本结构、变量、类型、表达式和控制流程等内容。

2.1 常量与变量

前面的程序中已经使用了变量，如【例 1-3】中的 testInt。实际上，对象能够具有不同的状态，软件能够按照不同的配置参数运行，主要是变量起了重要作用。本节主要介绍数据类型、标识符、常量和变量的使用。

1. 数据类型

程序在计算机中运行时，需要为数据分配一定的存储空间，运算时需要遵循一定的规则，这些都由计算机语言提供的数据类型决定。Java 的数据类型包括基本数据类型（Primitive Data Type）和复合数据类型（或引用类型）。其中基本数据类型由 Java 语言提供，包括 8 种。复合数据类型则是由 JDK 包和用户自己定义的类、数组和接口组成。数据类型组成如图 2-1 所示。基本类型的长度、表示范围和默认值如表 2-1 所示。

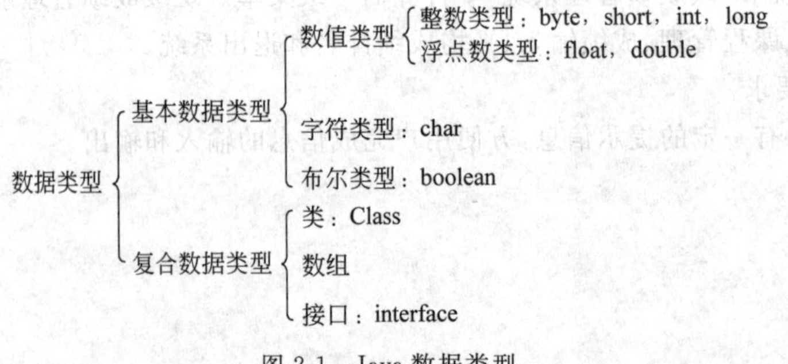

图 2-1 Java 数据类型

表 2-1 基本数据类型的表示范围

类型	长度	表 示 范 围	默认值
byte	8b	－128 ～＋127	0
short	16b	－32 768～＋32 767	0

续表

类型	长度	表示范围	默认值
int	32b	－2 147 483 648～＋2 147 483 647	0
long	64b	－9 223 372 036 854 775 808～9 223 372 036 854 775 807	0L
float	32b	－3.4E38～3.4E38	0.0f
double	64b	－1.7E308～1.7E308	0.0d
char	16b	'\u0000'～'\uffff'	'\u0000'
boolean	8b	true,false	false

2. 标识符

计算机程序是一个标识符的集合。为了方便书写Java程序,Java语言预先定义了关键字(Key Word)和保留字(Reserved Word)。Java关键字是具有特殊含义的标识符,用来表示计算机语言提供的说明与基本运算,如表2-2所示。保留字是为Java预留的关键字,它们虽然现在没有作为关键字,但在以后的升级版本中有可能作为关键字。主要包括两个const和goto。

表 2-2 Java关键字

abstract	assert	boolean	break	byte
case	catch	char	class	continue
default	do	double	else	enum
extends	final	finally	float	for
if	implements	import	instanceof	int
interface	long	native	new	package
private	protected	public	return	short
static	strictfp	super	switch	synchronized
this	throw	throws	transient	try
void	volatile	while		

程序设计语言中的标识符就是一个名称(或标号),它与逻辑空间中的地址相对应。Java语言中规定标识符的首字符必须是字母、下划线或美元符号字符,后继字符必须是上述任意字符或数字字符(0～9);标识符对字符大小写敏感,长度无限制。用户自定义标识符不能使用Java的关键字。

Java中标识符的定义有一定的规范,对常量、变量、类等进行命名时,必须在保证标识符有效的前提下遵循规范。

3. 常量

在程序执行过程中不能改变的量,分为字面常量和标识符常量。

【例 2-1】 “信息工程学院”、30、0.25f、0.25 等都是字面常量。其中“信息工程学院”是字符串常量,30 是整型常量,0.25f 是浮点型常量,0.25 是双精度型常量。

程序开发中常常会用一个符号且不能改变,来代替一个字面常量,称为标识符常量(或符号常量)。作为符号常量,首先是不能改变的,同时是一个合法的 Java 标识符。程序开发规范要求符号常量一律采用大写字符格式定义,当由多个单词构成符号常量时,单词间使用下划线相连。

符号常量的语法格式为

```
final  DataType  XXX=data;
```

DataType 为数据类型,XXX 为符号常量,data 为符号常量的具体值。

【例 2-2】 程序开发中经常使用圆周率计算,可以将它定义为符号常量。

```
final float PI=3.1415f;              //符号常量 PI,代表 3.1415
```

学生毕业,必须修满 210 学分,可以将“210”定义为一个带有意义的符号常量。

```
final int CREDIT_HOUR=210;           //符号常量 CREDIT_HOUR,代表 210 个学分
```

4. 变量

Java 是一门强制类型定义的语言,遵循“先声明,后使用”的原则。任何变量使用前都必须声明其数据类型。

在程序执行的过程中,变量的值是可以改变的。变量的使用主要涉及以下 4 方面:变量类型、变量作用域、变量默认值和初始化。命名变量标识符时,首字符要小写,一般变量标识符中会出现变量类型的标识。

变量在使用过程中有 4 种类型,分别是实例变量(Instance Variables)、类变量(Class Variables)、局部变量(Local Variables)和参数变量(Parameters)。

实例变量就是在类中定义的非静态(static)类变量。它是在类中定义的属性,在实例化对象中存储具体数据的空间。

类变量恰好与实例变量相反,它是类中的静态变量,在类装载入虚拟机时,该变量就被初始化为指定或默认的值,供类访问。以上两种变量将在第 3 章中深入讲解。

局部变量是在具体的语句块或方法体中定义的变量,该变量必须由用户进行初始化。

参数变量是定义方法头部时进行参数传递的变量。

【例 2-3】 局部变量的定义与使用。程序为 TestBaseType.java。

```
package ch02.model;
public class TestBaseType {
    public static void main(String[] args){
        final int COURSE_HOUR=210;  //定义符号常量
        boolean flag=true;          //定义布尔型变量,并赋初始值
        char ch='a';                //定义字符型变量,并按照 Unicode 编码赋初始值
        char ch_chinese='\u5185';   //定义字符型变量,并按照 UTF-8 编码赋初始值
```

```
            int i=100;                      //定义整型变量,并赋初始值
            byte lowbyte=16;                //定义字节型变量,并赋初始值
            float score=97.5f;              //定义浮点型变量,并赋初始值
            System.out.println("boolean="+flag);          //输出对应的值
            System.out.println("char="+ch);
            System.out.println("UTFchar="+ch_chinese);
            System.out.println("int="+i);
            System.out.println("byte="+lowbyte);
            System.out.println("float="+score);
            System.out.println("COURSE_HOUR="+COURSE_HOUR);
            System.out.println("int max="+Integer.MAX_VALUE);  //输出整型的最大值
            System.out.println("int min="+Integer.MIN_VALUE);  //输出整型的最小值
        }
    }
```

2.2 运算符与表达式

为了实现程序功能,使运算和控制更方便,需要在数据类型上提供相应的运算操作。有时将变量、方法、运算符组织起来可以形成更复杂的运算。

2.2.1 运算符

运算符是一种提供一元(单目)、二元(双目)和三元(三目)操作并返回结果的特殊符号。与方法相比,运算符主要体现在高效性上。Java 语言提供了赋值、算术、关系、逻辑、类型比较、位运算和条件运算等运算符。

1. 赋值运算符(Assignment Operator)

Java 中的赋值过程通过赋值运算符实现,赋值运算符分为简单赋值运算符和复合赋值运算符。

简单赋值运算符为“=”,它是将操作符右边计算得到的值赋值给操作符左边的变量。

【例 2-4】 已知 int baseInt=2,求解表达式 baseInt=baseInt * baseInt+baseInt+3 的值。

该表达式表示将 2 * 2+2+3 的值赋值给 baseInt,使用中要注意与数学中等号的区分。

复合赋值运算符就是将赋值符与其他运算符合并的一种缩写。分别是 *=、/=、%=、+=、-=、<<=、>>=、>>>=、&=、^=和|=。具体使用时,把握 E1 op=E2 等效于 E1=(T)((E1) op (E2))(其中 T 是 E1 的类型,E1 是变量,E2 是表达式)这一原则即可。

2. 算术运算符(Arithmetic Operator)

Java 提供了算术运算操作符,实现数值的加、减、乘、除等运算,返回数值类型值。分

别是＋(加)、－(减)、*(乘)、/(除)、%(取余)、＋＋(自增)和－－(自减)。

具体内容如下。

① "＋"运算符也可以用到字符串中,实现字符串合并;

② "%"是取余运算符;

③ "＋＋"和"－－"是单目运算符,实现对应变量的自增和自减功能。如＋＋i 等价于 $i=i+1$。

【例 2-5】 已知 int baseInt＝2,求解表达式 baseInt *＝2＋3 的值。

该表达式表示 baseInt＝baseInt *(2＋3),而不是 baseInt＝baseInt * 2＋3;所以结果为 10。

3. 关系运算符(Equality and Relational Operator)

关系运算符主要用于两个操作数进行比较的运算中,返回值为逻辑值。分别是＜(小于)、＜＝(小于等于)、＞(大于)、＞＝(大于等于)、!＝(不等于) 和＝＝(等于)。

【例 2-6】 写出判断学生成绩(百分制)是否及格的表达式。

```
float score;        //定义成绩变量
```

表达式为 score＞＝60。该表达式的值将根据 score 数据的不同产生不同的结果。如果 score＝61.5f,则结果为 true;如果 score＝59.9f,则结果为 false。

在使用关系运算符的过程中,要注意区分"＝＝"和"＝"。

【例 2-7】 已知 int score＝50,求表达式 score ＝＝60 的值。

表达式的结果为 boolean 型的值,为 false。如果少写一个"＝",即表达式变为 score＝60,表达式变为"赋值"表达式,结果是将变量 score 的值改变为 60。

4. 条件运算符(Conditional Operator)

条件运算符是定义在布尔类型上的一种运算,返回逻辑值。包括 &&(逻辑与)、||(逻辑或)和!(取反)。

其中"&&"和"||"是一种"短路"逻辑运算符。例如:op1 && op2,如果 op1 的结果为 false,运算符不再计算 op2 的结果,因为"&&"的运算结果已经确定,就是 false。所以,在使用这两个逻辑符时,要注意这一点。

【例 2-8】 已知 int grade＝60,int course＝4,求表达式(course＞＝5) && (grade＝78)＜80 和 grade 的值。

表达式的结果是 false,grade 的值为 60;如果 course 的初值为 5,则表达式的值仍为 false,grade 的值为 78。主要原因就是 && 的短路计算过程。

"?:"也是一种条件运算符。具体格式为(表达式 1? 表达式 2: 表达式 3),要求表达式 1 的返回值为布尔类型,条件运算符的返回值由表达式 1 的值决定。如果表达式 1 的值为 true,则整个表达式的值为表达式 2 的值,否则为表达式 3 的值。由于运算符具有高效性,常使用条件运算符替代"if-then-else"语句。

【例 2-9】 已知 int grade=55,求表达式 String result=(grade>=60)? "及格":"不及格"的值。

result 的值就是条件运算符的结果,结果为 result ="不及格"。

5. 类型比较符(Type Comparison Operator)

类型比较符 instanceof 用在一个对象是否是某个类、父类和实现的接口的实例,返回逻辑值。

【例 2-10】 以下内容是伪代码的形式。

```
class Parent;        //Parent 是一个类
class Child extends Parent implements MyInterface;
//Child 是一个继承了 Parent 类并且实现了 MyInterface 接口的类
Child obj=new Child();          //定义 Child 对象 obj,并实例化
Parent pobj=new Parent();       //定义 Parent 对象 pobj,并实例化
```

则 obj instanceof Parent、pobj instanceof Child 和 obj instanceof MyInterface 的返回值是什么?

结果分别是:true、false、true。

使用类型比较符时需要注意:null 不是任何类型的实例。

6. 位运算符(Bitwise and BitShift Operator)

位操作运算是对二进制数据进行的运算。包括二进制位的 &(与)、|(或)、^(异或)、~(非)操作符和移位操作符<<(带符号左移)、>>(带符号右移)、>>>(无符号右移),如表 2-3 所示,其中 op1、op2 为操作数。

表 2-3 位运算符

运算符	举 例	运 算 说 明
&	op1 & op2	相同位上值均为 1 时,结果为 1,其余情况为 0
|	op1 | op2	相同位上值均为 0 时,结果为 0,其余情况为 1
^	op1^op2	相同位上值相同,结果为 0,不同为 1
~	~op1	位上值为 1,结果为 0;位上值为 0,结果为 1
<<	op1<<*k*	将 op1 的值左移 *k* 位,低位补 0
>>	op1>>*k*	将 op1 的值右移 *k* 位,低位舍弃。如果是正数,高位补 0,负数补 1
>>>	op1>>>*k*	将 op1 的值右移 *k* 位,低位舍弃,高位补 0

对于移位操作运算,以下举例说明,如表 2-4 所示。需要注意的是:负数以补码形式表示。

表 2-4 移位运算操作

十进制数	二进制数(x)	$x<<2$	$x>>2$	$x>>>2$
17	00010001	0001000100	0000010001	0000010001
−17	11101111	1110111100	1111101111	0011101111

【例 2-11】 已知 a 和 b 两个数(其中 $a=41,b=42$),计算 $a+b*256$ 的结果。

```
package ch02.model;
public class TestByte {
    public static void main(String[] args){
        int ax=41;
        int bx=42;
        int cx;
        System.out.println(Integer.toBinaryString(ax));     //以二进制格式输出
        System.out.println(Integer.toBinaryString(bx));
        bx=bx<<8;                                           //移位操作
        System.out.println(Integer.toBinaryString(bx));
        cx=ax|bx;                                           //或操作
        System.out.println(Integer.toBinaryString(cx));
        System.out.println(cx);
    }
}
```

2.2.2 表达式

表达式是比操作符更大的一个计算单元,它由一系列变量、常量、运算符和方法调用构成。使用表达式的目的就是得到表达式的计算结果,它的值可以作为方法的参数,或其他表达式的操作数及影响语句的执行顺序。

一个表达式可以包含各种运算符,进行混合运算,这时需要决定运算的次序和方向。Java 中明确规定,进行表达式计算时遵循运算符优先级原则,具体如表 2-5 所示,其中 expr 为表达式。出现相同优先级时,按照给出的结合性原则运算。

书写表达式时,不能一味追求效率,使其不易理解。为了增加代码的可读性,使表达式运算逻辑清晰,尽量使用小括号()进行逻辑划分。

表 2-5 运算符优先级

优先级	运 算	运算符	结合性
1	后缀自增减运算	expr++、expr−−	从右向左
2	单目运算	++expr、−−expr、+expr、−expr、~、!	从右向左
3	乘除运算	*、/	从左向右
4	加减运算	+、−	从左向右

续表

优先级	运　算	运算符	结合性
5	移位运算	<<、>>、>>>	从左向右
6	关系运算	<、>、<=、>=、instanceof	从左向右
7	相等运算	==、!=	从左向右
8	位与运算	&	从左向右
9	位异或运算	^	从左向右
10	位或运算	|	从左向右
11	逻辑与	&&	从左向右
12	逻辑或	||	从左向右
13	条件运算	? :	从右向左
14	赋值运算	=、+=、-=、*=、/=、%=、&=、^=、|=、<<=、>>=、>>>=	从右向左

【例 2-12】 从键盘输入两个整数,分别给出两个数之间的关系(>、<和 ==)是否成立。

```
package ch02.model;
import java.util.Scanner;
public class TestExpress {
    public static void main(String[] args){
        boolean flag;
        int testa;
        int testb;
        Scanner stdin=new Scanner(System.in);     //定义键盘输入
        System.out.println("输入第一个数据: ");
        testa=stdin.nextInt();
        System.out.println("输入第二个数据: ");
        testb=stdin.nextInt();
        flag=testa> testb;                        //两个数进行"> "操作
        System.out.println( testa+"> "+testb+":"+flag);
        flag=testa< testb;                        //两个数进行"< "操作
        System.out.println( testa+"< "+testb+":"+flag);
        flag=testa==testb;                        //两个数进行"=="操作
        System.out.println( testa+"=="+testb+":"+flag);
    }
}
```

2.2.3 类型转换

由于存储数据的位数不一样,有时会导致数据精度的丢失。所以不同类型的数据进行运算时，需要进行类型转换。例如，当把一种类型的数据赋值给不同类型的变量时，需要进行类型转换。在 Java 中，这种转换分为自动类型转换、强制类型转换和通过包装类转换。

对于基本类型，根据存储位数进行从低到高的排序，结果为 byte、short(char)、int、long、float 和 double。其中 short 和 char 的存储位数相同，处在同级。

1. 自动类型转换

运算时，表达式中既出现低级数据类型，又出现高级数据类型时，Java 编译器会自动将低级类型的数据转换为高级类型的数据，运算结果为高级数据类型。例如，3/2.0f 表达式的运算结果为 1.5f。因为这不会损失计算结果的精度。

2. 强制类型转换

运算时，表达式需要从高级数据类型向低级数据类型转化时，开发人员要明确给出转化操作，因为这时会损失高级数据类型的精度。

语法格式为：(目的类型)表达式。例如：int i=(int)9.9f。

在使用强制类型转换时，一定要注意数据精度的丢失问题。

3. 通过包装类进行过渡转换

包装类就是用来封装基本类型数据的类，Java 为 8 种基本数据类型提供了 8 种包装类，以便能够将基本数据类型作为对象来处理。这些包装类分别为 Byte、Character、Short、Integer、Long、Float、Double 和 Boolean。

这里引入两个操作：包装和拆箱。包装操作是将基本类型数据转换为包装类对象；拆箱操作是将包装类对象转换为基本类型数据的操作。

【例 2-13】 实型类型数据的包装与拆箱操作。

```
float f=1.2222f;
Float ff=Float.valueOf(f);          //包装操作
int i;
i=ff.intValue();                    //拆箱操作,类型转换
```

【例 2-14】 整型类型数据的包装与拆箱操作。

```
Integer i=new Integer(123);
int a=i.intValue();                 //拆箱操作
```

很多时候会将字符串“12.3”转换为对应的数值类型，就需要使用包装类的对应方法 parseXxx( )。

【例 2-15】 字符串与对应数值类型的转换。

```
float tempf=Float.parseFloat("12.3");
```

2.3 控制结构

前面的程序设计中主要使用了顺序结构。但在实际开发中,还需要使用程序的分支、循环和跳转等功能。Java 语言提供了这些功能语句。

2.3.1 分支结构

分支结构,有时也称为选择结构,即根据给定的条件进行分支执行的过程。分支语句分为条件分支和开关语句两种。

1. if 语句

Java 语言中的 if 语句分为 if-then 和 if-then-else 两种。if-then 语句是 if 语句中最基本的条件语句。

if-then 语句的基本语法格式如下。

```
if(条件表达式){
    ...//语句块
}
```

执行 if-then 语句时,当 if 条件满足时,执行 then 语句块中的语句,否则,执行 if 语句的后继语句,如图 2-2 所示。

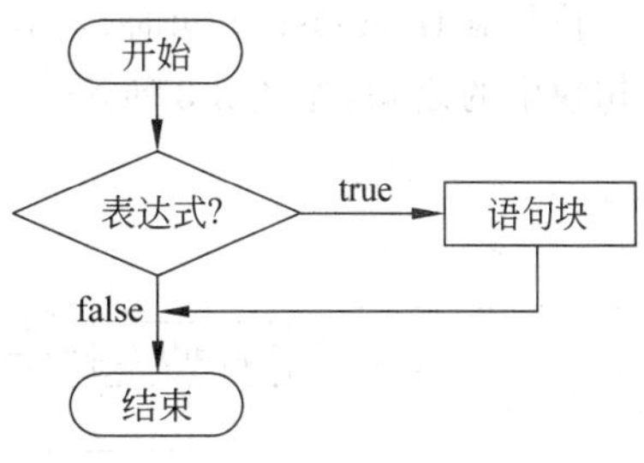

图 2-2 if-then 语句流程图

【例 2-16】 用户操作字符界面系统时,根据输入功能号执行菜单功能。

```
public class ConsoleUI {
    public static void main(String[] args){
        int choice;
        Student st;
        System.out.println("--------------------------------");
        System.out.println("******************************");
        System.out.println("***大学生综合测评管理系统(V0.1)***");
        System.out.println("******************************");
        System.out.println("* * 校级教学研究资助项目(2011010) * * ");
        System.out.println("***********2012-3-1***********");
        System.out.println("--------------------------------");
        System.out.println(" * \t1、成绩管理\t * ");
        System.out.println(" * \t2、班级排名\t * ");
        System.out.println(" * \t3、退出系统\t * ");
        System.out.println("--------------------------------");
        System.out.println("系统已经启动,输入功能编号(1-3)");
        choice=InputByBoard.inputInt();
```

```
        if(choice==1){                          //输入 1
            InputByBoard.inputGrade(stu);       //输入了学生的成绩
        }
        if(choice==2){                          //输入 2
          OutputByConsole.outPutStudents(stu);  //输出排名
        }
        if(choice==3){                          //输入 3
        }
    }
}
```

if-then-else 语句可以提供不满足条件时的选择。它的基本语法格式如下。

```
if(条件表达式){
    语句块 1          //条件满足,执行语句块
}else{
    语句块 2          //条件不满足,执行语句块
}
```

执行 if-then-else 语句时,当 if 条件满足时,执行 then 语句块中的语句,否则执行 else 语句块中的语句,如图 2-3 所示。

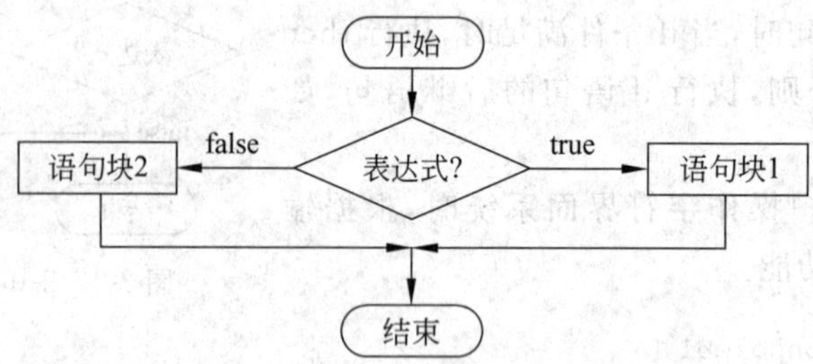

图 2-3　if-then-else 语句流程图

读者自己可以练习将【例 2-16】的程序语句修改为 if-then-else 语句的形式。

Java 语言还提供了一种 else-if 控制结构,语法格式如下。

```
if(条件表达式 1){
    语句块 1;
}else if(条件表达式 2){
    语句块 2;
}else if (...){
    ⋮
}else{
    语句块 n;
}
```

执行 else-if 语句时,首先判断条件 1,不满足再判断条件 2,…,不满足再判断条件 $n-1$,不满足执行语句块 n。当满足其中一个条件时,执行对应的语句,并退出 else-if 语

句,执行后继语句。

【例 2-17】 可以将菜单选择执行的过程修改为下面程序片段的形式。

```
⋮
if(choice==1){                                  //输入 1
    InputByBoard.inputGrade(stu);               //输入了学生的成绩
}else if(choice==2){                            //输入 2
        OutputByConsole.outPutStudents(stu);    //输出排名
}else {                                         //输入 3
}
⋮
```

使用 if 语句时,可以进行 if 语句的嵌套使用。但是,使用过程中要注意 else 与 if 的配对问题,else 总是与自己最近的 if 语句配对。如果在嵌套使用 if 语句中没有 else 语句,则这个 if 语句要使用大括号进行封装,以保证程序逻辑的正确性。

2. switch 语句

当程序有多个分支,但又不需要每次都进行像 else-if 语句那样的判断,Java 提供了 switch 语句。语法形式如下。

```
switch(整型/字符型/字节){        //也可以是对应的包装类
case 值 1:
        语句块 1;
        [break;]
case 值 2[: case 值 3]:
        语句块 2;
        [break;]
⋮
case 值 n:
        语句块 n;
        [break;]
[default:
      语句块 n+1;]
}
```

其中的 case 值 n 表示一个分支的模块,[]表示该内容是可选的。switch 语句根据表达式的值选择一个 case 模块开始执行,执行完该模块时,如果后面的语句是 break,将结束 switch 语句,执行后继语句,否则将继续执行下一个 case 模块,直到 switch 结束或遇到 break 语句。default 语句是当没有对应的 case 模块时,将执行该模块的语句块。

【例 2-18】 将菜单选择执行过程修改为 switch 语句形式。

```
⋮
switch(choice){
  case 1:
```

```
        InputByBoard.inputGrade(stu);              //输入了学生的成绩
        break;
    case 2 :
        OutputByConsole.outPutStudents(stu);       //输出排名
        break;
    default:
        break;
}
⋮
```

2.3.2 循环结构

【例 2-19】 编写程序，求解 1+2+3+…+100 的值。

按照现有知识，可以写出下面的程序。

```
public class Sum100{
    public static void main(String args[]){
        int sum=0;
        sum=sum+1;
        sum=sum+2;
        ⋮//为了节约篇章，这里略去 97 行
        sum=sum+100;
        System.out.println("100 的和是: "+sum);
    }
}
```

可以看到，共写了 104 行代码，其中求和有 100 行。如果要编写求解 10000 以内的整数和时，会写更多行的代码。实际上，在程序设计语言中，还有一种十分重要的程序控制结构，就是循环结构。

Java 语言提供了 3 种循环结构，分别是 for、while 和 do-while。

1. for 循环

for 循环一般用于循环次数已知的情况，但有时也可以用在循环次数未知的情况。

for 循环语句的基本格式如下。

```
for(表达式 1;表达式 2;表达式 3){
    循环语句块;
}
```

其中表达式 1 设置循环变量的初始值；表达式 2 是循环的结束条件；表达式 3 则用于修改循环变量的值。

执行 for 循环时，首先执行表达式 1，接着执行表达式 2，如果条件成立(表达式结果为 true)，执行循环语句块，然后执行表达式 3；再次由表达式 2 进行判断，如果条件成立继续执行语句块……执行表达式 3，如果不成立(表达式结果为 false)则退出循环。循环往复,直到表达式 2 条件不成立为止,即退出循环,执行后继语句。for 循环执行的流程图如图 2-4 所示。

所以,【例 2-16】可以写成如下 for 循环的程序。

```
public class Sum100{
    public static void main(String args[]){
        int sum=0;
        for(int i=1;i< =100;i++){
            sum=sum+i;
        }
        System.out.println("100 的和是: "+sum);
    }
}
```

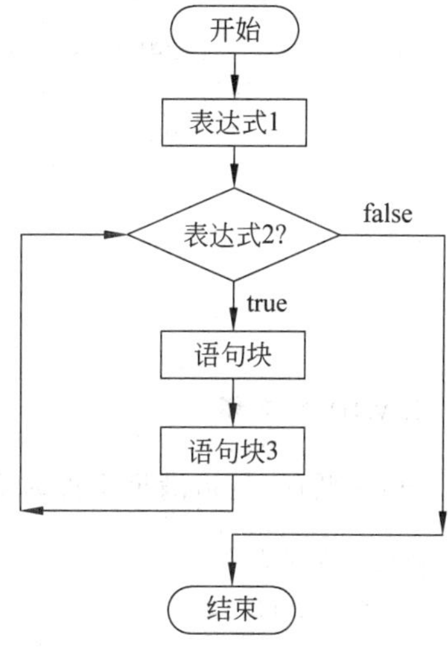

图 2-4 for 语句流程图

【例 2-20】 根据所给年份输出 12 个月中每月的天数。

```
package ch02.model;
import java.util.Scanner;
public class TestLeap {
    public static void main(String[] args){
        Scanner stdin=new Scanner(System.in);
        int year;
        boolean isLeap;
        System.out.println("输入年份:");
        year=stdin.nextInt();
        if(year% 4==0&&year% 100!=0||year% 400==0){      //闰年的判断
            isLeap=true;
        }else{
            isLeap=false;
        }
        for(int i=1;i< =7;i++){
            if(i==2){
                if(isLeap){
                    System.out.println(i+"月: 29 天");
                }else{
                    System.out.println(i+"月: 28 天");
                }
            }else {
                if(i% 2==0){
                    System.out.println(i+"月: 30 天");
                }else {
                    System.out.println(i+"月: 31 天");
                }
            }
```

```
        }
        for(int i=8;i< =12;i++){
            if(i% 2==0){
                System.out.println(i+"月: 31天");
            }else {
                System.out.println(i+"月: 30天");
            }
        }
    }
}
```

2. while 循环

while 循环,是指满足条件时需要反复执行循环体的语句结构。语法格式如下。

```
while(条件表达式){
    循环语句块;
}
```

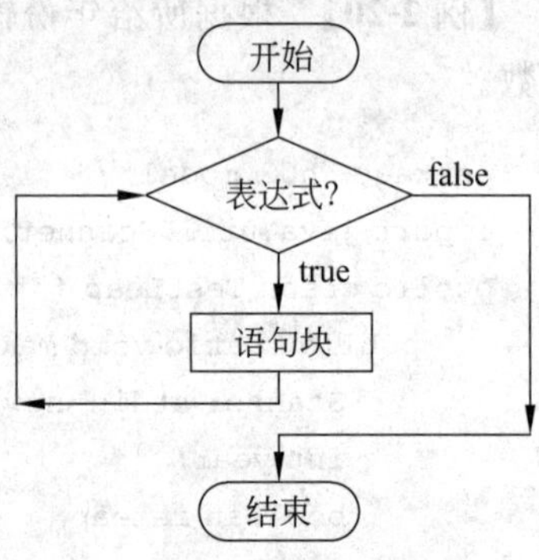

图 2-5　while 语句流程图

while 循环的执行流程图如图 2-5 所示。

书写 while 语句时,需要增加两个表达式,一是在进入循环前的循环变量赋初值表达式;二是语句块中要有修改循环变量的表达式。

【例 2-21】 从键盘上输入一组成绩,计算成绩和与平均分。

```
package ch02.model;
import java.util.Scanner;
public class TestWhile {
    public static void main(String[] args){
    Scanner stdin=new Scanner(System.in);
    float data;
    float sum,avg;
    int total=1;
    System.out.println("输入第"+total+"人成绩(结束时输入小于0的数即可:)>>");
    data=stdin.nextFloat();
    sum=0;
    while(data>=0){          //结束条件继续
        sum=sum+data;
        total++;
        System.out.println("输入"+total+"成绩(结束时输入小于0的数即可:)>>");
        data=stdin.nextFloat();
    }
    System.out.println((total-1)+"人的成绩和: "+sum);
    if(total-1>0){           //没有成绩输入,除零判断
        avg=sum/(total-1);
```

```
        }else{
            avg=0;
        }
        System.out.println((total-1)+"人的平均成绩: "+avg);
        }
    }
```

利用成绩不小于 0 的特点，把小于 0 的数作为数据输入结束的标记，实现了没有具体人数要求的成绩输入、求和与平均值的计算。

3. do-while 循环

Java 语言还提供了一种 do-while 循环，它与 while 循环的区别是，不论是否满足条件，do-while 循环中的语句块都要执行一次循环体。

do-while 循环的语法格式如下。

```
do{
    语句块;
}while(条件表达式);
```

执行 do-while 循环时，首先执行语句块的语句，然后进行条件判断，如果条件满足，则继续执行语句块，否则执行后继语句。do-while 循环的执行过程如图 2-6 所示。

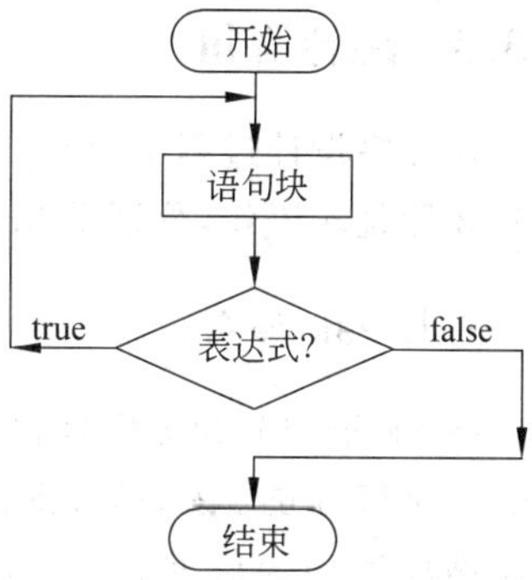

图 2-6　do-while 语句流程图

【例 2-22】 将【例 2-18】的程序用 do-while 循环实现。

```
package ch02.model;
import java.util.Scanner;
public class TestWhile {
    public static void main(String[] args){
    Scanner stdin=new Scanner(System.in);
    float data;
    float sum,avg;
    int total=1;
    sum=0;
    do{
        System.out.println("输入"+total+"成绩(结束时输入小于 0 的数即可: )>>");
        data=stdin.nextFloat();
        if(data>=0 ){
            sum=sum+data;
            total++;
        }
    }while(data>=0);
    System.out.println((total-1)+"人的成绩和: "+sum);
    if(total-1>0){
```

```
            avg=sum/(total-1);
        }else{
            avg=0;
        }
        System.out.println((total-1)+"人的平均成绩: "+avg);
        }
    }
```

实际上,上述 3 种循环是可以相互转化的。在开发过程中,可以根据实际情况选择合适的循环语句编写程序。

使用循环语句,常见的错误是死循环,就是循环体一直执行而不停止。引起这个问题的主要原因是:没有给循环变量赋初值;没有在循环体中改变循环变量的值;条件表达式中没有循环变量或没有使用条件表达式。出现死循环时,从以上方面寻找错误就可以解决。

2.3.3 跳转语句

在程序设计过程中,会停止执行当前语句,进而跳转到指定语句开始执行。Java 语言有 3 种跳转语句,分别是 break、continue 和 return 语句。

1. break 语句

break 语句分为无标号和有标号两种形式,常用在循环语句中,用于强制跳出本层循环。即执行 break 语句后,将忽略本层循环体中的其他语句和循环条件的限制,直接执行本层循环语句的后继语句。break 语句还可以用在 switch 语句中,用于终止 switch 语句,前面在 switch 语句中已使用。

【例 2-23】 使用 break 语句跳出循环。

```
package ch02.model;
import java.util.Scanner;
public class TestWhile {
    public static void main(String[] args){
    Scanner stdin=new Scanner(System.in);
    float data;
    float sum,avg;
    int total=1;
    sum=0;
    do{
        System.out.println("输入"+total+"成绩(结束时输入小于 0 的数即可:)>>");
        data=stdin.nextFloat();
        if(data<0 ){
            break;          //输入的数据为负数时,跳出循环
        }
        sum=sum+data;
        total++;
```

```
    }while(data>=0);
    System.out.println((total-1)+"人的成绩和: "+sum);
    if(total-1>0){
        avg=sum/(total-1);
    }else{
        avg=0;
    }
    System.out.println((total-1)+"人的平均成绩: "+avg);
    }
}
```

以上程序演示了 break 无标号语句在循环中的使用,还有一种是带标号语句,即用在代码块中,用于跳到它所指定的代码块外,如【例 2-24】所示。执行到 break 语句时,程序会跳转到 ENDWHILE 所标记的 while 循环语句块外,即执行 while 循环的后继语句。

【例 2-24】 使用 break 语句跳到指定标记后执行。

```
package ch02.model;
import java.util.Scanner;
public class TestWhile {
    public static void main(String[] args){
    Scanner stdin=new Scanner(System.in);
    float data;
    float sum,avg;
    int total=1;
    sum=0;
    ENDWHILE:                          //循环语句标号
    do{
        System.out.println("输入"+total+"成绩(结束时输入小于 0 的数即可:)>>");
        data=stdin.nextFloat();
        if(data<0 ){
            break ENDWHILE;     //跳出 ENDWHILE 语句标号标注的循环
        }
        sum=sum+data;
        total++;
    }while(data>=0);
    System.out.println((total-1)+"人的成绩和: "+sum);   //ENDWHILE 的后继语句
    if(total-1>0){
        avg=sum/(total-1);
    }else{
        avg=0;
    }
    System.out.println((total-1)+"人的平均成绩: "+avg);
    }
}
```

2. continue 语句

continue 语句也分为无标号和有标号两种，仅用于循环语句中，用于强制跳出本次循环。执行到 continue 语句时，将忽略循环体中的任何其他语句，转而进行下一次循环。对于 for 循环语句，执行 continue 语句后，会执行表达式 3，然后才执行下一次循环。

3. return 语句

return 语句用于从当前方法跳转返回，跳到调用这个方法的方法中，然后执行它的后继语句。

return 语句的格式如下。

```
return 表达式;
```

表达式的类型与声明方法类型一致；不一致时需要进行强制类型转换来实现。

2.4 案　　例

本章案例是“大学生综合测评管理系统”中的“用户管理”模块，主要功能是实现用户注册、用户登录、用户注销和返回操作。案例主要涉及变量、表达式、条件分支和循环等知识点，通过学习，读者将全面复习和理解本章知识。

2.4.1 案例设计

为了使开发过程变得简单，采用用户界面与逻辑功能分离的模式进行设计。系统设计了两个类，一个是 MainCUI，另一个是 User，如图 2-7 所示。

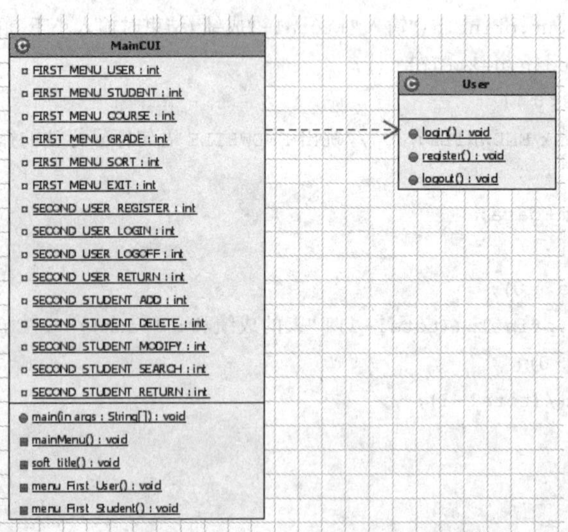

图 2-7　案例类图

2.4.2 案例演示

启动系统，如图 2-8 所示。输入数字 1，执行用户管理，如图 2-9 所示。输入数字 2，执行用户登录功能，程序提示输入登录类型。输入用户类型后，输入用户名和密码(程序中将对应类型用户的用户名和密码都定义为固定值，如学生用户的用户名和密码为 stu 和 stu；教师用户的用户名和密码为 tea 和 tea；管理员用户的用户名和密码为 admin 和 admin)。若用户名和密码输入正确，提示登录成功信息，否则提示登录失败信息，成功登录的界面如图 2-10 所示。

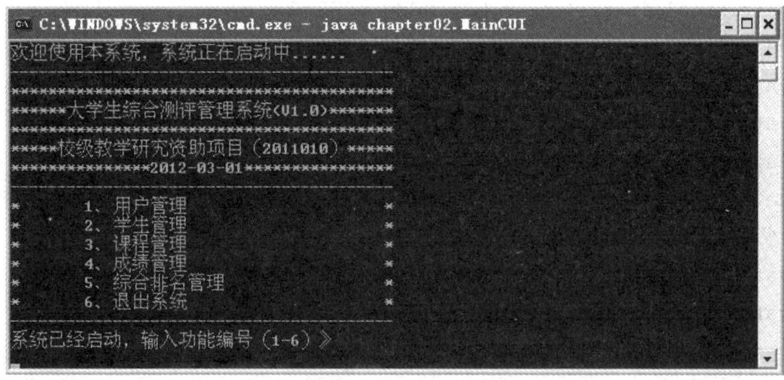

图 2-8　系统主界面

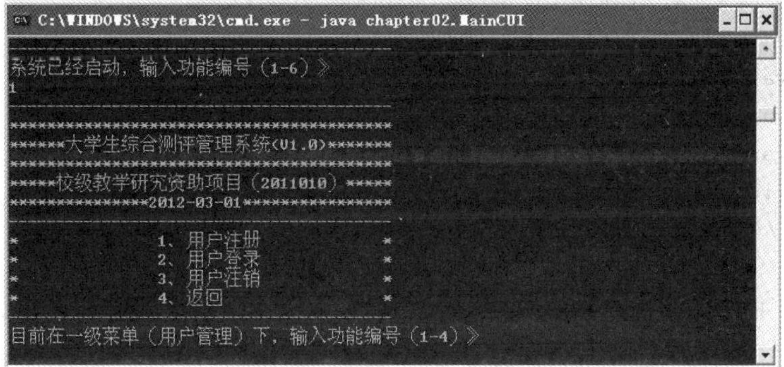

图 2-9　用户管理二级菜单

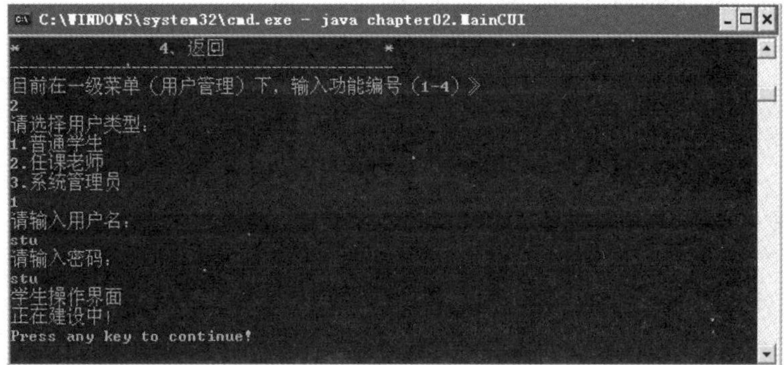

图 2-10　学生用户成功登录

2.4.3 代码实现

根据图 2-7 的设计，分别给出两个类的具体代码实现。

程序 MainCUI. java，实现类 MainCUI 的功能。

```
package chapter02;
import java.util.Scanner;
public class MainCUI {
    //一级菜单的符号常量
    private final static int FIRST_MENU_USER=1;
    private final static int FIRST_MENU_STUDENT=2;
    private final static int FIRST_MENU_COURSE=3;
    private final static int FIRST_MENU_GRADE=4;
    private final static int FIRST_MENU_SORT=5;
    private final static int FIRST_MENU_EXIT=6;
    //二级用户管理菜单的符号常量
    private final static int SECOND_USER_REGISTER=1;
    private final static int SECOND_USER_LOGIN=2;
    private final static int SECOND_USER_LOGOFF=3;
    private final static int SECOND_USER_RETURN=4;
    //二级学生管理菜单的符号常量
    private final static int SECOND_STUDENT_ADD=1;
    private final static int SECOND_STUDENT_DELETE=2;
    private final static int SECOND_STUDENT_MODIFY=3;
    private final static int SECOND_STUDENT_SEARCH=4;
    private final static int SECOND_STUDENT_RETURN=5;
    public static void main(String[] args) {
        //输出方法的使用,这是一个 console 界面
        int choice;
        int sechoice;
        boolean nobackflag=true;
        Scanner scanner=new Scanner(System.in);
        System.out.println("欢迎使用本系统,系统正在启动中...");
        while(true){
            mainMenu();
            choice=Integer.parseInt(scanner.nextLine());
            nobackflag=true;
            switch(choice){
            case FIRST_MENU_USER:
                //二级菜单的设计
                while(nobackflag){
                    menu_First_User();
                    sechoice=Integer.parseInt(scanner.nextLine());
                    switch(sechoice){
```

```
                case SECOND_USER_REGISTER:
                    User.register();
                    break;
                case SECOND_USER_LOGIN:
                    User.login();
                    break;
                case SECOND_USER_LOGOFF:
                    User.logout();
                    break;
                case SECOND_USER_RETURN:
                    nobackflag=false;
                    break;
                default:
                    break;
            }
        }
        break;
    case FIRST_MENU_STUDENT:
        //二级菜单的设计
        while(nobackflag){
            menu_First_Student();
            sechoice=Integer.parseInt(scanner.nextLine());
            switch(sechoice){
                case SECOND_STUDENT_ADD:
                    //
                    break;
                case SECOND_STUDENT_DELETE:
                    break;
                case SECOND_STUDENT_MODIFY:
                    break;
                case SECOND_STUDENT_SEARCH:
                    break;
                case SECOND_STUDENT_RETURN:
                    nobackflag=false;
                    break;
                default:
                    break;
            }
        }
        break;
    case FIRST_MENU_COURSE:
        System.out.println("正在建设中!");
        break;
    case FIRST_MENU_GRADE:
```

```
                System.out.println("正在建设中!");
                break;
            case FIRST_MENU_SORT:
                System.out.println("正在建设中!");
                break;
            case FIRST_MENU_EXIT:
                System.out.println("系统已退出,谢谢使用!");
                scanner.close();
                return;
            default:
                System.out.println("输入错误!");
                break;
            }
            System.out.println("Press any key to continue!");
            scanner.nextLine();
        }
    }
    private static void mainMenu(){
        soft_title();
        System.out.println("* \t1、用户管理\t\t\t* ");
        System.out.println("* \t2、学生管理\t\t\t* ");
        System.out.println("* \t3、课程管理\t\t\t* ");
        System.out.println("* \t4、成绩管理\t\t\t* ");
        System.out.println("* \t5、综合排名管理\t\t\t* ");
        System.out.println("* \t6、退出系统\t\t\t* ");
        System.out.println("-------------------------------------------");
        System.out.println("系统已经启动,输入功能编号(1-6)》");
    }
    private static void soft_title(){
        System.out.println("-------------------------------------------");
        System.out.println("******************************************");
        System.out.println("******大学生综合测评管理系统(V1.0)*******");
        System.out.println("******************************************");
        System.out.println("*****校级教学研究资助项目(2011010)*****");
        System.out.println("**************2012-03-01***************");
        System.out.println("-------------------------------------------");
    }
    private static void menu_First_User(){
        soft_title();
        System.out.println("* \t\t1、用户注册\t\t* ");
        System.out.println("* \t\t2、用户登录\t\t* ");
        System.out.println("* \t\t3、用户注销\t\t* ");
        System.out.println("* \t\t4、返回\t\t\t* ");
        System.out.println("-------------------------------------------");
```

```
        System.out.println("目前在一级菜单(用户管理)下,输入功能编号(1-4)》");
    }
    private static void menu_First_Student(){
        soft_title();
        System.out.println("* \t\t1、添加学生信息\t\t* ");
        System.out.println("* \t\t2、删除学生信息\t\t* ");
        System.out.println("* \t\t3、修改学生信息\t\t* ");
        System.out.println("* \t\t4、查询学生信息\t\t* ");
        System.out.println("* \t\t5、返回上级菜单\t\t* ");
        System.out.println("------------------------------------");
        System.out.println("目前在一级菜单(学生管理)下,输入功能编号(1-4)》");
    }
}
```

以下是程序 User.java,实现类 User 的功能。

```
package chapter02;
import java.util.Scanner;
public class User {
    public static void login() {
        String userType=null;
        String userName=null;
        String password=null;
        Scanner in=new Scanner(System.in);
        System.out.println("请选择用户类型:");
        System.out.println("1.普通学生");
        System.out.println("2.任课老师");
        System.out.println("3.系统管理员");
        userType=in.nextLine();
        while(! userType.equals("1") && ! userType.equals("2")
                && ! userType.equals("3")){
            System.out.println("用户类型不对,请重新输入!");
            userType=in.nextLine();
        }
        System.out.println("请输入用户名:");
        userName=in.nextLine();
        System.out.println("请输入密码:");
        password=in.nextLine();
        if (userType.equals("1") && userName.equals("stu")
                && password.equals("stu")) {
            System.out.println("学生操作界面");
            System.out.println("正在建设中!");
            System.out.println("Press any key to continue!");
            in.nextLine();
        } else if (userType.equals("2") && userName.equals("tea")
```

```
                && password.equals("tea")) {
            System.out.println("教师操作界面");
            System.out.println("正在建设中!");
            System.out.println("Press any key to continue!");
            in.nextLine();
        } else if (userType.equals("3") && userName.equals("admin")
                && password.equals("admin")) {
            System.out.println("管理员操作界面");
            System.out.println("正在建设中!");
            System.out.println("Press any key to continue!");
            in.nextLine();
        } else {
            System.out.println("登录失败,用户类型,用户名或密码不对!");
            System.out.println("正在建设中!");
            System.out.println("Press any key to continue!");
            in.nextLine();
        }
    }
    //用户注册方法
    public static void register() {
        System.out.println("欢迎进入用户注册界面!");
    }
    //用户注销方法
    public static void logout() {
        System.out.println("欢迎进入用户注销界面!");
    }
}
```

2.5 习　　题

一、选择题

(1) 下列有关 Java 语言的叙述中,正确的是(　　)。

A. Java 是不区分大小写的

B. 源文件名与 public 类型的类名必须相同

C. 源文件名的扩展名为. jar

D. 源文件中 public 类的数目不限

(2) 下面(　　)不是 Java 的关键字。

A. interface　　B. super　　C. sizeof　　D. throws

(3) (　　)是 Java 中合法的标识符。

A. fieldname　　B. super　　C. 3number　　D. #number

(4) int 型 public 成员变量 MAX_LENGTH,该值保持为常数 100,则定义这个变量的语句是(　　)。

A. public int MAX_LENGTH＝100

B. final int MAX_LEN

C. public const int MAX_LENGTH＝100

D. public final int MAX_LENGTH＝100

(5) Java 语言中数值数据的类型能自动转换，按照从左到右的转换次序为(　　)。

A. byte→int→short→long→float→double

B. byte→short→int→long→float→double

C. byte→short→int→float→long→double

D. short→byte→int→long→float→double

(6) 下面语句在编译时，(　　)不会出现错误。

A. float f＝1.3;　　B. char c＝"a";　　C. byte b＝257;　　D. int i＝10;

(7) 在下面的代码段中，下列 m 的(　　)值将引起“default”的输出。

```
public class Test1{
    public static void main(String args[]){
        int m;
        switch(m) {
        case 0:System.out.println("case 0");
        case 1:System.out.println("case 1");break;
        case 2:
        default:System.out.println("default");
        }
    }
}
```

A. 0　　B. 1

C. 2　　D. 以上答案都不正确

(8) 编译运行以下程序后，关于输出结果的说明，正确的是(　　)。

```
public class Conditional{
    public static void main(String args[]){
    int x=4;
    System.out.println("value is "+((x>4) ? 99.9 :9));
    }
}
```

A. 输出结果为：value is 99.99　　B. 输出结果为：value is 9

C. 输出结果为：value is 9.0　　D. 编译错误

(9) 关于以下程序段，正确的说法是(　　)。

```
1. String s1="abc"+"def";
2. String s2=new String(s1);
3. if(s1==s2){
```

```
4.     System.out.println("==succeeded");
5. }
6. if (s1.equals(s2)){
7.     System.out.println(".equals() succeeded");
8. }
```

A. 行 4 与行 7 都将执行　　　　B. 行 4 执行,行 7 不执行

C. 行 7 执行,行 4 不执行　　　　D. 行 4、行 7 都不执行

二、填空题

(1) 下列 Java 标识符中,________是合法的;________是不合法的。

abc,#a,const,$abc,a1,_abc,_1a,1abc,ab123,if,$#1sa,$_a,_$q1

(2) char ch='A',执行 ch=(char)(ch+1)语句后,ch 的值是________。

(3) 若 x=5,y=10,则 x<y 和 x>=y 的逻辑值分别为________和________。

(4) 表达式 0x81>>5 后的结果为________。

(5) Java 中采用 Unicode 编码,一个 Unicode 编码占用________字节。

(6) 写出下面表达式的运算结果,设 a=3,b=-5,f=true:--a%b++的值为________;(a>=1&&a<=12?a:b) 的值为________;f^(a>b)的值为________;(--a)<<a的值为________。

(7) 用表达式表示一个整数的 20%,结果为整数的表达式为________;结果为双精度的表达式为________。

三、编程题

(1) 由命令行输入一个成绩,使用 switch 结构求出成绩的等级。A:90~100;B:80~89;C:70~79;D:60~69;E:0~59。

(2) 计算圆周率:PI=4-4/3+4/5-4/7…;打印出第一个大于 3.1415 小于 3.1416 的值。

(3) 输入一个数据 n,计算斐波那契数列(Fibonacci)的第 n 个值。斐波那契数列:1、1、2、3、5、8、13、21、34…

(4) 计算多项式 1-1/3+1/5-1/7+1/9…的值。

① 求出前 50 项和值。

② 求出最后一项绝对值小于 1e-5 的和值。

(5) 产生 100 个 0~999 之间的随机整数,然后判断这 100 个随机整数哪些是素数,哪些不是。

(6) 在屏幕上打印出 n 行金字塔图案,如 $n=3$,则图案如下。

```
  *
 ***
*****
```

(7) 歌德巴赫猜想表明任何一个大于 6 的偶数可以拆分成 2 个质数的和，输入 1 个偶数，试打印出所有的可能。如输入 10，结果为：10＝5＋5；10＝3＋7。

四、实训题

(1) 题目 1：班级成绩管理系统二级菜单的设计与实现。

① 实训内容：

在第 1 章实训的基础上，完成二级菜单的设计，结构如图 2-11 所示。例如：成绩输入包括增加新成绩、删除成绩、修改成绩、查找成绩等功能，其他菜单功能可自行设计。

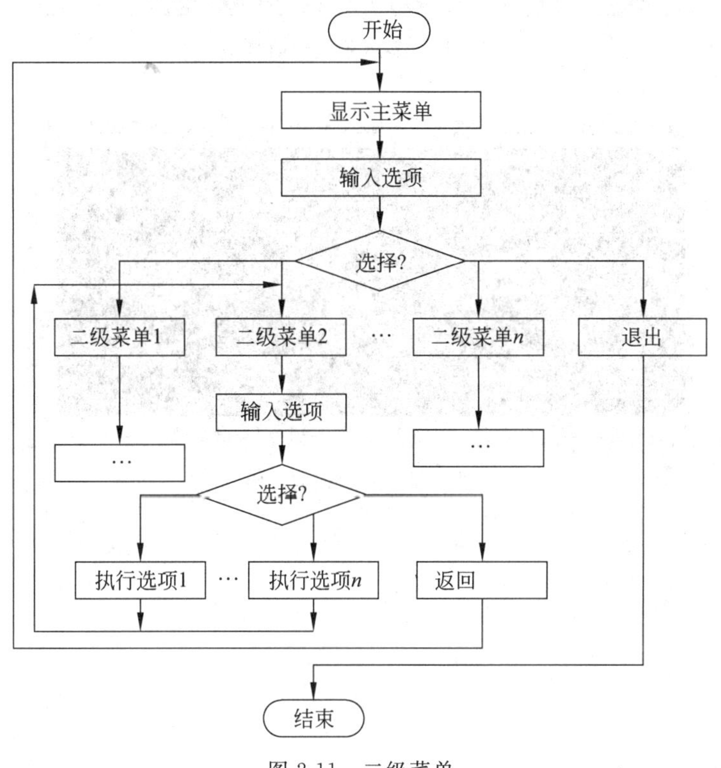

图 2-11　二级菜单

② 实训要求：

系统由两个类组成，一个应用程序类，一个菜单类。菜单能够由一级菜单进入二级菜单，由二级菜单返回一级菜单。

(2) 题目 2：万年历的设计与实现。

① 实训内容：

系统首先显示系统当前月日历；然后根据用户输入的年份和月份显示日历，系统运行效果如图 2-12 和图 2-13 所示。

② 实训要求：

设计两个类，一个是日历模型类包括日期显示、闰年判断和其他方法，相当于一个方法的集合；另一个是应用测试类包括 main 方法和基本的输入输出。

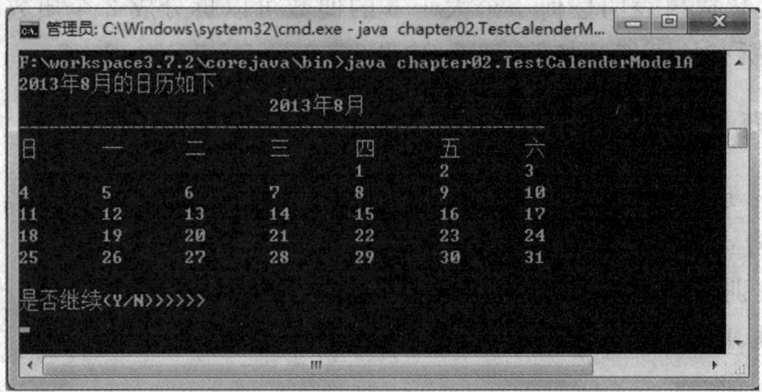

图 2-12　显示系统当前日历

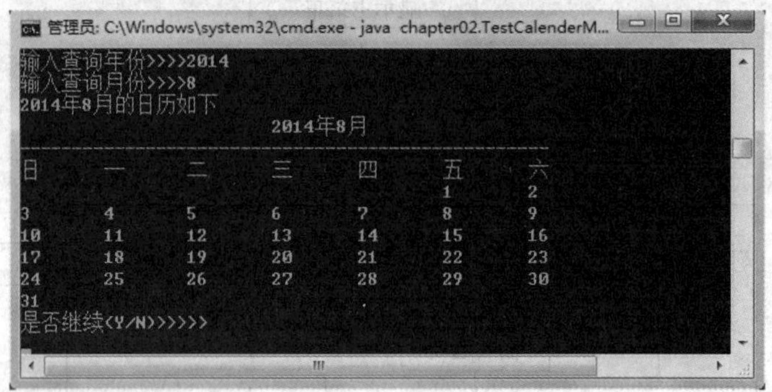

图 2-13　显示查询日历

面向对象编程

Java 是一门纯面向对象语言。本章将正式步入面向对象程序开发中,实现类、对象、继承、重载、覆盖和多态等面向对象特征,学习 Java 语言程序设计。

3.1 面向对象程序设计思想

面向对象是一种将对象(Object)、类(Class)、封装(Encapsulation)、继承(Inheritance)、抽象(Abstract)、聚合(Aggregation)、消息传递(Message Passing)和多态(Polymorphism)等概念运用到软件开发中的方法。它实现了软件工程中重用性、灵活性和扩展性 3 个目标,所以被广泛应用到软件开发的各个阶段,包括面向对象分析(Object Oriented Analysis,OOA),面向对象设计(Object Oriented Design,OOD)和面向对象程序设计(Object Oriented Programming,OOP)。

1. 面向对象程序设计(OOP)

面向对象程序设计是一种以"对象"为中心的程序语言模型。主要包括对象、类、数据抽象、数据封装、继承、动态绑定、多态性、消息传递等概念,它们使面向对象的思想得到了具体体现。面向对象开发领域流行的一句话是"万物皆对象",即软件是由各种对象构成的一个动态运行的系统。每个对象都属于某一类特定类型,不同类型决定了属于它的对象可以接收不同的消息。

(1) 类(Class):用于定义某类事物的抽象特征和行为。通俗地说,类定义了某类事物的属性和它具有的行为(或方法)。例如:在教学管理系统中,"学生"是一个类,包含"学号"、"姓名"、"入学时间"、"年级"和"专业"等属性,同时也具有"入学注册"、"选课"等基本行为。在设计阶段,类一般采用统一建模语言(Unified Modeling Language,UML)图来描述,它由 3 部分组成:类名、属性和方法,如图 3-1 所示。其中左边为类图的一般描述,右边为"Student"类的 UML 描述。

类是面向对象程序设计的基础,通过提供类机制,开发人员可以构建适合应用所需的类型。程序设计中的核心问题是类从哪里来,类的属性和行为如何决定。实际上,类来自对系统的应用领域分析,从具体用例(Use Case)中的对象抽象出来。类的属性和方法则根据系统的应用范围来决定。例如,在"学生"类中,一般人会设计"性别"属性,但是作为教学管理系统,一般与"性别"没有紧密的关系或应用,所以该系统中的"学生"类不包括"性别"属性。

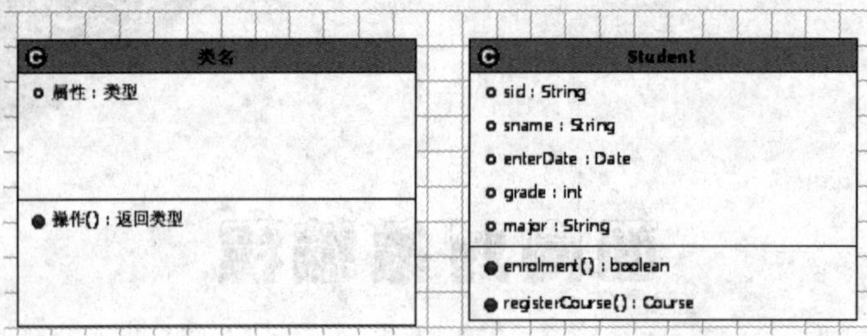

图 3-1　类图

(2) 对象(Object)：是类的实例(Instance)，是一个动态的概念，用于构成系统的具体执行逻辑。例如，“学生”类定义了教学管理系统中的学生的抽象特征，是一个用来声明具体对象的类型。“李凯”是一个具体的学生，他是 2010 年入学的软件工程专业三年级学生，他具有“学生”类中各个属性对应的值。因此，“李凯”是“学生”类的一个实例。他的属性值被称为“状态”。

实际上，当用户编写的应用系统运行时，系统为对象分配数据空间，而不给类分配数据空间。因此，类是抽象的，即用户的自定义类型，对象是具体的，即类型的变量。

在面向对象软件开发中，软件开发人员首先从问题领域中寻找对象，并将同类对象的共性抽取出来，设计成类(即所说的抽象成类)，然后将类实例化为对象，由各种不同类型对象的相互作用构成软件。

(3) 消息传递(Message Passing)：对象通过接受消息、处理消息、传出消息或使用其他类的方法来实现系统功能。对象的相互作用实现了系统的业务功能。例如，“李凯”发出“选课”消息。

2. 面向对象程序设计的特征

面向对象的软件开发过程更适于设计大型和复杂的系统，主要原因是实现了数据和功能的封装，易于代码维护和复用。

面向对象程序设计包括 3 个主要特征：封装(Encapsulation)、继承(Inheritance)和多态(Polymorphism)。

(1) 封装(Encapsulation)：将数据和方法封装在一个类中，对数据实现了隐藏，对公开方法通过消息传递实现调用(自身的具体实现，实现了隐藏)，并使程序的调试实现了局部化目标。例如，“李凯”具有“选课”的方法，程序设计中实现“选课”功能时，只需给“李凯”这个对象传递“选课”消息，而不需要知道具体的“选课”流程。在程序调试过程中，一旦选课的业务不符合客户的逻辑需求，只需要修改“选课”方法的内部逻辑，实现调试的局部化。

(2) 继承(Inheritance)：是一种数据和方法共享的机制，实现了代码重用、易扩展的目标；在软件开发中，业务系统中的类会出现一种概念分层的情况，例如，“教学管理系统”中出现了“本科生”、“研究生”和“预科生”等学生类别，可以将他们抽象出一张类图，如图 3-2 所示。其中“学生”称为父类，具有更加普遍意义上的属性和方法；“本科生”、“研究生”和“预科生”称为子类，比父类具有更加具体化的属性和方法。

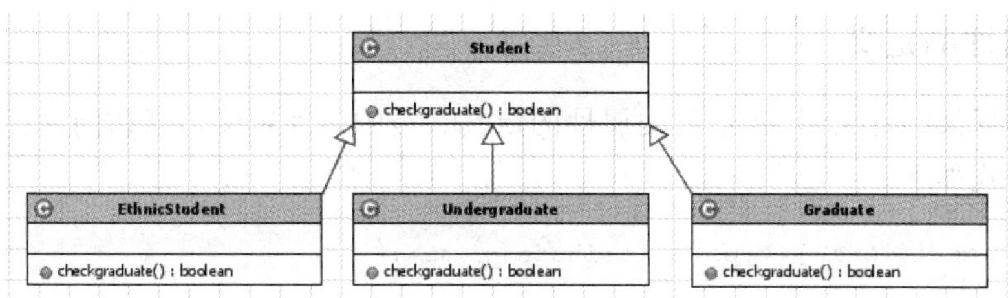

图 3-2 继承类图

(3) 多态性(Polymorphism)：在程序执行时，对象会根据当前具体对应的消息执行的一种机制。实现了不同对象的消息执行不同动作的过程，具有动态绑定的灵活性，将面向对象开发技术具有的这一特征称为多态。多态性可以通过"类"或"接口"实现。例如，在"学生"示例中，对于学生(Student)类对象，向其发送"毕业检查"(checkgraduate)的消息，当该对象的具体实例是"研究生"时，将执行研究生的"毕业检查"；是"预科生"时，将执行预科生的"毕业检查"。这就是使用类实现的多态过程。

3.2 类

3.2.1 类的定义

根据前面的知识，写程序时首先要写类。为什么面向对象不首先写对象，而是写类呢？实际上，面向对象程序设计方法写程序前，首先是要对研究问题的领域进行对象寻找，然后再把具有相同或相似属性和行为的对象抽象成一个类。

Java 语言对类的一般定义格式如下。

```
[<modifiers>] class<class_name> [extends superclass]
[implements interfacea,...]{
    [<attribute_declarations>]          //定义属性
    [<constructor_declarations>]        //定义构造方法
    [<method_declarations>]             //定义方法
}
```

类定义包括如下内容。

(1) modifiers：修饰符。常有 public、private 和默认(default)等值，其他元素将在后面章节中介绍。

(2) class <class_name>：类定义。class 为类关键字，class_name 为类名，是一个由用户定义的合法 Java 标识符。按照命名规范，类名的首字符一般大写。

(3) extends superclass：类继承。extends 为关键字，superclass 为父类标识符。

(4) implements interfacea,...：接口实现列表。implements 为关键字，interfacea 为接口标识符。

(5) {}：为类结构体。

3.2.2 属性的定义

完成类框架的定义后,要进行类属性的定义。类的属性定义包括访问修饰符、类型和标识符。格式如下。

```
[<acess modifiers>]<type><attribute _name>;
```

(1) acess modifiers:指属性访问修饰符。public、protected、private 和 default。为了实现类的封装特性,属性的访问修饰符一般设为 private,即只有类自身可以访问它,其他类都不能访问。为了能够让这些属性被访问,需要设置 public 的方法。这将在方法定义中说明。

(2) type:类型名称。既可以是基本类型名,也可以是复合类型名。

(3) attribute _name:属性名称。是合法的 Java 标识符。

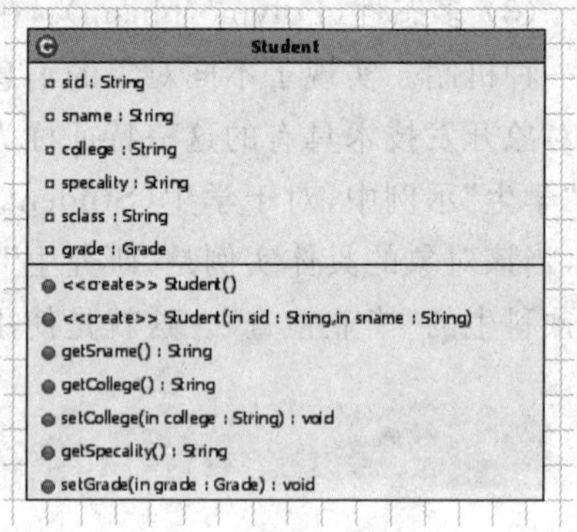

【例 3-1】 已有如图 3-3 所示的 Student(学生)类,请使用 Java 语言描述属性部分。

图 3-3 学生类结构

```
class Student{
    private String sid;                //学号
    private String sname;              //姓名
    private String banji;              //班级
    private String specialty;          //专业
    private String college;            //学院
    private Grade mark;                //Grade 用户自定义成绩类,成绩
}
```

【例 3-2】 学生的成绩类包括学号、课名、学分和成绩,使用 Java 语言描述。

```
class Grade{
    private String sid;                //学号
    private String cname;              //课名
    private float credit;              //学分
    private float score;               //成绩
}
```

上面介绍的属性是必须实例化后才能访问的属性,称为成员变量(fields),还有一种属性是不需要实例化就可以使用的属性,而且是一种共享变量,称为类变量(class variable)。定义类变量的办法就是使用 static 修饰符对变量进行修饰。

【例 3-3】 定义一个共享变量。

```
public static int total=0;
```

还可以使用 static 修饰符,定义类间共享的符号常量。

【例 3-4】 假设学生毕业的最低学分是 210 分,这个数据被所有学生对象共享,而且

不能修改,所以可以定义为类的符号常量。

```
class Student{
    public final static int CREDIT_MIN=210;
    private String sid;              //学号
    private String sname;            //姓名
    private String banji;            //班级
    private String specialty;        //专业
    private String college;          //学院
    private Grade mark;              //Grade 用户自定义成绩类,成绩
}
```

3.2.3 方法定义

方法是类向外提供的接口,也可以为类内部使用提供服务。方法的定义如下。

```
[<modifiers>]<return_type><method _name>(parameter lists) [throws exception
lists]{
    //method body (方法体);
};
```

每个方法包括以下6部分中的几部分。

(1) modifiers: 访问修饰符,包括 public、protected、private 和 default;

(2) return_type: 返回类型,包括全部基本类型、void 和复合类型;

(3) method _name: 方法名,符合规范的标识符;

(4) parameter lists: 参数列表,使用“,”进行分割,表示传输的数据,包括数据类型和方法变量,方法定义时也可以没有参数;

(5) exception lists: 异常列表,在第9章中介绍;

(6) 方法体: 方法的功能定义。

方法的使用根据定义也分为两种: 一种是必须被实例化后才能使用方法,称为对象方法;另一种是通过类名进行访问的方法,称为类方法。使用 static 进行定义。

【例3-5】 实现一个根据用户给定的初始值为参数,进行学号值设置的方法;实现一个学号自动增加的方法。

```
public class Student {
    public final static String UNVERSITY_NAME="内蒙古工业大学";
    private static int current_sid=0;      //系统当前学号的值,为对象分配学号使用
    private String sid;                    //学生对象学号
    private String sname;                  //姓名
    private String college;
    private String specality;
    private int generateId(int seed){      //对象方法,设置系统当前学号值
        current_sid=seed;
        return current_sid;
```

```
    }
    private void incrementId(){                    //对象方法,系统学号自动增加的方法
        current_sid++;
    }
}
```

【例 3-6】 定义一个从键盘输入学生信息的方法。

```
public class InputByBoard {
    public static Student inputStudent(){          //该方法是类方法
        String sid;
        String sname;
        String college;
        String specality;
        Scanner in=new Scanner(System.in);
        System.out.print("输入学号:>");
        sid=in.readLine();
        System.out.print("输入姓名:>");
        sname=in.readLine();
        System.out.print("输入学院:>");
        college=in.readLine();
        System.out.print("输入专业:>");
        specality=in.readLine();
    }
}
```

3.2.4 方法参数的使用

进行方法定义时,方法参数的个数和类型的确定是定义方法的难点。定义方法时,应该与数学中的函数相结合。定义一个数学函数时,一般会写成 f(x,y,...),当给定参数值时,就能求得 f 函数的值。所以,实现方法时,首先考虑需要外界提供哪些数据,这些数据就是方法的参数。很多时候,为了实现方便,需要人为地加入一些参数,有利于方法实现。

【例 3-7】 对一组整型数据求和。

设置本方法的参数时,会得到参数"int[] datas"(这是数组定义,详见第 4 章)。这时,是否还需要其他参数,还需要知道这组数据中哪些是有效数据,因此还需要一个参数"int length"。

所以,这个方法的头部为 addarray(int[] datas,int length)。

定义参数时要考虑以下几个问题。

1. 参数类型

定义方法时,参数的类型既可以是基本类型,如整型、实型、双精度型等,也可以是复合类型,如数组、对象等。

Java 方法进行参数传递时，是按照“值”方式进行的。当传递基本类型参数时，如在 addarray 方法中传递 length 参数，方法内部对 length 的修改不会改变原始变量的值。当传递复合类型参数时，如在 addarray 方法中传递 data 参数，方法内部如果对 data 的内容进行了修改，将会改变传递变量的值。

2. 参数的有效范围

在程序中，同一个范围中会出现同名变量，这时需要理清这些参数的有效范围。一般情况下，同名变量的有效范围为“就近原则”，即同名变量重叠的范围内，有效变量为在重叠范围内定义的变量。

【例 3-8】 看下面的代码示例。

```
class Compute {
    int x,y;//属性 x,y 的有效范围开始
    Compute(int x,int y){//参数 x,y 的有效范围开始
    ⋮
    }//参数 x,y 的有效范围结束
}//属性 x,y 的有效范围结束
```

定义方法 Compute(int x,int y)时，出现了同名变量 x 和 y。它们的有效范围如何区分？类中属性 x 和 y 的有效范围是整个类。但在本例中，Compute 方法中的 x 和 y 是指方法的参数。

3. 不定参数个数的方法定义

使用方法时，常有一些不定参数个数的广义方法的使用。如 C 语言中 printf("%d,%s",a,b)的使用，根据格式参数决定对应参数的个数使用。Java 也提供了这种方法的定义。参数的定义使用 3 个点(...)，格式为 (类型...参数变量)。

【例 3-9】 不定参数个数方法的定义。定义格式为“%d”或“%s”的不定参数的输出方法。

```
class TestMethod{
    static void myprint(String format,Object ...objects){
    //不定参数个数的方法定义
        String temp=format;
        String result="";
        int index=0;
        int num=0;
        while((index=temp.indexOf('% '))>=0 && index<format.length()){
            char ch=temp.charAt(index+1);
            switch(ch){
            case 's':
                result+=objects[num].toString();
                num++;
                break;
```

```
            case 'd':
                result+=objects[num].toString();
                num++;
                break;
            }
            temp=temp.substring(index+1);
        }
        System.out.println(result);
    }
}
```

这里定义了一个不定参数个数的 myprint 方法,根据 format 参数中的"%"个数确定后面参数的个数,用%后面的 s 和 d 的字符区分具体的数据类型。例如,myprint("%d",12345);myprint("%s","hello!"); myprint("%s,%d","hello!",12345);myprint("%s,%d,%s","hello!",12345,"234");等都是合法的使用,可以根据需要对上面方法的数据类型和功能进行扩充。

3.2.5 构造方法(Constructor Method)

实例化对象时,需要同时初始化成员变量(或属性)。Java 提供了专门方法,称为构造方法(Constructor Method)。构造方法的定义与普通方法相同,但它又是一个特殊的方法。它的方法名与类名相同,并且没有返回类型。注意:没有返回类型是不能定义返回类型,而不是 void 类型。

【例 3-10】 定义学生类的构造方法。

```
public class Student {
    public final static String UNVERSITY_NAME="内蒙古工业大学";
    private static int current_sid=0;     //系统当前学号的值,为对象分配学号使用
    private String sid;
    private String sname;
    private String college;
    private String specality;
    private String sclass;
    public Student(){                      //构造方法
        sid="2013"+generateId(current_sid);
        incrementId();
    }
    private int generateId(int seed){      //对象方法,设置系统当前学号值
        current_sid=seed;
        return current_sid;
    }
    private void incrementId(){            //对象方法,系统学号自动增加的方法
        current_sid++;
    }
}
```

Java提供构造方法的目的是在创建对象时初始化成员变量。定义类时，可以显示定义构造方法，也可以不定义。不显示定义构造方法时，Java编译器会为每一个类提供一个默认的无参构造方法。一旦类中显式定义了一个或多个构造方法，系统将不再提供默认的构造方法。

构造方法是为了方便用户在实例化对象时同时进行对象属性的初始化。根据【例3-10】，构造方法只初始化了一个参数。如果在不同的应用情况下进行不同属性的初始化，通用做法是定义不同名字的方法，实现不同内容的初始化或其他功能，但是这样就失去了方法名的名字特性，给用户增加负担。所以，Java提供了一种办法，就是可以使用相同的方法名，但是参数个数或类型不同，这种技术在面向对象中称为重载(overloading)。

【例3-11】 重载学生类的构造方法。

```
public class Student {
    public final static String UNVERSITY_NAME="内蒙古工业大学";
    private String sid;
    private String sname;
    private String college;
    private String specality;
    private String sclass;
    public Student(){
        sid="2013"+generateId(current_sid);
        incrementId();
    }
    public Student(String sid){          //构造方法重载
        this.sid=Integer.toString( generateId(sid));
        incrementId();
    }
    public Student(String id, String sname){
        this.sid=Integer.toString( generateId(sid));
        incrementId();
        this.sname=sname;
    }
    private int generateId(int seed){  //对象方法,设置系统当前学号值
        current_sid=seed;
        return current_sid;
    }
    private void incrementId(){          //对象方法,系统学号自动增加的方法
        current_sid++;
    }
}
```

方法重载的实现是通过定义不同的参数类型或不同数量的参数个数实现的。但是，方法重载不允许定义相同数量和类型参数实现，也不允许通过定义不同返回类型进行重载，因为Java编译器无法区分它们。构造方法的定义可以通过使用不同参数个数实现方

法重载。

3.2.6 属性值的读取与设置方法

由于类将属性进行了封装，特别是将属性设置为私有类型(private)后，其他对象无法通过"对象名.属性名"的方式访问它们，所以需要设置方法提供对它们的访问。包括两类方法：读取和设置属性的值。为了方便定义与使用，Java 定义了统一的方法名。读取属性值为 getXxx()、设置属性值为 setXxx()方法。

【例 3-12】 对成绩类属性进行读取和设置方法的定义。

```
public class Grade {
    private String sid;
    private String cname;
    private float credit;
    private float score;
    public String getSid() {
        return sid;
    }
    public void setSid(String sid) {
        this.sid=sid;
    }
    public String getCname() {
        return cname;
    }
    public void setCname(String cname) {
        this.cname=cname;
    }
    public float getCredit() {
        return credit;
    }
    public void setCredit(float credit) {
        this.credit=credit;
    }
    public float getScore() {
        return score;
    }
    public void setScore(float score) {
        this.score=score;
    }
}
```

3.2.7 this 关键字

在对象实例化方法和构造方法中，this 代表当前对象，主要用在实例化方法时对象属性的使用和构造方法的引用。

this 关键字有以下两种使用方法。

1. this 区分实例变量与局部变量

用法：

```
this.varName(实例变量)          //引用对象的实例化变量
```

典型的情况是用在区分构造方法的参数与实例变量参数的标识符相同的情况下。

【例 3-13】 构造方法中 this 的应用。

```
public class Student {
    private String sid;
    private String sname;
    ⋮
    public Student(){
        sid="";
    }
    public Student(String sid){
        this.sid=sid;          //区分实例变量与局部变量
    }
}
```

2. this 用于构造方法的调用

用法：

```
this(参数列表)                 //调用本类的构造方法
```

用在构造方法的重载实现中，目的是调用其他构造方法。但是，this 语句必须放在第一行。

【例 3-14】 this 作为构造方法的使用。

```
public class Student {
    private String sid;
    private String sname;
    private Grade mark;
    ⋮
    public Student(){
        this("0");               //构造方法的调用
    }
    public Student(String sid){
        this(sid,"");            //构造方法的调用
    }
    public Student(String id, String name){
        this(id,name,null);      //构造方法的调用
    }
```

```
    public Student(String sid, String sname,Grade mark){
        sid=id;
        sname=name;
        this.mark=mark;
    }
}
```

3.3 对　象

对象(Object)是软件建模中的基本单位,是一个运行状态(state)和行为(behavior)的综合体,对象之间通过消息传递(调用方法)相互作用。

在面向对象程序设计中,每一个对象都属于某一个特定的类,就像面向过程程序设计中的每一个变量都属于某一特定的数据类型一样。由于对象具有不同的方法,所以在编写程序时可以使用对象的不同状态和不同方法,使程序在运行中呈现出不同功能。

对象的使用包括对象的声明、实例化、使用和销毁。

3.3.1 对象声明

Java 是一门先定义、后使用的语言。所以要想使用一个对象,必须先声明才能使用。凡是符合变量声明的地方,都可以使用对象声明。实际上,对象声明就向基本类型变量定义一样,这里的对象就是复合类型的变量而已。

声明格式:

```
类名  对象名;
类名  对象名列表;
```

【例 3-15】 声明学生对象。

```
Student stu;              //声明了一个 Student 对象 stu
Student jsjStu,seStu;     //声明了两个 Student 对象 jsjStu 和 seStu
```

在 Java 中,声明对象后,对象中存储的值不是实际对象属性的值,而是对象的一个引用(即地址)。声明时,对象的初始值为空,如图 3-4 所示。

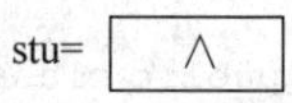

stu= | ∧ |

图 3-4　空对象 stu

3.3.2 对象实例化

对象声明后,还不能真正使用对象,因为它与基本类型的使用完全不一样。基本类型变量在声明后,就可以直接使用,如 int number,然后可以给它赋值 number＝10,而复合类型则不能直接使用,必须经过实例化。如声明 Student stu 后,直接使用对象方法 stu.getSid(),则在执行程序过程中出现 NullPointerException 的异常错误。主要是因为没有为对象分配存储空间,所以必须使用运算符 new 创建对象实例,才能使用对象。

实例化格式:

```
对象=new 类名();
```

【例 3-16】 实例化 stu 对象。

```
stu=new Student("20120101001","姚明");        //实例化 stu 对象
```

在实际开发中,常常声明和实例化一起完成。

【例 3-17】 声明和实例化一起完成,下面的 Student 类使用了【例 3-13】中的定义。

```
Student stutwo=new Student("20120101001","姚明");
Student stuthree=new Student("20120101001","姚明",new Grade("高数"));
```

new 关键字的作用:

(1) 为对象分配内存空间;

(2) 引起对象对应构造方法的调用;

(3) 为对象返回一个引用。

stu 对象的实例化过程如图 3-5 所示。

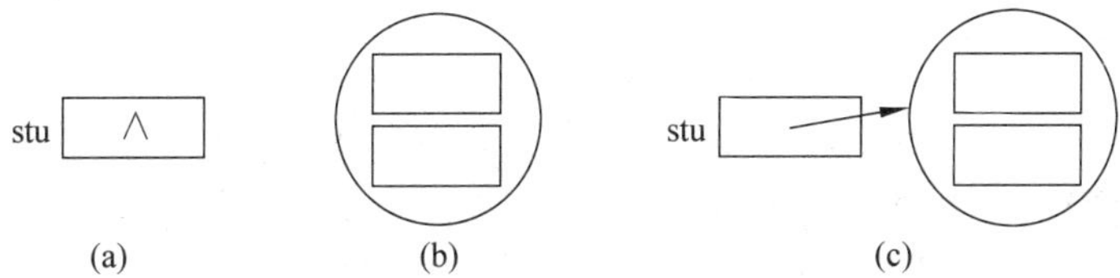

图 3-5 stu 对象的实例化过程

stuthree 对象的实例化过程如图 3-6 所示,mark 是 Student 类中的属性。

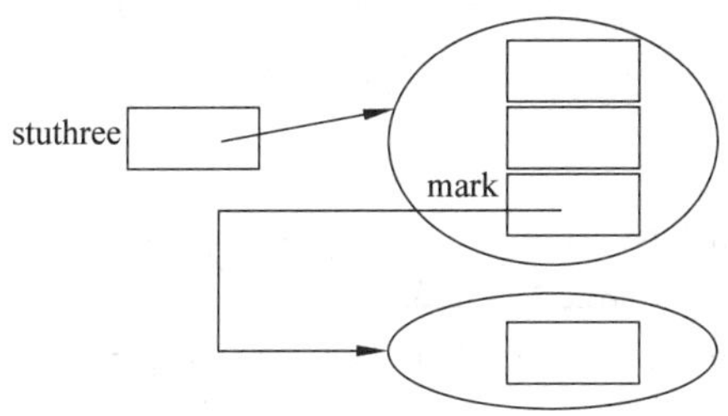

图 3-6 stuthree 对象的实例化过程

3.3.3 对象使用

对象经过实例化后,就可以进行属性和方法的访问。但是能否访问这些内容,与类中定义它们的访问属性有关,这将在后面的内容中介绍。

访问属性格式:

```
对象名.属性名;
```

【例 3-18】 属性的访问。

```
System.out.println(stu.sid);        //sid 的访问修饰符为 public,将 stu 对象的 sid
                                      属性输出
```

```
System.out.println(stu.getSid());    //sid 的访问修饰符为 private,使用 get 方法访问 sid
```

访问方法格式：

```
对象名.方法名(参数列表);
```

【例 3-19】 方法的访问。

```
stutwo.toString();                    //toString()方法为非 static 方法
TestMethod.myprint ("% s,% d,% s","hello!",12345,"234");  //myprint 方法为 static 方法
```

对象也可以作为参数传递，但是，传递时使用的是对象的引用，对于非 String 类对象，如果对象参数在方法内被修改过，将影响原来的参数对象。

【例 3-20】 对象作为参数，传递前后的变化。

```
public class TestParemeter{
    int id;
    int age;
    public TestParemeter(){
        id=0;
        age=1;
    }
    public static void testage(TestParemeter t){
        t.id=-1;
        t.age=200;
    }
    @Override
    public String toString() {
        //TODO Auto-generated method stub
        return Integer.toString(id)+":"+Integer.toString(age);
    }
    public static void main(String[] args){
        TestParemeter tp=new TestParemeter();
        System.out.println("tp 操作前: "+tp);
        TestParemeter.testage(tp);
        System.out.println("tp 操作后: "+tp);
    }
}
```

程序执行结果如下。

```
tp 操作前: 0:1
tp 操作后: -1:200
```

为避免这种情况，需要在参数传入方法内时，使用局部变量保存参数的值，并且需要实现 Cloneable 接口，详见第 5 章。

3.3.4 对象销毁

Java语言采用JVM自动垃圾回收机制来清理对象。JVM会按照某种策略(如定时、内存使用情况)使用垃圾回收机(GC),自动回收系统中不再使用的对象。

对应C++语言的析构方法,Java也提供了一个finalize()方法。但是,本方法的工作原理是假设垃圾回收机要释放本对象的存储空间,回收前首先执行该方法。所以,可以使用finalize()方法做垃圾回收时的清理工作,但是,finalize方法不会在用户指定的时间执行清理工作。对于垃圾的回收,也可以使用System.gc()对系统中的无效对象进行清理,但也并不保证立即执行。

实际上,无论上面哪种对象的销毁办法,都是在垃圾回收机工作时才开始清理工作的,而垃圾回收机什么时候开始工作,由JVM设定的策略决定。

3.4 继　　承

继承是面向对象程序设计的基本技术,是实现多态的基础。继承的主要目的是实现系统中代码的复用。

3.4.1 继承的定义

继承(Inheritance)是指在已有类型的属性和方法的基础上进行扩充和改造,得出新的类型,也就是定义一个类时可以继承一个已经存在的类。继承可以简化代码,实现代码复用,是多态的基础;满足"is a"关系就是类继承。

被继承的类称为父类(superclass),定义的新类称为子类(subclass)。Java中类的继承定义的语法如下。

```
[<modifiers>] class<subclass_name>extends superclass {
    [<attribute_declarations>]
    [<constructor_declarations>]
    [<method_declarations>]
}
```

其中,extends就是类继承的关键字。创建一个新类时,系统中已经存在一个具有新类的部分属性和方法的类,就可以使用继承创建这个新类。这样就可以复用已经定义的属性和方法。

【例3-21】 在实际成绩管理中,成绩不仅包括百分制,还有二分制和五分制。其中二分制的成绩为"不及格"和"及格";五分制的成绩为"不及格"、"及格"、"中"、"良"和"优秀"。那么成绩类如何设计呢?

(1) 解决方案1:修改成绩类。

根据前面定义的成绩类,成绩类包括以下属性:学号、课程名、学分和成绩。为了实现二分制、五分制和百分制,修改成绩类,增加成绩类型属性。1表示百分制;2表示二分制;3表示五分制。其中成绩在百分制下使用"0～100"的实数;二分制下使用"0～1"的实数;五分制使用“0～4”的实数。

```
class Grade{
    public final static int CENTI_SCALE=1;
    public final static int BINARY_SCALE=2;
    public final static int FIVE_SCALE=3;
    private String sid;          //课程编号
    private String cname;        //课程名
    private float credit;        //学分
    private int gType;           //成绩类型
    private float score;         //成绩
    //构造方法
    ⋮
    //读取成绩
    public String getScore() {
        String result=null;
        switch(gType){
        case CENTI_SCALE:
            result=Float.toString(score);
            break;
        case BINARY_SCALE:
            if(score==0){
                result="不及格";
            }else{
                result="及格";
            }
            break;
        case FIVE_SCALE:
            if(score==0){
                result="不及格";
            }else if(score==1){
                result="及格";
            }else if(score==2){
                result="中";
            }else if(score==3){
                result="良";
            }else if(score==4){
                result="优秀";
            }
            break;
        }
        return result;
    }
}
```

成绩类的使用，如姚明参加了“高数”、“IT 日语”和“Java EE 框架技术”课程的学习（其中“高数”是百分制，公共选修课“IT 日语”是二分制，选修课“Java EE 框架技术”是五分制），下面实例化这些课程的成绩对象并使用它们。

```
class TestGrade{
    public static void main(String[] args){
        Grade grade;
        grade=new Grade("01","高数",6, Grade.CENTI_SCALE,89);
        //编号"01",高数,6学分,百分制,89分
        System.out.println("成绩"+grade.getScore());
        grade=new Grade("02","IT 日语",3, Grade.BINARY_SCALE,1);
        //编号"02",IT 日语,3学分,二分制,1表示“及格”
        System.out.println("成绩"+grade.getScore());
        grade=new MyGrade("03","Java EE 框架技术",4, Grade.FIVE_SCALE,3);
        //编号"03",Java EE 框架技术,4学分,五分制,3表示“良”
        System.out.println("成绩"+grade.getScore());
    }
}
```

(2) 解决方案 2：使用继承。

在原有类型的基础上，继承实现了二分制和五分制的成绩表示，百分制仍然由原来的成绩类来表示。类的继承模型如图 3-7 所示。

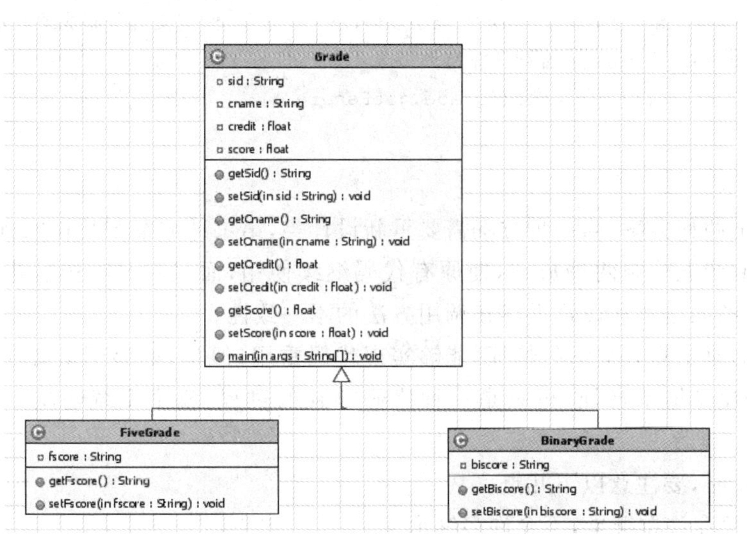

图 3-7 类的继承建模

```
class BinaryGrade extends Grade {                    //二分制成绩类
    private String biscore;
    public String getBiscore() {
        return biscore;
    }
```

```
        public void setBiscore(String biscore) {
            this.biscore=biscore;
        }
    }
    class FiveGrade extends Grade {                          //五分制成绩类
        private String fscore;
        public String getFscore() {
            return fscore;
        }
        public void setFscore(String fscore) {
            this.fscore=fscore;
        }
    }
    public class TestInherit{                                //测试类
        public static void main(String[] args){
            Grade cgrade=new Grade();                        //定义百分制成绩对象
            cgrade.setScore(50.0f);
            System.out.println(cgrade.getScore());
            BinaryGrade egrade=new BinaryGrade();            //定义二分制成绩对象
            egrade.setBiscore("及格");
            System.out.println(egrade.getBiscore());
            FiveGrade fgrade=new FiveGrade();                //定义五分制成绩对象
            fgrade.setFscore("良好");
            System.out.println(fgrade.getFscore());
        }
    }
```

对比以上两种方案,第一种方案需要重新设计类,第二种方案则是在原有基础上实现扩展的二分制和五分制两种成绩,使原有代码继续使用,而只对私有内容进行了设计实现,但是在成绩的读取和设置上存在调用方法的不一致性。

虽然面向对象具有继承的特征,能够实现代码重用,但是,如果不从底层进行规范的设计,即使使用了继承特征,也只是一种修修补补的过程,整个系统还是一个不稳定的系统。

使用继承时,要注意以下几点。

① Java 只允许单继承,不允许多继承;

② 子类可以继承父类中被声明为 public、protected 的成员变量和方法,不能继承父类中被声明为 private 的成员变量和方法;

③ 如果子类声明了一个与父类同名的成员变量,此时称子类的成员变量隐藏了父类的成员变量;

④ 如果子类声明了一个与父类同名的成员方法,则此时子类不能继承父类的成员方法,此时称子类的成员方法隐藏了父类的成员方法。

3.4.2 super 关键字

使用继承的过程中，常常在子类中访问父类的私有属性和方法，Java 通过 super 关键字解决这个问题。

super 代表当前对象的父类引用。它的典型应用有两种情况：访问父类的成员和访问父类的构造方法。

1. 访问父类成员

子类中有与父类同名属性和同名方法，方法重写时使用 super 来调用父类的属性和方法。

"super"访问父类成员的方法为：super. 同名属性或者同名方法(参数列表)。

【例 3-22】 访问父类成员。

```
public clas FiveGrade{
    ⋮
    public void setFscore(String fscore) {
        super.setScore(0);                //调用了父对象的方法
        this.fscore=fscore;
    }
}
```

2. 在子类构造方法中的应用

父类的部分属性是私有的，如果在构造子类时也初始化父类的属性，可以使用 super 关键字调用父类的构造方法。

【例 3-23】 父类构造方法的应用。

```
public class FiveGrade extends Grade {
    private String fscore;
    public FiveGrade() {
        super();                          //父类构造方法的调用
    }
    FiveGrade(String sid, String cname, float credit){
        super(sid,cname,credit);          //父类构造方法的调用
        fscore="";
    }
}
```

在构造方法中使用 super 关键字，需要注意以下几方面。

① 在子类的构造方法中，如果既没有显式的调用父类的构造方法，也没有通过 this 调用同一类中其他重载的构造方法(该方法中也没有显示的调用父类的构造方法)，那么系统会默认调用 super()；

② 在构造方法中显示使用 super()的构造方法，必须放在第一句；

③ 如果在子类的构造方法中没有显式的调用父类的构造方法，父类中必须提供空的构造方法；

④ 构造方法中的 this 方法和 super 方法不能同时出现。

3.4.3 覆盖技术(Overriding)

子类中定义的方法与父类方法的方法名、方法参数的个数、类型与顺序、返回类型(也可以是子类)全部一致时，称为覆盖。覆盖是子类中根据需要对继承父类方法的重新实现。

【例 3-24】 成绩的计算，成绩=成绩 * 学分。由于存在二分制和五分制，所以成绩需要折算后才能计算。二分制和五分制各有自己的计算。

```
public class Grade {
    private String sid;
    private String cname;
    private float credit;
    public float compute(){
        return 0;
    }
   ⋮
}
class FiveGrade extends Grade {
    private String fscore;
    public FiveGrade(String fscore){
        this.fscore=fscore;
    }
    public float compute() {
        float result=0;
        float temp=0;
        if(fscore.equals("优秀")){
            temp=95.0f;
        }else if(fscore.equals("良")){
            temp=85.0f;
        }else if(fscore.equals("中")){
            temp=75.0f;
        }else if(fscore.equals("及格")){
            temp=65.0f;
        }else if(fscore.equals("不及格")){
            temp=45.0f;
        }
        result=temp * this.getCredit();
        return result;
    }
}
```

```
public class TestGrade {
    public static void main(String[] args){
        Grade grade=new FiveGrade("良");
        grade.setCredit(6);
        System.out.println(grade.compute());
    }
}
```

实现覆盖技术时,需要注意以下几点。

① 覆盖方法必须和被覆盖的方法具有相同的方法名、参数列表、返回类型(也可以是子类);

② 覆盖方法不能使用比被覆盖方法更严格的访问权限;

③ 覆盖方法不能声明抛出比被覆盖方法范围更大的异常;

④ 覆盖发生在不同类中,同一个类中的方法只能被重载,不能被覆盖;

⑤ 方法覆盖时,需要在被覆盖的方法前书写"@Override"(标注),引导编译器工作。

实际上,定义类时,常常会自觉地覆盖两个 Object 类的方法: toString()和 equals()方法。

1. toString 方法

使用经过实例化的对象时,常常需要以字符串的形式得到对象的内容,而不是每次逐个使用 getXxx()方法。Object 类提供了 toString()方法,功能是以字符串形式返回类的内容。

所以,定义自己的类时会覆盖这个方法,将所定义类的内容以字符串形式返回。

【例 3-25】 在 Grade 类中覆盖 toString()方法。

```
public class Grade {
    public String toString() {
        return sid+":"+cname+":"+credit;
    }
    public static void main(String[] args){
        Grade grade=new Grade("01","高数",6);
        System.out.println(grade);
    }
}
```

输出时,直接输出的参数是对象,Grade 实际上等价于 grade. toString()。如果类没有覆盖 toString()方法,则使用 Object 的 toString()方法输出。输出内容为 Object 类的 toString 方法的内容,Object 类 toString 的方法体为(getClass(). getName()+'@'+Integer. toHexString(hashCode()))。

2. equals()方法

程序中常常会判断两个对象是否相等,此时会用到"=="(关系运算符)。

【例 3-26】 对象间使用“==”运算符，判断彼此间的关系。

```
public class FiveGrade extends Grade {
    private String fscore;
    public static void main(String[] args){
        FiveGrade fgrade1=new FiveGrade("及格");
        FiveGrade fgrade2=new FiveGrade("及格");
        boolean flag=fgrade1==fgrade2;
        System.out.println(flag);
        fgrade2=fgrade1;
        flag=fgrade1==fgrade2;
        System.out.println(flag);
    }
}
```

程序的输出结果为 false 和 true，出现了差别。产生差别的原因是对象变量中存储的是引用，而不是真正对象的内容。所以，使用==进行比较时，也只能比较对象的引用了。因此出现上面的结果也就不足为奇了。

为了比较两个对象的内容是否相等（或根据自定义的相等标准进行相等判断），Java 在 Object 类中提供了 equals()方法，目的是比较两个对象是否相等（一般是比较对象的各属性值是否相等）。

实际上，在 Object 类中定义的比较规则仍然和“==”相同，所以定义类时要对 equals 方法进行覆盖。由于基本类型存储的就是内容，所以没有 equals()方法，复合类型才有该方法。

【例 3-27】 判断对象内容是否相等。

```
public class FiveGrade extends Grade {
    private String fscore;
    public boolean equals(Object obj) {
        boolean result=false;
        if(obj==null){
            result=false;
        }else{
            if(obj instanceof FiveGrade){
                FiveGrade temp=(FiveGrade)obj;
                if(fscore.equals(temp.getFscore())){
                    result=true;
                }else{
                    result=false;
                }
            }else{
                result=false;
            }
        }
```

```
        return result;
    }
    public static void main(String[] args){
        FiveGrade fgrade1=new FiveGrade("及格");
        FiveGrade fgrade2=new FiveGrade("及格");
        boolean flag=fgrade1.equals(fgrade2);
        System.out.println(flag);
    }
}
```

程序运行结果为 true。equals()方法满足了对象间是否相等的判断需要。书写 equals 时，需要注意以下几点。

① equals()方法是覆盖了 Object 类的方法，所以头部要保持一致。

② 书写 equals()方法时，要进行参数是否为空的判断，增加代码的健壮性。

③ 对于参数 obj，在从 Object 类向指定类转换前，需要进行类型判断。

对于具体类型中的属性进行相等判断时，如果属性是复合类型，仍然需要使用 equals()方法进行相等判断，如果属性是基本类型，就可以直接使用==进行相等判断。

3.4.4 Object 类

Java 中的每一个类都有一个父类。有的使用"extends"关键字显示的实现，有的虽然没有显示的实现，但是都继承了一个"Object"类，它是所有 Java 类（包括数组）的父类。Java 语言中的类体系结构如图 3-8 所示。

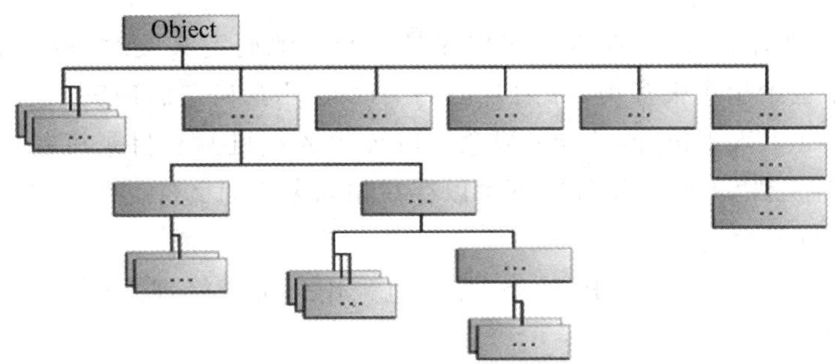

图 3-8 Java 类体系结构

Object 类是所有类的父类。Object 类中的方法如表 3-1 所示。

表 3-1 Object 类方法摘要表

首　部	说　明
protected Object clone()	创建并返回此对象的一个副本
boolean equals(Object obj)	指示其他某个对象是否与此对象"相等"
protected void finalize()	当垃圾回收器确定不存在对该对象的更多引用时，由对象的垃圾回收器调用此方法

续表

首 部	说 明
Class<?> getClass()	返回此 Object 的运行时类
int hashCode()	返回该对象的哈希码值
void notify()	唤醒在此对象监视器上等待的单个线程
void notifyAll()	唤醒在此对象监视器上等待的所有线程
String toString()	返回该对象的字符串表示
void wait()	在其他线程调用此对象的 notify()方法或 notifyAll()方法前，导致当前线程等待
void wait(long timeout)	在其他线程调用此对象的 notify()方法或 notifyAll()方法，或者超过指定的时间量前，导致当前线程等待
void wait(long timeout,int nanos)	在其他线程调用此对象的 notify()方法或 notifyAll()方法，或者其他某个线程中断当前线程，或者已超过某个实际时间量前，导致当前线程等待

3.5 访问控制

访问控制修饰符决定了一个类是否可以访问其他类中特定的属性和方法。

3.5.1 包(package)

进行大型软件开发时，往往有很多程序员参与。他们定义类时，可能会出现命名冲突，Java API 中也给出了很多类，开发自己的类时也可能和它们冲突。为了解决类命名冲突的问题，Java 引入了包(package)概念。Java 中的包机制和目录机制极其类似，文件夹可以组织管理文件，不同的文件夹下可以存在相同名字的文件而 Java 包相当于给类名加了一个限定名(前缀)。

为了防止命名冲突，Java API 的类、接口也采用包进行管理。Java API 中部分包的结构如图 3-9 所示。

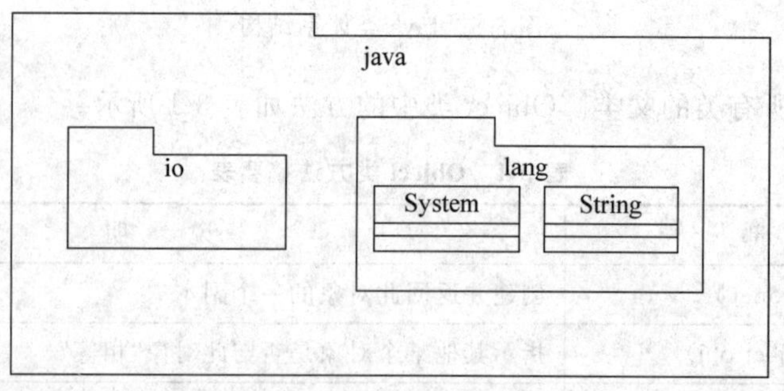

图 3-9 Java 包图

包的使用包括包的定义和包的引入。

1. 包的定义(package 语句)

包的定义语句如下：

```
package packageName;
```

packageName：指包名，是一个符合标识符命名规则的标识符，如 yaoming。包名也可以使用“.”分隔符定义多级包名，如 edu.imut.se09.yaoming，这是一个 4 级包名。为了避免各公司在开发类时出现冲突问题，包的命名一般采用公司域名的倒序。

【例 3-28】 将类 FiveGrade.class 放在 ch03.model.inherit 包下。

```
package ch03.model.inherit;//定义包名
public class FiveGrade extends Grade {
    ⋮
}
```

说明：

① 对包进行了定义，实际就是指定了所定义类的前缀。编译 FiveGrade 类后，会在当前路径下生成三级目录路径“...\ch03\model\inherit”。

② 包语句必须是文件中的第一条语句。即在 package 语句之前，除了空白和注释外不能有任何语句。

③ 如果不加 package 语句，则指定为默认包或无名包。

2. 包的引入(import 语句)

给类定义了包名后，类的全名就改变为：包名.类名。在程序中使用类有 3 种情况：①使用全名；②引入包或引入类；③在同一包中的类可以互相引用，无需 import 语句。

引入包(引入类)的语句为：

```
import 包名或类的全名;
```

【例 3-29】 在不同包的程序中使用类。

```
package ch03.model;                        //定义包
import java.io.IOException;                //引入类
import java.util.Date;                     //引入类
import ch03.model.inherit.Grade;           //引入类
public class ConsoleUI{
    public static void main(String[] args){
        Grade grade=new FiveGrade("及格");
        System.out.println(grade.compute());
        grade=new BinaryGrade("及格");
        System.out.println(grade.compute());
    }
}
```

由于 ConsoleUI 类和 Grade 类不在同一个包下，所以需要引入 Grade 类“import ch03. model. inherit. Grade;”，在 main()方法中才能直接使用 Grade。如果没有引入类，则在 main()方法中也可以使用 Grade 类的全名实现。如用“ch03. model. inherit. Grade”替换程序中的“Grade”。

也可以通过 import 语句引入包，即可以直接访问包下的全部类，语句为“import java. io. *”，其中 * 为通配符，表示全部类。这种方法虽然对初学者很方便，但却给程序的运行带来负面影响。如耗费内存资源，影响系统性能，远程加载造成延时。

3. Java API 中的常用包

Java API 包中包含两种前缀，一种是 java，表示 Java 的核心包；另一种是 javax，表示 Java 的扩展包。

① java. lang：包含一些 Java 语言的基本类与核心类，如 String、Math、Integer、System 和 Runtime，提供常用的功能，这个包中的所有类是被默认导入的；

② java. awt、java. awt. event、javax. swing：包含一些用于编写图形用户界面(GUI)应用程序的类；

③ java. util：包含一些实用工具类和数据结构类；

④ java. io：包含一些用做输入输出(I/O)处理的类；

⑤ java. net：包含用于建立网络连接的类，与 java. io 同时使用，完成与网络有关的读写。

3.5.2 访问控制修饰符

Java 提供了两个层次的访问控制：顶层控制(即包控制类的访问)和成员控制。

1. 类的访问权限

类的访问控制有两种：public 和 default(默认)。如果一个类被定义为 public，则可以被任何包的类访问。如果类前没有定义访问修饰符，则使用了默认权限(即包权限)，就是指该类只能被本包中的类访问。

2. 类成员的访问权限

成员的访问权限修饰符包括 public、protected、private 和 default(默认)，比类增加了两个权限。private 权限修饰符指明成员只能被自己类访问；protected 权限修饰符则能被相同包中的类和其他包中本类的子类所访问。成员的访问权限如表 3-2 所示。

表 3-2　成员访问权限表

成员修饰符	类自己	相同包	不同包的子类	任意类
public	Y	Y	Y	Y
protected	Y	Y	Y	N
default(默认)	Y	Y	N	N
private	Y	N	N	N

访问控制符对程序开发有两个影响：一是使用第三方资源时，原有类及其类成员的访问权限决定了定义的类对这些成员的访问；二是定义自己的类时需要决定类及其成员的被访问权限。

3.6 非访问控制修饰符

3.6.1 static 修饰符

static 可以修饰属性、方法、内部类和代码块。前面介绍了 static 修饰属性和方法，由 static 修饰的属性和方法表示属性与方法是类的属性和方法。下面将详细讨论。

1. 静态属性

使用 static 修饰类中的成员和方法后，该属性和方法就成了类的属性和方法。它们的访问语法为：类名.属性或方法。static 修饰的类属性或方法也称为类成员（类变量、静态成员）或类方法（静态方法）。

静态属性由整个类（包括该类的所有实例）共享，不需要依赖某个具体的对象而存在，实际上就是一个共享的变量。

【例 3-30】 设计程序，统计系统中实例化的指定类型的对象个数。

```
public class TotalObject {
    private static int total=0;
    public TotalObject(){
        total++;
    }
    public static void main(String[] args){
        TotalObject obj;
        obj=new TotalObject();
        System.out.println("对象数: "+TotalObject.total);
        new TotalObject();
        new TotalObject();
        new TotalObject();
        System.out.println("对象数: "+TotalObject.total);
    }
}
```

程序执行结果为“对象数：1”和“对象数：4”。

2. 静态方法

编写程序时，常常需要定义一些工具方法，它们可以直接由类来调用，而不用实例化对象调用，这就是静态方法。在静态方法中，只能访问静态变量和局部变量，不能访问类的属性（或成员变量）。

静态方法不能被覆盖，如果子类中有和父类重名的静态方法，虽然编译通过，但并不能实现多态，所以不能称做覆盖。

前面定义了键盘输入类(InputByBoard)，类中定义的方法全部为静态方法，目的是方便使用，即不需要实例化就可使用。

3. 静态块

类定义中，使用静态块对静态属性进行初始化。静态初始块的语法为 static{…}。

【例 3-31】 把静态变量集中在一起初始化。

```
public class TotalObject {
    private static int total;
    private static int my;
    static{
        total=0;
        my=0;
    }
}
```

静态块可以有多个，同时分布在类的任意位置。当 Java 运行，第一次装载本类时，把所有的静态块收集在一起一次执行，用来初始化其中的 static 变量。

对应静态块，还有一种非静态块。它的语法格式与静态块相似，只是没有前面的 static 关键字，语法为{…}。

【例 3-32】 静态块与非静态块的应用。

```
public class TotalObject {
    private static int total;
    private static int my;
    private int fmy;
    static{          //静态块
        total=0;
        my=0;
    }
   {                 //非静态块
        fmy=0;
   }
}
```

非静态块用在构造方法中有相同的初始化代码，不需要在每个构造方法中都重复书写，而只需将它们放在非静态块中。当 Java 编译器编译时，会将它们自动加入每个构造方法中。

4. 初始化顺序

类属性的初始化，可以通过类的静态块、构造方法等实现。特别是在类继承后，属性的初始化顺序更加复杂。理解属性的初始化顺序，对于深入理解 Java 语言的细节有一定帮助。

【例 3-33】 阅读 Parent.java、Child.java 和 TestInit.java 程序，给出程序执行结果。

```
//Parent.java 程序
public class Parent {
    public static int total;          //静态属性
    public final static int base;    //符号常量
    static{
    system.out.println("static 块执行!");
        total=0;
        base=100;
    }
    public Parent(){
        System.out.println("父类执行!");
        total++;
    }
}
//Child.java 程序
public class Child extends Parent {
    private int sid;
    public Child(){
        sid=Parent.base+Parent.total;
        System.out.println("子类编号: "+sid);
    }
}
//TestInit.java 程序
public class TestInit {
    public static void main(String[] args){
        System.out.println("系统中有 Parent 型对象: "+Parent.total+"个");
        System.out.println("Parent 型对象初始编号: "+Parent.base);
        Child child=new Child();
        new Child();
        new Child();
        System.out.println("系统中有 Parent 型对象: "+Parent.total+"个");
        System.out.println("Parent 型对象初始编号: "+Parent.base);
    }
}
```

以上程序的执行结果如下。

```
static 块执行!
系统中有 Parent 型对象: 0 个
Parent 型对象初始编号: 100
父类执行!
子类编号: 101
```

```
父类执行!
子类编号:102
父类执行!
子类编号:103
系统中有 Parent 型对象:3个
执行 Parent 型对象初始编号:100
```

从执行 TestInit 类的结果可以看出,首先执行静态块或静态属性的初始化,然后执行实例化对象。在实例化对象时,将先执行父类的构造方法,然后再执行子类的构造方法。

3.6.2 final 修饰符

定义 java 类、属性、方法时,可以使用 final 来修饰,使其具有最终的特性。

(1) final 修饰的类不能被继承,使得其中的方法也不能被继承覆盖,保证了方法为 final 属性;

(2) final 修饰的方法不能被子类覆盖;

(3) final 修饰的变量使其成为符号常量,只能赋值一次;并且只能在声明的同时或在构造方法中显式赋值,才能使用;

(4) final 不允许修饰构造方法、抽象类及抽象方法。

3.7 String 类

3.7.1 String 的基本使用

Java 中把 String 定义为一个特殊类,从文档中看出 String 类是 final 类型,即不能继承的类,而且 String 对象也是不可变的。

1. String 对象的创建

JVM 对 String 对象的处理有两种方法。

(1) 常规方法。利用 new 关键字创建 String 对象。如 String name=new String("姚明");和其他任何对象一样,name 对象在堆(Heap)中创建,所以销毁也是由垃圾回收机完成的。

(2) 特殊方法。使用赋值运算符直接赋字符串常量。如 String name="姚明";name 对象则是在 JVM 专门定义的字符串池(String Pool)中创建。字符串池用来存放运行时产生的各种字符串,并且池中的字符串内容不重复。当使用上面的语句产生 name 对象时,首先会从字符串池中查找是否包含"姚明"字符串,如果包含,直接将该串的地址赋值给 name,否则在字符串池中新建该字符串。这样可以让 String 对象的使用与基本类型的使用一致,特别是在方法的参数传递中,不会出现修改 String 类型值的情况。

【例 3-34】 创建 String 对象的方法比较,给出程序运行结果。

```
public class TestString {
```

```
    public static void main(String[] args){
        String str1=new String("abc");
        String str2=new String("abc");
        String str3="abc";
        String str4="abc";
        System.out.println("str1==str2:"+(str1==str2));
        System.out.println("str1.equals(str2):"+(str1.equals(str2)));
        System.out.println("str1==str3:"+(str1==str3));
        System.out.println("str3==str4:"+(str3==str4));
        System.out.println("str3.equals(str4):"+(str3.equals(str4)));
    }
}
```

字符串程序运行结果如下。

```
str1==str2:false
str1.equals(str2):true
str1==str3:false
str3==str4:true
str3.equals(str4):true
```

2. String 类中 format 方法的使用

Java 语言的格式化输出在很大程度上受到 C 语言 printf 的启发。虽然一些格式字符串与 C 类似，但已进行了某些定制，以适应 Java 语言，而 Java 的格式比 C 的格式更严格。从 JDK 1.5 开始，String 类新增了一个 format()静态方法，定义了以下两个重载方法。

(1) format(Locale l, String format, Object…args)。

方法功能：在指定的语言环境下，根据格式字符串定义的格式，对参数进行格式化，结果以字符串形式返回。

(2) format(String format, Object…args)。

方法功能：按照格式字符串定义的格式，对参数进行格式化，结果以字符串形式返回。

其中格式字符串定义了对应参数的位置和处理格式。例如：

```
String.format("Duke's Birthday: %1$tm %1$te,%1$tY", c);
Date today=new Date();
String todayStr=String.format("%1$tY 年 %1$tm 月 %1$te 日",today);
```

1$ 表示引用第一个参数，2$ 表示引用第二个参数，依次类推。tY、tm 和 te 中的 t 表示日期转换，Y、m 和 e 表示日期转换的具体内容。

format 中的格式串转换包括常规类型、字符类型和数值类型三种类型的格式说明符。

格式串：

```
%[索引号$][标识][最小宽度][.精度]转换方式
```

格式化字符串由 4 部分组成，其中%[索引号$]表示引用参数在参数列中的位置；[标识]指转换的具体形式；[最小宽度]指最终该整数转化的字符串最少包含多少位数字；[.精度]指小数点后面的位数。标识的转换含义如表 3-3 和表 3-4 所示。

表 3-3 标识表

标识	含义
'-'	在最小宽度内左对齐，不可以与"用 0 填充"同时使用，对于字符，表示左对齐
'#'	只适用于八进制和十六进制，八进制时在结果前面增加一个 0，十六进制时在结果前面增加 0x
'+'	结果总是包括一个符号(一般情况下只适用于十进制，若对象为 BigInteger，才可以用于八进制和十六进制)
' '	正值前加空格，负值前加负号(一般情况下只适用于十进制，若对象为 BigInteger，才可以用于八进制和十六进制)
'0'	结果将用零来填充
','	只适用于十进制，每 3 位数字之间用","分隔，对于浮点型，只适用于 fgG 的转换
'('	若参数是负数，则结果中不添加负号，而是用圆括号把数字括起来(同'+'具有同样的限制)，对于浮点只适用于 eEfgG(见表 3-4 中内容)的转换

表 3-4 转换方式表

转 换	参数类型	含 义
'd'	整型	转换为十进制
'o'	整型	转换为八进制，前面加"0"
'x','X'	整型	转为十六进制，前面加"0x"
'e', 'E'	浮点	结果被格式化为用计算机科学记数法表示的十进制数
'f'	浮点	结果被格式化为十进制普通表示方式
'g', 'G'	浮点	根据具体情况，自动选择用普通表示方式还是科学计数法方式
'a', 'A'	浮点	结果被格式化为带有效位数和指数的十六进制浮点数
'c'	字符	转换为字符

【例 3-35】 字符串格式化的应用。

(1) String.format("%1$,09d",－3123)；表示将参数按照 9 位的宽度输出，每 3 位用","分隔，位数不够在符号和数字间补 0，结果为"－0003,123"。

(2) String.format("%1$9d",－31)；表示将参数 1 按照 9 位宽度转换，默认为右对齐，结果为"␣␣␣␣␣␣－31"。

(3) String.format("%1$－9d",－31)；表示将参数 1 按照左对齐 9 位宽度转换，结果为"－31"。

(4) String.format("%1$(9d",－31))；表示将参数 1 按照右对齐 9 位宽度转换，负号转换为"()"，结果为"␣␣␣␣␣(31)"。

(5) String.format("%1$#9x", 5689);表示将参数1转换为十六进制,前面添加“0x”并按照右对齐方式转换,结果为“0x1639”。

3. 日期和时间类型的格式说明符

格式串:

```
%[索引号$][标识][宽度]转换方式
```

日期和时间的转换标识为T或t,日期转换方式如表3-5所示。

表3-5 日期转化表

标识	含　　义
'B'	特定于语言环境的月份全称,例如“January”和“February”
'b'	特定于语言环境的月份简称,例如“Jan”和“Feb”
'h'	与 'b' 相同
'A'	特定于语言环境的星期几全称,例如“Sunday”和“Monday”
'a'	特定于语言环境的星期几简称,例如“Sun”和“Mon”
'C'	除以100的四位数表示的年份,被格式化为必要时带前导零的两位数,即00~99
'Y'	年份,被格式化为必要时带前导零的四位数(至少),例如,0092等于格里高利历的92 CE
'y'	年份的最后两位数,被格式化为必要时带前导零的两位数,即00~99
'j'	一年中的天数,被格式化为必要时带前导零的三位数,例如,对于格里高利历是001~366
'm'	月份,被格式化为必要时带前导零的两位数,即01~13
'd'	一个月中的天数,被格式化为必要时带前导零两位数,即01~31
'e'	一个月中的天数,被格式化为两位数,即1~31

时间转换方式如表3-6所示。

表3-6 时间转化表

标识	含　　义
'H'	24小时制的小时,被格式化为必要时带前导零的两位数,即00~23
'I'	12小时制的小时,被格式化为必要时带前导零的两位数,即01~12
'k'	24小时制的小时,即0~23
'l'	12小时制的小时,即1~12
'M'	小时中的分钟,被格式化为必要时带前导零的两位数,即00~59
'S'	分钟中的秒,被格式化为必要时带前导零的两位数,即00~60(“60”是支持闰秒所需的一个特殊值)
'L'	秒中的毫秒,被格式化为必要时带前导零的三位数,即000~999
'N'	秒中的毫微秒,被格式化为必要时带前导零的九位数,即000000000~999999999
'p'	特定于语言环境的上午或下午标记以小写形式表示,例如“am”或“pm”。使用转换前缀 'T' 可以强行将此输出转换为大写形式

续表

标识	含 义
'z'	相对于 GMT 的 RFC 822 格式的数字时区偏移量，例如－0800
'Z'	表示时区缩写形式的字符串。Formatter 的语言环境将取代参数的语言环境(如果有)
's'	自协调世界时(UTC)1970 年 1 月 1 日 00:00:00 至现在所经过的秒数，即 Long. MIN_VALUE/1000 与 Long. MAX_VALUE/1000 之间的差值
'Q'	自协调世界时(UTC)1970 年 1 月 1 日 00:00:00 至现在所经过的毫秒数，即 Long. MIN_VALUE 与 Long. MAX_VALUE 之间的差值

【例 3-36】 字符串日期和时间格式化的应用。

```
public class TestStringFormat{
    public static void main(String[] args){
        Date today=new Date();
        System.out.println(String.format("% 1$ tY-% 1$ te-% 1$ tm", today));
        System.out.println(String.format("% 1$ tH:% 1$ tM:% 1$ tS", today));
    }
}
```

执行结果为：

```
2013-18-05
16:08:38
```

3.7.2 正则表达式

在字符串中查找某种有规则类型的数据，如邮箱、电话号码和日期等，是否可以编程实现，是如何实现的？

实际上，这一问题起源于用数学方式描述神经网络的方法，经过发展成为“正则集的代数”的一种表达式，最后由 UNIX 的主要发明人 Ken Thompson 在 UNIX 系统上首先实现。正则表达式是对字符串操作的一种逻辑公式，就是用事先定义好的一些特定字符及这些特定字符的组合组成的一个“规则字符串”，用来表达对字符串的一种过滤逻辑。

1. 正则表达式的使用步骤

1）使用 String 类中的 matches(String regex)方法

对于输入串，进行指定字符子串的匹配，可以直接使用 String 类提供的方法 matches()。例如：验证某个给定数据是否为负整数，程序片段为："-123". matches("-? \\d+")；其中“-? \\d+”就是一个正则表达式。

2）使用 Pattern 和 Matcher

Java 的 regex 包中包括两个类，Pattern(模式类)和 Matcher(匹配器类)。Pattern 类用来表达和陈述所要搜索模式的对象，Matcher 类真正影响搜索的对象。

进行模式串匹配时，需要执行下面 4 个重要步骤，首先构建正则表达式；然后使用

Pattern 类建立模式对象；接下来根据模式对象构建输入串的匹配器；最后利用匹配器中的相应方法进行查找。

【例 3-37】 正则表达式的使用步骤。

```
String regx="正则表达式";
String source="输入序列";
Pattern pattern=Pattern.compile (regx);            //建立模式
Matcher matcher=pattern.matcher(source);           //构建匹配器
matcher.find();     //尝试查找与该模式匹配的输入序列的下一个子序列
```

2. 正则表达式的构造

从以上内容可以看出，无论是哪种方法，核心是如何构建符合规范的正则表达式。正则表达式实际就是一个符合正则规范的字符串。下面主要介绍构建正则表达式的一个基本子集，其余参考 JDK API 文档。

字符是表达式的基本单位，字符的表示如表 3-7 所示。

表 3-7 字符表

字 符	含 义	举 例
x	字符 x	英文字符，CJK 中的汉字
\xhh	带有十六进制值 0x 的字符 hh	"\x61"表示字符'a'
\uhhhh	十六进制表示为\uhhhh 的 Unicode 字符	"\u0061"表示'a'
\t	制表符	
\n	新行(换行)符	
\r	回车符	

注意，使用上面的字符时，如果要用"\"，则一定要将其变换为"\\"再使用。因为"\"在 Java 中是转移字符，所以要想使用"\"，必须按照"\\"使用。

字符类是对字符的使用基础，表 3-8 给出了 Java 中字符类的子集。

表 3-8 字符类

字 符	含 义	举 例
.	任意字符	"."表示任意字符
[abc]	包含 a、b、c 的任意字符，表示"或"	"[wW]"表示'w'或'W'
[^abc]	除 a、b、c 外的任意字符	"[^wW]"表示非'w'的全部字符
[abc[efg]]	包含 a、b、c、e、f、g 的任意字符(或)	"[w[W]]"表示'w'或'W'
[bcg&&[bfg]]	包含 b、g 的任意字符(交)	"[bcg&&[bfg]]"表示'b'或'g'

表 3-9 给出正则表达式的逻辑运算符。

表 3-9　逻辑运算符

运算符	含　义
XY	Y 在 X 的后面
X|Y	X 或 Y
(X)	捕获组

只有在字符类加入量词后，正则表达式的作用才真正体现出来。表 3-10 给出了量词的子集。

表 3-10　逻辑运算符

运算符	含　义
X?	一个或零个 X
X*	零个或多个 X
X+	一个或多个 X
{n}	恰好 *n* 个 X
X{n,}	至少 *n* 个 X
X{n,m}	X 至少 *n* 个，但是不超过 *m* 个

具备以上知识后，就可以构建一个匹配邮箱的正则表达式。常见的邮箱表达式为“mzq@163. com”、“_mzq@imut. edu. cn”、“mzq. bim@sina. com”和“6666666@qq. com”等。邮箱表达式由“@”划分为两部分，前面以字母、数字或下划线开始，字母、数字、下划线、点号相连接的字符串；后面是字符、数字、下划线和点号构成的字符串。所以，邮箱的正则表达式如下。

```
"([a-zA-Z_][a-zA-Z_0-9\\-\\.]+)@ [a-zA-Z_0-9]+\\.[a-zA-Z_0-9\\.]+"
```

3.8　案　　例

本章案例实现用户注册功能，使用了类的定义（封装）、继承和正则表达式。实际上，定义类的过程就是一个封装的过程。封装的原则是类的属性一般定义为 private（私有的），这样可以防止程序直接访问对象的属性，增加了数据的安全性。为了让外界可以访问属性，类中提供统一的公共访问接口，即 public 修饰的 getter 和 setter 方法。但是，并不是类中所有属性都必须定义为 private，要根据实际需要确定。

3.8.1　案例设计

系统的使用者分为学生和教师两类，它们的实体类图，如图 3-10 所示。父类为 User（用户类，定义了用户 ID 和用户密码属性），子类为 Student（学生用户类）和 Teacher（教师用户类）。按照服务类与实体类分开设计的思想，单独设计注册类服务类（Register），其中定义了用户注册方法，实现学生用户信息的输入、格式验证，并将输入信息保存到学生对象中返回。

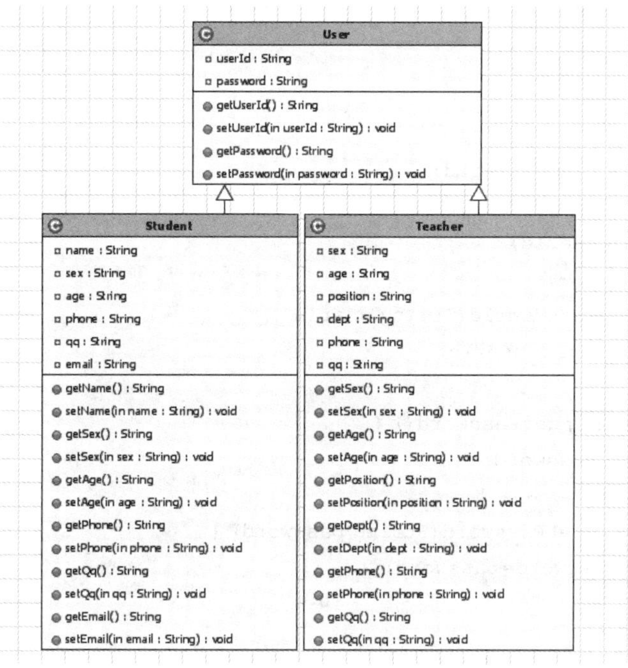

图 3-10 用户类图

3.8.2 案例演示

运行程序 Test，进入如图 3-11 所示的界面。按照界面提示输入各项信息，如果输入正确，即通过格式验证，则注册成功；如果信息输入项不符合格式要求，程序将给出出错提示。

图 3-11 程序运行结果

3.8.3 代码实现

程序 User.java 如下。

```
package chapter03;
public class User {
    private String userId;
    private String password;
    public String getUserId() {
        return userId;
    }
    public void setUserId(String userId) {
        this.userId=userId;
    }
    public String getPassword() {
        return password;
    }
    public void setPassword(String password) {
        this.password=password;
    }
}
```

程序 Student.java 如下。

```
package chapter03;
public class Student extends User{
    private String name;          //姓名
    private String sex;           //性别
    private String age;           //年龄
    private String phone;         //电话
    private String qq;            //qq 号
    private String email;         //电子邮箱
    public String getName() {
        return name;
    }
    public void setName(String name) {
        this.name=name;
    }
    public String getSex() {
        return sex;
    }
    public void setSex(String sex) {
        this.sex=sex;
    }
    public String getAge() {
```

```
        return age;
    }
    public void setAge(String age) {
        this.age=age;
    }
    public String getPhone() {
        return phone;
    }
    public void setPhone(String phone) {
        this.phone=phone;
    }
    public String getQq() {
        return qq;
    }
    public void setQq(String qq) {
        this.qq=qq;
    }
    public String getEmail() {
        return email;
    }
    public void setEmail(String email) {
        this.email=email;
    }

}
```

程序 Teacher.java 如下。

```
package chapter03;
public class Teacher extends User {
    private String sex;           //性别
    private String age;           //年龄
    private String position;      //职称
    private String dept;          //系
    private String phone;         //电话
    private String qq;            //qq号
    public String getSex() {
        return sex;
    }
    public void setSex(String sex) {
        this.sex=sex;
    }
    public String getAge() {
        return age;
    }
```

```
    public void setAge(String age) {
        this.age=age;
    }
    public String getPosition() {
        return position;
    }
    public void setPosition(String position) {
        this.position=position;
    }
    public String getDept() {
        return dept;
    }
    public void setDept(String dept) {
        this.dept=dept;
    }
    public String getPhone() {
        return phone;
    }
    public void setPhone(String phone) {
        this.phone=phone;
    }
    public String getQq() {
        return qq;
    }
    public void setQq(String qq) {
        this.qq=qq;
    }
}
```

程序 Register.java 如下。

```
package chapter03;
import java.util.Scanner;
import java.util.regex.Pattern;
public class Register {
    //用户注册
    public Student register() {
        Scanner in=new Scanner(System.in);
        Student student=new Student();
        String userId=null;
        String password=null;
        String name=null;
        String sex=null;
        String age=null;
        String phone=null;
```

```
String qq=null;
String email=null;
/*下面分别是：//年龄正则表达式;电话正则表达式;qq 正则表达式;电子邮箱正则表
  达式*/
String agePattern="[0-9]{1,2}";
String phonePattern="[0-9]{11}";
String qqPattern="[0-9]{6,10}";
String emailPattern="[a-zA-Z0-9]{1,20}@ [a-zA-Z0-9.]{1,20}";
//输入用户名
System.out.println("请输入学号：");
userId=in.nextLine();
//输入密码
System.out.println("请输入密码：");
password=in.nextLine();
//输入姓名
System.out.println("请输入姓名：");
name=in.nextLine();
//选择性别
System.out.println("请选择性别：");
System.out.println("1.男");
System.out.println("2.女");
sex=in.nextLine();
while (! sex.equals("1") && ! sex.equals("2")) {
    System.out.println("请重新选择!"+sex);
    sex=in.nextLine();
}
if(sex.equals("1")) {
    sex="男";
} else {
    sex="女";
}
//输入年龄并检查 age 是否是两位整数。不符合,则重新输入
System.out.println("请输入年龄：");
age=in.nextLine();
while (! Pattern.matches(agePattern, age)) {
    System.out.println("输入年龄不对!请重新输入!");
    age=in.nextLine();
}
//输入 phone 并检查 phone 是否是 11 位整数。不符合,则重新输入
System.out.println("请输入电话：");
phone=in.nextLine();
while (! Pattern.matches(phonePattern, phone)) {
    System.out.println("输入电话不对!请重新输入!");
    phone=in.nextLine();
```

```
        }
        //输入qq号并检查qq是否是6~10位整数。不符合,则重新输入
        System.out.println("请输入qq: ");
        qq=in.nextLine();
        while (! Pattern.matches(qqPattern, qq)) {
            System.out.println("输入qq格式不对!请重新输入!");
            qq=in.nextLine();
        }
        //输入email并检查email是否符合要求。不符合,则重新输入
        System.out.println("请输入email: ");
        email=in.nextLine();
        while (! Pattern.matches(emailPattern, email)) {
            System.out.println("输入email格式不对!请重新输入!");
            email=in.nextLine();
        }
        student.setUserId(userId);
        student.setPassword(password);
        student.setName(name);
        student.setSex(sex);
        student.setAge(age);
        student.setPhone(phone);
        student.setQq(qq);
        student.setEmail(email);
        return student;
    }
}
```

程序 Test.java 如下。

```
package chapter03;
public class Test {
    public static void main(String[] args) {
        System.out.println("************开始注册***********");
        Student stu;
        Register reg=new Register();
        stu=reg.register();
        if(stu!=null){
            System.out.println("注册成功!");
        }else{
            System.out.println("注册失败!");
        }
    }
}
```

3.9 习　　题

一、选择题

(1) 下面的(　　)操作符可以使其修饰的变量只能对同包中的类或子类有效。

A. private　　B. public　　C. protected　　D. default

(2) 在 Java 中,负责对不再使用的对象自动回收的是(　　)。

A. 垃圾回收器　　B. 虚拟机　　C. 编译器　　D. 多线程机制

(3) 以下说法错误的是(　　)。

A. 静态方法可以直接访问本类的静态变量和静态方法

B. 静态方法可以直接访问本类的非静态变量和非静态方法

C. 非静态方法可以直接访问本类的静态变量和静态方法

D. 非静态方法可以直接访问本类的非静态变量和非静态方法

(4) 下列代码的执行结果是(　　)。

```
public class Test1{
    public static void main(String args[]){
        int a=2,b=8,c=6;
        String s="abc";
        System.out.println(a+b+s+c);
        System.out.println();
    }
}
```

A. ababcc　　B. 282866　　C. 28abc6　　D. 10abc6

(5) 在 Java 中,由 Java 编译器自动导入,而无需在程序中用 import 导入的包是(　　)。

A. java. applet　　B. java. awt　　C. java. util　　D. java. lang

(6) 关于下列程序段的输出结果,说法正确的是(　　)。

```
public class Test2{
    static int i;
    public static void main(String argv[]){
        System.out.println(i);
    }
}
```

A. 有错误,变量 i 没有初始化　　B. null

C. 1　　D. 0

(7) 在 Java 中,一个类可同时定义许多同名的方法,这些方法的形式参数的个数、类型或顺序各不相同,传回的值也可以不相同,这种面向对象程序特性称为(　　)。

A. 隐藏　　B. 覆盖

C. 重载　　D. Java 不支持此特性

(8) 下面(　　)修饰符修饰的变量是所有同一个类生成的对象共享的。

A. public　　B. private　　C. static　　D. final

(9) 对于构造方法,下列叙述不正确的是(　　)。

A. 构造方法是类的一种特殊方法,它的方法名必须与类名相同

B. 构造方法的返回类型只能是 void 型,即在方法名前加 void

C. 构造方法的主要作用是完成对类的对象的初始化工作

D. 一般在创建新对象时,系统会自动调用构造方法

(10) 对于下列代码,下面的(　　)表达式返回值为 true。

```
public class Test3{
    long length;
    public Test3 (long l){
        length=l;
    }
    public static void main(String arg[]){
        Test3 s1, s2, s3;
        s1=new Test3 (21L);
        s2=new Test3 (21L);
        s3=s2;
        long m=21L;
    }
}
```

A. s1==s2　　B. s1==s3　　C. s2==s3　　D. m.equals(s1)

(11) 在 Java 中,类 Worker 是类 Person 的子类,Worker 的构造方法中有一句“super()”,该语句(　　)。

A. 调用类 Worker 中定义的 super()方法

B. 调用类 Person 中定义的 super()方法

C. 调用类 Person 的构造函数

D. 语法错误

(12) 使用(　　)修改下列代码,使成员变量 m 能被方法 fun()直接访问。

```
class Test {
    private int m;
    public static void fun() {
        ⋮
    }
}
```

A. 将 private int m 改为 protected int m

B. 将 private int m 改为 public int m

C. 将 private int m 改为 static int m

D. 将 private int m 改为 int m

二、填空题

(1) 创建一个名为 mypackage 包的语句是________。

(2) 被关键字________修饰的方法是不能被当前类的子类重新定义的方法。

(3) Java 中所有类都是________类的子类。

(4) 在 Java 源文件中，class、import 和 package 语句的顺序是________。

(5) 阅读下面程序段，回答问题。

```
public class Test{
    public static void main(String args[]) {
        String s1=new String ("abc");
        String s2="abc";
        if (s1==s2)
            if (s1.equals(s2))
                System.out.println("a");
            else
                System.out.println("b");
        else
              if (s1.equals(s2))
                  System.out.println("c");
              else
                  System.out.println("d");
    }
}
```

运行结果是________。

三、解答题

(1) 理解对象和类的概念。

(2) 方法重载的条件是什么?

(3) 理解基本数据类型和复合数据类型(引用类型)的区别。

(4) 画出对象实例化的内存分配情况。

(5) 理解 Java 中 package 的概念和机制。

四、程序设计题

(1) 下面是一个 Employee 类，覆盖 equals 方法，要求所有属性值都相等，返回 true。

```
public class Employee {
    private int id;
    private String name;
    private double salary;
    ⋮
}
```

(2) 按下列要求编写程序。

① 创建 Teacher 类

要求：Teacher 类要描述姓名、年龄、薪水，类型分别为 String、int、double。

② 创建 TeacherTest 类

要求：在 TeacherTest 类中创建 Teacher 的对象；为该对象的属性（姓名、性别、年龄）赋值；输出该对象的属性（姓名、性别、年龄）。

③ 为 Teacher 类添加一个方法，用于在教师原有薪水的基础上增加 5000。

④ 修改 TeacherTest 类，增加对教师增加薪水方法的调用，并输出增加后的薪水值。

(3) 定义一个 Person 类。

① 包含以下属性：String name; int age; boolean gender; Person partner。

② 定义 marry(Person p)方法，代表当前对象和 p 结婚，如可以结婚，则输出恭贺信息，否则输出不能结婚原因。下列情况不能结婚：结婚年龄为男＜24，女＜22；某一方已婚。

③ 定义测试类测试以上程序。

(4) 定义一个 Animal 类，该类有两个私有属性，name（代表动物的名字）和 legs（代表动物的腿的条数）。

① 两个构造方法，一个无参，默认给 name 赋值为 AAA，给 legs 赋值为 4；另一个需要两个参数，分别用这两个参数给私有属性赋值。

② 两个重载的 move( )方法，其中一个无参，在屏幕上输出一行文字：XXX Moving!!（XXX 为该动物的名字）；另一个需要一个 int 参数 n，在屏幕上输出 n 次 XXX Moving!!

(5) 定义一个 Fish 类，继承自 Animal 类。

① 提供一个构造方法，该构造方法需要一个参数 name，并给 legs 赋默认值 0。

② 覆盖 Animal 类中的无参 move()方法，要求输出 XXX Swimming!!

(6) 写一个类 Zoo，要求分别生成若干个 Animal、Fish 和 Bird，并调用它们的属性和方法。

(7) 某公司的雇员分为以下若干类：

① Employee：所有员工总的父类，属性：员工的姓名，员工的生日月份。方法：getSalary(int month) 根据参数月份来确定工资，如果该月员工过生日，则公司额外奖励 100 元。

② SalariedEmployee：Employee 的子类，拿固定工资的员工。属性：月薪。

③ HourlyEmployee：Employee 的子类，按小时拿工资的员工，每月工作超出 160 小时的部分按照 1.5 倍工资发放。属性：每小时的工资、每月工作的小时数。

④ SalesEmployee：Employee 的子类，销售人员的工资由月销售额和提成率决定。属性：月销售额、提成率。

⑤ BasedPlusSalesEmployee：SalesEmployee 的子类，有固定底薪的销售人员，工资由底薪加销售提成部分。属性：底薪。

写一个程序，把若干种类型的员工放在一个 Employee 数组里，写一个函数，打印出某月每个员工的工资数额。注意：要求把每个类都做成完全封装，不允许非私有化属性。

五、实训题

(1) 实训题目

班级成绩管理系统实体类设计。

(2) 实训内容

在第 2 章实训的基础上设计实体类：班级类、学生类、课程类和成绩类，如图 3-12 所示；设计输入类，从键盘输入各类数据；设计输出类，输出指定信息。

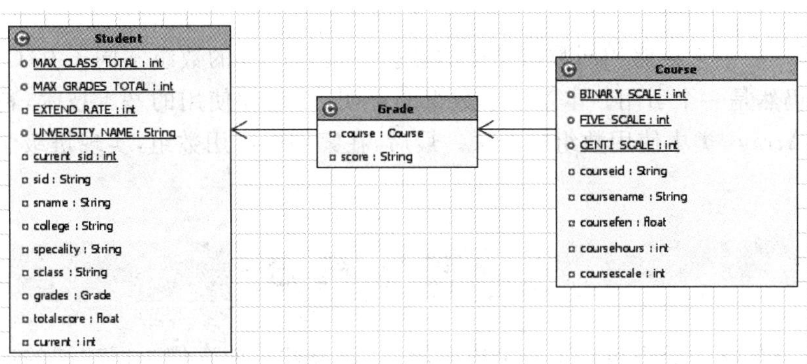

图 3-12 实体类图

(3) 实训要求

实现班级基本信息的输入；完成一个学生一门课程的成绩输入、修改、删除和查询等功能。

数　组

数组是一种用来存储相同数据类型的数据结构。Java 的数组不同于 C/C++，它与对象一样，仍然是一个引用。本章讲解数组的声明、构建和使用的基本技术，特别讲解在 System 和 Arrays 类中使用数组的方法。最后，在案例中应用数组，实现班级学生的存储管理。

4.1 基本概念

前面设计的学生类中包含了一个成绩属性，该属性只能存储一门功课的成绩。实际上，学生每学期会有若干门功课，要定义存储多门课程成绩的属性，就是使用数组。

数组(Array)是一个固定长度并且只包含同一种数据类型数据的对象。实际上，开始学习第一个 Java 程序时就见过。main 方法的参数就是一个数组。下面给出一个数组的示例图，对数组进行详细说明，如图 4-1 所示。

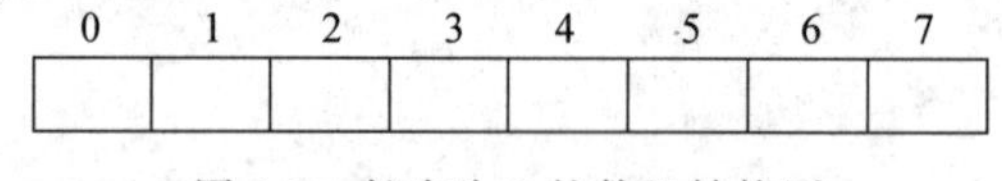

图 4-1　长度为 8 的数组结构图

图中每一个单元称为数组的元素(Element)，访问每一个元素使用索引，0 号索引对应第 1 个元素，7 号索引对应第 8 个元素。

数组分为一维数组和多维数组，数组的使用包括数组的声明、构建、初始化和访问。

4.2 一维数组

一维数组是指具有相同类型的一组对象或基本类型数据序列。

1. 声明

Java 中的数组声明与 C/C++ 不同，声明中不能指定数组的长度。数组声明的两种语法格式如下。

```
类型[] 数组名;
类型 数组名[];
```

【例 4-1】 数组声明的示例。

```
//声明整型数组
int[] anArrayOfInts;              //或 int anArrayOfInts[];
//声明字节型数组
byte[] anArrayOfBytes;            //或 byte anArrayOfBytes [];
//声明短整型数组
short[] anArrayOfShorts;          //或 short anArrayOfShorts [];
//声明长整型数组
long[] anArrayOfLongs;            //或 long anArrayOfLongs[];
//声明浮点型数组
float[] anArrayOfFloats;          //或 float anArrayOfFloats[];
//声明双精度数组
double[] anArrayOfDoubles;        //或 double anArrayOfDoubles[];
//声明布尔型数组
boolean[] anArrayOfBooleans;      //或 boolean anArrayOfBooleans[];
//声明字符型数组(字符串)
char[] anArrayOfChars;            //或 char anArrayOfChars[];
//声明字符串数组
String[] anArrayOfStrings;        //或 String  anArrayOfStrings[];
//声明自定义成绩型数组
Grade[] grades;
```

2. 构建与初始化

数组在声明后,实际上只给了一个存储引用的空间,实际数据的存储空间还没有在堆中开辟,需要构建,并对构建后的数组赋初始值(初始化)。构建和初始化可以分别进行,也可以合并完成。构建有两种方法:一种是通过 new 方法实现;另一种则是利用声明时初始化实现构建。

【例 4-2】 数组的构建与初始化。

```
//使用 new 进行构建
anArrayOfInt=new int[10];
grades=new Grade[10];
//初始化 anArrayOfInt 数组的元素 1,值设为 10;
anArrayOfInt[1]=10;
//初始化 grades 数组
grades[0]=new Grade("高数",67.5f);
grades[1]=new Grade("外语",71f);
//构建并初始化数组
int anArrayOfInt[]={0,10,20,0,0,0,0,0};
//初始化 anArrayOfInt 数组,对应的值设为索引乘以 10;
for(int i=0; i<anArrayOfInt.length; i++){
    anArrayOfInt[i]=i * 10;
}
```

3. 访问

数组的访问采用索引方式实现，访问的格式如下。

数组名[索引]

【例 4-3】 数组的访问。

```
//访问 anArrayOfInt 的第一个元素
System.out.println("第 1 个元素是"+anArrayOfInt[0]);
//访问 anArrayOfInt 的每一个元素
for(int i=0; i<anArrayOfInt.length; i++){
    System.out.println("第"+i+"个元素是"+anArrayOfInt[i]);
}
//求 grade 的前两门课程的成绩和
float sum=grade[0].getScore()+grade[1].getScore();
```

【例 4-4】 命令行参数的使用。

```
public class TestMain {
    public static void main(String[] args){
        //本程序按照命令行参数执行
        if(args.length>0){//
            if(args[0].equals("-a")){
                System.out.println("模式 a 下的参数");
                for(int i=1;i<args.length;i++){
                    System.out.println("参数"+i+":"+args[i]);
                }
            }else if(args[0].equals("-b")){
                System.out.println("模式 b 下的参数");
                for(int i=1;i<args.length;i++){
                    System.out.println("参数"+i+":"+args[i]);
                }
            }
        }else{
            System.out.println("Usage:java TestMain -arg par1 ...  parn ");
            System.out.println("arg=-a:a model,use par1,par2");
            System.out.println("arg=-b:b model,use par1,par2,par3");
        }
    }
}
```

程序执行的命令如下。

```
java TestMain -a 参数 1 参数 2 ...;
```

或

```
java TestMain -b 参数 1 参数 2 ...;
```

4.3 多维数组

在学习和工作中，经常会出现一组由行和列组成的数据，可以使用二维数组来存储(或矩阵)。例如某学期的考试成绩如表4-1所示。

表 4-1 考试成绩单

高数	外语	计算机导论	静态网站设计	体育
87.5	69	86	78	65
49	58	98	88	90
78	96	66	68	85
63	69	78	76	85

Java中的多维数组实际上是一维数组的数组。二维数组构建在一维数组的基础上，对每一个元素再次进行了一维数组的定义。三维数组是在二维数组的基础上进行了一维数组的定义。*N*维数组依次类推。

1. 声明

多维数组的声明与一维数组一致，实际上就是分配一个用来存储"引用"的变量空间。多维数组声明的语法格式如下。

```
数据类型[][][[][][]...]  多维数组变量名;
数组类型 多维数组变量名[][][[][][]...];
```

【例4-5】 二维数组声明的示例。

```
float[][] marks;     //浮点型二维数组,可以应用于表 4-1 的班级成绩单
String[][] dict;     //字符串二维数组,可用于词典
```

2. 构建和初始化

声明完多维数组后，需要对其进行多次构建，才能使其具有存储数据的能力。

下面是二维数组的构建过程。

(1) 单独构建，逐个初始化

【例4-6】 数组构建与初始化过程。

```
marks=new int[4][5];          //4 表示实际数据的行数,5 表示实际数据的列数
marks[0][0]=87.5;             //给指定元素初始化
dict=new String[24][1024];    //24 行,即 24 个字母为首字符,每行存 1024 个单词
dict[0][0]="an";
dict[0][1]="at";
```

(2) 声明、构建和初始化同时完成

【例 4-7】 声明、构建和初始化同时完成示例。

```
int[][] aInts={{1,2},{4,5},{7,8}};    //3 行,2 列,并初始化
```

(3) 构建不规则数组

按照上面的定义,每个数组的行数和列数是一致的,如果数组某些行中的空间没有全部使用,就导致数据存储空间的浪费。例如 dict 数组,由于词典中每个字母开头的单词个数是不一样的,所以每行的存储空间也不一样。由于 Java 的多维数组是在引用类型基础上构建的,所以能够很好地解决这一问题。

【例 4-8】 构建不规则数组。

```
dict=new String[24][];                    //定义了 24 行空间
//根据需要定义每一行的空间
dict[0]=new String[100];
dict[1]=new String [300];
dict[2]=new String [200];
```

dict 的存储空间如图 4-2 所示。

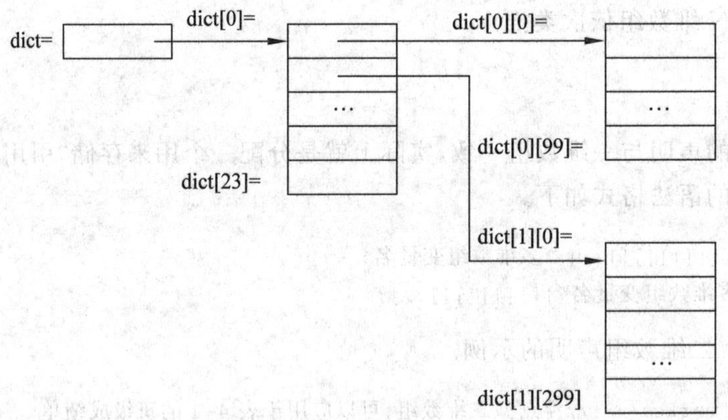

图 4-2 dict 二位数组空间

3. 访问

多维数组的访问仍然使用索引值(下标)。语法格式如下。

```
数组变量名[索引][索引];                    //二维数组的访问
```

【例 4-9】 根据成绩单计算每个学生的成绩和。

```
import java.util.Scanner;
public class TestArrays {
    final static int MAX_ROW=4;
    final static int MAX_COLL=6;
    public static void main(String[] args){
```

```
        float[][] marks;
        Scanner stdin=new Scanner(System.in);       //从标准设备输入
        marks=new float[MAX_ROW][MAX_COLL];
        for(int i=0;i<marks.length; i++){
            float sum=0;
            int j;
            System.out.println("输入第"+(i+1)+"个学生的成绩!");
            for(j=0; j<(marks[i].length)-1;j++){
                System.out.println("输入第"+(j+1)+"门成绩: ");
                marks[i][j]=stdin.nextFloat();
                sum+=marks[i][j];
            }
            marks[i][j]=sum;
            System.out.println("该生的总成绩为: "+marks[i][j]);
        }
        System.out.println("程序结束");
    }
}
```

4.4 数组 API 的使用

1. 数组的复制

在程序设计时,常常会把一个数组复制给另一个数组,或将部分值复制给另一个数组。这就需要用到赋值语句。

【例 4-10】 赋值实现数组复制。

```
int[] aArray=new int[5];
int[] bArray=aArray;
```

这时的数组 bArray 并没有得到数组 aArray 中的内容,而是得到了 aArray 的引用。因此并没有实现数组内容的复制。

Java 的 System 类中提供了一个静态方法 arraycopy,用来复制数组内容。方法的头部定义如下。

```
arraycopy(Object src,int srcPos,Object dest,int destPos, int length)
```

其中,src 表示源数组,srcPos 表示在源数组中开始复制的下标位置,dest 表示目标数组,destPos 表示目标数组中存放的开始位置,length 表示复制的元素个数。

【例 4-11】 数组的复制,从 1 位置开始,复制 bArray 数组的 3 个元素到 aArray 第 4 个位置开始的连续的 3 个单元。

```
int[] aArray={0,1,2,3,4,5,6,7};
int[] bArray={101,202,303,404};
```

```
System. arraycopy(bArray,1,aArry,3,3);
```

执行后，aArray 中的数据为{0,1,2,202,303,404,6,7}。

2. 数组的排序

使用数组时，常常需要对数组中的数据进行排序。Java 的 Arrays 类中提供了一个排序的静态方法 sort()，它使用改进的快速排序算法实现。它是一个重载的方法，方法的头部定义如下。

```
void sort(数据类型[] 数组名)  //将数组全部元素进行排序
void sort(数据类型[] 数组名,int fromIndex,int toIndex )  //指定范围的数据排序
```

其中，数组元素所属类型可以是基本类型，也可以是复合类型，对于复合类型，必须实现 Comparable 接口（接口将在第 5 章介绍）；Integer 和 String 均实现了 Comparable 接口中的抽象方法。sort 排序的结果将修改数组中原来数据的位置，按照升序排序后进行存储。

【例 4-12】 成绩求和后，对和成绩进行排序。

```
public class TestArraysSort {
    final static int MAX_ROW=6;                    //表示课程门数
    final static int MAX_COLL=4;                   //表示学生人数
    public static void main(String[] args){
        float[][] marks;
        Scanner stdin=new Scanner(System.in);   //从标准设备输入
        marks=new float[MAX_ROW][MAX_COLL];
        for(int i=0;i<marks.length -1; i++){
            int j;
            System.out.println("输入第"+(i+1)+"门成绩：");
            for(j=0; j<(marks[i].length);j++){
                System.out.println("输入第"+(j+1)+"个学生的成绩!");
                marks[i][j]=stdin.nextFloat();
                marks[marks.length-1][j]+=marks[i][j];
            }
        }
        System.out.println("排序前");
        for(int j=0; j<marks[MAX_ROW-1].length; j++)
            System.out.println("第"+(j+1)+"学生的总成绩为："
                                +marks[MAX_ROW-1][j]);
        //实现总成绩的排序
        Arrays.sort(marks[MAX_ROW-1]);
        System.out.println("排序后");
        for(int j=0; j<marks[MAX_ROW-1].length; j++)
            System.out.println("第"+(j+1)+"学生的总成绩为："+
                        marks[MAX_ROW-1][j]);
```

```
        System.out.println("程序结束");
    }
}
```

3. 数组的查找

Arrays 类中定义了一个二分查找的重载方法 binarySearch()，从指定的数组范围中查找指定的值，返回其索引位置。如果返回值小于 0，说明数组中没有此值。方法头部的定义如下。

```
int binarySearch(数据类型[] 数组名,数据类型 key);      //在数组中找 key
int binarySearch(数据类型[] 数组名,int fromIndex,int toIndex,数据类型 key);
                                                     //在指定的数组范围中找 key
```

使用二分查找的前提是指定的数组必须有序。如果无序，必须先进行排序，然后再进行查找。

【例 4-13】 在总成绩中查找指定成绩。

```
public class TestArraysBinarySearch{
    final static int MAX_ROW=6;                          //表示课程门数
    final static int MAX_COLL=4;                         //表示学生人数
    public static void main(String[] args){
        float[][] marks;
        Scanner stdin=new Scanner(System.in);            //从标准设备输入
        marks=new float[MAX_ROW][MAX_COLL];
        for(int i=0;i<marks.length -1; i++){
            System.out.println("输入第"+(i+1)+"门成绩: ");
            for(int  j=0; j<(marks[i].length);j++){
                System.out.println("输入第"+(j+1)+"个学生的成绩!");
                marks[i][j]=stdin.nextFloat();
                marks[marks.length-1][j]+=marks[i][j];
            }
        }
        System.out.println("排序前");
        for(int j=0; j<marks[MAX_ROW-1].length; j++){
            System.out.println("第"+(j+1)+"学生的总成绩为: "+
                                   marks[MAX_ROW-1][j]);
        }
        //实现总成绩的排序
        Arrays.sort(marks[MAX_ROW-1]);
        System.out.println("排序后");
        for(int j=0; j<marks[MAX_ROW-1].length; j++){
            System.out.println("第"+(j+1)+"学生的总成绩为: "+
                          marks[MAX_ROW-1][j]);
        }
```

```
            System.out.println("输入要查找的数据：");
            float key=stdin.nextFloat();
            int result=Arrays.binarySearch(marks[MAX_ROW-1],key);
            if(result>0){
                System.out.println("查到该数据,在"+result+"位");
            }else{
                System.out.println("没有要找的数据!");
            }
            System.out.println("程序结束");
        }
    }
```

4.5 案　　例

本章案例实现学生管理功能，包括添加学生信息、删除学生信息、修改学生信息和查找学生信息。学生信息的存储采用数组实现，通过学号查找学生，可以查找一个学生或全部学生。

4.5.1 案例设计

为了实现学生管理功能，定义了类 StudentManage。使用数组来存放学生对象，通过定义 insert、delete、update 和 query(分别使用 selectById 和 selectAll)方法实现添加学生、删除学生、修改学生和查找学生的功能。定义了实现学生增删改查的业务方法。类图如图 4-3 所示。

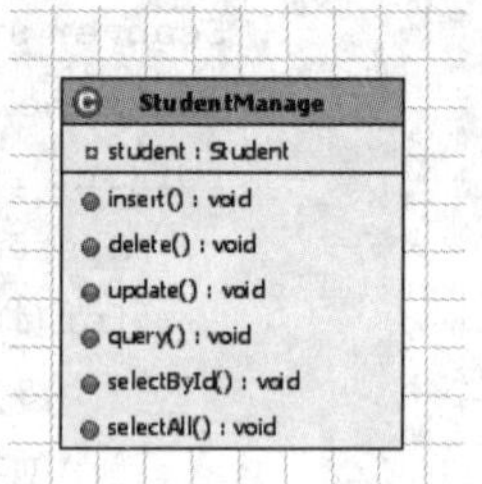

图 4-3　学生管理类图

4.5.2 案例演示

运行学生管理程序，进入系统操作菜单，如图 4-4 所示。

输入 1～4 之间的数字，1～4 分别代表“添加学生信息”、“删除学生信息”、“修改学生信息”和“查询学生信息”操作。若输入 1，单击回车键，按照程序提示输入相应的信息，完成后，程序打印出“添加成功”提示信息。如图 4-5 所示。

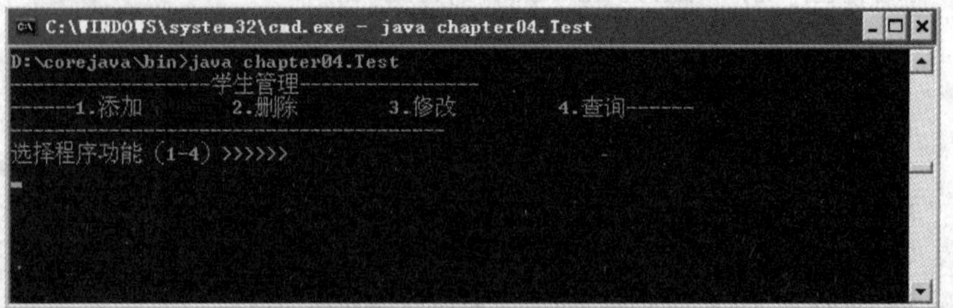

图 4-4　系统启动界面

图 4-5 添加学生操作界面

若输入 4，程序出现查询方式的菜单选项，选择 2，系统运行结果如图 4-6 所示。

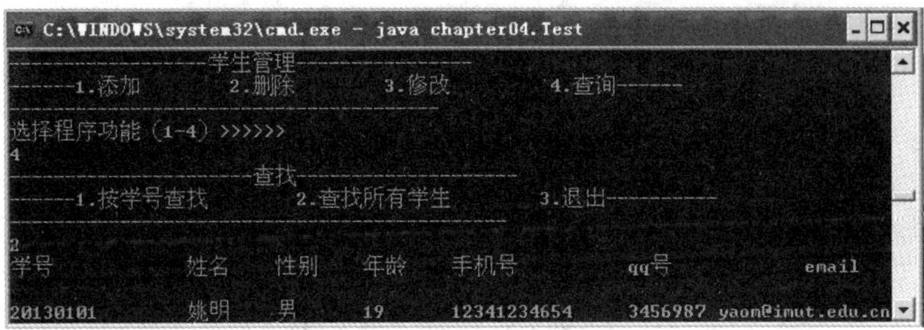

图 4-6 查询学生操作界面

4.5.3 代码实现

程序 StudentManage.java 如下。

```
package chapter04;
import java.util.Scanner;
import java.util.regex.Pattern;
import chapter03.Register;
import chapter03.Student;
public class StudentManage {
    //用 Student 的数组存储学生信息
    private Student[] student=new Student[50];
    //添加学生信息
    public void insert() {
        Student s=new Register().register();
        //依次查询 student 数组，如果某个数组成员为空，说明成员没有占用
```

```
        for (int i=0; i<student.length; i++) {
            if (student[i]==null) {
                student[i]=s;
                System.out.println("添加成功!");
                break;
            }
        }
    }
    //删除学生信息
    public void delete() {
        Scanner in=new Scanner(System.in);
        String userId=null;
        //用于标记是否删除
        int flag=0;
        //用于标记是否继续删除
        userId=null;
        System.out.print("请输入要删除学生的学号(输入 0 退出): ");
        userId=in.nextLine();
        while (! userId.equals("0")) {
            for (int i=0; i<student.length; i++) {
            //首先检查 student[i]是否为空,否则执行下面语句会出现运行时异常
                if (student[i] !=null) {
                    //如果该学生的学号与要删除的学号一致,就将 student[i]=null
                    if (student[i].getUserId().equals(userId)) {
                        student[i]=null;
                        System.out.print("删除成功!");
                        flag=1;
                        break;
                    }
                }
            }
            if (flag==0) {
                System.out.print("删除失败,不存在该学号对应的学生!");
            }
            flag=0;
            System.out.print("请输入要删除学生的学号(输入 0 退出): ");
            userId=in.nextLine();
        }
    }
    //修改学生信息
    public void update() {
        Scanner in=new Scanner(System.in);
        String userId=null;
        String name=null;
```

```
String sex=null;
String age=null;
String phone=null;
String qq=null;
String email=null;
System.out.println("请输入修改学生的学号：");
userId=in.nextLine();
int flag=0;
for (int i=0; i<student.length; i++) {
    //首先检查 student[i]是否为空,否则执行下面语句会出现运行时异常
    if (student[i] !=null) {
        //如果该学生的学号与要删除的学号一致,说明该 student[i]就是要修改的
          学生信息
        if(student[i].getUserId().equals(userId)) {
            System.out.println("学号："+student[i].getUserId());
            System.out.println("姓名："+student[i].getName());
            System.out.println("性别："+student[i].getSex());
            System.out.println("年龄："+student[i].getAge());
            System.out.println("手机号："+student[i].getPhone());
            System.out.println("qq 号："+student[i].getQq());
            System.out.println("email: "+student[i].getEmail());
            //依次输入修改后的信息
            System.out.println("请输入修改后的姓名：");
            name=in.nextLine();
            System.out.println("请输入修改后的性别：");
            sex=in.nextLine();
            System.out.println("请输入修改后的年龄：");
            age=in.nextLine();
            System.out.println("请输入修改后的手机号：");
            phone=in.nextLine();
            System.out.println("请输入修改后的 qq: ");
            qq=in.nextLine();
            System.out.println("请输入修改后的 email: ");
            email=in.nextLine();
            student[i].setName(name);
            student[i].setSex(sex);
            student[i].setAge(age);
            student[i].setPhone(phone);
            student[i].setQq(qq);
            student[i].setEmail(email);
            flag=1;
            System.out.print("修改成功!");
            break;
        }
    }
```

```
        }
        if(flag==0) {
            System.out.print("修改失败,不存在该学号对应的学生!");
        }
    }
    //查询学生信息
    public void query() {
        Scanner in=new Scanner(System.in);
        String option=null;
        String pattern="[1-3]";
        //用于标记是否退出
        int flag=0;
        while (flag==0) {
            System.out.println("----------------查找--------------");
            System.out.println("---1.按学号查找  2.查找所有学生 3.退出---");
            System.out.println("----------------------------------");
            option=in.nextLine();
            //检查输入的命令是否是 1~3。不是,则重新输入
            while (! Pattern.matches(pattern, option)) {
                System.out.println("请重新选择:");
                option=in.nextLine();
            }
            switch (Integer.valueOf(option)) {
            case 1:
                selectById();
                break;
            case 2:
                selectAll();
                break;
            case 3:
                flag=1;
                break;
            }
        }
    }
    //按学号查询
    public void selectById() {
        Scanner in=new Scanner(System.in);
        String userId=null;
        System.out.println("请输入学号:");
        userId=in.nextLine();
        //依次遍历 student 中的每个元素
        for (Student s : student) {
            if (s !=null) {
```

```
                if (s.getUserId().equals(userId)) {
                    System.out.println("学号: "+s.getUserId());
                    System.out.println("姓名: "+s.getName());
                    System.out.println("性别: "+s.getSex());
                    System.out.println("年龄: "+s.getAge());
                    System.out.println("手机号: "+s.getPhone());
                    System.out.println("qq号: "+s.getQq());
                    System.out.println("email: "+s.getEmail());
                    break;
                }
            }
        }
    }
    //查询所有学生信息
    public void selectAll() {
        System.out.println("学号\t\t"+"姓名\t"+"性别\t"+"年龄\t"+"手机号\t\t"
                +"qq号\t\t"+"email\t");
        for (Student s : student) {
            if (s !=null) {
                System.out.print(s.getUserId()+"\t");
                System.out.print(s.getName()+"\t");
                System.out.print(s.getSex()+"\t");
                System.out.print(s.getAge()+"\t");
                System.out.print(s.getPhone()+"\t");
                System.out.print(s.getQq()+"\t");
                System.out.println(s.getEmail()+"\t");
            }
        }
    }
}
```

程序 Test.java 如下。

```
package chapter04;
import java.util.Scanner;
import java.util.regex.Pattern;
public class Test {
    private StudentManage studentManage=new StudentManage();
    public void execute() {
        Scanner in=new Scanner(System.in);
        String option=null;
        String pattern="[1-4]";
        while (true) {
            System.out.println("--------------学生管理----------------");
            System.out.println("--------------1.添加学生信息-----------");
```

```
            System.out.println("--------------2.删除学生信息----------");
            System.out.println("--------------3.修改学生信息----------");
            System.out.println("--------------4.查询学生信息----------");
            System.out.println("------------------------------------");
            option=in.nextLine();
            while(! Pattern.matches(pattern, option)){
                System.out.println("请重新选择：");
                option=in.nextLine();
            }
            switch(Integer.valueOf(option)) {
            case 1:
                studentManage.insert();
                break;
            case 2:
                studentManage.delete();
                break;
            case 3:
                studentManage.update();
                break;
            case 4:
                studentManage.query();
                break;
            }
        }
    }
    public static void main(String[] args) {
        new Test().execute();
    }
}
```

4.6 习　　题

一、选择题

(1) 下列数组定义及赋值,错误的是(　　)。

A.
```
int intArray[];
intArray=new int[3];
intArray[1]=1;
intArray[2]=2;
intArray[3]=3;
```

B. `int a[]={1,2,3,4,5};`

C.
```
int a[][]=new int[2][];
a[0]=new int[3];
```

```
a[1]=new int[3];
```

D. `int[] a={1,2,3,4,5};`

(2) 下面(　　)不是创建数组的正确语句。

A. `float f[][]=new float[6][6];`　　B. `float f[]=new float[6];`

C. `float f[][]=new float[][6];`　　D. `float [][]f=new float[6][];`

(3) 下列代码的执行结果是(　　)。

```
public class Test4_1{
    public static void main(String args[]){
        int s=0;
        int myArray[]={10,20,30,40,50,60,70,80,90,100};
        for (int i=0; i<myArray.length; i++)
        if (i%2==1 ){
            s+=myArray[i];
        }
        System.out.println(s);
    }
}
```

A. 200　　B. 250　　C. 300　　D. 350

(4) 对下面的代码,(　　)是对的。

```
public class Test4_2{
    int arr[]=new int[10];
    public static void main(String a[]) {
        System.out.println(arr[1]);
    }
}
```

A. 编译时出错　　B. 编译时正确而运行时出错

C. 输出 0　　D. 输出 null

(5) 有整型数组:int[] x={12,35,8,7,2};则调用方法 Arrays.sort(x)后,数组 x 中的元素值依次是(　　)。

A. 2　7　8　12　35　　B. 12　35　8　7　2

C. 35　12　8　7　2　　D. 8　7　12　35　2

二、填空题

(1) 阅读下面程序,给出输出结果。

```
public class Test4_3{
    public static void main(String args[]) {
        int sum=0;
        int arr[][]={{1,1,1},{2,2,2},{3,3,3}};
        for(int n=0;n<3;n++)
```

```
            for(int m=0;m<=n;m++)
                sum+=arr[n][m];
        System.out.println("sum="+sum);
    }
}
```

运行结果是________。

(2) 阅读下面程序段,回答问题。

```
import java.io.*;
public class Test4_4{
    public static void main(String args[ ])
    {   int i, s=0;
        int a[ ]={ 10, 20, 30, 40, 50, 60, 70, 80, 90 };
        for ( i=0; i<a.length; i++)
            if ( a[i]% 3==0 )  s+=a[i];
        System.out.println("s="+s);
    }
}
```

运行结果是________。

(3) 请用 Java 实现对一个整型数组进行从大到小排序的代码段。

```
public void sort(int[] arr) {
    int temp;
    for (int i=0; i<arr.length-1; i++) {
        for (int j=i+1; j<arr.length; j++) {
            if (___________ ) {
                temp=arr[j];
                ____________;
                ____________;
            }
        }
    }
}
```

三、程序设计题

(1) 写一个类,在其中定义一些方法,实现数组元素的遍历、排序、插入、删除、查找。

(2) 将一个数组中的元素倒排过来,不能新开一个数组的临时存储空间,只能在原数组上改。

(3) 写一个类,用来模拟栈这种数据结构,要求底层使用数组存储数据,并给出相应的进栈和出栈方法。

(4) 实现在一个数组指定位置添加元素和删除元素的功能。

提示:解答该题需要考虑如下问题。

① 添加元素后超过数组容量时数组的扩展容量问题。

② 添加元素前后数组中元素的变化。

③ 删除元素前后数组中元素的变化。

四、实训题

(1) 题目

班级成绩管理系统。

(2) 实现功能

① 以班级为单位,进行成绩录入;

② 个人成绩审核;

③ 修改个人成绩;

④ 班级成绩上报。

第5章 高级类特性

抽象类和接口是面向对象程序设计的两种重要机制，与类相比较是更高层次的抽象，两者在本质上具有相似之处。Java中引入内部类使程序更加简洁，便于以类的组织来划分程序的层次结构和类的命名，内部类的功能完全可以使用普通类来替代实现。反射是Java语言特有的一种机制，即通过它可以了解任意类具有的属性、构造方法、普通方法和调用任意对象的方法。

本章主要介绍Java中的抽象类、接口、内部类和反射机制。

5.1 抽 象 类

在面向对象程序设计中，所有对象都是通过类来描述的，但不是所有类都是用来描述对象的。如果一个类中没有包含足够的信息来描述一个具体的对象，这样的类就是抽象类。抽象类往往用来表征对问题领域进行分析、设计中得出的抽象概念，是对一系列看上去不同，但是本质上相同的具体概念的抽象。假如要开发一个动物管理软件，设计动物类时发现，无法具体描述它们的行为。动物类包括人类、兽类、鸟类和鱼类等，它们并不相同但又都属于动物。人类、兽类、鸟类和鱼类都具有各自的寿命和吃食物、运动的行为，但是它们吃食物、运动的方式方法（实现细节）并不相同。此时只能去定义比类更抽象的抽象类来描述动物类，动物类中只定义动物具有的行为方法，不提供方法的具体实现。

【例5-1】 动物类定义。程序为Animal.java。

```
package ch05;
public abstract class Animal{
    public int age;
    public abstract void eat();
    public abstract void move();
}
```

程序Animal.java中定义的动物类Animal就是一个抽象类，通过该例先来了解一个抽象类的定义，下面详细介绍抽象类。

Java中关于抽象类的使用规则如下。

(1) abstract修饰符可以修饰类和方法，用abstract修饰的类称为抽象类，用abstract修饰的方法称为抽象方法，抽象方法属于一种不完整的方法，只含有一个声明，没有方法体(具体实现细节)。抽象方法必须使用 abstract 修饰符修饰。例如,动物类 Animal 中"public abstract void eat();"方法,它和"public void eat(){}"方法具有本质的区别,"public void eat(){}"是一个普通方法,具有方法体,只不过具体实现细节为空实现而已。

(2) 抽象类不能实例化对象,只能声明引用变量。抽象类没有包含足够的信息来描述一个具体的对象,所以不能实例化对象,但是抽象类可以声明引用。

```
Animal animal;                    //合法
Animal animal=new Animal();       //非法
```

(3) 含有抽象方法的类必须声明为抽象类,抽象类可以不含抽象方法。

修改【例 5-1】如下。

```
package ch05;
public class Animal{
    public int age;
    public abstract void eat();
    public abstract void move();
}
```

上述代码在编译时出错,Animal 类中含有抽象方法 eat()和 move(),声明 Animal 类时必须用 abstract 修饰。

修改【例 5-1】如下。

```
package ch05;
public abstract class Animal{
    public int age;
    public void eat(){
        System.out.println("Animal eating!");
    }
    public void move(){
        System.out.println("Animal moving! ");
    }
}
```

从 Java 语法角度来讲,上述代码是正确的。

(4) 定义抽象类的主要目的是在定义新类时继承该抽象类。通过继承,由其子类来发挥作用,抽象类实现了代码的重用和规划作用。当子类继承抽象类时,必须实现抽象类中的所有抽象方法,否则子类也要声明为抽象类。

【例 5-2】 定义 Bird 类继承 Animal 类,在 Bird 类中实现类 Animal 两个抽象方法 eat()和 move()。

程序 Bird.java 如下。

```
package ch05;
public class Bird extends Animal {
    public void eat() {
        System.out.println("Bird is eating insect!");
    }
```

```
    public void move() {
        System.out.println("Bird is flying!");
    }
}
```

【例 5-3】 定义 Fish 类继承 Animal 类，在 Fish 类中实现类 Animal 两个抽象方法 eat()和 move()。

程序 Fish.java 如下。

```
package ch05;
public class Fish extends Animal {
    public void eat() {
        System.out.println("Big Fish is Small Fish!");
    }
    public void move() {
        System.out.println("Fish is swimming!");
    }
}
```

【例 5-2】、【例 5-3】定义了 Bird 类和 Fish 类来继承 Animal 类，分别根据鸟类 Bird 和鱼类 Fish 吃食物和行动的行为特征给出具体的行为实现细节。

【例 5-4】 定义 Person 类继承 Animal 类。

程序 Person.java 如下。

```
package ch05;
public abstract class Person extends Animal {
    public abstract void eat();
    public void move() {
        System.out.println("Person is running!");
    }
}
```

在【例 5-4】中，Person 类中实现类 Animal 中的两个抽象方法 eat()和 move()中的 move()方法，eat()方法并没有实现，那么 Person 类必须使用 abstract 修饰符，声明为抽象的，否则编译出错。

(5) 抽象类及抽象方法不能被 final 修饰符修饰。利用 final 来修饰抽象类和抽象方法，意味着抽象类不能被继承，抽象方法不能被重写(覆盖)，那么抽象类和抽象方法就失去了存在的意义。

【例 5-5】 定义 Person1 类继承 Animal 类，并声明为 final。

程序 Person1.java 如下。

```
package ch05;
public final abstract class Person1 extends Animal {
    public final abstract void eat();
    public void move() {
        System.out.println("Person is running!");
    }
}
```

【例 5-5】程序 Person1. java 编译出错。

(6) 抽象类的使用方式为：利用抽象父类声明引用变量，并让其指向子类的对象(产生多态)。

【例 5-6】 定义类 AnimalTest，使用 Animal、Bird 和 Fish 类来演示多态的使用。

程序 AnimalTest. java 如下。

```
package ch05;
public class AnimalTest {
    public static void main(String[] args) {
        Animal a1=new Bird();          //父类 Animal 的引用指向子类 Bird 的对象
        Animal a2=new Fish();          //父类 Animal 的引用指向子类 Fish 的对象
        a1.age=3;
        a2.age=2;
        a1.eat();
        a2.move();
    }
}
```

程序运行结果如下。

```
Bird is eating insect!
Fish is swimming!
```

5.2 接 口

在 Java 中，除了类和数组之外，还有一种引用类型就是接口。Java 中的接口和抽象类在本质上是相似的，只是接口比抽象类更抽象。

5.2.1 接口概念

学习 Java 接口前，应先了解计算机中接口的概念。计算机接口是一套规范，满足这个规范的设备就可以组装到一起，从而实现该设备的功能。在计算机软件中，同一计算机不同功能层之间的通信规则称为接口，也可以说是对协定进行定义的引用类型。在 Java 语言中，接口同样是一种规范和标准，用于约束类的行为。如在 Java 中的一个类实现 java. lang. Comparable 接口，就必须实现该接口中的抽象方法 CompareTo()。

这里举一个例子，以便更好地理解接口的概念。Java 数据库连接技术即 JDBC(Java DataBase Connection)，使得 Java 可以操作 Oracle、DB2、MySql 等各种不同类型的数据库，但需要各数据库厂商提供数据库驱动程序。在 Java 语言可以访问不同数据库的实现过程中，接口发挥了巨大作用。其实现过程是：首先甲骨文(Oracle)公司制定数据库访问的接口(即一系列相关规范)，各个数据库厂商实现该接口(即数据库驱动程序)。程序在操作不同厂商的数据库时，只要加载对应数据库的驱动程序，其他的操作代码都一样。后面的接口应用中，DriverTest 实例模拟这个实现过程。

Java 中接口的定义包括两个方面：一是 Java 语言中存在的结构，有特定的语法和结构；二是一个类所具有的方法特征集合，是一种逻辑上的抽象。Java 中的接口是一系列方法的声明，是一些方法特征的集合。一个接口只有方法的特征，没有方法的实现，因此这些方法可以在不同地方被不同的类实现，而这些实现可以具有不同的行为。

5.2.2 接口定义

Java 中接口定义语法规则如下。

```
[访问修饰符] interface 接口名 [extends 父接口列表]{
    [public][static][final] 常量名;
    [public][abstract]<方法返回类型>方法名(参数列表);
}
```

从接口的定义语法规则中可以看出：定义接口使用关键字 interface，接口是抽象方法和常量值定义的集合。从本质上讲，接口是一种特殊的抽象类，只包含常量和抽象方法的定义，不包含变量和方法的实现。

【例 5-7】 定义接口 Runner。

程序 Runner.java 如下。

```
package ch05;
public interface Runner{
    public static final int id=1;
    public abstract void start();
    public abstract void run();
    public abstract void stop();
}
```

定义接口的主要目的就是让不同的类来实现，使接口起到中间桥梁的作用，那么接口的成员都是公有的。结合上述接口定义语法规则可以得出：接口中定义的属性必须是 public static final 的，方法必须是 public abstract 的，因此这些修饰符可以部分或全部省略。接口 Runner 也可以做如下修改。

```
package ch05;
public interface Runner{
    int id=1;
    void start();
    void run();
    void stop();
}
```

上述修改后的接口 Runner 定义和【例 5-7】的 Runner 接口定义是完全等价的。

5.2.3 接口实现

接口和抽象类本质上是相似的，都是抽象的概念，只是接口比抽象类更抽象，无法去具体描述一个对象，所以接口和抽象类一样不能实例化对象，只能声明引用变量。

```
Runner r;                    //合法
Runner r=new Runner();       //非法
```

接口只包含常量和方法的定义，不包含变量和方法的实现。定义接口的主要目的就是让不同的类来实现。类实现接口(类的定义)的语法规则如下。

```
[访问修饰符][非访问修饰符] class 类名 [extends 超类名称] [implements interface1,
interface2,…,interfacen]{
        属性声明;
        构造方法声明;
        方法声明及方法体;
}
```

【例 5-8】 定义一个 Person 类，使其实现 Runner 接口。

程序 Person.java 如下。

```
package ch05;
public class Person2 implements Runner {
    public void start() {
        System.out.println(id);
        System.out.println("Person is Start Running!");
    }
    public void run() {
        System.out.println("Person is Running!");
    }
    public void stop() {
        System.out.println("Person is Stop Running!");
    }
}
```

Person 类就是 Runner 接口的实现类，Person 类实现了接口 Runner 中的所有抽象方法。

修改【例 5-8】，代码如下。

```
package ch05;
public abstract class Person3 implement Runner {
    public void start() {
        System.out.println(id);
        System.out.println("Person is Start Running!");
    }
}
```

修改后的 Person 类只实现了 Runner 接口中的抽象方法 start()，没有实现接口 Runner 中的其他抽象方法，class 必须用 abstract 修饰，否则编译出错。

由此得出结论：一个类实现一个接口，必须实现接口中所有的抽象方法，否则该类必须声明为抽象类。

在定义类实现某一个或多个接口时，通常要实现接口中所有的抽象方法，否则将类声明为抽象类是没有任何实际意义的。定义类去实现接口和继承已有的类本质是相似的，可以"继承"接口中的常量和抽象方法。接口虽然只能声明接口引用，不能实例化对象，但是接口引用可以指向实现类的对象，这一点和父类引用指向子类对象情况一样。

【例 5-9】 演示接口的使用。

程序 RunnerTest.java 如下。

```
package ch05;
public class RunnerTest {
    public static void main(String[] args) {
        Runner r=new Person2();      //接口 Runner 的引用 r 指向实现类 Person 的对象
        r.start();
        r.run();
        r.stop();
    }
}
```

程序运行结果如下。

```
10
Person is Start Running!
Person is Running!
Person is Stop Running!
```

5.2.4 接口的多重实现

Java 只支持类的单继承,不支持多继承,即定义类时只能继承一个已有的类,不同时继承多个已有类。Java 中的类实现接口和类继承不同,定义一个类时可以同时实现一个或多个接口。

【例 5-10】 演示接口的多重实现使用。

程序 Test.java 如下。

```
package ch05;
interface Swimmer {
    public abstract void swim();
}
interface Runner1 {
    void run();
}
abstract class Animal1 {
    public abstract void eat();
}
class Person4 extends Animal1 implements Runner1,Swimmer{
//类 Person 继承 Animal 类的同时实现了接口 Runner 和 Swimmer
    public void eat() {
        System.out.println("I am eatting!");
    }
    public void run() {
        System.out.println("I am Running!");
    }
    public void swim() {
        System.out.println("I am Swimming!");
```

```
    }
}
public class Test{
    public static void main(String[] args){
        Test t=new Test();
        Person4 p=new Person4();
        t.m1(p);
        t.m2(p);
        t.m3(p);
    }
    public void m1(Runner1 r){
        r.run();
    }
    public void m2(Swimmer s){
        s.swim();
    }
    public void m3(Animal1 a){
        a.eat();
    }
}
```

上述程序 Test.java 代码中的 Test 类也可以改为下述代码，道理是完全一样的。

```
public class Test{
    public static void main(String[] args){
        Swimmer s=new Person4();   //接口 Swimmer 的引用 s 指向实现类 Person 的对象
        Runner r=new Person4();    //接口 Runner 的引用 r 指向实现类 Person 的对象
        Animal a=new Person4();    //父类 Animal 的引用 a 指向子类 Person 的对象
        s.swim();
        r.run();
        a.eat();
    }
}
```

程序运行结果如下。

```
I am Running!
I am Swimming!
I am eatting!
```

从【例 5-10】可以看出，接口的引用可以指向不同的实现类对象，从而发生多态。

5.2.5 接口的多继承

和 Java 中类的继承关系一样，接口之间也可以继承，即定义接口时可以继承已有的接口，添加新的常量和抽象方法定义，在父接口的基础上进行下一步扩展，当然最终发挥作用的还是接口的实现类。只不过接口之间的继承支持多重继承，即一个接口可以同时继承一个或多个已有的接口。

【例 5-11】 演示接口的多继承使用。

程序 D. java 如下。

```
package ch05;
interface A{
    public void ma();
}
interface B{
    public void mb(int i);
}
interface C extends A,B{            //接口 C 同时继承接口 A 和 B
    public void mc();
}
public class D implements C{
    public void ma(){
        System.out.println("Implements methos ma");
    }
    public void mb(int i){
        System.out.println(2000+i);
    }
    public void mc(){
        System.out.println("Hello!");
    }
    public static void main(String[] args){
        D d=new D();
        d.ma();
        d.mb(100);
        d.mc();
    }
}
```

运行结果如下。

```
Implements methos ma
2100
Hello!
```

5.2.6 接口应用

接口概念小节中简要介绍了数据库驱动程序实现过程，以下通过程序案例简单地模拟这个过程。

【例 5-12】 模拟数据库驱动程序实现过程。

程序 DriverTest. java 如下。

```
package ch05;
interface Driver{                   //定义数据库驱动程序接口 Driver
```

```
    void connect();
}
class MySql implements Driver{          //定义类 MySql 实现接口 Driver
    public void connect(){
        System.out.println("MySql 数据库连接成功!");
    }
}
class SqlServer implements Driver{      //定义类 SqlServer 实现接口 Driver
    public void connect(){
        System.out.println("SqlServer 数据库连接成功!");
    }
}
class DB2 implements Driver{            //定义类 DB2 实现接口 Driver
    public void connect(){
        System.out.println("DB2 数据库连接成功!");
    }
}
class Oracle implements Driver{         //定义类 Oracle 实现接口 Driver
    public void connect(){
        System.out.println("Oracle 数据库连接成功!");
    }
}
public class DriverTest{          //定义测试类 DriverTest,使用接口 Driver 及其实现类
    public static void main(String[] args){
        String str=args[0];
        Driver d=getConnect(str);
        if(d!=null)
            d.connect();
    }
    public static Driver getConnect(String str){
        if(str!=null && str.equals("oracle")){
            return new Oracle();
        }
        if(str!=null && str.equals("db2")){
            return new DB2();
        }
        if(str!=null && str.equals("sqlserver")){
            return new SqlServer();
        }
        if(str!=null && str.equals("mysql")){
            return new MySql();
        }
        return null;
    }
}
```

上述程序运行时需要获取命令行参数,如果没有命令行参数,将出现以下异常。

```
Exception in thread "main" java.lang.ArrayIndexOutOfBoundsException: 0
    at book.ch06.javainterface.DriverTest.main(DriverTest.java:28)
```

运行【例 5-12】,可以直接通过命令行窗口,源文件编译完成后运行程序。

输入命令:java DriverTest oracle
运行结果:Oracle 数据库连接成功!
输入命令:java DriverTest db2
运行结果:DB2 数据库连接成功!
输入命令:java DriverTest mysql
运行结果:MySql 数据库连接成功!
输入命令:java DriverTest sqlserver
运行结果:SqlServer 数据库连接成功!

另外,DriverTest 也可以在 MyEclipse 下直接运行,运行步骤如下。

(1) 在 MyEclipse 中打开源文件,右击,选择 Run As→Open Run Dialog,如图 5-1 所示。打开配置窗口。

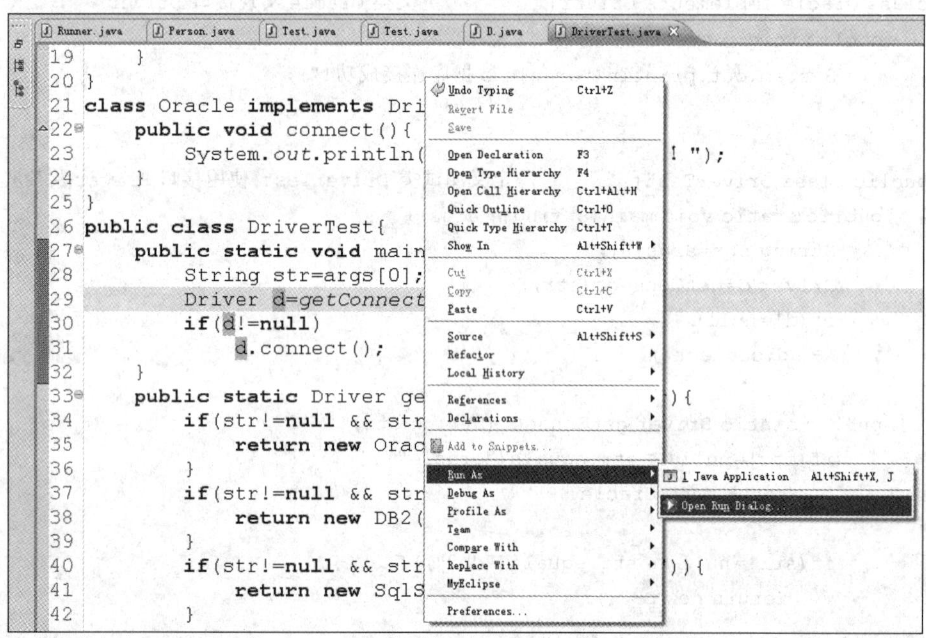

图 5-1　MyEclipse 打开命令行参数配置窗口

(2) 单击 Open Run Dialog,打开 Run 对话框,如图 5-2 所示,选择 Arguments 选项卡,该页面上的 Program arguments 文本框用来接收命令行参数,在其中填写 oracle 或其他均可,然后单击 Run 按钮,即可在控制台查看运行结果。

最后简要介绍 Java 中两种特殊的接口。一是标识接口,它是没有任何方法和属性的接口。它不对实现它的类有任何语意上的要求,仅仅表明了实现它的类属于一个特定的类型。例如,java.io.Serializable 接口就是一个标识接口,类通过实现 Serializable 接口启

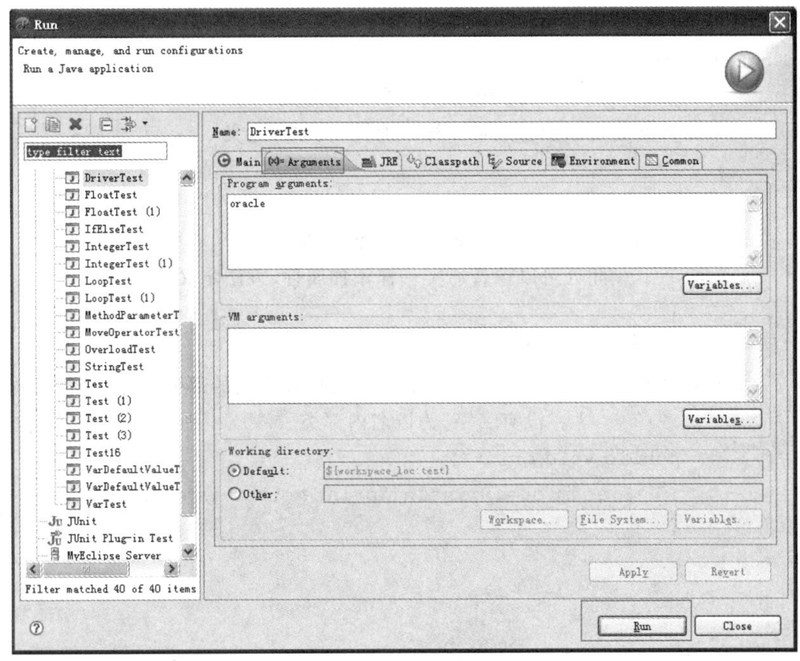

图 5-2 Run 对话框

用其序列化功能,未实现此接口的类将无法使其任何状态序列化或反序列化。二是常量接口,它是用 Java 接口来声明一些常量,然后由实现这个接口的类使用这些常量。

5.3 内 部 类

顾名思义,内部类(Innerer Class)就是指定义在一个类的内部的类。内部类可以让逻辑上相关的一组类组织起来,并由外部类(Outer Class)来控制内部类的可见性。事实上,内部类的功能完全可以使用普通类来替代实现,但随着学习的深入,会发现内部类在某些方面还是具有很重要的应用。Java 中引入内部类,使得编写的程序更加简洁优雅,便于类的组织,划分程序的层次结构和类的命名。尤其是在 Java GUI 编程的事件处理中,使用内部类作为监听器类是非常常见和有效的处理手段,还有内部类和接口结合使用来实现 Java 类的"多继承"。

5.3.1 内部类概念

Java 语言中支持类的嵌套定义,可以将一个类定义在其他类的内部,即内部类。讲解内部类之前,先来看一个程序。

【例 5-13】 通过内部类的定义形式直观认识内部类。

程序 Outter.java 如下。

```
package ch05;
public class Outter {
    private class A{        //A 为内部类-实例内部类
```

```
        //此处可以像普通类一样添加属性、方法定义
        public void m1(){
            class C{        //C为内部类—局部内部类
                //此处可以像普通类一样添加属性、方法定义
            }
            if(true){
                class D{   //D为内部类—局部内部类
                    //此处可以像普通类一样添加属性、方法定义
                }
            }
            new XX(){     //new XX()之后一对大括号之间的部分也是一个内部类,只是该类
                            没有名字,为匿名内部类
                public void print(){
                    System.out.println("print method is called!");
                }
            }
        }
    }
    public static class B{//B为内部类—静态内部类
        //此处可以像普通类一样添加属性、方法定义
    }
}
interface XX{
    void print();
}
```

【例5-13】中比较容易看出类A、B、C、D为内部类。事实上,new XX()之后一对大括号之间的部分也是一个内部类,只是这段代码所表示的内部类没有名字而已。

```
{//这也是一个内部类,只是该类没有名字
    public void print(){
        System.out.println("print method is called!");
    }
}
```

内部类和类的属性、方法一样,都属于类的成员,所以内部类可以声明为static和非static,并且可以使用访问控制修饰符(private、default、protected和public),这一点和普通类不同。此外,和普通类的方法一样,在内部类中可以访问外部类的一切成员,包括private的成员。

根据内部类定义的位置以及内部类修饰符的不同,内部类可以分为实例内部类、静态内部类、局部内部类和匿名内部类。

实例内部类:定义在类的内部,方法或代码块外部,没有static修饰的类,例如类A。

静态内部类:定义在类的内部,方法或代码块外部,利用static修饰的类,例如类B。

局部内部类:定义在方法或代码块内部的类,例如类C和D。

匿名内部类：和局部内部类一样，定义在方法或代码块内部，但是该类没有名字，只能在其所在之处使用一次。例如：

```
{
    public void print() {
        System.out.println("print method is called!");
    }
}
```

匿名内部类不好理解，下面分析【例 5-13】中的如下代码。

```
new XX(){
    public void print() {
        System.out.println("print method is called!");
    }
};
```

XX 是在 Outter.java 中定义的一个接口。很显然“new XX();”这句代码在编译时是会出现错误的，因为接口是不能实例化对象的。但是，目前还要使用这个接口，解决办法如下：在语句“new XX();”结束之前，即“;”之前实现接口的抽象方法，也就是在“new XX();”语句中加一对“{}”，并在“{}”中实现接口 XX 的抽象方法，具体即上述代码。“{}”以及其中的内容就是一个没有名字的类，该类实现了接口 XX。一定注意不要丢掉“}”后的“;”，否则编译出错。

5.3.2 实例内部类

实例内部类就是定义在类的内部、方法或者代码块外部，没有 static 修饰的类。它作为外部类的一个成员存在，和其外部类的属性、方法并列。实例内部类必须依附外部类的实例而存在，即要获得内部类的实例，必须先获得外部类的实例。实例内部类能访问外部类的一切成员，包括 private 修饰的成员，但不能有静态属性。

【例 5-14】 演示实例内部类的使用。

程序 InstanceInnerClass.java 如下。

```
package ch05;
class OuterB{
    private int s=10;
    public class InnerB{                          //内部类 InnerB 为实例内部类
        int s=100;
        //static int a=100;                       //非法,编译出错
        public void print(int s){
            System.out.println(s);                //访问同名局部变量
            System.out.println(this.s);           //访问同名实例变量
            System.out.println(OuterB.this.s);    //访问同名外部类实例变量
        }
    }
```

```
    //该方法返回内部类实例
    public InnerB getInnerB(){
        return new InnerB();
    }
}
public class InstanceInnerClass{
    public static void main(String[] args){
        //外部类的外部直接使用实例内部类
        OuterB.InnerB inner=(new OuterB()).new InnerB();
        inner.print(1000);
        //通过外部类的方法返回内部类实例
        OuterB outer=new OuterB();
        outer.getInnerB().print(1000);
    }
}
```

程序运行结果如下。

```
1000
100
10
1000
100
10
```

通过【例 5-14】可以看出：在内部类中访问与局部变量命名冲突的实例变量，使用 this.属性，这和普通类相同。在内部类访问外部类中与内部类命名冲突的成员，使用外部类名.this.属性。在外部类的外部访问内部类，使用外部类名.内部类名。在外部类以外的地方构建实例内部类实例，使用外部类名实例(对象).new 内部类名()。

5.3.3 静态内部类

静态内部类就是定义在类的内部、方法或者代码块外部，利用 static 修饰的类。静态内部类只能访问外部类的静态成员。静态内部类实例化对象不需要构建外部类实例就可直接构建静态内部类的实例，这是它与实例内部类的区别。静态内部类的对象可以直接生成，而不需要通过生成外部类对象来生成。这样实际上静态内部类成了一个顶级类。静态内部类不能使用 private 来修饰。

【例 5-15】 演示静态内部类的使用。

程序 StaticInnerClass.java 如下。

```
package ch05;
class OuterA{
    private String name;
    private static int count=10;
    static class InnerA{                        //内部类 InnerA 为静态内部类
```

```
        int count=100;
        public void print(int count){
            //System.out.println(name);  //非法,编译出错
            System.out.println(count);
            System.out.println(this.count);
            System.out.println(OuterA.count);
        }
    }
}
public class StaticInnerClass{
    public static void main(String[] args){
        OuterA.InnerA inner=new OuterA.InnerA();
        inner.print(1000);
    }
}
```

程序运行结果如下。

```
1000
100
10
```

静态内部类不依赖外部类的实例,只是定义在一个类的内部而已,也可以说是隐藏在一个类的内部。它使用起来和普通类一样,通过外部类名.内部类名即可。

5.3.4 局部内部类

局部内部类就是定义在方法体内或代码块内的类。局部内部类与局部变量类似,不能使用访问控制修饰符 public、protected、private 和 static,其范围为定义它的代码块。局部内部类可以访问外部类的一切成员,包括 private 修饰的成员,还可以访问局部内部类所在的方法或代码块中由 final 修饰的局部变量(即常量)。局部内部类的可见范围在其所在方法或代码块的内部,在类外不可直接访问局部内部类(保证局部内部类对外是不可见的),只有其所在方法或代码块的内部才能调用其局部内部类。

【例 5-16】 演示局部内部类的使用。

程序 LocalInnerClass.java 如下。

```
package ch05;
interface Animal2 {
    void eat();
    void sleep();
}
class OuterC{
    private int count;
    public Animal2 getAnimal(){
        final int count=1000;
        class Person implements Animal2 {
    //类 Animal2 定义在方法 getAnimal()体内,为局部内部类
```

```
                public void eat(){
                    System.out.println(count);
                    System.out.println(OuterC.this.count);
                    System.out.println("person eat");
                }
                public void sleep(){
                    System.out.println("person sleep");
                }
            }
            return new Person();
        }
}
public class LocalInnerClass{
    public static void main(String[] args){
        OuterC outer=new OuterC();
        Animal2 a=outer.getAnimal();
        a.eat();
        a.sleep();
    }
}
```

程序运行结果如下。

```
1000
0
person eat
person sleep
```

局部内部类最大的优点就是类名和成员名只是局部可见,最大限度地降低了命名冲突的风险。但是缺点同样突出,局部内部类不能被重用。局部内部类在实际开发中很少使用。

5.3.5 匿名内部类

匿名内部类和局部内部类一样,定义在方法或代码块内部,但是该类没有名字,只能在其所在处使用一次。一个匿名内部类一定是在 new 的后面隐含着继承一个抽象父类或者实现一个接口,没有类名,根据多态特征,使用其抽象父类名或所实现接口的名字。利用抽象父类或所实现接口的名字代替 new 后面的名字来创建对象,利用抽象父类或所实现接口声明变量格式如下。

```
抽象父类名|所实现接口名 引用名=new 抽象父类名|所实现接口名(){...};
```

“{…}”是对抽象父类或所实现接口中抽象方法的实现代码。new 是一个完整的语句,注意一定要在大括号后加分号。

【例 5-17】 演示匿名内部类的使用。

程序 AnonymousInnerClass.java 如下。

```
package ch05;
abstract class Animal3 {
    public abstract void eat();
    public abstract void sleep();
}
class Zoo{
    public Animal3 getAnimal(){
        return new Animal3(){          //匿名内部类,该类继承了抽象类 Animal3
            public void eat(){
                System.out.println("Animal eat");
            }
            public void sleep(){
                System.out.println("Animal sleep");
            }
        }
    }
}
public class AnonymousInnerClass{
    public static void main(String[] args){
        Zoo z=new Zoo();
        Animal3 a=z.getAnimal();
        a.eat();
        a.sleep();
    }
}
```

程序运行结果如下。

```
Animal eat
Animal sleep
```

【例 5-17】程序 AnonymousInnerClass.java 中的抽象类 Animal 改为接口 Animal,代码如下所示,匿名内部类使用方法和程序的运行结果都一样。如果将抽象类 Animal 改为接口 Animal,那么匿名内部类则实现 Animal 接口。

```
interface Animal{
    void eat();
    void sleep();
}
```

匿名内部类作为内部类的一种特殊形式,是局部内部类的一种简化。匿名内部类定义时只能实现一个接口或继承一个抽象父类,不能实现多个接口或继承抽象父类。匿名内部类继承的抽象父类或所实现接口中的抽象方法实现应比较简单,这样的代码比较简洁,层次比较清晰。如果继承的抽象父类或所实现接口中的抽象方法实现代码比较复杂,那么匿名内部类就比较混乱,此时应使用普通类来替代。

5.3.6 内部类应用

当类与接口或接口与接口发生方法命名冲突时,使用内部类来实现是一种比较好的解决方案。另外,某些情况仅仅使用接口并不能完全地实现多继承,用接口配合内部类才能实现真正的多继承。

【例 5-18】 演示接口和内部类综合应用。

程序 RobotTest. java 如下。

```
Package ch05;
interface Machine{
    void run();
}
class Person5 {
    public void run(){
        System.out.println("person run!");
    }
}
class Robot extends Person5 {
    private class MachineHeart implements Machine{
        public void run(){
            System.out.println("machine run!");
        }
    }
    public Machine getMachine(){
        return new MachineHeart();
    }
}
public class RobotTest{
    public static void main(String[] args){
        Robot r=new Robot();
        Machine m=r.getMachine();
        m.run();
        r.run();
    }
}
```

程序运行结果如下。

```
machine run!
person run!
```

通过【例 5-18】可以看出: 机器人 Robot 既具有人 Person 类的特性,也具有机器 Machine 接口的特性。按照通常做法,定义类 Robot 时直接继承 Person 类,同时实现 Machine 接口即可,但是 Person 类和 Machine 接口中具有相同的方法 run(),产生了命名冲突，此时利用内部类很好地解决了这一问题。

另外，内部类的一个重要应用就是在GUI章节中用来实现监听器。

5.4 反　　射

5.4.1 反射概念

Java程序运行时可以动态加载、解析和使用一些在编译阶段并不确定的类型，这一机制称为反射(reflection)或内省(introspection)。

Java反射机制，是在运行状态中，对于任意一个类，都能够知道这个类的所有属性和方法；对于任意一个对象，都能够调用它的任意一个方法；指的是这种动态获取信息以及动态调用对象方法的功能。前面的知识是无法做到这一点的。

反射包括下面3方面的功能。

(1) 加载运行时才能确定的类型；

(2) 解析类的结构，获取类的内部信息；

(3) 操作该类型或其实例；具体包括访问其属性、调用方法、创建实例。

5.4.2 Class

称为类的类型，用于描述Java类的抽象类型，和普通的Java类一样继承Object类。Class的实例表示运行时的Java数据类型，包括类、接口、数组、枚举、注解、Java基本类型和void；在类加载，Java虚拟机将自动创建相应的Class对象来描述加载类的类型信息，即Java的成分信息。Object类中的一个方法getClass()，就是返回当前对象的所属类型的Class实例。Class实例的获得是反射编程中重要的一步。

Class处于java.lang包下，Class中的一些主要方法如表5-1所示。

表5-1　Class中的主要方法

方　　法	说　　明
public static Class<?> forName(String className)	返回与带有给定字符串名的类或接口相关联的Class实例，即类型，或者说加载一个类，因为加载一个类时，Java虚拟机将自动创建相应的Class对象来描述加载类的类型信息。参数className必须是类的全名，即包名+类名
public T newInstance()	创建此Class对象所表示的类的一个新实例。如同用一个带有一个空参数列表的new表达式实例化该类。如果该类尚未初始化，则初始化这个类
public boolean isInterface()	判定指定的Class对象是否表示一个接口类型
public boolean isPrimitive()	判定指定的Class对象是否表示一个基本类型
public boolean isArray()	判定此Class对象是否表示一个数组类
public boolean isAnnotation()	如果此Class对象表示一个注释类型，则返回 true

续表

方　法	说　明
public String getName()	以 String 的形式返回此 Class 对象所表示的实体(类、接口、数组、基本数据类型、枚举或 void)名称
public Class<? super T>getSuperclass()	返回表示此 Class 表示的类型(类、接口、基本类型或 void)的超类的 Class
public Package getPackage()	获取此类所在包的信息
public Class<?>[]getInterfaces()	确定此对象所表示的类或接口实现或者继承的接口
public int getModifiers()	返回此类或接口 Java 语言修饰符的整数表示。在 java. lang. reflect. Modifier 类中定义一系列整型常量来表示 Java 中的修饰符,该方法返回值即为所有修饰符对应的整型常量之和
public Field[] getFields()	返回一个包含某些 Field 对象的数组,这些对象反映此 Class 对象所表示的类或接口的所有可访问公共字段
public Method[] getMethods()	返回一个包含某些 Method 对象的数组,这些对象反映此 Class 对象表示的类或接口(包括那些由该类或接口声明的以及从超类和超接口继承的那些类或接口)的公共成员方法
public Constructor<?>[]getConstructors()	返回一个包含某些 Constructor 对象的数组,这些对象反映此 Class 对象所表示的类的所有公共构造方法
public Field getField(String name)	返回一个 Field 对象,它反映此 Class 对象所表示的类或接口的指定公共成员字段
public Field[] getDeclaredFields()	返回 Field 对象的一个数组,这些对象反映此 Class 对象表示的类或接口所声明的所有字段。包括公共、保护、默认(包)访问和私有字段,但不包括继承的字段
public Method[]getDeclaredMethods()	返回 Method 对象的一个数组,这些对象反映此 Class 对象表示的类或接口声明的所有方法,包括公共、保护、默认(包)访问和私有方法,但不包括继承的方法
public Constructor<?>[] getDeclaredConstructors()	返回 Constructor 对象的一个数组,这些对象反映此 Class 对象表示的类声明的所有构造方法。它们是公共、保护、默认(包)访问和私有构造方法
public Field getDeclaredField(String name)	返回一个 Field 对象,该对象反映此 Class 对象表示的类或接口的指定已声明字段
public Method getDeclaredMethod(String name,Class<?> pTypes)	返回一个 Method 对象,该对象反映此 Class 对象表示的类或接口的指定已声明方法
public Constructor<T> getDeclaredConstructor(Class<?>... pTs)	返回一个 Constructor 对象,该对象反映此 Class 对象表示的类或接口的指定构造方法

5.4.3 其他反射相关 API

除了 Class 处于 java. lang 包下,其余反射 API 均处于 java. lang. reflect 包下。java.

lang. reflect. Field 表示类型属性，Field 类中的主要方法如表 5-2 所示。

表 5-2　Field 类中的主要方法

方　法	说　明
public Object get(Object obj)	返回指定对象上此 Field 表示的字段的值。如果该值是一个基本类型值，则自动将其包装在一个对象中
public int getModifiers()	以整数形式返回由此 Field 对象表示的字段的 Java 语言修饰符。应该使用 Modifier 类对这些修饰符进行解码
public String getName()	返回此 Field 对象表示的字段的名称
public Class<?>getType()	返回一个 Class 对象，它标识了此 Field 对象所表示字段的声明类型

java. lang. reflect. Method 表示类型的方法，Method 类中的主要方法如表 5-3 所示。

表 5-3　Method 类中的主要方法

方　法	说　明
public int getModifiers()	以整数形式返回此 Method 对象所表示方法的 Java 语言修饰符。应该使用 Modifier 类对修饰符进行解码
public String getName()	以 String 形式返回此 Method 对象表示的方法名称
public TypeVariable<Method>[] getTypeParameters()	返回 TypeVariable 对象的数组，这些对象描述了由 GenericDeclaration 对象表示的一般声明按声明顺序来声明的类型变量
public Class<?>getReturnType()	返回一个 Class 对象，该对象描述了此 Method 对象所表示的方法的正式返回类型
public Object invoke(Object obj, Object... args)	对带有指定参数的指定对象调用由此 Method 对象表示的底层方法

java. lang. reflect. Constructor 表示类的构造方法，Constructor 类的主要方法如表 5-4 所示。

表 5-4　Constructor 类中的主要方法

方　法	说　明
public T newInstance(Object... initargs)	使用此 Constructor 对象表示的构造方法来创建该构造方法的声明类的新实例，并用指定的初始化参数初始化该实例
public int getModifiers()	以整数形式返回此 Constructor 对象所表示构造方法的 Java 语言修饰符
public String getName()	以字符串形式返回此构造方法的名称
public Class<?>[] getParameterTypes()	按照声明顺序返回一组 Class 对象，这些对象表示此 Constructor 对象所表示构造方法的形参类型

java. lang. reflect. Modifier 表示 Java 中的修饰符，Modifier 中重要常量如表 5-5 所示。

表 5-5 Java 修饰符常量

修 饰 符	名 称	对 应 值
public static final int	ABSTRACT	1024
public static final int	FINAL	16
public static final int	INTERFACE	512
public static final int	NATIVE	256
public static final int	PRIVATE	2
public static final int	PROTECTED	4
public static final int	PUBLIC	1
public static final int	STATIC	8
public static final int	STRICT	2048
public static final int	SYNCHRONIZED	32
public static final int	TRANSIENT	128
public static final int	VOLATILE	64

5.4.4 反射编程基本步骤

1. 获得 Class 对象

获得 Class 对象分引用类型和基本数据类型及 void 两种情景。

(1) 引用类型

① 利用 Class. forName("ClassName")；ClassName 指的是类的全名：包名＋类名。

例如：

```
Class C=Class.forName("com.briup.ch01.Student");
```

② 利用 Object 类提供的 getClass()方法。

例如：

```
Person p=new Person();Class c=p.getClass();
```

③ 利用类名. class 表达式。

例如：

```
Class c=String.class;
```

或者

```
Class c=com.briup.ch03.Person.class;      //这里的类名必须是全名
```

(2) 基本数据及 void

① 使用.class 表达式

```
Class c=int.class;
Class c=void.class;
```

② 使用对应的封装类的 TYPE 属性

```
Class c= Integer.TYPE;          //这里获得 Class 对象是 int 的,而不是 Integer 的
                                  (Integer.class),两者是有区别的
Class c=void.TYPE;
```

2. 利用 Class 对象的方法获得类型的相关信息

这里主要使用上述介绍的 java.lang.Class 的方法。

3. 访问/操作类型成员

这里主要使用上述介绍的 java.lang.reflect.Field、java.lang.reflect.Method、java.lang.reflect.Constructor 中的方法。

5.4.5 反射编程举例

【例 5-19】 解析任意一个 Java 类的结构。

程序 ReflectTest1.java 如下。

```
package ch05;
public class ReflectTest1 {
    public static void main(String[] args) throws Exception {
        //1. 获得 Class 实例
        Class c=Class.forName("ch05.Person6");
        //2. 获取类型信息
        Field[] fs=c.getDeclaredFields();
        System.out.println("========属性信息=============");
        for(Field f:fs){
            System.out.println("属性:"+f);
            System.out.println("属性修饰符:"+
                    Modifier.toString(f.getModifiers()));
            System.out.println("属性类型:"+f.getType());
            System.out.println("属性名字:"+f.getName());
            System.out.println("------------------------");
        }
        System.out.println("==========构造方法信息================");
        Constructor[] cs=c.getDeclaredConstructors();
        for(int i=0;i<cs.length;i++){
            System.out.println("构造方法:"+cs[i]);
            System.out.println("修饰符:"+
```

```
            Modifier.toString(cs[i].getModifiers()));
        System.out.println("方法名:"+cs[i].getName());
        Class[] ps=cs[i].getParameterTypes();
        System.out.print("参数列表(");
        for(int j=0;j<ps.length;j++){
            if(j!=0){
                System.out.print(",");
            }
            System.out.print(ps[j].getName());
        }
        System.out.println(")");
        System.out.println("----------------------");
    }
    System.out.println("===========方法信息=============");
    Method[] ms=c.getDeclaredMethods();
    for(int i=0;i<ms.length;i++){
        System.out.println("方法:"+ms[i]);
        System.out.println("方法修饰符:"+
            Modifier.toString(ms[i].getModifiers()));
        System.out.println("返回类型:"+ms[i].getReturnType());
        System.out.println("方法名:"+ms[i].getName());
        Class[] ps=ms[i].getParameterTypes();
        System.out.print("参数列表(");
        for(int j=0;j<ps.length;j++){
            if(j!=0){
                System.out.print(",");
            }
            System.out.print(ps[j].getName());
        }
        System.out.print(")");
        System.out.println("--------------------");
    }
    System.out.println("=========父类信息============");
    Class superClass=c.getSuperclass();
    System.out.println("父类为: "+superClass.getName());
    System.out.println("===========实现接口信息=============");
    Class[] ins=c.getInterfaces();
    System.out.print("实现接口:");
    for(Class in:ins){
        System.out.print(in.getName());
    }
    System.out.println();
    System.out.println("=========所在包信息============");
    Package p=c.getPackage();
```

```
        System.out.println("所在包为:"+p.getName());
    }
}
```

程序运行结果如下。

```
========属性信息=============
属性:private java.lang.String book.ch06.reflection.Person.name
属性修饰符:private
属性类型:class java.lang.String
属性名字:name
------------------------
属性:private int book.ch06.reflection.Person.age
属性修饰符:private
属性类型:int
属性名字:age
------------------------
属性:private static int book.ch06.reflection.Person.total
属性修饰符:private static
属性类型:int
属性名字:total
------------------------
==========构造方法信息================
构造方法:public book.ch06.reflection.Person(java.lang.String,int)
修饰符:public
方法名:book.ch06.reflection.Person
参数列表(java.lang.String,int)
---------------------
构造方法:public book.ch06.reflection.Person()
修饰符:public
方法名:book.ch06.reflection.Person
参数列表()
---------------------
===========方法信息=============
方法:public int book.ch06.reflection.Person.getAge()
方法修饰符:public
返回类型:int
方法名:getAge
参数列表()---------------------
方法:public void book.ch06.reflection.Person.setAge(int)
方法修饰符:public
返回类型:void
方法名:setAge
参数列表(int)---------------------
方法:public static void book.ch06.reflection.Person.setTotal(int)
```

```
方法修饰符:public static
返回类型:void
方法名:setTotal
参数列表(int)---------------------
方法:public java.lang.String book.ch06.reflection.Person.toString()
方法修饰符:public
返回类型:class java.lang.String
方法名:toString
参数列表()---------------------
方法:public java.lang.String book.ch06.reflection.Person.getName()
方法修饰符:public
返回类型:class java.lang.String
方法名:getName
参数列表()---------------------
方法:public void book.ch06.reflection.Person.setName(java.lang.String)
方法修饰符:public
返回类型:void
方法名:setName
参数列表(java.lang.String)---------------------
方法:public static int book.ch06.reflection.Person.getTotal()
方法修饰符:public static
返回类型:int
方法名:getTotal
参数列表()---------------------
==========父类信息============
父类为: java.lang.Object
============实现接口信息=============
实现接口:java.io.Serializable
==========所在包信息============
所在包为: ch05
```

通过【例 5-19】可以看出：利用 Java 反射机制来解析任意一个 Java 类的结构，首先通过 Class 提供的 API 获得 Java 类的 Class 实例，然后通过 Class 实例获得类型所具有的属性数组、方法数组等，最后分别通过属性 Filed API、方法 Method API 获得相关属性和方法信息。

【例 5-20】 演示动态访问类的属性、操作对象方法。

程序 ReflectTest2. java 如下。

```
package ch05;
public class ReflectTest2 {
    public static void main(String[] argss) throws Exception {
        ReflectTest2 rt=new ReflectTest2();
        System.out.println("=====访问实例变量========");
        User user=new User("张三",50);
        System.out.println(user);
```

```
    rt.f1(user, "name", "李四");
    rt.f1(user, "age", 70);
    System.out.println(user);
    System.out.println("=======访问静态变量=====");
    System.out.println("方法访问前,total="+User.total);
    rt.f2("book.ch06.reflection.User", "total", 45);
    System.out.println("方法访问后,total="+User.total);
    System.out.println("=======调用实例方法=====");
    System.out.println("方法调用前: "+user);
    String methodName="setAll";
    Class[] pTypes={java.lang.String.class,int.class};
    Object[] args={"李四",30};
    rt.f3(user, methodName, pTypes, args);
    System.out.println("方法调用后: "+user);
    System.out.println("=======调用静态方法=====");
    rt.f4("book.ch06.reflection.User", "showTotal",
            null, null);
}
//操作实例变量
public void f1(Object obj,String fieldName,Object newValue)
    throws Exception{
    //1 获得 Class 实例
    Class c=obj.getClass();
    Field f=c.getDeclaredField(fieldName);
    System.out.println("修改前属性"+fieldName+
            " 值为:"+f.get(obj));
    f.set(obj, newValue);
    System.out.println("修改后属性"+fieldName+
            " 值为:"+f.get(obj));
}
//操作静态变量
public void f2(String className,String fieldName
        ,Object newValue) throws Exception{
    Class c=Class.forName(className);
    Field f=c.getDeclaredField(fieldName);
    System.out.println("修改前属性"+fieldName
            +"的值为:"+f.get(null));
    f.set(null, newValue);
    System.out.println("修改后属性"+fieldName
            +"的值为:"+f.get(null));
}
//调用实例方法
public void f3(Object obj,String methodName,
        Class[] pTypes,Object[] args) throws Exception{
```

```
        Class c=obj.getClass();
        Method m=c.getDeclaredMethod(methodName, pTypes);
        m.invoke(obj, args);
    }
    //调用静态方法
    public void f4(String className,String methodName,
            Class[] pTypes,Object[] args) throws Exception{
        Class c=Class.forName(className);
        Method m=c.getDeclaredMethod(methodName, pTypes);
        m.invoke(null, args);
    }
}
```

程序运行结果如下。

```
=====访问实例变量=========
Name:张三      Age:50
修改前属性 name 值为：张三
修改后属性 name 值为：李四
修改前属性 age 值为：50
修改后属性 age 值为：70
Name：王五      Age：70
=======访问静态变量=====
方法访问前,total=101
修改前属性 total 的值为：101
修改后属性 total 的值为：45
方法访问后,total=45
=======调用实例方法=====
方法调用前：Name：李四      Age：70
方法调用后：Name：王五      Age：30
=======调用静态方法=====
int static method showTotal,total=45
```

通过【例 5-20】可以看出：利用 Java 反射机制动态访问类的属性、操作对象方法，首先通过 Class 提供的 API 或 Object 类提供的 getClass()方法获得 Java 类的 Class 实例，然后利用 Class API，通过 Class 实例获得所要操作的属性、方法等，最后通过调用属性 Filed API、方法 Method API 中的 set(Object obj,Object newValue)或 invoke(Object obj, Object[] args)方法来访问相关属性和调用相关方法。

【例 5-21】 演示动态调用构造方法实例化对象。

程序 ReflectTest3. java 如下。

```
package ch05;
public class ReflectTest3 {
    public static void main(String[] args) throws Exception {
        String className="ch05.User";
```

```
        Class c=Class.forName(className);
        Class[] pTypes={java.lang.String.class,int.class};
        Constructor con1=c.getDeclaredConstructor(pTypes);
        Object[] objs={"赵六",32};
        Object obj1=con1.newInstance(objs);
        System.out.println(obj1);
        System.out.println("============");
        Constructor con2=c.getDeclaredConstructor(null);
        Object obj2=con2.newInstance(null);
        System.out.println(obj2);
        System.out.println("================");
        Object obj3=c.newInstance();
        System.out.println(obj3);
    }
}
```

程序运行结果如下。

```
Name: 赵六     Age: 32
============
Name:zhangsan     Age: 23
================
Name:zhangsan     Age: 23
```

通过【例 5 21】可以看出：利用 Java 反射机制来动态调用构造方法实例化对象，首先通过 Class 提供的 API 或 Object 类提供的 getClass()方法获得 Java 类的 Class 实例，然后通过 Class 实例利用 Class API 的 getDeclaredConstructor(Class[] pTypes)方法获得所要调用的构造方法，最后通过调用构造方法实例，利用 Constructor API 的 newInstance(Object[] objs)方法来实例化对象。如果调用无参构造方法，也可以直接通过 Class 实例调用方法 newInstance()来实例化对象。

5.5 案　　例

本章案例实现学生学习成绩的管理。本案例使用了实体类(学生成绩类 Score. java)、接口(IScoreService. java)和服务类(ScoreServiceImpl. java)等技术实现。使用接口设计服务类，使用者不必关心方法的实现细节，只要知道方法的功能即可使用接口来调用方法，完成相应的功能，体现了多态的特点。

5.5.1 案例设计

为了实现成绩管理功能，定义了类 Score. java 描述学生成绩实体，接口 IScoreService. java 定义添加、删除、修改和查找等操作成绩的抽象方法，类 ScoreServiceImpl. java 实现接口 IScoreService. java 中定义的抽象方法。学生成绩类图如图 5-3 所示。

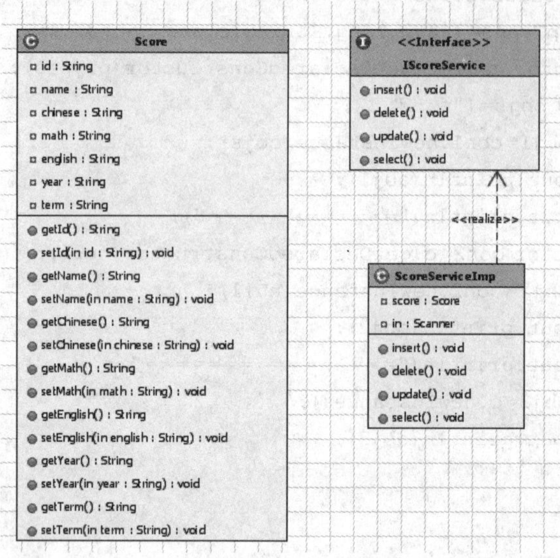

图 5-3　学生成绩类图

5.5.2　案例演示

程序 Test.java 运行后，进入系统操作菜单，如图 5-4 所示。选择 1～4 之间的数字输入，它们分别代表“添加学生成绩”、“删除学生成绩”、“修改学生成绩”和“查询学生成绩”操作。

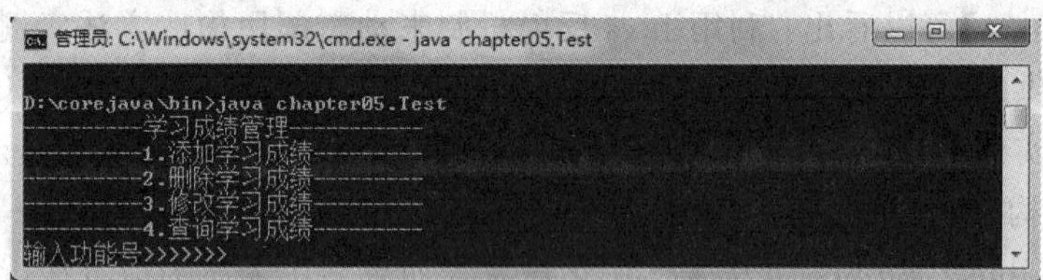

图 5-4　学生成绩管理界面

输入 1，按照程序提示输入相应的信息，完成后，程序打印出“添加成功”提示信息。如图 5-5 所示。

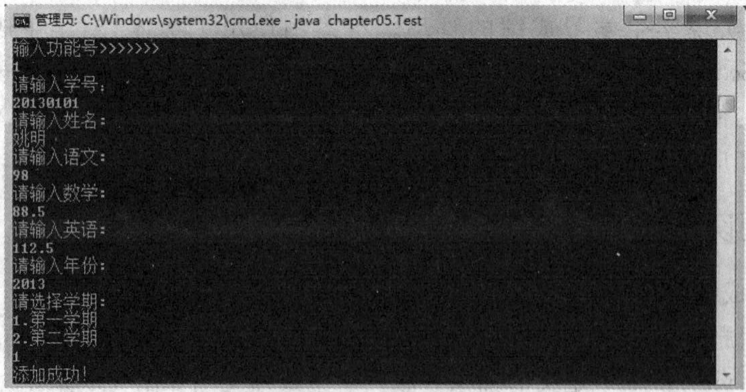

图 5-5　添加成绩界面

读者也可以输入2、3或4来进行成绩删除、修改或查询操作，只需要按照输入提示输入即可。

5.5.3 代码实现

程序 Score.java 如下。

```
package chapter05;
public class Score {
    private String id;              //学号
    private String name;            //姓名
    private String chinese;         //语文
    private String math;            //数学
    private String english;         //英语
    private String year;            //年份
    private String term;            //学期
    public String getId() {
        return id;
    }
    public void setId(String id) {
        this.id=id;
    }
    public String getName() {
        return name;
    }
    public void setName(String name) {
        this.name=name;
    }
    public String getChinese() {
        return chinese;
    }
    public void setChinese(String chinese) {
        this.chinese=chinese;
    }
    public String getMath() {
        return math;
    }
    public void setMath(String math) {
        this.math=math;
    }
    public String getEnglish() {
        return english;
    }
    public void setEnglish(String english) {
        this.english=english;
```

```
    }
    public String getYear() {
        return year;
    }
    public void setYear(String year) {
        this.year=year;
    }
    public String getTerm() {
        return term;
    }
    public void setTerm(String term) {
        this.term=term;
    }
}
```

程序 IScoreService. java 如下。

```
package chapter05;
public interface IScoreService {
    //添加成绩
    public void insert();
    //删除成绩
    public void delete();
    //修改成绩
    public void update();
    //查询成绩
    public void select();
}
```

程序 ScoreServiceImp. java 如下。

```
package chapter05;
import java.util.Scanner;
public class ScoreServiceImp implements IScoreService {
    private Score[] score=new Score[50];
    private Scanner in=new Scanner(System.in);
    //添加
    public void insert() {
        String id=null;
        String name=null;
        String chinese=null;
        String math=null;
        String english=null;
        String year=null;
        String term=null;
        System.out.println("请输入学号：");
```

```
        id=in.nextLine();
        System.out.println("请输入姓名:");
        name=in.nextLine();
        System.out.println("请输入语文:");
        chinese=in.nextLine();
        System.out.println("请输入数学:");
        math=in.nextLine();
        System.out.println("请输入英语:");
        english=in.nextLine();
        System.out.println("请输入年份:");
        year=in.nextLine();
        System.out.println("请选择学期:");
        System.out.println("1.第一学期");
        System.out.println("2.第二学期");
        term=in.nextLine();
        Score s=new Score();
        s.setId(id);
        s.setName(name);
        s.setChinese(chinese);
        s.setMath(math);
        s.setEnglish(english);
        s.setYear(year);
        s.setTerm(term);
        for (int i=0; i<score.length; i++) {
            if (score[i]==null) {
                score[i]=s;
                System.out.println("添加成功!");
                break;
            }
        }
    }
    //删除
    public void delete() {
        String id=null;
        String year=null;
        String term=null;
        System.out.println("请输入学号: ");
        id=in.nextLine();
        System.out.println("请输入年份: ");
        year=in.nextLine();
        System.out.println("请选择学期: ");
        term=in.nextLine();
        for (int i=0; i<score.length; i++) {
            if (score[i] !=null) {
```

```
                if (score[i].getId().equals(id)
                        && score[i].getYear().equals(year)
                        && score[i].getTerm().equals(term)) {
                    score[i]=null;
                    System.out.println("删除成功!");
                    break;
                }
            }
        }
    }
    //修改
    public void update() {
        String id=null;
        String chinese=null;
        String math=null;
        String english=null;
        String year=null;
        String term=null;
        System.out.println("请输入学号：");
        id=in.nextLine();
        System.out.println("请输入年份：");
        year=in.nextLine();
        System.out.println("请选择学期：");
        term=in.nextLine();
        int flag=0;
        for (int i=0; i<score.length; i++) {
            if (score[i] !=null) {
                //检查是否是要修改的学习成绩
                if (score[i].getId().equals(id)
                        && score[i].getYear().equals(year)
                        && score[i].getTerm().equals(term)) {
                    System.out.println("请输入语文：");
                    chinese=in.nextLine();
                    System.out.println("请输入数学：");
                    math=in.nextLine();
                    System.out.println("请选择英语：");
                    english=in.nextLine();
                    score[i].setChinese(chinese);
                    score[i].setMath(math);
                    score[i].setEnglish(english);
                    System.out.println("修改成功!");
                    flag=1;
                    break;
                }
```

```
                }
            }
            if (flag==0) {
                System.out.println("不存在该课程成绩!");
            }
        }
        //查询
        public void select() {
            System.out.println("学号\t姓名\t语文\t数学\t英语\t年份\t学期");
            for (int i=0; i<score.length; i++) {
                if (score[i] !=null) {
                    System.out.println(score[i].getId()+"\t"+score[i].getName()+"\t"
                            +score[i].getChinese()+"\t"+score[i].getMath()+"\t"
                            +score[i].getEnglish()+"\t"+score[i].getYear()+"\t"
                            +score[i].getTerm());
                }
            }
        }
}
```

程序 Test.java 如下。

```
package chapter05;
import java.util.Scanner;
import java.util.regex.Pattern;
public class Test {
    private IScoreService service=new ScoreServiceImp();
    public void execute() {
        Scanner in=new Scanner(System.in);
        String option=null;
        String pattern="[1-4]";
        while (true) {
            System.out.println("-----------学习成绩管理-----------");
            System.out.println("-----------1.添加学习成绩---------");
            System.out.println("-----------2.删除学习成绩---------");
            System.out.println("-----------3.修改学习成绩---------");
            System.out.println("-----------4.查询学习成绩---------");
            option=in.nextLine();
            while(! Pattern.matches(pattern, option)) {
                System.out.println("输入有误,请重新输入!");
                option=in.nextLine();
            }
            switch(Integer.valueOf(option)) {
            case 1:
                service.insert();
```

```
                break;
            case 2:
                service.delete();
                break;
            case 3:
                service.update();
                break;
            case 4:
                service.select();
                break;
            }
        }
    }
    public static void main(String[] args) {
        new Test().execute();
    }
}
```

5.6 习　　题

一、选择题

(1) 现有两个类 Son、Parent，以下描述中表示 Son 继承自 Parent 的是(　　)。

A. class Son extends Parent　　B. class Parent implements Son

C. class Son implements Parent　　D. class Parent extends Son

(2) 下面程序定义了一个类，关于该类说法，正确的是(　　)。

```
abstract class abstractClass{
⋮
}
```

A. 能调用 new abstractClass()实例化为一个对象

B. 不能被继承

C. 该类的方法都不能被重载

D. 以上说法都不对

(3) 用 abstract 修饰的类称为抽象类，它们(　　)。

A. 只能用于派生新类，不能用于创建对象

B. 只能用于创建对象，不能用于派生新类

C. 既可用于创建对象，也可用于派生新类

D. 既不能用于创建对象，也不可用于派生新类

(4) 类中的某个方法是用 final 修饰的，则该方法(　　)。

A. 是虚拟的，没有方法体　　B. 是最终的，不能被子类继承

C. 不能用被子类同名方法覆盖　　　　　D. 不能被子类其他方法调用

(5) 下面接口的描述,正确的是(　　)。

A. 接口中的变量必须用 private static final 三个修饰词修饰

B. 接口中的方法必须用 public abstract 两个修饰符修饰

C. 一个接口可以继承多个父接口

D. 接口的构造方法名必须为接口名

(6) 下面关于接口对象描述中,正确的是(　　)。

A. 接口只能被类实现,不能用来声明对象

B. 接口可以用关键词 new 创建对象

C. 接口引用可以指向任何类的对象

D. 接口引用只能指向实现该接口的类的对象

(7) 接口 Intf 定义如下,下列(　　)类正确实现了 Intf 接口。

```
interface  Intf {
    void method1(int i);
    void method2(int j);
}
```

A.
```
class IAImpl implements Intf{
    void method1( ) { }
    void method2( ) { }
    }
```

B.
```
class IAIpml {
    void method1(int i ) { }
    void method2(int j ) { }
    }
```

C.
```
class IAImpl implements Intf {
    void method1(int i ) { }
    void method2(int j ) { }
    }
```

D.
```
class IAImpl implements Intf {
    public void method1(int x ) { }
    public void method2(int y ) { }
    }
```

二、填空题

(1) 在 Java 程序中,通过类的定义只能实现________重继承,但通过接口的定义可以实现________重继承关系。

(2) ________方法是一种仅有方法头,没有具体方法体和操作实现的方法,该方法必须在抽象类之中定义。________方法是不能被当前类的子类重新定义的方法。

(3) 请将下面程序补充完整。

```
________ class MyAb{
    abstract void callme();
    void metoo {
        System.out.println("类 MyAb 的 metoo()方法");
    }
}
class MyextAb ________ MyAb{
    void callme(){
        System.out.println("重载 MyAb 类的 callme()方法");
    }
}
public class Test {
    public static void main(String args[]){
    MyAb myab=________ MyextAb();
    myab.callme();
    myab.metoo();
    }
}
```

(4) abstract 方法________(不能或能)与 final 并列修饰同一个类。

三、程序设计题

(1) 建立一个动物的层次结构,以抽象类 Animal 为根,Cat、Spider 和 Fish 动物类实现接口 Pet。使用接口和抽象类技术完成。类结构如图 5-6 所示。

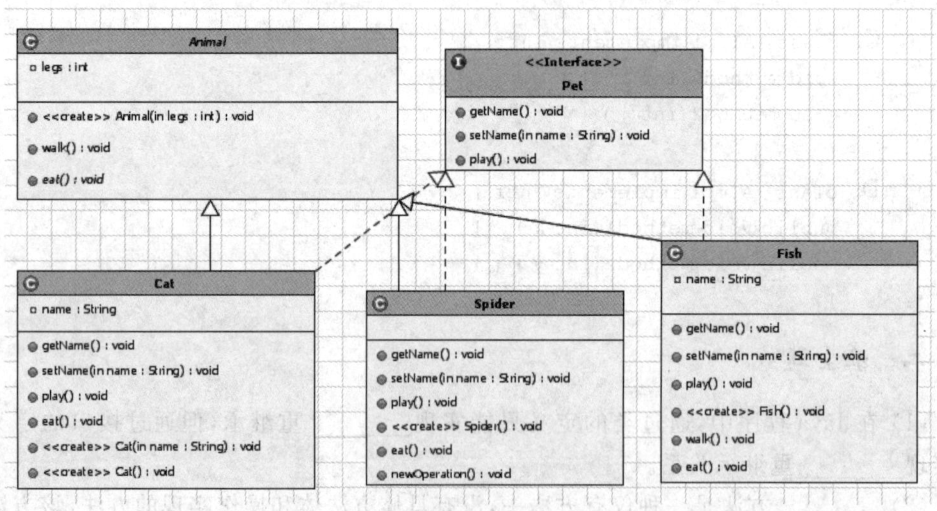

图 5-6 类结构

完成：

① 创建 Animal 类，它是所有动物类的抽象父类；

② 创建 Spider 类，继承 Animal 类；

③ 创建 Pet 接口；

④ 创建 Cat 类，继承 Animal 类并实现 Pet 接口；

⑤ 创建 Fish 类，继承 Animal 类并实现 Pet 接口；

⑥ 使用 AnimalsTest 类测试代码。

(2) 设计类 Parent 和 Parent 的派生类 Son，要求如下。

① Parent 有两个数据成员 pa 和 pb(都为 int 型)；Son 中继承了 Parent 中的 pa 和 pb，又定义了自己的数据成员 sc(int 型)。

② Parent 含有两个参数的构造方法，对 pa 和 pb 初始化。

③ Son 含有一个参数的构造方法，对 sc 初始化。

④ 设计测试类，完成 main 方法，在 main 方法中用 Son son=new Son(5)创建对象，把 pa、pb、sc 分别初始化成 3、4、5，最后输出它们的和。

四、实训题

(1) 题目

用户管理子系统。

(2) 实现功能

本系统存在 4 类角色：学生、班长、班主任和团委老师。

① 根据用户角色设计类体系结构；

② 为用户的服务功能设计服务接口；

③ 设计服务类，实现服务接口；

④ 测试所设计的类体系结构。

GUI 编程

GUI(Graphics User Interface)即图形用户界面，是与用户交互的窗口。之前各章中的程序都是通过命令行窗口或控制台与用户交互，通过键盘输入数据给应用程序，程序通过命令行窗口或控制台将程序运行后的结果数据返回给用户，而 GUI 是通过图形化的方式与用户交互。图形用户界面更加友好，与用户交互更加方便。Windows 系统就是典型的图形用户界面。

本章主要介绍 GUI 基础、GUI 事件处理、常用 AWT 组件和 Swing 编程。

6.1 GUI 基础

6.1.1 GUI 编程概述

当前使用 Java 语言进行 GUI 编程有三种技术：Applet、AWT 和 Swing。使用 Applet 进行 GUI 编程，一般用于 Web 页面，目前很少使用，基本被 Flash 等技术取代。使用 AWT 进行 GUI 编程，不是甲骨文(Oracle)推荐使用的工具集，虽然它在许多非桌面环境，如移动或嵌入式设备中有自己的优势，但是具有组件类型较少、组件外观粗糙和依赖本地操作系统等缺点。使用 Swing 技术进行 GUI 的编程，是目前开发者更倾向使用的 GUI 编程技术。Swing 是在 AWT 组件集的基础上进行的改进和升级，具有组件类型丰富、组件外形美观、与平台无关等优点。尽管利用 Java 语言进行 GUI 编程多使用 Swing 组件，但是有些基本组件还是来自 AWT 组件集。

AWT(Abstract Window ToolKit)即抽象窗口工具集，是 JDK 的一部分，也可以说是 Java API 的子集，包括组件、容器和布局管理器等 GUI 重要组件。AWT 支持 Java GUI 事件处理机制，使用 AWT 可以进行 Java GUI 的开发。

利用 Java 语言进行 GUI 程序设计，涉及的 Java API 相关组件包如下。

1. java.awt 包

java.awt 包是 GUI 基本组件包，提供 GUI 开发涉及的基本组件类，例如 Component、Frame、Button、Menu、Lable、TextField 等。不过，对于 AWT 中 GUI 开发常用组件，目前使用不多，多被 Swing 组件取代。

2. java.awt.event 包

java. awt. event 包是 Java GUI 事件处理包,Java GUI 编程中用到的与事件处理相关的接口、类等均处于此包,用来实现程序界面与用户交互。

3. javax.swing 包

javax. swing 包是图形界面组件升级包,是对 java. awt. * 包中的 GUI 组件的扩展和升级,提供种类丰富、外形美观的 GUI 组件,在目前的 Java GUI 开发中基本取代了大多数 AWT 组件,应用广泛。

6.1.2 组件

组件(Component)是图形用户界面的基本组成元素,凡是能够显示在屏幕上并能够与用户交互的对象均称为组件,如菜单、按钮、标签、文本框和滚动条等。除了容器类组件外,其他组件不能单独显示,必须放在一个容器中才能显示。java. awt. * 包中定义了很多组件类：Frame、Button、Menu、Lable、TextField 等。

java. awt. * 包中有一个抽象组件类 java. awt. Component,该类是 AWT 组件中除了 Menu 类之外所有组件类的功能父类,其中定义了 GUI 组件的基本特征,如尺寸、位置、颜色等,还实现了作为 GUI 组件应该具备的基本功能。

6.1.3 容器

容器(Container)本身也是一个组件,具有组件所具有的所有性质,只是容器组件可以容纳其他组件或者容器,所以 Container 类是 Component 的子类。所有容器都具有 add()方法,用于将其他组件添加到容器中。容器可以分为独立存在的顶层容器和必须依附于其他容器存在的非顶层容器。java. awt. Window 为顶层容器类,是可以自由停泊的顶层容器,如 Frame 就是一个顶层容器。java. awt. Panel 为非顶层容器,可以作为容器容纳其他组件,但是不能独立存在,必须添加到其他容器中,如添加到 Frame 中。

java. awt. Frame 是常见的顶层容器,Frame 的类层次结构如图 6-1 所示。

```
java.lang.Object
└─java.awt.Component
    └─java.awt.Container
        └─java.lang.Window
            └─java.lang.Frame
```

图 6-1 Frame 的类层次结构

【例 6-1】 演示容器 Frame 的使用。

程序 FrameTest. java 如下。

```
package ch06;
public class FrameTest {
    public static void main(String[] args) {
        Frame f=new Frame("FrameTest");  //实例化窗体容器组件对象
        f.setLayout(null);             //取消容器默认布局管理器,有关布局管理器下文介绍
        f.setLocation(100,100);        //设置窗体相对于屏幕的位置,参数为横纵坐标
```

```
        f.setSize(300,300);                    //设置窗体大小,参数分别为窗体的宽和高
        //f.setBounds(100,100,300,300);        //设置窗体范围即位置和大小
        f.setBackground(Color.blue);           //设置窗体背景色
        f.setResizable(false);                 //设置窗体大小不可改变
        Button b=new Button("register");       //实例化按钮组件对象
        b.setBounds(100,100,50,50);            //设置组件在窗体中的边界(位置与大小)
        f.add(b);                              //将按钮组件添加到窗体
        f.setVisible(true);                    //设置窗体可见
    }
}
```

程序运行结果如图 6-2 所示。

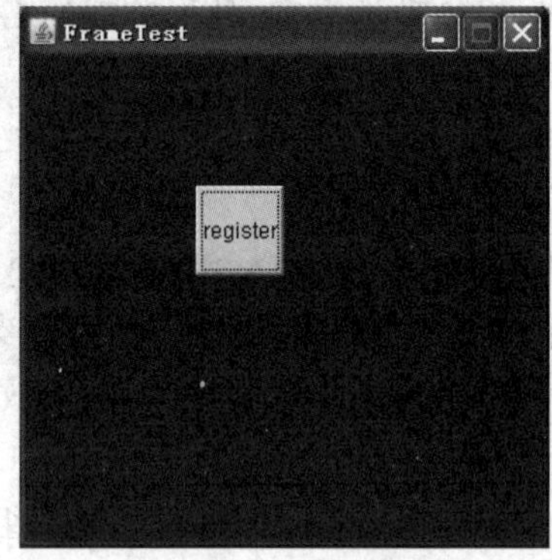

图 6-2　FrameTest.java 的运行结果

通过【例 6-1】的运行结果看出,Frame 对象的显示效果是一个可以自由停泊的“顶层”窗体,带有标题和尺寸重置角标。窗体右上角有最小化和关闭角标,最小化角标操作有效,关闭角标单击无效(没有响应),原因是用户没有编写 GUI 事件处理程序(有关 GUI 事件处理后续小节介绍)。Frame 窗体默认是不可见的,可以调用窗体对象的 setVisible(true)方法为可见,窗体对象作为容器,可以使用 add()方法添加组件。

setLocation(int x,int y)方法用来设置组件的位置,x 为横坐标,y 为纵坐标。对于窗体来说,坐标是相对于计算机屏幕的位置,即坐标原点为屏幕的左上角。对于容器中的组件来说,坐标是相对于所在容器的位置,即坐标原点为容器组件的左上角。setSize(int width,int height)方法用来设置组件的大小,width 为组件宽度,height 为组件高度。setBounds(int x,int y,int width,int height)方法用来设置组件边界,方法参数同上述两种方法,使用该方法与上述两种方法的结合使用是等价的。如果人工控制组件的定位,可取消布局管理器,然后使用上述三个方法实现。一般情况下,GUI 开发中组件在容器中的定位由布局管理器决定,不采用人工控制组建位置。

6.1.4　布局管理器

布局管理器(LayoutManager)用来控制组件在容器中的排列风格,包括组件位置和大小的设定。为了使 Java GUI 程序具有良好的平台无关性,Java 提供了布局管理器管理容器的布局,不建议直接设置组件在容器中的尺寸和位置。

每个容器都有一个默认的布局管理器,当容器需要对某一组件进行定位或判断其大小尺寸时,就会调用对应的布局管理器。Java.awt.Window 及其子类(Frame、Dialog)的默认布局管理器为 BorderLayout,Panel 及其子类(Applet)的默认布局管理器为 FlowLayout,并且一个容器只能有一种排列风格,即只能使用一个布局管理器。

Java API 为 GUI 提供了多种布局管理器,下面介绍常用的 4 种布局管理器:边界布局管理器(BorderLayout)、流式布局管理器(FlowLayout)、网格布局管理器(GridLayout)与卡片布局管理器(CardLayout)。

1. FlowLayout 布局管理器

FlowLayout 是 Panel 容器的默认布局管理器，其布局效果如下。

(1) 组件在容器中逐行加入，行内自左向右，排满一行后换行；

(2) 不改变组件大小，按原始大小加入；

(3) 组件在容器中默认居中对齐，也可以通过构造方法设置对齐方式、行间距、组件间距。

【例 6-2】 演示容器布局管理器 FlowLayout 的使用。

程序 FlowLayoutTest. java 如下。

```
package ch06;
public class FlowLayoutTest {
    public static void main(String[] args) {
        Frame f=new Frame("FlowLayoutTest");
        f.setLayout(new FlowLayout(FlowLayout.LEFT));
        Button b1=new Button("b1");
        Button b2=new Button("b2");
        Button b3=new Button("b3");
        Button b4=new Button("b4");
        Button b5=new Button("b5");
        Button b6=new Button("b6");
        f.add(b1);
        f.add(b2);
        f.add(b3);
        f.add(b4,0);
        f.add(b5);
        f.add(b6,3);
        f.setBounds(100,100,300,300);
        f.setVisible(true);
    }
}
```

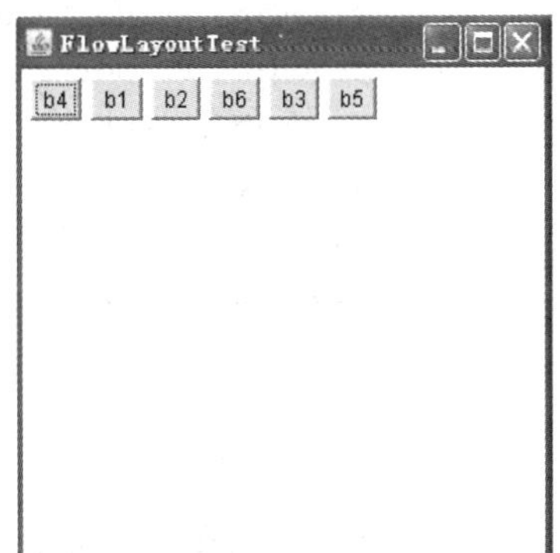

图 6-3 FlowLayoutTest. java 的运行结果

程序运行结果如图 6-3 所示。

通过【例 6-2】的运行结果看出，语句 f. setLayout (new FlowLayout(FlowLayout. LEFT))；用来设置 Frame 窗体的布局管理器为 FlowLayout 的同时，自动取消 Frame 窗体的默认布局管理器。使用语句 f. add(b1);，可以在 Frame 窗体中依次加入组件，使用语句 f. add(b4,0);可以在指定的索引位置添加组件。

2. BorderLayout 布局管理器

BorderLayout 布局管理器是 Frame 默认的布局，其布局效果如下。

(1) BorderLayout 将容器划分为东、西、南、北、中五个区域，组件只能添加到指定的区域；

(2) 添加组件时，如果没有指定添加区域，默认添加到 Center 区域；

(3) 一个区域只能放一个组件,如果在一个区域添加多个组件,则先前添加的组件将作废;

(4) 组件大小被强行控制,大小与指定区域大小相同。

【例 6-3】 演示容器布局管理器 BorderLayout 的使用。

程序 BorderLayoutTest. java 如下。

```
package ch06;
public class BorderLayoutTest {
    public static void main(String[] args) {
        //1. 确定容器
        Frame f=new Frame("BorderLayoutTest");
        //2. 设置布局管理器
        //由于 Frame 的默认布局管理器为 BorderLayout,此处可设可不设
        f.setLayout(new BorderLayout());
        Button b1=new Button("b1");
        Button b2=new Button("b2");
        Button b3=new Button("b3");
        Button b4=new Button("b4");
        Button b5=new Button("b5");
        Button b6=new Button("b6");
        //3. 添加组件
        f.add(b1,"East");
        f.add(b2,BorderLayout.WEST);
        f.add(b3,BorderLayout.SOUTH);
        f.add(b4,BorderLayout.NORTH);
        f.add(b5,"Center");
        f.add(b6);
        f.setLocation(200,200);
        f.setSize(500,500);
        f.setVisible(true);
    }
}
```

程序运行结果如图 6-4 所示。

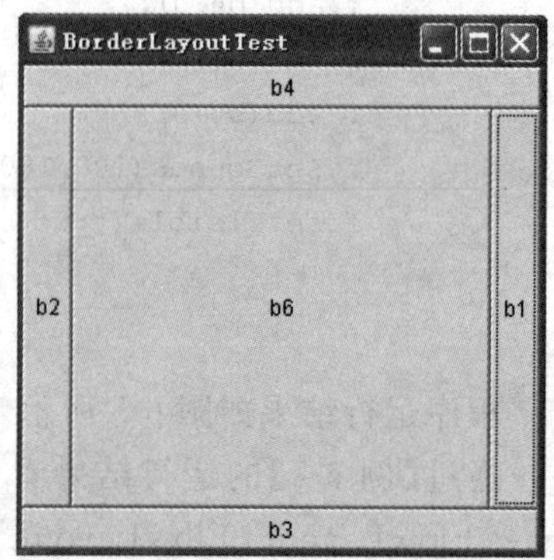

图 6-4 BorderLayoutTest. java 的运行结果

通过【例 6-3】的运行结果看出,Frame 的默认布局管理器为 BorderLayout。

向布局管理器采用 BorderLayout 的容器中添加组件时,指定添加位置可直接使用 BorderLayout 类中定义的静态字符串常量: CENTER(中间区域)、EAST(东部区域)、NORTH(北部区域)、SOUTH(南部区域)和 WEST(西部区域);也可以分别直接使用对应字符串常量"Center"、"East"、"North"、"South"和"West",注意单词首字母一定大写。

当用户改变 BorderLayout 容器大小时,缩放原则如下:改变容器高度时,中部、东部和西部组件随容器高度变化而变化,北部和南部组件高度不变;改变容器宽度时,中部、北部和南部组件随容器宽度变化而变化,东部和西部组件宽度不变。

3. GridLayout 布局管理器

GridLayout 布局效果如下。

(1) 将容器划分为规则的矩形网格,行中按照程序中组件的加入顺序自左向右逐个加入,行间自上而下,将组件放入单元格;

(2) 组件大小被强行控制,和单元格大小相同,组件大小随着容器的大小变化自动调整,但相对位置不变。

【例 6-4】 演示容器布局管理器 GridLayout 的使用。

程序 GridLayoutTest.java 如下。

```
package ch06;
public class GridLayoutTest {
    public static void main(String[] args) {
        Frame f=new Frame("GridLayoutTest");
        f.setLayout(new GridLayout(3,2,10,10));
        Button b1=new Button("b1");
        Button b2=new Button("b2");
        Button b3=new Button("b3");
        Button b4=new Button("b4");
        Button b5=new Button("b5");
        Button b6=new Button("b6");
        f.add(b1);
        f.add(b2);
        f.add(b3);
        f.add(b4,0);
        f.add(b5);
        f.add(b6,3);
        f.setBounds(300,300,300,300);
        f.setVisible(true);
    }
}
```

程序运行结果如图 6-5 所示。

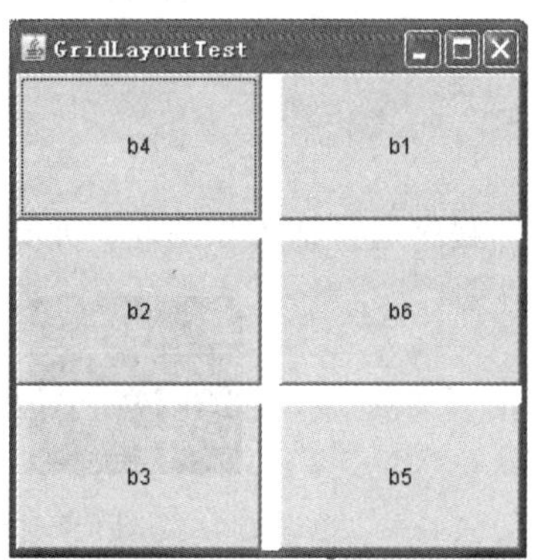

图 6-5 程序 GridLayoutTest.java 的运行结果

通过【例 6-4】的运行结果看出:语句“new GridLayout(3,2,10,10)”在构建 GridLayout 对象的同时指定行数、列数、行间距和列间距的网格布局。

4. CardLayout 布局管理器

CardLayout 的布局效果如下。

(1) 将多个组件放在容器的同一区域内交替显示,就像摞在一起的扑克牌,只显示最上面的一张;

(2) CardLayout 可以按照名称显示某一张卡片,或者按照顺序依次显示每一张卡片,也可以直接定位到第一张、下一张、上一张或最后一张。

【例 6-5】 演示容器布局管理器 CardLayout 的使用。

程序 CardLayoutTest. java 如下。

```
package ch06;
public class CardLayoutTest {
    public static void main(String[] args) throws InterruptedException {
        Frame f=new Frame("CardLayoutTest");
        CardLayout c=new CardLayout();
        f.setLayout(c);
        Button[] b=new Button[4];
        for(int i=0;i<b.length;i++){
            b[i]=new Button("第"+(i+1)+"页");
            f.add(b[i],"page"+(i+1));
        }
        b[0].setBackground(Color.blue);
        b[1].setBackground(Color.yellow);
        b[2].setBackground(Color.red);
        b[3].setBackground(Color.green);
        f.setBounds(300,300,100,100);
        f.setVisible(true);
        while(true){
            c.next(f);
            Thread.sleep(1000);         //使当前线程休眠 1000ms
        }
    }
}
```

程序运行结果如图 6-6 所示。

图 6-6 程序 CardLayoutTest. java 的运行结果

通过【例 6-5】的运行结果看出：第 1 至 4 页每隔 1s(1000ms)交替显示。程序语句 c. next(f);实现翻转到指定容器的下一张卡片，也可以使用语句 c. first(f)、c. previous(f);和 c. last(f);分别翻转到指定容器的第一张卡片、前一张卡片和最后一张卡片。

6.1.5 容器嵌套

容器嵌套可以使原本只能显示一个组件的区域可以显示多个组件。一个容器只能采用一种布局管理器，因此设计的 GUI 界面比较单一，所以 GUI 程序开发多采用容器的嵌套，即在一个容器添加一个或多个容器，这样可以使原本只能显示一个组件的区域显示多个组件，并且各个容器可以采用不同的布局管理器，容易实现 GUI 界面效果。

【例 6-6】　演示容器嵌套的使用。

程序 NestedContainerTest. java 如下。

```
package ch06;
public class NestedContainerTest {
    public static void main(String[] args) {
        Frame f=new Frame("NestedContainer");
        Panel p=new Panel();
        p.setLayout(new GridLayout(3,3));
        Button[] b=new Button[9];
        for(int i=0;i<b.length;i++){
            b[i]=new Button("" +I +"");
            p.add(b[i]);
        }
        TextField tf=new TextField("0.0");
        f.add(tf,BorderLayout.NORTH);
        f.add(p);
        f.setBounds(300,300,200,200);
        f.setVisible(true);
    }
}
```

图 6-7　程序 NestedContainerTest. java 的运行结果

程序运行结果如图 6-7 所示。

通过【例 6-6】的运行结果看出，程序实现了简易计算器的界面，效果是使用一个容器无法实现的，必须使用容器的嵌套。实际的 GUI 开发也经常使用容器嵌套。

6.2　GUI 事件处理

图形用户界面设计不是 Java GUI 程序设计的全部，甚至不是主要部分。前面讲的 GUI 界面不能进行用户交互，是静止的。GUI 程序应该能够和用户进行很好的交互，即通过图形界面能够接收来自用户的输入，并且按照用户的操作做出相应响应。

6.2.1　GUI 事件处理机制

GUI 事件处理机制和异常处理机制类似，JDK 为 GUI 组件的各种可能操作预先定义了事件类。如果触发了组件的某一操作，组件将产生对应事件类的事件对象，此时将根据事件对象执行注册在该组件上的监听器中与事件对象相对应的方法（当然前提是对于关心的组件事件，已经在组件上注册了对应的监听器并实现了事件处理方法）。

与 GUI 交互，比如移动鼠标、按下鼠标键、单击 Button 按钮、在文本框内输入文本、选择菜单项或关闭窗口时，GUI 会收到相应的事件，即各种可能的操作。GUI 事件处理的 3 个要素如下。

1. 事件对象

事件就是描述发生了什么事，即对组件进行了什么操作。Java 用事件对象来描述事件,事件一旦被触发,组件就产生对应的事件对象,其对应的类一般均是 Java 语言直接提供,开发者很少构建事件对象类。例如,对按钮进行单击操作,被单击的按钮组件将产生 ActionEvent 事件对象。

2. 事件源

能够接收用户事件(用户操作)并产生事件对象的 GUI 组件都被当做事件源,事件源产生事件对象,例如按钮、文本框等。

3. 事件监听器

对事件进行处理的对象,该对象定义了能够接收、解析和处理事件的方法,方法实现与用户的交互。

每一种事件都对应专门的监听器中的某一方法,监听器中的方法负责接收和处理这种事件。一个事件源可以触发多种事件,如果它注册了某种事件的监听器,这种事件就会被接收和处理。

【例 6-7】 演示 GUI 事件处理程序的编写。

程序 EventTest1. java 如下。

```
package ch06;
public class EventTest1 {
    public static void main(String[] args) {
        //1. 确定容器
        Frame f=new Frame("EventTest");
        //2. 选择布局管理器
        f.setLayout(new FlowLayout());
        //3. 添加组件
        Button b=new Button("Press Me");
        f.add(b);
        //4. 添加事件监听器
        MyMonitor mm=new MyMonitor();
        b.addActionListener(mm);                    //为按钮组件添加单击事件监听
        b.addMouseListener(mm);                     //为按钮组件添加鼠标事件监听
        f.addWindowListener(mm);                    //为窗体组件添加窗体事件监听
        f.addMouseListener(mm);                     //为窗体组件添加鼠标事件监听
        f.setBounds(300,300,300,300);
        f.setVisible(true);
    }
}
class MyMonitor implements ActionListener,WindowListener,
    MouseListener{
    public void actionPerformed(ActionEvent arg0) {
        System.out.println("Button is Pressed!");
    }
    public void windowActivated(WindowEvent arg0) {
```

```
        }
        public void windowClosed(WindowEvent arg0) {
        }
        public void windowClosing(WindowEvent arg0) {
            System.exit(0);
        }
        public void windowDeactivated(WindowEvent arg0) {
        }
        public void windowDeiconified(WindowEvent arg0) {
        }
        public void windowIconified(WindowEvent arg0) {
        }
        public void windowOpened(WindowEvent arg0) {
        }
        public void mouseClicked(MouseEvent arg0) {
            System.out.println("Frame is clicked!");
        }
        public void mouseEntered(MouseEvent arg0) {
        }
        public void mouseExited(MouseEvent arg0) {
        }
        public void mousePressed(MouseEvent arg0) {
        }
        public void mouseReleased(MouseEvent arg0) {
        }
    }
```

程序运行结果如图6-8所示。

图6-8 程序EventTest1.java的运行结果

在【例6-7】的运行结果界面中，单击Press Me窗体按钮之外的空白区域，控制台将打印出如下内容。

```
Frame is clicked!
```

单击Press Me窗体按钮，控制台将打印出如下内容。

```
Frame is clicked!
Button is Pressed!
```

单击窗体右上角关闭角标时，窗体关闭。

通过【例6-7】的运行结果看出，程序实现了窗体单击事件处理、按钮单击事件处理和窗体关闭事件处理，实现了图形用户界面和用户的有效交互。GUI程序的运行结果并不能由开发者控制，而是和用户操作有关，例如，单击Press Me窗体按钮之外的空白区域，则控制台打印“Frame is clicked!”，单击关闭角标，则窗体关闭。像【例6-7】这样的程序，用户操作不同，程序做出的反应也不同，称为事件驱动程序。

程序EventTest1.java定义监听器类MyMonitor，该类实现ActionListener、

WindowListener、MouseListener 接口，即对单击事件、窗体事件和鼠标事件进行监听，从语法上讲，必须实现接口中所有的抽象方法，实际上根据需要实现对应方法，即在方法中编写自己的程序处理逻辑，不需要的方法只需空实现。定义了监听器后，必须在对应组件上添加该监听器对象。从此监听器将对添加该监听器对象发生的相应操作进行监听，若发生对应事件，将执行对应监听器的事件处理方法。

程序 EventTest1.java 运行后，单击 Press Me 窗体按钮之外的空白区域，程序将执行方法 mouseClicked(MouseEvent arg0)，单击 Press Me 按钮，程序将执行方法 actionPerformed(ActionEvent arg0)，单击窗体关闭角标，程序将执行方法 windowClosing(WindowEvent arg0)。

【例 6-8】 演示 GUI 事件处理程序的编写。

程序 EventTest2.java 如下。

```
package ch06;
public class EventTest2 {
    public static void main(String[] args) {
        Frame f=new Frame("EventTest2");
        f.setLayout(new FlowLayout());
        Button b1=new Button("start");
        Button b2=new Button("stop");
        b2.setActionCommand("Game Over");
        f.add(b1);
        f.add(b2);
        MyListener ml=new MyListener();
        b1.addActionListener(ml);
        b2.addActionListener(ml);
        f.setBounds(300,300,300,300);
        f.setVisible(true);
    }
}
class MyListener implements ActionListener{
    public void actionPerformed(ActionEvent arg0) {
        System.out.println(arg0.getActionCommand());
    }
}
```

程序运行结果如图 6-9 所示。

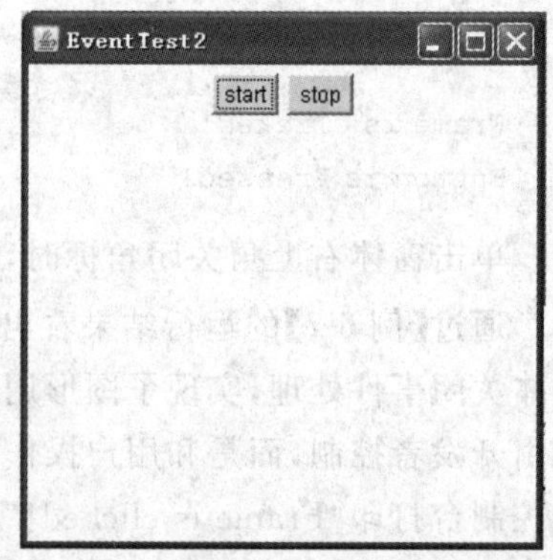

图 6-9 程序 EventTest2.java 的运行结果

【例 6-8】运行后，单击 start 按钮，控制台打印出“start”，单击 stop 按钮，控制台打印出“Game Over”。

通过【例 6-8】的运行结果看出，当菜单或按钮触发 ActionEvent 事件时，使用 actionCommand 属性记录所触发的 ActionEvent 事件的相关指令信息。ActionEvent 事件对象可以通过 setActionCommand(String str) 和 getActionCommand()设置和获得指令信息，组件的指令信息默认为组件的标签值。

通过以上各个案例可以总结出 GUI 程序的开发分为以下 4 个步骤。

(1) 确定 GUI 界面的容器；

(2) 设置容器的布局管理器；

(3) 向容器中添加需要的组件；

(4) 为组件添加事件处理。

6.2.2 GUI 事件类型

Java API 为 GUI 组件的各种可能操作预先定义了事件类型，层次结构如图 6-10 所示。

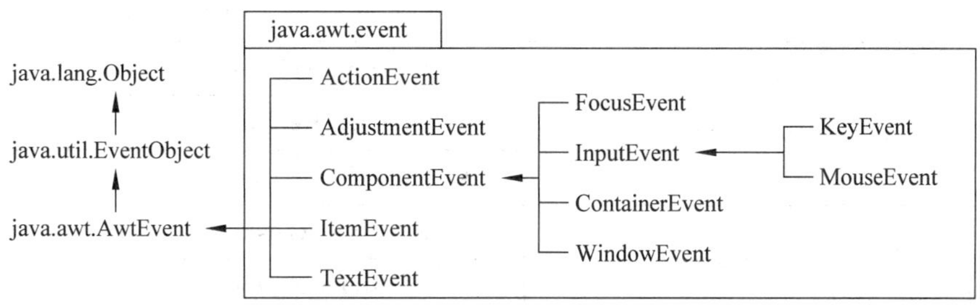

图 6-10 事件类型层次结构图

图 6-10 中事件类型层次结构图中的各事件类型如下。

(1) ActionEvent：描述鼠标在菜单、按钮等组件上单击的事件。

(2) AdjustmentEvent：描述组件或容器的大小发生变化或重置事件。

(3) ItemEvent：描述组件条目发生变化事件，如当列表框中条目发生变化或被选中。

(4) TextEvent：描述文本框或文本域中内容发生变化的事件。

(5) ContainerEvent：描述当向容器加入组件或从容器移除组件事件。

(6) FocusEvent：描述焦点事件，如组件获得或失去焦点时触发的事件。

(7) InputEvent：描述用鼠标、键盘进行输入事件。

(8) KeyEvent：描述键盘按键被按下或释放事件。

(9) MouseEvent：描述鼠标按下、移动、单击、双击等事件。

(10) WindowEvent：描述当窗口初始化、最大化、最小化、关闭或销毁事件。

事件类型中最常用的有动作事件(ActionEvent) 、键盘事件(KeyEvent)、鼠标事件(MouseEvent)和窗口事件(WindowEvent)。

事件类型、事件类型相应的监听器接口及监听器接口中的方法对应关系如表 6-1 所示。

表 6-1 事件类型及相应的监听器接口

事件类型	接口	方法
Action	ActionListener	actionPerformed(ActionEvent)
Item	ItemListener	itemStateChanged(ItemEvent)

续表

事件类型	接　口	方　法
Mouse Motion	MouseMotionListener	mouseDragged(MouseEvent)
		mouseMoved(MouseEvent)
Mouse	MouseListener	mousePressed(MouseEvent)
		MouseReleased(MouseEvent)
		mouseEntered(MouseEvent)
		mouseExited(MouseEvent)
		mouseClicked(MouseEvent)
Key	KeyListener	keyPressed(KeyEvent)
		keyReleased(KeyEvent)
		keyTyped(KeyEvent)
Focus	FocusListener	focusGained(FocusEvent)
		focusLost(FocusEvent)
Adjustment	AdjustmentListener	adjustmentValueChanged (AdjustmentEvent)
Component	ComponentListener	componentMoved(ComponentEvent)
		componentHidden(ComponentEvent)
		componentResized(ComponentEvent)
		componentShown(ComponentEvent)
Window	WindowListener	windowClosing(WindowEvent)
		windowOpened(WindowEvent)
		windowIconified(WindowEvent)
		windowDeiconified(WindowEvent)
		windowClosed(WindowEvent)
		windowedActivated(WindowEvent)
		windowDeactivated(WindowEvent)
Container	ContainerListener	componentAdded(ContainerEvent)
		componentRemoved(ContainerEvent)
Text	TextListener	textValueChanged(TextEvent)

6.2.3　多重监听器

对于同一事件源，可以注册多个监听器。例如【例 6-7】按钮组件上注册了单击事件监听器和窗体事件监听器。

同一事件源的同一种事件也可以注册多个监听器，一个监听器可以被多个事件源注册。这种事件源和监听器的多对多关系称为多重监听器。例如【例 6-7】中按钮组件和窗体组件上都注册了窗体事件监听器。

【例 6-9】 演示多重监听器的使用。

程序 MutiListenerTest.java 如下。

```
package ch06;
public class MutiListenerTest implements MouseMotionListener,
    MouseListener{
    JTextField jf=new JTextField(30);
    public MutiListenerTest() {
        JFrame f=new JFrame("多重监听器");
        JLabel jl=new JLabel("请按下鼠标左键并拖动!");
        f.add(jl,"North");
        f.add(jf,"South");
        f.addMouseListener(this);
        f.addMouseMotionListener(this);
        f.setBounds(300,300,300,300);
        f.setDefaultCloseOperation(JFrame.EXIT_ON_CLOSE);
        f.setVisible(true);
    }
    public static void main(String[] args) {
        new MutiListenerTest();
    }
    public void mouseDragged(MouseEvent arg0) {
        String str="鼠标被按下鼠标左键拖动,当前位置("+
            arg0.getX()+","+arg0.getY()+").";
        jf.setText(str);
    }
    public void mouseMoved(MouseEvent arg0) {
    }
    public void mouseClicked(MouseEvent arg0) {
    }
    public void mouseEntered(MouseEvent arg0) {
        String str="鼠标进入了窗体!";
        jf.setText(str);
    }
    public void mouseExited(MouseEvent arg0) {
        String str="鼠标离开了窗体!";
        jf.setText(str);
    }
    public void mousePressed(MouseEvent arg0) {
    }
    public void mouseReleased(MouseEvent arg0) {
    }
}
```

程序运行结果如图 6-11 所示。

通过【例 6-9】的运行结果看出，鼠标离开窗体，图 6-11 所示的 GUI 程序界面上的文本框中显示“鼠标离开了窗体!”；鼠标放在窗体上，文本框中显示“鼠标进入了窗体!”；单击并拖动，文本框中显示“鼠标被按下鼠标左键拖动，当前位置("＋arg0.getX()＋","＋arg0.getY()＋").”，其中 arg0.getX()和 arg0.getY()分别代表鼠标在窗体中的横纵坐标值。

图 6-11 程序 MutiListenerTest.java 的运行结果

6.2.4 适配器类

适配器类是针对大部分事件监听器接口定义的对应的实现类，它实现了相应监听器接口中的所有方法，只是所有方法都是空实现，即什么事情都不做。

通过本章上述各个案例可以看出，如果实现 GUI 控件的事件处理，开发者要在定义监听器类时实现监听器接口，这意味着必须实现其中的所有方法。在实现的所有方法中，有些方法可能根本用不到，如【例 6-7】中窗体事件监听器类中的很多方法用不到，【例 6-9】中实现的 7 个方法只用到 3 个。用不到的方法只是空实现。为了避免这种情况，Java 引入了适配器类。

Java API 为开发者提供的主要适配器类如表 6-2 所示。

表 6-2 Java 适配器类

适配器类	实现的接口	适配器类	实现的接口
MouseAdapter	MouseListener	KeyAdapter	KeyListener
MouseMotionAdapter	MouseMotionListener	ComponentAdapter	ComponentListener
FocusAdapter	FocusListener	ContainerAdapter	ContainerListener
WindowAdapter	WindowListener		

Java API 中定义的适配器类都是 abstract 的，这不是必须的，只是防止开发者误用适配器类实例化对象。

【例 6-10】 演示适配器的使用。

程序 AdapterTest.java 如下。

```
package ch06;
public class AdapterTest {
    public static void main(String[] args) {
        Frame f=new Frame();
        f.addWindowListener(new AA());
        f.setSize(200,200);
        f.setVisible(true);
    }
```

```
}
class AA extends WindowAdapter{
    public void windowClosing(WindowEvent arg0) {
        System.exit(0);
    }
}
```

【例6-10】实现了单击关闭角标关闭窗体的功能,和【例6-7】比较,可以看出使用适配器类只需要重写windowClosing(WindowEvent arg0)方法即可,不必再在监听器类AA中写多余的空方法,减少大量的冗余代码。

有些情况下,使用适配类可以带来便利,但也不能完全替代监听器接口。定义一个监听器类,既要监听鼠标事件又要监听窗体事件时,很显然要用到监听器接口。由于Java不支持多继承,所以监听器类不能同时继承单击鼠标事件适配器类和窗体事件适配器类,只能在继承一种事件监听适配器类的同时去实现另一种事件监听接口。

【例6-11】 演示监听器类继承适配器类的同时实现监听接口的使用。

程序AdapterTest2.java如下。

```
package ch06;
public class AdapterTest2 {
    static Label jl=new Label();
    public AdapterTest2() {
        Frame f=new Frame("AdapterTest3");
        f.add(jl,"South");
        MyListener2 ml=new MyListener2();
        f.addWindowListener(ml);
        f.addMouseListener(ml);
        f.setBounds(200,200,200,200);
        f.setVisible(true);
    }
    public static void main(String[] args) {
        new AdapterTest2();
    }
}
class MyListener2 extends WindowAdapter implements MouseListener{
    public void windowClosing(WindowEvent arg0) {
        System.exit(0);
    }
    public void mouseClicked(MouseEvent arg0) {
    }
    public void mouseEntered(MouseEvent arg0) {
        AdapterTest3.jl.setText("鼠标进入了窗体!");
    }
    public void mouseExited(MouseEvent arg0) {
    }
    public void mousePressed(MouseEvent arg0) {
```

```
    }
    public void mouseReleased(MouseEvent arg0) {
    }
}
```

图 6-12 程序 AdapterTest2.java 的运行结果

程序运行结果如图 6-12 所示。

【例 6-11】运行后，单击窗体关闭角标后，窗体关闭；鼠标移动到窗体上，文本框中显示“鼠标进入了窗体!”。

【例 6-11】中的监听器类 MyListener2 既要监听鼠标事件，又要监听窗体事件，只能在继承 WindowAdapter 的同时实现接口 MouseListener，当然也可以在继承 MouseAdapter 的同时实现接口 WindowListener，来实现这个程序。由此看出，适配器类并不能完全替代监听器接口。

监听器类中封装的业务逻辑具有非常强的针对性，一般没有重用价值，因此常采用内部类或匿名类的形式实现。

【例 6-12】 演示内部类作为监听器类的使用。

程序 InnerListenerTest.java 如下。

```
package ch06;
public class InnerListenerTest {
    public static void main(String[] args) {
        Frame f=new Frame("InnerListenerTest");
        f.addWindowListener((new InnerListenerTest()).new A());
        f.setBounds(200,200,200,200);
        f.setVisible(true);
    }
    class A extends WindowAdapter{
        public void windowClosing(WindowEvent arg0) {
            System.exit(0);
        }
    }
}
```

【例 6-12】中监听器类 A 采用实例内部类形式实现，程序实现单击窗体关闭角标后窗体关闭的功能。监听器类还可以使用静态内部类、局部内部类和匿名内部类来实现。一般来讲，当监听器类代码比较少，采用内部类的方式实现监听器类，当监听器类比较复杂，代码比较多时，不建议使用内部类。

6.3 Swing 编程

6.3.1 Swing 简介

Swing 是一个用于开发 Java 应用程序用户界面的开发工具包，它以抽象窗口工具包(AWT)为基础，也可以说是在 AWT 组件集的基础上进行的改进和升级，使跨平台应用程序可以使用任何可插拔的外观风格。Swing 开发人员只用很少的代码，就可以利用 Swing 丰富、灵活的功能和模块化组件来创建优雅的用户界面。工具包中所有的包都是以 swing 作为名称，例如 javax. swing，javax. swing. event。

6.3.2 常用 Swing 组件

1. JFrame 组件

JFrame 类是一个容器类，允许开发者把其他组件添加到该容器中，将其中的所有组件组织起来，并呈现给用户。比起表面上的简单性，JFrame 实际是 Swing 包中最复杂的组件。为了最大程度地简化组件，在独立于操作系统的 Swing 组件与实际运行这些组件的操作系统之间，JFrame 起着桥梁的作用。在本机操作系统中，JFrame 是以窗口形式注册的，之后，就可以得到许多熟悉的操作系统窗口的特性：最小化/最大化、改变大小、移动。JFrame 具有的属性和方法信息参见 Java API 文档。

【例 6-13】 演示 JFrame 组件的使用。

程序 JFrameTest. java 如下。

```
package ch06;
public class JFrameTest {
    public static void main(String[] args) {
        JFrame jf=new JFrame("JFrameTest");
        Container c=jf.getContentPane();            //获得 JFrame 容器的内容面板
        c.setLayout(new FlowLayout());
        JLabel jl1=new JLabel("Hello world");
        jl1.setBackground(Color.blue);
        JLabel jl2=new JLabel("Bye world");
        jl2.setBackground(Color.yellow);
        //设置为不透明
        jl2.setOpaque(true);
        JPanel jp=new JPanel();
        jp.setLayout(new GridLayout(2,2));
        JButton jb1=new JButton("1");
        JButton jb2=new JButton("2");
        JButton jb3=new JButton("3");
        JButton jb4=new JButton("4");
        jp.add(jb1);
        jp.add(jb2);
        jp.add(jb3);
        jp.add(jb4);
        c.add(jl1);
        c.add(jl2);
        c.add(jp);
        jf.setBounds(300,300,300,300);
        //实现单击窗口右上角关闭角标时关闭窗口并退出程序
```

```
        jf.setDefaultCloseOperation(JFrame.EXIT_ON_CLOSE);
        jf.setVisible(true);
    }
}
```

程序运行结果如图 6-13 所示。

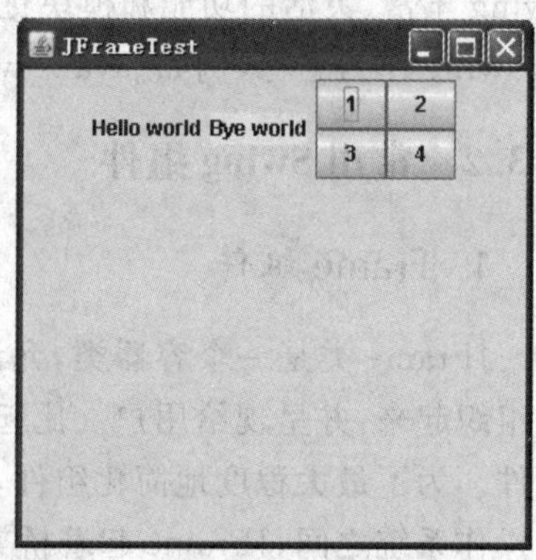

图 6-13　程序 JFrameTest.java 的运行结果

2. JTextField

JTextField 组件实现一个文本框，用来接受用户输入的单行文本信息。JTextField 具有的属性和方法信息参见 Java API 文档。

【例 6-14】 演示 JTextField 组件的使用。

程序 JTextFieldTest.java 如下。

```
package ch06;
public class JTextFieldTest implements FocusListener,
    MouseListener,ActionListener{
    JTextField jf=new JTextField(30);
    JLabel jl=new JLabel();
    public JTextFieldTest() {
        JButton jb=new JButton("注册");
        JFrame f=new JFrame("用户注册");
        f.add(jb,"North");
        f.add(jl,"Center");
        f.add(jf,"South");
        jf.addFocusListener(this);
        jf.addMouseListener(this);
        jb.addActionListener(this);
        f.setBounds(300,300,300,300);
        f.setDefaultCloseOperation(JFrame.EXIT_ON_CLOSE);
        f.setVisible(true);
    }
    public static void main(String[] args) {
        new JTextFieldTest();
    }
    public void focusGained(FocusEvent arg0) {
        jf.setText("");
    }
    public void focusLost(FocusEvent arg0) {
    }
    public void mouseClicked(MouseEvent arg0) {
    }
    public void mouseEntered(MouseEvent arg0) {
        jf.setText("请输入您的姓名!");
    }
```

```
        public void mouseExited(MouseEvent arg0) {
        }
        public void mousePressed(MouseEvent arg0) {
        }
        public void mouseReleased(MouseEvent arg0) {
        }
        public void actionPerformed(ActionEvent arg0) {
            jl.setText("您的姓名为'"+jf.getText()+"';恭喜您注册成功!");
        }
    }
```

程序运行结果如图 6-14 所示。

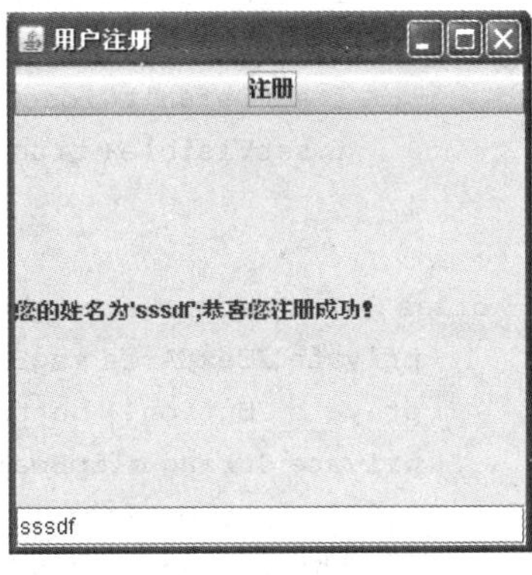

图 6-14　程序 JTextFieldTest.java 的运行结果

3. JTextArea

JTextArea 是一个显示纯文本的多行区域。作为一个轻量级组件,它提供与 java.awt.TextArea 类的源兼容性,理应如此。另外,Swing 组件中还有 JTextPane 和 JEditorPane,也是具有更多功能的多行文本类。java.awt.TextArea 在内部处理滚动,而 JTextArea 不管理滚动,但实现了 swing Scrollable 接口。这允许把它放置在 JScrollPane 的内部(如果需要滚动行为),或者直接使用(如果不需要滚动)。JTextArea 具有的属性和方法信息参见 Java API 文档。

【例 6-15】 演示 JTextArea 组件的使用。

程序 JTextAreaTest.java 如下。

```
package ch06;
public class JTextAreaTest {
    public static void main( String args[]) {
        JFrame f=new JFrame("留言板");
        JTextArea message=new JTextArea(20,20);
        f.add(new JLabel("请您留言:"),"North");
        f.add(message,"Center");
        JPanel p=new JPanel();
        p.setLayout(new GridLayout(1,6));
        String[] buttonLabels={"剪切","复制","粘贴","删除","提交","清除"};
        String[] buttonActionCommands={"CUT","COPY","PASTE","DELETE",
                                      "SUBMIT","RESET"};
        JButton[] buttons=new JButton[6];
        OuterMonitor om=new OuterMonitor(message,buttons);

        for(int i=0;i<buttons.length;i++){
            buttons[i]=new JButton(buttonLabels[i]);
            buttons[i].setActionCommand(buttonActionCommands[i]);
```

```
            if(i<4){
                buttons[i].setEnabled(false);
            }
            buttons[i].addActionListener(om);
            p.add(buttons[i]);
        }
        message.addMouseMotionListener(om);
        f.add(p,"North");
        f.setSize(400,150);
        f.setLocation(300,100);
        f.setDefaultCloseOperation(JFrame.EXIT_ON_CLOSE);
        f.setVisible( true);
    }
}
class OuterMonitor extends MouseMotionAdapter implements ActionListener{
    private JTextArea msgBoard;
    private JButton[] buttons;
    private String clipBoard="";
    public OuterMonitor(JTextArea msgBoard,JButton[] buttons){
        this.msgBoard=msgBoard;
        this.buttons=buttons;
    }
    public void setClipBoard(String text){
        this.clipBoard=text;
    }
    public String getClipBoard(){
        return this.clipBoard;
    }
    public void actionPerformed(ActionEvent e){
        int positon=msgBoard.getSelectionStart();
        String s=e.getActionCommand();
        if(s.equals("RESET")){
            msgBoard.setText("");
        }else if(s.equals("SUBMIT")){
            System.out.println("你的留言为：\n"+msgBoard.getText());
        }else if(s.equals("COPY")){
            clipBoard=msgBoard.getSelectedText();
            msgBoard.setSelectionStart(msgBoard.getSelectionEnd());
        }else if(s.equals("CUT")){
            clipBoard=msgBoard.getSelectedText();
            this.delete();
        }else if(s.equals("PASTE")){
            String content=msgBoard.getText();
            String alter= content. substring (0,positon) + clipBoard + content.
            substring(positon);
            msgBoard.setText(alter);
```

```
        }else if(s.equals("DELETE")){
            this.delete();
        }
        this.switchButtons();
    }
    public void delete(){
        int start=msgBoard.getSelectionStart();
        int end=msgBoard.getSelectionEnd();
        String content=msgBoard.getText();
        String alter=content.substring(0,start) +content.substring(end);
        msgBoard.setText(alter);
    }
    public void switchButtons(){
        boolean clipped= (clipBoard!=null) && (clipBoard.length()>0);
        buttons[2].setEnabled(clipped);
        boolean selected=msgBoard.getSelectionEnd()!=msgBoard.getSelectionStart();
        buttons[0].setEnabled(selected);
        buttons[1].setEnabled(selected);
        buttons[3].setEnabled(selected);
    }
    public void mouseDragged(MouseEvent te){
        this.switchButtons();
    }
}
```

程序运行结果如图 6-15 所示。

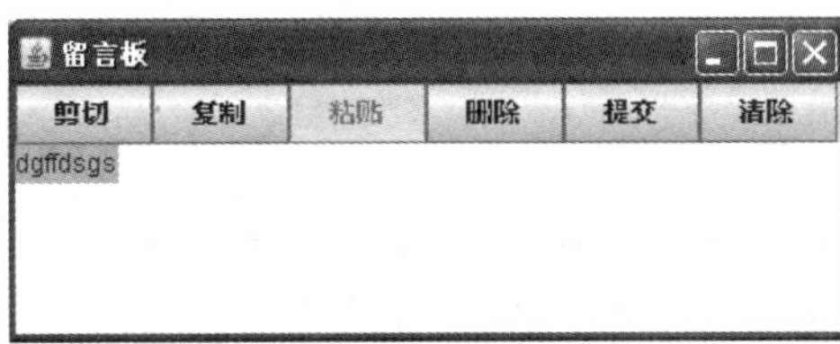

图 6-15 程序 JTextAreaTest. java 的运行结果

4. JMenuBar、JMenu 和 JMenuItem

在窗口中，经常需要给窗口添加菜单条。在 Java 中，这一部分是由 3 个类实现的，分别是 JMenuBar、JMenu 和 JMenuItem，对应菜单条、菜单和菜单项。

构造菜单条(JMenuBar)后，还要将它设置成窗口的菜单条，需要说明的是，JMenuBar 类根据 JMenu 添加的顺序从左到右显示，并建立整数索引。

添加完菜单(JMenu)后，并不会显示任何菜单，所以还需要在菜单条中添加菜单。构造完菜单条后，使用 JMenuBar 类的 add 方法添加到菜单条中。

构造菜单项(JmenuItem)，然后将其添加到菜单中。菜单中可以添加不同内容，可以是菜单项(JMenuItem)、一个子菜单，也可以是分隔符。

JMenuBar、JMenu 和 JMenuItem 具有的属性和方法信息参见 Java API 文档。

【例 6-16】 演示 JMenuBar、JMenu 和 JMenuItem 组件的使用。

程序 JMenuTest.java 如下。

```
package ch06;
public class JMenuTest{
    public static void main( String args[]) {
        JFrame f=new JFrame("记事本");
        JTextArea ta=new JTextArea("",20,20);
        f.add(ta,"Center");
        MyMonitor mm=new MyMonitor();
        JMenuBar mb=new JMenuBar();
        JMenu m1=new JMenu("文件");
        JMenu m2=new JMenu("编辑");
        JMenu m3=new JMenu("格式");
        JMenu m4=new JMenu("帮助");
        JMenuItem mi11=new JMenuItem("新建");
        JMenuItem mi12=new JMenuItem("打开");
        JMenuItem mi13=new JMenuItem("保存");
        JMenuItem mi14=new JMenuItem("另存为");
        JMenuItem mi15=new JMenuItem("退出");
        mi15.addActionListener(mm);
        m1.add(mi11);
        m1.add(mi12);
        m1.add(mi13);
        m1.add(mi14);
        m1.addSeparator();
        m1.add(mi15);
        JCheckBoxMenuItem mi31=new JCheckBoxMenuItem("二进制");
        JMenuItem mi32=new JMenuItem("字体");
        mi31.addActionListener(mm);
        m3.add(mi31);
        m3.add(mi32);
        mb.add(m1);
        mb.add(m2);
        mb.add(m3);
        mb.add(m4);
        f.setJMenuBar(mb);
        f.setSize(300,200);
        f.setLocation(300,100);
        f.setDefaultCloseOperation(JFrame.EXIT_ON_CLOSE);
        f.setVisible( true);
    }
}
```

```
class MyMonitor implements ActionListener{
    public void actionPerformed(ActionEvent e){
        String s=e.getActionCommand();
        System.out.println(s);
        if(s.equals("退出")){
            System.exit(0);
        }
    }
}
```

程序运行结果如图 6-16 所示。

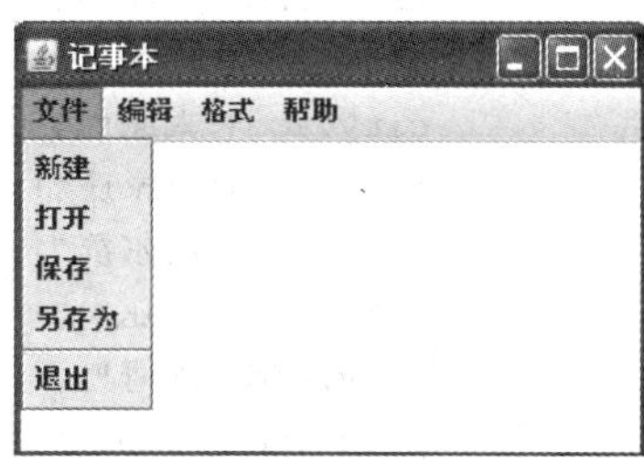

图 6-16 程序 JMenuTest.java 的运行结果

5. Choice

Java GUI 控件中的选择框包括单选框 CheckboxGroup、下拉框 Choice、下拉列表 List 和复选框 Checkbox 4 个组件。组件具有的属性和方法信息参见 Java API 文档。

【例 6-17】 演示选择框组件的使用。

程序 ChoiceTest.java 如下。

```
package ch06;
public class ChoiceTest implements ItemListener,ActionListener{
    TextField name;
    CheckboxGroup cg;
    Choice career;
    List city;
    Checkbox[] favorite;
    public static void main( String args[]) {
        new ChoiceTest().createUI();
    }
    public void createUI(){
        Frame f=new Frame("注册窗口");
        Panel p=new Panel();
        p.setLayout(new FlowLayout(FlowLayout.LEFT,1,1));
        name=new TextField(10);
        cg=new CheckboxGroup();
        Checkbox sex1=new Checkbox("男",cg,false);
        Checkbox sex2=new Checkbox("女",cg,false);
        Panel sp=new Panel();
        sp.add(sex1);
        sp.add(sex2);
        career=new Choice();
        career.add("IT技术人员");
        career.add("工商管理");
        career.add("教育");
        career.add("金融");
        city=new List(4,false);
```

```
city.add("北京");
city.add("上海");
city.add("天津");
city.add("广州");
city.add("太原");
city.add("石家庄");
city.add("哈尔滨");
city.add("三亚");
city.add("威海");
p.add(new Label("姓名:"));
p.add(name);
p.add(new Label("性别:"));
p.add(sp);
p.add(new Label("职业:"));
p.add(career);
p.add(new Label("城市:"));
p.add(city);
p.add(new Label("爱好:"));
String[] sf={"旅游","读书","时装","汽车","健美"};
favorite=new Checkbox[sf.length];
for(int i=0;i<sf.length;i++){
    favorite[i]=new Checkbox(sf[i]);
    favorite[i].addItemListener(this);
    p.add(favorite[i]);
}
f.add(p,"Center");
Panel psouth=new Panel();
psouth.setLayout(new GridLayout(1,2));
Button submit=new Button("提交");
Button reset=new Button("退出");
submit.addActionListener(this);
reset.addActionListener(new ActionListener(){
    public void actionPerformed(ActionEvent e){
        System.exit(0);
    }
});
psouth.add(submit);
psouth.add(reset);
f.add(psouth,"South");
f.addWindowListener(new WindowAdapter(){
    public void windowClosing(WindowEvent e){
        System.exit(0);
    }
});
f.setSize(160,270);
f.setLocation(300,100);
```

```
            f.setVisible( true);
        }
        public void itemStateChanged(ItemEvent e){
            String s=e.getItem().toString();
            if(e.getStateChange()==ItemEvent.SELECTED){
                System.out.println("您刚选中了项目: " +s);
            }else{
                System.out.println("您刚取消了项目: " +s);
            }
        }
        public void actionPerformed(ActionEvent e){
            if(e.getActionCommand().equals("提交")){
                String info="您提交的信息如下: \n姓名:" +name.getText() +
                    "\n性别:" +cg.getSelectedCheckbox().getLabel() +
                    "\n职业:" +career.getSelectedItem()+
                    "\n城市:" +city.getSelectedItem()+
                    "\n爱好:" ;
                for(Checkbox f:favorite){
                    info +=f.getState()? (f.getLabel() +". "):"";
                }
                System.out.println(info);
            }
        }
    }
```

程序运行结果如图 6-17 所示。

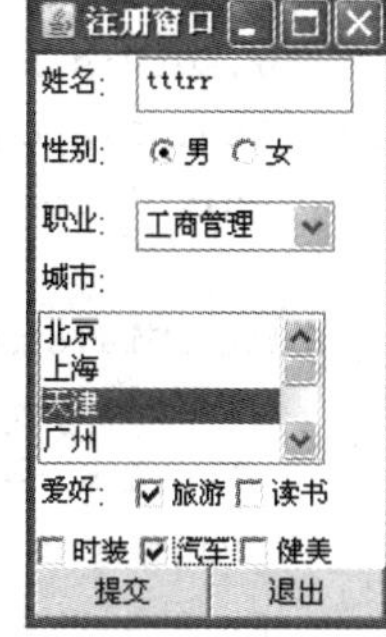

图 6-17　程序 ChoiceTest.java 的运行结果

6. JDialog

JDialog 是创建对话框窗口的主要类,可以使用此类创建自定义的对话框。该类继承了 AWT 的 Dialog 类,支持 Swing 体系结构的高级 GUI 属性。与 JFrame 类似,只不过 JDialog 是用来设计对话框的。JDialog 具有的属性和方法信息参见 Java API 文档。

【例 6-18】 演示 JDialog 组件的使用。

程序 JDialogTest.java 如下。

```
package ch06;
public class JDialogTest implements ActionListener{
    private JLabel info;
    private JDialog loginDialog;
    private JDialog quitDialog;
    private JTextField tf_name;
    private JPasswordField tf_psw;
    public static void main( String args[]) {
        new JDialogTest().init();
    }
```

```
    public void init(){
        JFrame f=new JFrame("注册窗口");
        JButton login=new JButton("登录");
        JButton regist=new JButton("注册");
        JButton help=new JButton("帮助");
        JButton exit=new JButton("退出");
        JPanel p=new JPanel();
        p.setLayout(new GridLayout(1,4));
        p.add(login);
        p.add(regist);
        p.add(help);
        p.add(exit);
        info=new JLabel("您尚未登录");
        f.add(p,"North");
        f.add(info,"Center");
        login.addActionListener(this);
        exit.addActionListener(this);
        f.setSize(400,150);
        f.setLocation(450,200);
        f.setDefaultCloseOperation(JFrame.EXIT_ON_CLOSE);
        f.setVisible( true);
        loginDialog=this.createLoginDialog(f);
        quitDialog=this.createQuitDialog(f);
    }
    public JDialog createLoginDialog(JFrame f){
        JDialog d=new JDialog(f,"登录对话框",true);
        JLabel note=new JLabel("请输入注册信息");
        JPanel pa=new JPanel();
        pa.setLayout(new GridLayout(2,1));
        pa.add(new JLabel("用户名:"));
        pa.add(new JLabel("密 码:"));
        JPanel pc=new JPanel();
        pc.setLayout(new GridLayout(2,1));
        tf_name=new JTextField();
        tf_psw=new JPasswordField();
        tf_psw.setEchoChar('*');
        pc.add(tf_name);
        pc.add(tf_psw);
        JPanel pb=new JPanel();
        pb.setLayout(new GridLayout(1,2));
        JButton submit=new JButton("提交");
        JButton cancel=new JButton("取消");
        submit.setActionCommand("submitLogin");
        cancel.setActionCommand("cancelLogin");
        submit.addActionListener(this);
        cancel.addActionListener(this);
```

```
        pb.add(submit);
        pb.add(cancel);
        d.add(note,"North");
        d.add(pa,"West");
        d.add(pc,"Center");
        d.add(pb,"South");
        d.setSize(160,120);
        d.setLocation(400,200);
        return d;
    }
    public JDialog createQuitDialog(JFrame f){
        JDialog d=new JDialog(f,"确认退出对话框",true);
        JLabel note=new JLabel("您确定要退出程序吗?");
        JPanel p=new JPanel();
        JButton confirm=new JButton("确定");
        JButton cancel=new JButton("取消");
        confirm.setActionCommand("confirmQuit");
        cancel.setActionCommand("cancelQuit");
        confirm.addActionListener(this);
        cancel.addActionListener(this);
        p.add(confirm);
        p.add(cancel);
        d.setSize(160,120);
        d.setLocation(400,200);
        d.add(note,"Center");
        d.add(p,"South");
        return d;
    }
    public void actionPerformed(ActionEvent e){
        String s=e.getActionCommand();
        if(s.equals("登录")){
            loginDialog.setVisible(true);
        }else if(s.equals("退出")){
            this.quit();
        }else if(s.equals("confirmQuit")){
            System.exit(0);
        }else if(s.equals("cancelQuit")){
            quitDialog.setVisible(false);
        }else if(s.equals("submitLogin")){
            String name=tf_name.getText();
        String password=tf_psw.getText();
    if(name.equals("CoreJava")&&password.equals("Tiger")){
            info.setText("欢迎您: " +name +" 用户");
        }else{
            info.setText("验证失败,错误的用户名/密码!");
        }
```

```
        loginDialog.setVisible(false);
    }else if(s.equals("cancelLogin")){
            loginDialog.setVisible(false);
        }
    }
    public void quit(){
        quitDialog.setVisible(true);
    }
}
```

程序运行结果如图 6-18、图 6-19 和图 6-20 所示。

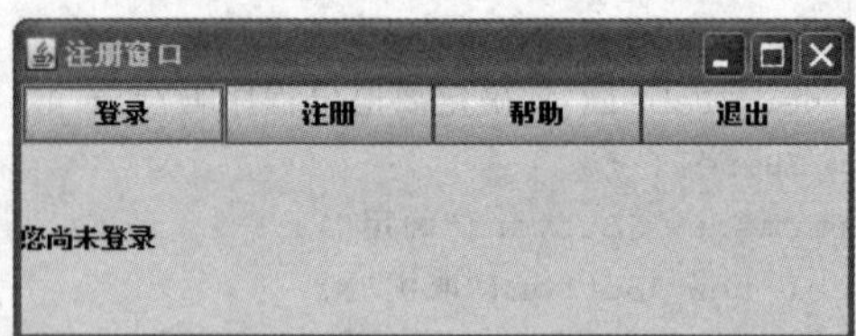

图 6-18　程序 JDialogTest.java 的运行结果 1

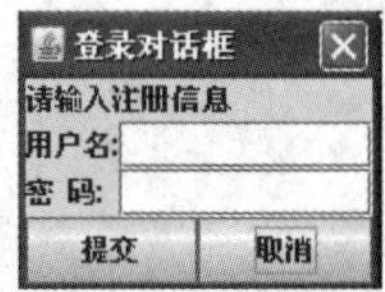

图 6-19　程序 JDialogTest.java 的运行结果 2

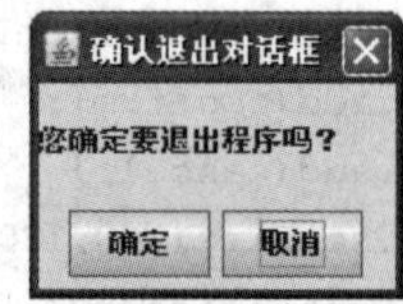

图 6-20　程序 JDialogTest.java 的运行结果 3

7. JScrollPane

滚动面板(JScrollPane)可以建立一个带有上下和左右都能滚动的面板容器。JScrollPane 具有的属性和方法信息参见 Java API 文档。

【例 6-19】 演示 JScrollPane 组件的使用。

程序 JScrollPaneTest.java 如下。

```
package ch06;
public class JScrollPaneTest{
    public static void main( String args[]) {
        JFrame frame=new JFrame("表格效果");
        JPanel p=new JPanel();
        p.setLayout(new GridLayout(10,5));
        JTextField[] cells=new JTextField[50];
        for(int i=0;i<50;i++){
            cells[i]=new JTextField(String.valueOf(i),5);
            p.add(cells[i]);
        }
        ScrollPane sp=new ScrollPane();
```

```
        sp.add(p);
        frame.add(sp,"Center");
        frame.setSize(250,180);
        frame.setLocation(450,200);
        frame.setDefaultCloseOperation(JFrame.EXIT_ON_CLOSE);
        frame.setVisible( true);
    }
}
```

程序运行结果如图 6-21 所示。

图 6-21 程序 JScrollPaneTest.java 的运行结果

8. FileDialog

文件对话框 FileDialog 具有的属性和方法信息参见 Java API 文档。

【例 6-20】 演示 FileDialog 组件的使用。

程序 FileDialogTest.java 如下。

```
package ch06;
public class FileDialogTest implements ActionListener{
    private Frame frame;
    private FileDialog fd_load;
    private FileDialog fd_save;
    private TextArea ta;
    private String file="";
    public static void main( String args[]) {
        new FileDialogTest().init();
    }
    public void init(){
        frame=new Frame("My Notepad");
        MenuBar mb=new MenuBar();
        Menu file=new Menu("文件");
        Menu help=new Menu("帮助");
        MenuItem open=new MenuItem("打开");
        MenuItem save=new MenuItem("保存");
        MenuItem saveAs=new MenuItem("另存为");
        file.add(open);
        file.add(save);
        file.add(saveAs);
        mb.add(file);
        mb.add(help);
        frame.setMenuBar(mb);
        ta=new TextArea();
        frame.add(ta,"Center");
        open.addActionListener(this);
```

```
        save.addActionListener(this);
        saveAs.addActionListener(this);
        frame.addWindowListener(new WindowAdapter(){
            public void windowClosing(WindowEvent e){
              System.exit(0);
            }
        });
        frame.setSize(400,200);
        frame.setLocation(450,200);
        frame.setVisible( true);
        fd_load=new FileDialog(frame,"打开文件",FileDialog.LOAD);
        fd_save=new FileDialog(frame,"保存文件",FileDialog.SAVE);
    }
    public void actionPerformed(ActionEvent e){
        String s=e.getActionCommand();
        if(s.equals("打开")){
            fd_load.setVisible(true);
            String d=fd_load.getDirectory();
            String f=fd_load.getFile();
            if((d !=null) && (f !=null)){
                file=d +f;
                this.loadFile();
            }
        }else if(s.equals("保存")){
            if((file==null) || file.equals("")){
                this.saveFileAs();
            }else{
                this.saveFile();
            }
        }else if(s.equals("另存为")){
            this.saveFileAs();
        }
    }
    public void loadFile(){
        ta.setText("");
        frame.setTitle("My Notepad -" +file);
        try{
            BufferedReader br=new BufferedReader(new FileReader(file));
            String s=br.readLine();
            while(s !=null){
                ta.append(s +"\n");
                s=br.readLine();
            }
            br.close();
```

```
        }catch(IOException e){
            e.printStackTrace();
        }
    }
    public void saveFile(){
        String content=ta.getText();
        try{
            PrintWriter pw=new PrintWriter(new FileWriter(file));
            pw.println(content);
            pw.close();
        }catch(IOException e){
            e.printStackTrace();
        }
    }
    public void saveFileAs(){
        fd_save.setVisible(true);
        String d=fd_save.getDirectory();
        String f=fd_save.getFile();
        if((d !=null) && (f !=null)){
            file=d +f;
            this.saveFile();
            frame.setTitle("My Notepad -" +file);
        }
    }
}
```

程序运行结果如图 6-22 所示。

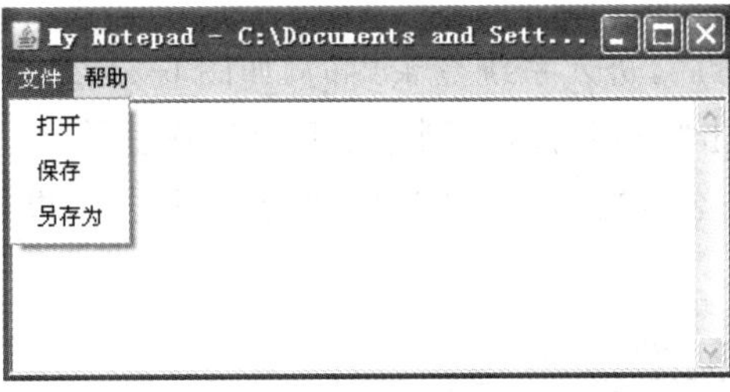

图 6-22　程序 FileDialogTest.java 的运行结果

6.4 案　　例

本章案例使用 GUI 界面实现用户登录和学生信息维护的功能。程序中共定义了类 LoginGUI.java、StudentManageView.java、MyJTable.java、StudentService.java。实体类 Student 在第 3 章定义。

6.4.1 案例设计

设计中体现 MVC 模式。LoginGUI 界面采用 JFrame 作为容器，在其中添加按钮 JButton、文本框 JTextField、标签 JLabel 等控件，使用匿名内部类实现了登录和取消按钮的事件处理。MyJTable 继承 JTable 类，重写 isCellEditable (int rowIndex, int columnIndex)方法，使得表格不可编辑。StudentService. java 实现了学生的添加、删除、修改和查找操作。StudentManageView. java 设计了学生管理界面，在其中添加按钮 JButton、文本框 JTextField、表格 MyJTable 等控件，使用匿名内部类实现了添加学生、删除学生、修改学生和查找学生按钮的事件处理。图 6-23 所示为类图。

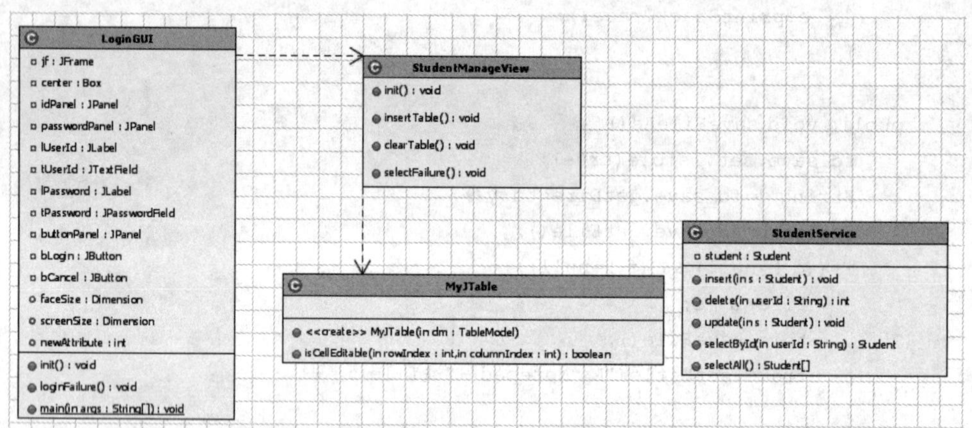

图 6-23 学生信息维护类图

6.4.2 案例演示

程序 Login. java 运行后，进入系统登录界面，如图 6-24 所示。输入用户名和密码，然后单击“登录”按钮，若单击“取消”按钮，则退出登录操作。

程序默认正确的用户名为“admin”，密码为“123456”。如果用户名密码错误，弹出如图 6-25 所示的对话框。

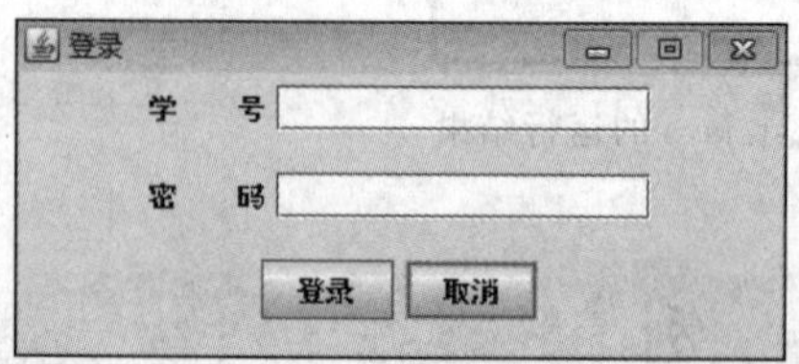

图 6-24 登录界面

图 6-25 用户名或密码错误对话框

如果用户名密码正确，程序进入如图 6-26 所示的学生信息维护界面。

在图 6-26 所示的学生信息维护界面中进行学生信息的添加、删除、修改和查询操作。在学生信息维护界面中单击“添加”按钮，进入学生信息添加界面，如图 6-27 所示。

图 6-26　学生信息维护界面

图 6-27　学生信息添加界面

在以上界面中输入要添加的学生相关信息，然后单击“确定”按钮，此时学生信息添加成功。在学生维护界面的学生信息列表中显示已添加的学生信息记录，如图 6-28 所示。

图 6-28　学生信息维护界面

在该界面中选中要进行操作的学生记录，进行相关操作。选中某一学生记录，单击“修改”按钮，进入学生信息修改界面，如图 6-29 所示。

在该界面中修改信息，然后单击“确定”按钮。

在学生信息维护界面中选中某一学生记录，单击“删除”按钮，弹出删除确认界面，如

图 6-30 所示。

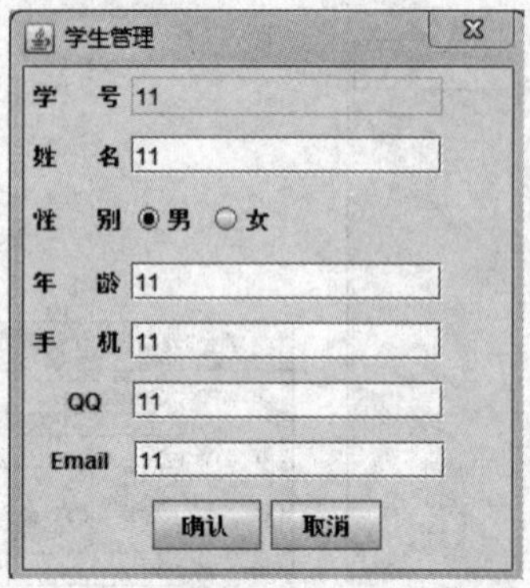

图 6-29　学生信息修改界面

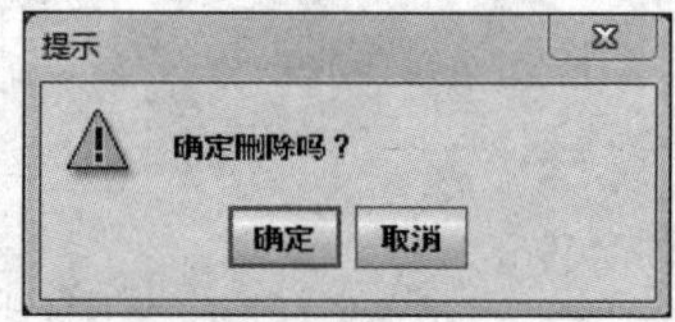

图 6-30　删除确认界面

如果确认删除，单击“确定”按钮，否则单击“取消”按钮。

在学生信息维护界面的顶部输入所要查询学生的学号，然后单击“查询”按钮，程序将查到的记录显示在学生信息维护界面的学生信息列表中。

6.4.3　代码实现

程序 LoginGUI. java 如下。

```
package chapter06;
import java.awt.Dimension;
import java.awt.Toolkit;
import java.awt.event.ActionEvent;
import java.awt.event.ActionListener;
import javax.swing.Box;
import javax.swing.JButton;
import javax.swing.JFrame;
import javax.swing.JLabel;
import javax.swing.JOptionPane;
import javax.swing.JPanel;
import javax.swing.JPasswordField;
import javax.swing.JTextField;
public class LoginGUI {
    private JFrame jf;
    //水平 box
    private Box center=Box.createVerticalBox();
    //学号的 JPanel
    private JPanel idPanel=new JPanel();
    //密码的 JPanel
    private JPanel passwordPanel=new JPanel();
    private JLabel lUserId=new JLabel("学    号");
    private JTextField tUserId=new JTextField(15);
```

```
private JLabel lPassword=new JLabel("密     码");
private JPasswordField tPassword=new JPasswordField(15);
//按钮的 JPanel
private JPanel buttonPanel=new JPanel();
private JButton bLogin=new JButton("登录");
private JButton bCancel=new JButton("取消");
//设置运行时窗口的大小
Dimension faceSize=new Dimension(350,150);
//获得屏幕的大小
Dimension screenSize=Toolkit.getDefaultToolkit().getScreenSize();
public void init() {
    jf=new JFrame();
    //设置 JFrame 的名称
    jf.setTitle("登录");
    //将 lUserId,tUserId 放在 idPanel 中,idPanel 默认水平放置
    idPanel.add(lUserId);
    idPanel.add(tUserId);
    passwordPanel.add(lPassword);
    passwordPanel.add(tPassword);
    center.add(idPanel);
    center.add(passwordPanel);
    buttonPanel.add(bLogin);
    buttonPanel.add(bCancel);
    //登录按钮的监听器
    bLogin.addActionListener(new ActionListener() {
        public void actionPerformed(ActionEvent e) {
            String userId=tUserId.getText();
            String password=String.valueOf(tPassword.getPassword());
            //开启接受数据的线程
            if(userId.trim().equals("") || userId==null ||
            password.trim().equals("") || password==null){
                JOptionPane.showMessageDialog(jf,"用户名或密码不能为空!",
                    "提示",JOptionPane.WARNING_MESSAGE);
            }else{
                if(userId.equals("admin")&&password.equals("123456")) {
                    new StudentManageView().init();
                }else{
                    loginFailure();
                }
            }
        }
    });
    //取消按钮的监听器
    bCancel.addActionListener(new ActionListener() {
```

```
            public void actionPerformed(ActionEvent e) {
                System.exit(0);
            }
        });
        center.add(buttonPanel);
        jf.add(center);
        jf.pack();
        //设置 JFame 运行时的大小
        jf.setSize(faceSize);
        //设置 JFame 运行时的位置
        jf.setLocation((int) (screenSize.width - faceSize.getWidth())/2,
                    (int) (screenSize.height - faceSize.getHeight())/2);
        //设置 JFame 不可最大化
        jf.setResizable(false);
        //设置 JFrame 单击 X 时结束程序
        jf.setDefaultCloseOperation(JFrame.EXIT_ON_CLOSE);
        //设置 JFrame 可见
        jf.setVisible(true);
    }
    public void loginFailure(){
        JOptionPane.showMessageDialog(jf,"用户名或密码输入不正确!","提示",
            JOptionPane.WARNING_MESSAGE);
    }
    public static void main(String[] args) throws Exception {
        new LoginGUI().init();
    }
}
```

程序 MyJTable.java 如下。

```
package chapter06;
import javax.swing.JTable;
import javax.swing.table.TableModel;
public class MyJTable extends JTable {
    public MyJTable(TableModel dm){
        super(dm);
    }
    //设置表格不可编辑
    public boolean isCellEditable(int rowIndex,int columnIndex){
        return false;
    }
}
```

程序 StudentService.java 如下。

```
package chapter06;
```

```
import chapter03.Student;
public class StudentService {
    private Student[] students=new Student[50];
    //添加学生信息
    public void insert(Student s) {
        for(int i=0; i<students.length; i++) {
            if(students[i]==null) {
                students[i]=s;
                System.out.println("添加成功!");
                break;
            }
        }
    }
    //删除学生信息
    public int delete(String userId) {
        int flag=0;
        for(int i=0; i<students.length; i++) {
            if(students[i] !=null) {
                if(students[i].getUserId().equals(userId)) {
                    students[i]=null;
                    System.out.print("删除成功!");
                    flag=1;
                    break;
                }
            }
        }
        return flag;
    }
    //修改学生信息
    public void update(Student s) {
        String userId=s.getUserId();
        for(int i=0; i<students.length; i++) {
            if(students[i] !=null) {
                if(students[i].getUserId().equals(userId)) {
                    students[i].setName(s.getName());
                    students[i].setSex(s.getSex());
                    students[i].setAge(s.getAge());
                    students[i].setPhone(s.getPhone());
                    students[i].setQq(s.getQq());
                    students[i].setEmail(s.getEmail());
                }
            }
        }
    }
```

```
    //按学号查询
    public Student selectById(String userId) {
        for(Student s : students) {
            if(s !=null) {
                if(s.getUserId().equals(userId)) {
                    return s;
                }
            }
        }
        return null;
    }
    //查询所有学生信息
    public Student[] selectAll() {
        return students;
    }
}
```

程序 StudentManageView.java 如下。

```
package chapter06;
import java.awt.BorderLayout;
import java.awt.Dimension;
import java.awt.FlowLayout;
import java.awt.Toolkit;
import java.awt.event.ActionEvent;
import java.awt.event.ActionListener;
import javax.swing.Box;
import javax.swing.ButtonGroup;
import javax.swing.JButton;
import javax.swing.JDialog;
import javax.swing.JFrame;
import javax.swing.JLabel;
import javax.swing.JOptionPane;
import javax.swing.JPanel;
import javax.swing.JRadioButton;
import javax.swing.JScrollPane;
import javax.swing.JTextField;
import javax.swing.table.DefaultTableModel;
import chapter03.Student;
public class StudentManageView {
    private JFrame jf=new JFrame();
    Dimension faceSize=new Dimension(800,600);
    private Dimension screenSize=Toolkit.getDefaultToolkit().getScreenSize();
    //按学号查询
    private JPanel pSelect=new JPanel();
```

```
private JLabel lSelect=new JLabel("学号");
private JTextField tSelect=new JTextField(15);
private JButton bSelect=new JButton("查询");
//查询结果放在一个 JTable
private MyJTable table;
private DefaultTableModel tableModel;
private JScrollPane tableScrollPane;
private Object[] tableTitle={ "学号","姓名","性别","年龄","手机号","qq",
        "email" };
private Object[][] tableData={ new Object[] { "" } };
//对学生信息进行管理的添加、删除、修改按钮
private JPanel buttonPanel=new JPanel();
private JButton insert=new JButton("添加");
private JButton delete=new JButton("删除");
private JButton update=new JButton("修改");
//单击添加、修改时弹出的对话框
private JDialog dialog=new JDialog(jf,"学生管理");
private Box box=Box.createVerticalBox();
private JPanel pId=new JPanel(new FlowLayout(FlowLayout.LEFT));
private JPanel pName=new JPanel(new FlowLayout(FlowLayout.LEFT));
private JPanel pSex=new JPanel(new FlowLayout(FlowLayout.LEFT));
private JPanel pAge=new JPanel(new FlowLayout(FlowLayout.LEFT));
private JPanel pPhone=new JPanel(new FlowLayout(FlowLayout.LEFT));
private JPanel pQq=new JPanel(new FlowLayout(FlowLayout.LEFT));
private JPanel pEmail=new JPanel(new FlowLayout(FlowLayout.LEFT));
private JLabel lId=new JLabel("学 号");
private JLabel lName=new JLabel("姓 名");
private JLabel lSex=new JLabel("性 别");
private JLabel lAge=new JLabel("年 龄");
private JLabel lPhone=new JLabel("手 机");
private JLabel lQq=new JLabel(" QQ ");
private JLabel lEmail=new JLabel(" Email ");
private JTextField tId=new JTextField(15);
private JTextField tName=new JTextField(15);
private ButtonGroup bSex=new ButtonGroup();
private JRadioButton boy=new JRadioButton("男");
private JRadioButton girl=new JRadioButton("女");
private JTextField tAge=new JTextField(15);
private JTextField tPhone=new JTextField(15);
private JTextField tQq=new JTextField(15);
private JTextField tEmail=new JTextField(15);
private JPanel pButton=new JPanel();
private JButton confirm=new JButton("确认");
private JButton cancel=new JButton("取消");
```

```
    private StudentService service=new StudentService();
    //用于标记是添加还是修改
    private String id;
    public void init() {
        pSelect.add(lSelect);
        pSelect.add(tSelect);
        pSelect.add(bSelect);
        //查询按钮的监听器
        bSelect.addActionListener(new ActionListener() {
            public void actionPerformed(ActionEvent e) {
                String userId=tSelect.getText().trim();
                if(userId.equals("")) {
                    Student[] student=service.selectAll();
                    clearTable();
                    for(Student s : student) {
                        insertTable(s);
                    }
                } else {
                    Student s=service.selectById(userId);
                    if(s !=null) {
                        clearTable();
                        insertTable(s);
                    } else {
                        selectFailure();
                    }
                }
            }
        });
        //table
        tableModel=new DefaultTableModel(tableData,tableTitle);
        table=new MyJTable(tableModel);
        tableScrollPane=new JScrollPane(table,
                JScrollPane.VERTICAL_SCROLLBAR_AS_NEEDED,
                JScrollPane.HORIZONTAL_SCROLLBAR_AS_NEEDED);
        //button
        buttonPanel.add(insert);
        buttonPanel.add(delete);
        buttonPanel.add(update);
        //添加按钮的监听器
        insert.addActionListener(new ActionListener() {
            public void actionPerformed(ActionEvent e) {
                //如果是添加,则将 id=null;
                id=null;
                tId.setText("");
```

```
            tId.setEditable(true);
            tName.setText("");
            bSex.clearSelection();
            tAge.setText("");
            tPhone.setText("");
            tQq.setText("");
            tEmail.setText("");
            dialog.setVisible(true);
        }
    });
    //删除按钮的监听器
    delete.addActionListener(new ActionListener() {
        public void actionPerformed(ActionEvent e) {
            //获得选择删除的行号数组
            int[] selected=table.getSelectedRows();
            //如果 selected 的长度为 0,说明没有选择要删除的
            if(selected.length==0) {
                JOptionPane.showMessageDialog(jf,"请选择要删除的综测!","提
                        示",JOptionPane.WARNING_MESSAGE);
            } else {
                //提示是否要进行删除
                int flag=JOptionPane.showConfirmDialog(jf,"确定删除吗?",
                        "提示",JOptionPane.OK_CANCEL_OPTION,
                        JOptionPane.WARNING_MESSAGE);
                //如果选择是,则进行删除
                if(flag==JOptionPane.OK_OPTION) {
                    for(int i=selected.length -1; i >=0; i--) {
                        service.delete ((String) tableModel.getValueAt
                                (selected[i],0));
                        tableModel.removeRow(selected[i]);
                    }
                }
            }
        }
    });
    //修改按钮的监听器
    update.addActionListener(new ActionListener() {
        public void actionPerformed(ActionEvent e) {
            int row=table.getSelectedRow();
            //如果进行修改,就将 id=要修改的学号
            id=String.valueOf(table.getValueAt(row,0));
            //设置 tId 的内容
            tId.setText(id);
            //设置 tId 不可修改
```

```
            tId.setEditable(false);
            tName.setText(String.valueOf(table.getValueAt(row,1)));
            String sex=(String) table.getValueAt(row,2);
            //如果性别是"男",则将单选框中的男选中,否则选中"女"
            if(sex.equals("男")) {
                bSex.setSelected(boy.getModel(),true);
            } else {
                bSex.setSelected(girl.getModel(),true);
            }
            tAge.setText(String.valueOf(table.getValueAt(row,3)));
            tPhone.setText(String.valueOf(table.getValueAt(row,4)));
            tQq.setText(String.valueOf(table.getValueAt(row,5)));
            tEmail.setText(String.valueOf(table.getValueAt(row,6)));
            //设置 dialog 可见
            dialog.setVisible(true);
        }
    });
    jf.setLayout(new BorderLayout());
    //设置 pSelect 在 jf 的北面
    jf.add(pSelect,BorderLayout.NORTH);
    //设置 pSelect 在 jf 的中心
    jf.add(tableScrollPane,BorderLayout.CENTER);
    //设置 pSelect 在 jf 的南面
    jf.add(buttonPanel,BorderLayout.SOUTH);
    jf.pack();
    jf.setSize(faceSize);
    jf.setLocation((int)(screenSize.width - faceSize.getWidth()) / 2,
            (int)(screenSize.height - faceSize.getHeight()) / 2);
    jf.setResizable(false);
    jf.setDefaultCloseOperation(JFrame.EXIT_ON_CLOSE);
    jf.setVisible(true);
    pId.add(lId);
    pId.add(tId);
    pName.add(lName);
    pName.add(tName);
    pSex.add(lSex);
    bSex.add(boy);
    bSex.add(girl);
    pSex.add(boy);
    pSex.add(girl);
    pAge.add(lAge);
    pAge.add(tAge);
    pPhone.add(lPhone);
    pPhone.add(tPhone);
```

```
pQq.add(lQq);
pQq.add(tQq);
pEmail.add(lEmail);
pEmail.add(tEmail);
pButton.add(confirm);
pButton.add(cancel);
//确定按钮的监听器
confirm.addActionListener(new ActionListener() {
    public void actionPerformed(ActionEvent e) {
        Student student=new Student();
        student.setUserId(tId.getText());
        student.setPassword(tId.getText());
        student.setName(tName.getText());
        String sex=null;
        if(boy.isSelected()) {
            sex="男";
        }
        if(girl.isSelected()) {
            sex="女";
        }
        student.setSex(sex);
        student.setAge(tAge.getText());
        student.setPhone(tPhone.getText());
        student.setQq(tQq.getText());
        student.setEmail(tEmail.getText());
        if(id !=null) {
            service.update(student);
        } else {
            service.insert(student);
        }
        dialog.dispose();
    }
});
//取消按钮的监听器
cancel.addActionListener(new ActionListener() {
    public void actionPerformed(ActionEvent e) {
        dialog.dispose();
    }
});
box.add(pId);
box.add(pName);
box.add(pSex);
box.add(pAge);
box.add(pPhone);
```

```
        box.add(pQq);
        box.add(pEmail);
        box.add(pButton);
        dialog.add(box);
        dialog.setBounds((int)(screenSize.width -280) / 2,
                (int)(screenSize.height -300) / 2,280,300);
    }
    public void insertTable(Student student) {
        if(student !=null) {
            String[] newCell=new String[7];
            newCell[0]=student.getUserId();
            newCell[1]=student.getName();
            newCell[2]=student.getSex();
            newCell[3]=student.getAge();
            newCell[4]=student.getPhone();
            newCell[5]=student.getQq();
            newCell[6]=student.getEmail();
            tableModel.addRow(newCell);
        }
    }
    public void clearTable() {
        int rows=tableModel.getRowCount();
        for(int i=rows -1; i >=0; i--) {
            tableModel.removeRow(i);
        }
    }
    public void selectFailure() {
        JOptionPane.showMessageDialog(jf,"不存在该学号的学生!","提示",
                JOptionPane.WARNING_MESSAGE);
    }
}
```

6.5 习　　题

一、选择题

(1) Window(窗口)独立于其他容器,它的两种形式是(　　)。

A. Frame 和 Dialog　　B. Panel 和 Frame

C. Container 和 Component　　D. LayoutManager 和 Container

(2) 框架(JFrame)的默认布局管理器就是(　　)。

A. 流程布局(Flow Layout)　　B. 卡片布局(Card Layout)

C. 边框布局(Border Layout)　　D. 网格布局(Grid Layout)

(3) 所有 Swing 构件都实现了(　　)接口。

A. ActionListener　　B. Serializable

C. Accessible D. MouseListener

(4) 要表示表格数据,需要继承( )类。

A. JTable B. TableModel

C. JTableModel D. AbstractTableModel

(5) Swing 采用了( )设计规范。

A. 视图—模式—控制 B. 模式—视图—控制

B. 控制—模式—视图 D. 控制—视图—模式

(6) 关于 awt 和 swing 的说法,正确的是( )。

A. awt 在不同操作系统中显示相同的风格

B. swing 在不同操作系统中显示相同的风格

C. awt 和 swing 在不同的操作系统中都显示相同的风格

D. awt 和 swing 都支持事件模型

(7) ( )用户图形界面组件在软件安装程序中是常见的。

A. 滑块 B. 进度条

C. 对话框 D. 标签

二、填空题

(1) GUI 是__________的缩写。

(2) Swing 的事件处理机制包括________、事件和事件处理者。

(3) ________类包括五个区域:东、南、西、北和中。

(4) 容器中的组件位置与大小,由__________决定。

(5) 显示组件时,所使用的字体可以用________方法来设置。

三、程序设计题

(1) 编写一个将华氏温度转换为摄氏温度的程序。界面包括华氏温度输入文本框、计算按钮和结果文本框。使用下面的公式进行温度转换:摄氏温度=5/9X(华氏温度-32)。

(2) 设计课程总分计算程序。要求:输入每门课程的成绩与学分,在单击“计算”按钮后,计算每门课程的成绩与学分乘积(成绩 * 学分),计算总成绩、总学分和平均成绩。

四、实训题

(1) 实训题目

简单计算器设计。

(2) 实训内容

设计的计算器界面如图 6-31 所示。实现界面上所设计的功能。

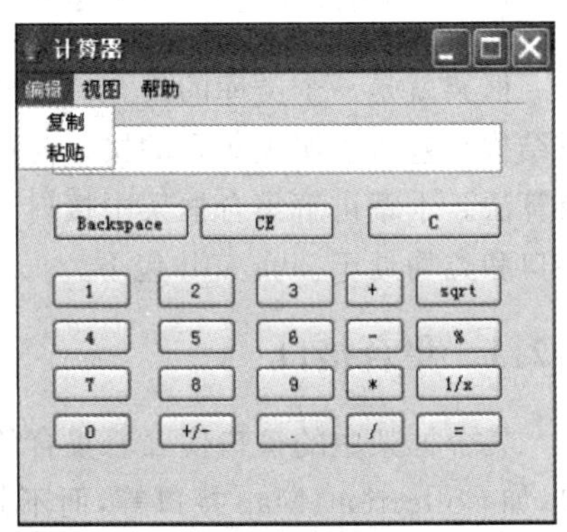

图 6-31 计算器界面

集合框架

Java 语言提供的集合实现了多种不同的数据结构，功能强大，操作灵活，开发者可以直接使用，提高编写程序的效率和程序的健壮性。集合在 Java 中占有十分重要的地位，在实践应用开发中最常用，理解集合并且能够很好地利用集合，对于 Java 应用程序开发具有重要的意义。

本章主要讲解 Java 中的集合概念、集合框架、集合分类及集合的应用。

7.1 集合概念

集合是指一个可以容纳多个对象的对象，该对象主要用来管理和维护一系列相同或者相似的对象，集合中的每一个对象称为集合的元素。从语法上讲，集合中也可以存放一些互不相干的对象，只是实际开发中很少这么做。从本质上讲，数组也是一种集合，只不过数组中存放元素的类型必须是相同的，可以存放基本数据类型和引用类型，集合中只能存放引用类型。集合和数组一样，真正保存的是一个对象的引用，而不是真正的对象数据。数组不可以替代集合，因为数组的长度是固定的，当集合中的元素个数不确定，集合元素频繁进行增删，利用“下标索引”之外的方式检索集合元素时，使用数组来实现是十分复杂的。

7.2 集合框架结构

框架就是一个类库的集合。集合框架就是一个用来表示和操作集合的统一架构（体系结构），包含了实现集合的接口与类。Java 中集合的三要素是若干接口、接口的实现类及算法。本章讲解集合框架中接口、接口的实现类以及类的主要操作方法。集合相关的接口和类均处于 java. util 包下。

7.2.1 集合接口

集合框架中的接口代表着集合的抽象数据类型，整个 Java 集合框架的基础是集合接口，如 Collection、Map 接口等，而不是类（接口的实现类）。使用接口可以将集合的定义和实现分开，也就是说，可以使用接口中定义的方法访问集合，而不用关心集合究竟是怎么实现的。所以，掌握集合框架中的接口是十分重要的，集合框架中定义的接口层次关系如图 7-1 所示。

从图 7-1 中可以看出，整个集合框架分为两部分：一部分的根接口为 Collection(集合)，另一部分的根接口为 Map(映射)。Set(集)和 List(列表)继承 Collection 接口，为 Collection 接口的子接口，分别对 Collection 接口做了不同程度的扩展。SortedSet 接口为 Set 的子接口，对 Set 接口做了进一步扩展，增加了对元素的排序功能。Map 接口的子接口是 SortedMap 接口，对 Map 接口做了进一步扩展，增加了按照键一值对的键对元素进行排序的功能。

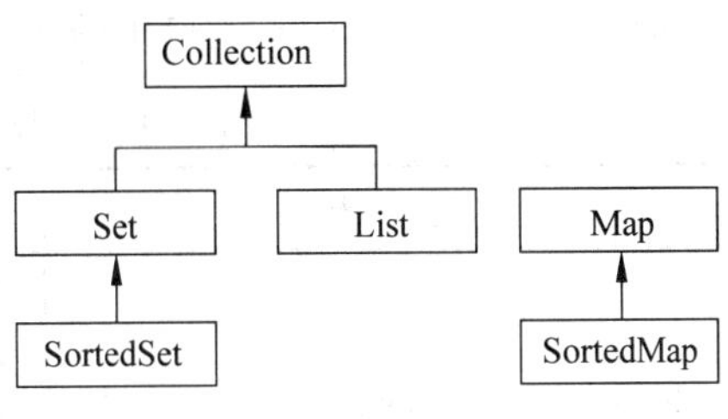

图 7-1 集合接口层次图

从体系上讲，集合类型可以为 3 类：集(Set)、列表(List)和映射(Map)。

1. Set(集)

Set 模拟数学中集合的概念，是最简单的一种集合。Set 的特征如下。

(1) 集合中不允许出现重复的元素；

(2) 集合中不区分元素顺序。

在某些应用中，确实需要 Set 集合维护数据，比如某一大型商场要统计某一时间段内光顾本商场的顾客，以改进经营模式。很显然，某一时间段内有的顾客可能多次来该商场消费，利用 Set 集合存放数据，会自动去掉重复的顾客，用其他集合或数组存放数据，一定要加入“顾客是否存放”的验证，增加编程的复杂度。

2. List(列表)

List 的基本特征是采用线性方式存放元素，具体表现为数组、向量、链表、栈和队列等。List 的特征如下。

(1) 集合区分元素的顺序，即按照元素的存入顺序存放元素；

(2) 允许存放重复的元素。

List 集合及其实现类在实际应用开发中十分常见。

3. Map(映射)

Map 与 Set 或 List 的区别较为明显，Set 和 List 中存放的是一个一个的对象，Map 中存放的是成对“键一值”(Key-Value)信息，Map 中的每一个元素都必须包括起到标识作用的“键”和元素“值”两部分。Map 的特征如下。

(1) 在存放的键一值对中不允许有重复的键；

(2) 每个键最多只能映射一个值。

SortedSet 接口和 Set 接口的特征相似，只是增加了对集合存放的元素按升序排列的功能；SortedMap 接口和 Map 接口的特征相似，只是增加了按照键一值对的键对元素进行升序排列的功能。

上述介绍了 Java 集合框架中的几个主要接口，但要利用接口进行编程，还应熟悉各个接口中的重要方法。Collection 接口是 Set 和 List 集合类型的根接口，定义了集合操作的普遍性方法，Collection 接口中的主要方法如表 7-1 所示。

表 7-1　Collection 接口中的主要方法介绍

方　法	说　明
public boolean add(Object o)	向集合中加入指定的元素，加入成功返回 true，否则返回 false。在子接口中，此方法就发生了改变。在 Set 接口中，此方法在添加元素前要进行是否重复的判断，如果是重复元素，添加被拒绝，返回 false，否则添加成功，返回 true。List 接口中此方法同 Collection 接口完全相同
public boolean addAll(Collection c)	将指定 Collection 中的所有元素都添加到此 Collection 中。在子接口中，此方法就发生了改变，原理同 public boolean add(Object o)方法
public void clear()	移除此 Collection 中的所有元素
public boolean contains(Object o)	如果此 Collection 包含指定的元素，返回 true，否则返回 false
public boolean containsAll(Collection c)	如果此 Collection 包含指定 Collection 中的所有元素，则返回 true，否则返回 false
public boolean isEmpty()	如果此 Collection 不包含任何元素，则返回 true，否则返回 false
public Iterator iterator()	返回在此 Collection 的元素上进行迭代的迭代器
public boolean remove(Object o)	从此 Collection 中移除指定元素，成功返回 true，否则返回 false
public boolean removeAll(Collection c)	移除此 Collection 中那些也包含在指定 Collection 中的所有元素
public boolean retainAll(Collection c)	仅保留此 Collection 中那些也包含在指定 Collection 的元素
public int size()	返回此 Collection 中的元素数
public Object[] toArray()	返回包含此 Collection 中所有元素的数组

Set 接口是 Collection 接口的子接口，Collection 接口中具有的方法 Set 接口都有，Set 接口描述的是一个不包含重复元素的集合，其中的方法和 Collection 完全相同。

List 接口是 Collection 接口的子接口，描述的是列表结构，Collection 接口中具有的方法 List 接口都有，List 接口允许使用者对插入列表的元素进行精确控制，并添加了根据元素索引位置来访问元素、搜索元素的功能，相对于 Collection 接口 List 接口新增的方法如表 7-2 所示。

表 7-2　List 接口相对于 Collection 接口新增方法

方　法	说　明
public void add(int index,Object o)	在列表的指定位置插入指定元素
public boolean addAll(int index,Collection c)	将指定 Collection 中的所有元素插入到列表中的指定位置

续表

方　法	说　明
public Object get(int index)	返回列表中指定位置的元素
public int indexOf(Object o)	返回此列表中第一次出现的指定元素的索引；如果此列表不包含该元素，则返回－1
public int lastIndexOf(Object o)	返回此列表中最后出现的指定元素的索引；如果列表不包含此元素，则返回－1
public ListIterator listIterator(int index)	从列表的指定位置开始返回列表中元素的列表迭代器
public Object remove(int index)	移除列表中指定位置的元素
public Object set(int index, Object o)	用指定元素替换列表中指定位置的元素

Map 描述了映射结构，Map 中存放的是“键－值”对信息，Map 中不能存放键重复的键值对，每个键只能映射一个值。Map 允许通过键集、值集合或键值对映射关系的形式查看映射内容，Map 接口中的主要方法如表 7-3 所示。

表 7-3　Map 接口中的主要方法

方　法	说　明
public void clear()	从此映射中移除所有映射关系
public boolean containsKey(Object key)	如果此映射包含指定键的映射关系，则返回 true，否则返回 false
public boolean containsValue(Object value)	如果此映射将一个或多个键映射到指定值，则返回 true，否则返回 false
public Set entrySet()	返回此映射中包含的映射关系的 Set 集合。结果返回的 Set 中存放的是 Map. Entry 类型，Map. Entry 本质是一个接口，表示映射项即键－值对。遍历 Set，获得其中每一个 Map. Entry 元素，然后通过其中 getKey()获得映射项对应的键，getValue()获得映射项对应的值，setValue(Object value)指定的值替换映射项对应的值
public Object get(Object key)	返回指定键所映射的值，如果此映射不包含该键的映射关系，则返回 null
public boolean isEmpty()	如果此映射未包含键－值映射关系，则返回 true，否则返回 false
public Set keySet()	返回所有映射中包含的键的 Set 集合
public Object put(Object key, Object value)	将指定的指定键－值对放入此映射中
public void putAll(Map m)	从指定映射中将所有映射关系复制到此映射中
public Object remove(Object key)	如果存在一个键的映射关系，则将其从此映射中移除
public int size()	返回此映射中的键－值映射关系数
public Collection values()	返回此映射中包含的值的 Collection 集合

7.2.2 集合实现类

接口不能实例化对象。利用集合编程，只有接口不行。针对集合接口，Java 集合框架为开发者提供相应的实现类。集合根接口 Collection 没有直接的实现类，其他主要接口的常用实现类如图 7-2 所示。

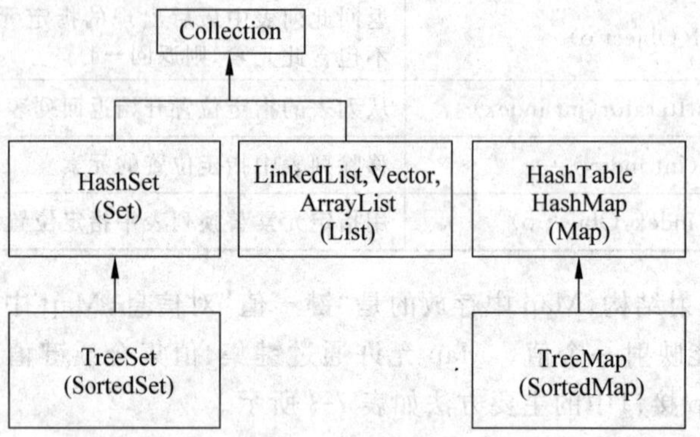

图 7-2 集合接口实现类层次图

集合实现类层次图和接口层次图类似。集合框架中接口的实现类很多，图 7-2 中只列出了集合接口的常用实现类，后面通过实例详细介绍集合接口和对应实现类的使用。对于集合的算法要素，就是指集合接口实现类的方法。

7.3 List

List 接口常用的主要实现类 LinkedList、ArrayList 和 Vector 的基本用法是一样的，只是底层的实现方式不同，导致各实现类适用的场合不同。

【例 7-1】 以 ArrayList 类为例演示 List 实现类的用法。

程序 ArrayList.java 如下。

```
package ch07;
public class ArrayListTest {
    public static void main(String[] args) {
        List al=new ArrayList();
        al.add("1st");
        al.add("2nd");
        al.add(new Integer(3));
        al.add(new Double(4.0));
        al.add("1st");
        al.add(new Integer(3));
        System.out.println("======直接打印集合对象=======");
        System.out.println(al);
        System.out.println("======根据索引位置遍历======");
        for(int i=0;i<al.size();i++){
```

```
            System.out.println(al.get(i));
        }
        System.out.println("======ForEach 遍历==========");
        for(Object obj:al){
            System.out.println(obj);
        }
        System.out.println("======迭代器遍历==========");
        Iterator iter=al.iterator();
        while(iter.hasNext()){
            Object obj=iter.next();
            System.out.println(obj);
        }
        al.set(3,new Date());           //指定索引位置是 3 的元素为当前日期对象
        System.out.println("======调用通用集合遍历方法===");
        print(al);
    }
    //通用集合遍历方法
    public static void print(Collection c){
        Iterator iter=c.iterator();
        while(iter.hasNext()){
            Object obj=iter.next();
            System.out.println(obj);
        }
    }
}
```

程序运行结果如下。

```
======直接打印集合对象=======
[1st,2nd,3,4.0,1st,3]
======根据索引位置遍历======
1st
2nd
3
4.0
1st
3
======ForEach 遍历==========
1st
2nd
3
4.0
1st
3
======迭代器遍历==========
1st
```

```
2nd
3
4.0
1st
3
======调用通用集合遍历方法===
1st
2nd
3
Tue Oct 23 20:56:26 CST 2012
1st
3
```

【例 7-1】演示了 ArrayList 的基本用法，实际上，LinkedList 和 Vector 的基本使用方法与 ArrayList 完全一样。将"List al=new ArrayList();"中的 ArrayList 改为 Vector 或者 LinkedList，此时的程序运行结果完全一样。在程序中打印对象 al，显示"[1st,2nd,3,4.0,1st,3]"，说明 ArrayList 重写了从 Object 类中继承来的 toString 方法。程序向集合对象中加入了两个重复元素"1st"，"3"，在遍历集合元素时都打印出来，并且显示顺序和加入顺序相同，说明 List 集合可以存放重复元素，并且是有序的。

【例 7-1】提供了几种遍历集合方法，其中有一种是使用迭代器遍历方法。Iterator（迭代器）是使用统一方式对各种集合元素进行遍历/迭代的工具。实际上，无论 Collection 的实际类型如何，都支持一个 iterator()的方法，所以程序中定义 print(Collection c)是一个通用的集合元素遍历方法，iterator()方法返回一个迭代子，使用该迭代子即可逐一访问 Collection 中的每一个元素。

迭代器典型的用法如下。

```
Iterator it=collection.iterator();          //获得一个迭代子
while(it.hasNext()) {
    Object obj=it.next();                   //得到下一个元素
}
```

迭代器的工作原理如图 7-3 所示。

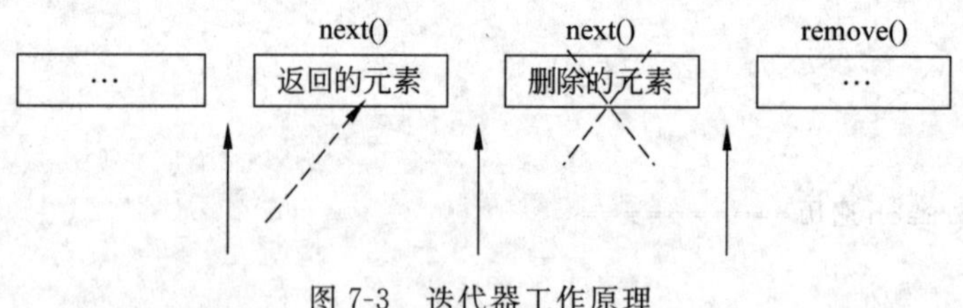

图 7-3　迭代器工作原理

ArrayList、LinkedList 和 Vector 的基本用法一样，但它们在特定场合的使用是有区别的，介绍如下。

(1) LinkedList：实现了 List 接口，以一般的双向链表(double-linked list)完成，其内每个对象除了数据本身外，还有两个引用，分别指向前一个元素和后一个元素；如果在 List 的开始处增加元素，或者在 List 中进行插入和删除操作，应该使用 LinkedList。

(2) ArrayList 类：实现了 List 接口，用于表示长度可变的数组列表；在构造对象时可以指定列表长度(所能容纳元素个数)，默认长度为 10，不指定长度但添加对象数目超过 10 时，系统将自动增加列表长度；ArrayList 是非同步的，适合在单线程环境下使用。

(3) Vector 类：实现了 List 接口，表示一个可变的对象数组；Vector 是同步(线程安全)的，占用的资源多一些，相比 ArrayList 的运行效率低一些，主要用在多线程环境下。

7.4 Set

HashSet 类是 Set 接口常用的实现类，它不能存放重复的元素，且其中的元素是无序的，HashSet 中可以存放 null。

【例 7-2】 演示 HashSet 的基本用法。

程序 HashSetTest. java 如下。

```
package ch07;
public class HashSetTest {
    public static void main(String[] args) {
        Set hs=new HashSet();
        //向集合添加元素
        hs.add("1st");
        hs.add("2nd");
        hs.add(new Integer(3));
        hs.add(new Double(4.0));
        hs.add("1st");
        hs.add(new Integer(3));
        hs.add(null);
        hs.add(null);
        //调用遍历集合元素方法
        print(hs);
    }
    public static void print(Collection c){
        Iterator iter=c.iterator();
        while(iter.hasNext()){
            Object obj=iter.next();
            System.out.println(obj);
        }
    }
}
```

程序运行结果如下。

```
null
2nd
3
1st
4.0
```

【例 7-2】分别添加两次字符串对象“1st”和“new Integer(3)”对象。从输出结果可以看出，第二次添加的“1st”和“new Integer(3)”是失败的，且显示顺序和元素加入顺序不一致。这印证了 HashSet 不能存放重复的元素，其中的元素是无序的。

【例 7-2】向 HashSet 集合中添加的元素类型为 String 类型、封装类型，这些类型 Java API 为开发者提供的类型。

【例 7-3】 演示向 HashSet 集合中添加自定义类型对象。

程序 HashSetTest1.java 如下。

```
package ch07;
public class HashSetTest {
    public static void main(String[] args) {
        Set hs=new HashSet();
        hs.add(new Student(1001,"zhangsan",23));
        hs.add(new Student(1002,"lisi",24));
        hs.add(new Student(1003,"wangwu",21));
        hs.add(new Student(1004,"zhaoliu",22));
        hs.add(new Student(1001,"zhangsan",23));
        print(hs);
    }
    public static void print(Collection c){
        Iterator iter=c.iterator();
        while(iter.hasNext()){
            Object obj=iter.next();
            System.out.println(obj);
        }
    }
}
class Student{
    int num;
    String name;
    int age;
    public Student(){
    }
    public Student(int num,String name,int age){
        this.num=num;
        this.name=name;
        this.age=age;
    }
    public String toString(){
        return "num="+num+"\tname="+name+"\tage="+age;
    }
}
```

程序运行结果如下。

```
num=1002  name=lisi       age=24
```

```
num=1001  name=zhangsan  age=23
num=1003  name=wangwu    age=21
num=1001  name=zhangsan  age=23
num=1004  name=zhaoliu   age=22
```

【例 7-3】向 HashSet 集合中添加自定义学生类对象，所添加的 5 个对象中有 2 个对象的学号、姓名和年龄完全一致。通常情况下，对于学号、姓名和年龄完全一致的学生，认为是相同的对象，即重复对象，但遍历集合时添加的 5 个对象全部输出。因为 HashSet 集合中不能存放重复的元素，这意味着 HashSet 集合在这个情况下并不认为学号、姓名和年龄完全一致的学生就是相同的或重复的对象。那么 HashSet 集合判断元素重复的标准是什么呢？具体阐述如下。

HashSet 底层采用哈希表实现，向 HashSet 添加对象元素时，会根据对象的哈希码计算对象的存储位置，对象的哈希码通过 Object 类提供的 hashCode()方法获得，hashCode()方法返回的值根据对象的内存地址得到哈希码。这两个对象通过 new 构造的地址不一样，得到的哈希码就不一样，所以 HashSet 认为两者是不同的对象；hashCode 返回相同值的同时必须保证两个对象利用 equals 方法比较的结果为真，这样 HashSet 才认为两者为相同的对象。事实上，开发者只需要记住一点即可：如果用 HashSet 存放自定义类型的对象时，一定要重写 hashcode()和 equals()这两个方法，重写的原则是两个对象相同时保证两者的 hashcode 方法返回相同的整数，并且两者利用 equals()比较时返回 true。对于【例 7-2】，向 HashSet 集合中添加的是 String 类型和封装类型，Java API 在定义 String 类型和封装类型时已经重写了 hashcode()和 equals()这两个方法，所以对于添加的重复字符串对象和封装类型对象就都过滤掉了。

现在修改【例 7-3】，就是在学生类重写 hashcode()和 equals()两个方法，使学号、姓名和年龄完全一致的两个对象的 hashcode()返回值相等，并且两者利用 equals()比较时返回 true 即可。在学生类定义中添加如下代码。

```
public boolean equals(Object obj) {
    if(obj==null){
        return false;
    }
    if(obj==this){
        return true;
    }
    if(!(obj instanceof Student)) {
        return false;
    }
    Student s=(Student)obj;
    return(s.num==this.num && s.name.equals(this.name)
          && s.age==this.age);
}
public int hashCode() {
    return num*name.hashCode();
}
```

程序运行结果如下。

```
num=1004  name=zhaoliu     age=22
num=1002  name=lisi        age=24
num=1003  name=wangwu      age=21
num=1001  name=zhangsan    age=23
```

修改后，从【例 7-3】的运行结果可以看出，第二次添加的学号、姓名、年龄和原来添加的完全一致的对象就添加失败了。

TreeSet 类实现了 Set 接口的子接口 SortedSet，基本特征和用法与 HashSet 类一样，只是增加了排序功能的集合。在将对象元素添加到 TreeSet 时，会按照一定排序规则，将元素插入到有序的对象序列中，保证 TreeSet 中的元素组成的对象序列时刻按照"升序"排列。有一点要注意，向 TreeSet 添加的对象元素的类型必须实现处于 java. lang 包下的 Comparable 接口，否则程序运行时出现 java. lang. ClassCastException 异常。API 中的 String 类、封装类都已实现该接口，对于自定义类型开发者，必须实现 Comparable 接口，也就是说，要实现接口中的抽象方法。Comparable 接口只有一个抽象方法 public int compareTo(Object o)，用来实现排序规则。自定义类型如果不实现 Comparable 接口，即不去定义排序规则，Java 运行时就不知道该如何排序，所以出现 java. lang. ClassCastException 异常。

【例 7-4】 演示 TreeSet 的用法。

程序 TreeSet. java 如下。

```
package ch07;
public class TreeSetTest {
    public static void main(String[] args) {
        Set s=new TreeSet();
        s.add(5);
        s.add(30);
        s.add(8);
        s.add(1);
        s.add(23);
        print(s);
    }
    public static void print(Collection c){
        Iterator iter=c.iterator();
        while(iter.hasNext()){
            Object obj=iter.next();
            System.out.println(obj);
        }
    }
}
```

程序运行结果如下。

```
1
```

```
5
8
23
30
```

【例 7-4】中的“s. add(5);”等价于“s. add(new Integer(5));”,这中间发生了自动装箱。Java API 中的封装类实现了 Comparable 接口,即实现了比较规则,所以输出结果对元素进行了升序排列。

【例 7-5】 演示向 TreeSet 集合添加自定义类型对象。

程序 TreeSetTest1. java 如下。

```
package ch07;
public class TreeSetTest1 {
    public static void main(String[] args) {
        Set s=new TreeSet();
        s.add(new Student(1004,"zhaoliu",22));
        s.add(new Student(1001,"zhangsan",23));
        s.add(new Student(1003,"wangwu",21));
        s.add(new Student(1002,"lisi",24));
        s.add(new Student(1001,"zhangsi",23));
        s.add(new Student(1001,"zhangsan",23));
        print(s);
    }
    public static void print(Collection c){
        Iterator iter=c.iterator();
        while(iter.hasNext()){
            Object obj=iter.next();
            System.out.println(obj);
        }
    }
}
class Student implements Comparable{
    int num;
    String name;
    int age;
    public Student(){
    }
    public Student(int num,String name,int age){
        this.num=num;
        this.name=name;
        this.age=age;
    }
    public boolean equals(Object obj) {
        if(obj==null){
            return false;
        }
```

```
        if(obj==this){
            return true;
        }
        if(!(obj instanceof Student)) {
            return false;
        }
        Student s=(Student)obj;
        return(s.num==this.num && s.name.equals(this.name)
                    && s.age==this.age);
    }
    public int hashCode() {
        return num*name.hashCode();
    }
    public String toString(){
        return "num="+num+"\tname="+name+"\tage="+age;
    }
    public int compareTo(Object obj) {
        Student1 s=null;
        if(obj instanceof Student1){
            s=(Student1)obj;
        }
        int result=0;
        result=this.num>s.num? 1:(this.num==s.num? 0:-1);
        if(result==0){
            result=this.name.compareTo(s.name);
        }
        return result;
    }
}
```

程序运行结果如下。

```
num=1001  name=zhangsan  age=23
num=1001  name=zhangsi   age=23
num=1002  name=lisi      age=24
num=1003  name=wangwu    age=21
num=1004  name=zhaoliu   age=22
```

【例 7-5】在学生类定义中重写了 hashcode()和 equals()这两个方法,所以添加两次“new Student (1001," zhangsan", 23)”对象后只有第一次成功。学生类实现了 Comparable 接口,实现抽象方法 compareTo(Object obj)时定义的规则是先按学号比较,学号相同的再按姓名比较,进行升序排列。

向 TreeSet 集合添加自定义类型对象时,除了使用自定义类型实现 Comparable 定义排序规则外,还可以使用定义比较器的方式实现定义排序规则。具体做法是:定义比较器类实现 java. util 包下的 Comparator 接口,重写其中的抽象方法 compare(Object o1, Object o2)来定义比较规则;然后在实例化 TreeSet 对象时调用 TreeSet 类的有参构造方法，在 new 对象时传递一个比较器对象即可。

【例 7-6】 演示比较器的使用。

程序 TreeSetTest2.java 如下。

```
package ch07;
public class TreeSetTest2 {
    public static void main(String[] args) {
        Set s=new TreeSet(new StudentComparator());
        s.add(new Student(1004,"zhaoliu",22));
        s.add(new Student(1001,"zhangsan",23));
        s.add(new Student(1003,"wangwu",21));
        s.add(new Student(1002,"lisi",24));
        s.add(new Student(1001,"zhangsi",23));
        s.add(new Student(1001,"zhangsan",23));
        print(s);
    }
    public static void print(Collection c){
        Iterator iter=c.iterator();
        while(iter.hasNext()){
            Object obj=iter.next();
            System.out.println(obj);
        }
    }
}
class Student{
    int num;
    String name;
    int age;
    public Student(){
    }
    public Student(int num,String name,int age){
        this.num=num;
        this.name=name;
        this.age=age;
    }
    public boolean equals(Object obj) {
        if(obj==null){
            return false;
        }
        if(obj==this){
            return true;
        }
        if(!(obj instanceof Student1)) {
            return false;
        }
        Student1 s=(Student1)obj;
```

```
        return(s.num==this.num && s.name.equals(this.name)
                && s.age==this.age);
    }
    public int hashCode() {
        return num * name.hashCode();
    }
    public String toString(){
        return "num="+num+"\tname="+name+"\tage="+age;
    }
}
class StudentComparator implements Comparator{
    public int compare(Object arg0,Object arg1) {
        Student s1=(Student) arg0;
        Student s2=(Student) arg1;
        int result=0;
        result=s1.num>s2.num? 1:(s1.num==s2.num? 0:-1);
        if(result==0){
            result=s1.name.compareTo(s2.name);
        }
        return result;
    }
}
```

程序运行结果如下。

```
num=1001  name=zhangsan   age=23
num=1001  name=zhangsi    age=23
num=1002  name=lisi       age=24
num=1003  name=wangwu     age=21
num=1004  name=zhaoliu    age=22
```

【例 7-6】定义了类 StudentComparator，实现了接口 Comparator，那么类 StudentComparator 就称为比较器，类中实现了接口 Comparator 的抽象方法 public int compare(Object arg0, Object arg1)，定义了比较规则：先按学号比较，学号相同的再按姓名比较，进行升序排列。在实例化 TreeSet 对象给 Set 接口的引用时，利用了 TreeSet 的有参构造方法，即"new TreeSet(new StudentComparator());"，为构造方法传了一个 StudentComparator 比较器对象。其余的程序代码和【例 7-5】完全一致，由于定义比较规则相同，所以这两个程序的输出结果一致。

使用 TreeSet 集合存放自定义类型对象时，自定义类型实现 Comparable 接口和定义比较器类这两种定义比较规则的使用方式不同，但效果一样。

7.5 Map

HashMap 类实现了 Map 接口，是比较常用的 Map 实现类，HashMap 集合用于存放"键一值"("key-value")对信息，不能存放键重复的"键一值"("key-value")对。

【例 7-7】 演示 HashMap 集合的使用。

程序 HashMapTest. java 如下。

```
package ch07;
public class HashMapTest {
    public static void main(String[] args) {
        Map m=new HashMap();
        m.put("zhangsan","13212349876");
        m.put("zhangsan","13212349876");
        m.put("lisi","13212349876");
        m.put("zhaojun","13212349876");
        m.put("wangwu","13212349876");
        m.put("liuliu","13212349876");
        Set s=m.keySet();
        for(Object key:s){
            System.out.println("key="+key+"\tvalue="+m.get(key));
        }
        System.out.println("===============");
        Set entryset=m.entrySet();
        for(Object obj:entryset){
            Map.Entry entry=(Map.Entry) obj;
            System.out.println("key="+entry.getKey()
                    +"\tvalue="+entry.getValue());
        }
        System.out.println("===============");
        Collection c=m.values();
        for(Object obj:c){
            System.out.println("value="+obj);
        }
    }
}
```

程序运行结果如下。

```
key=liuliu      value=13212349876
key=wangwu      value=13212349876
key=lisi        value=13212349876
key=zhangsan    value=13212349876
key=zhaojun     value=13212349876
===============
key=liuliu      value=13212349876
key=wangwu      value=13212349876
key=lisi        value=13212349876
key=zhangsan    value=13212349876
key=zhaojun     value=13212349876
=========
value=13212349876
```

```
value=13212349876
value=13212349876
value=13212349876
value=13212349876
```

【例 7-7】向 HashMap 添加了 6 个键值对元素，去掉了 1 个键值重复的键值对 "zhangsan"，"13212349876"，在 HashMap 中判断键值是否重复的标准和 Set 中判断添加元素的标准完全一致。因为 Java API 中 String 类型重写 hashcode()和 equals()这两个方法，所以对于字符串值相等的对象，Java 运行时会认为是重复的元素。如果向 HashMap 中添加的键值对的键值类型是自定义类型，那么自定义类型也必须重写 hashcode()和 equals()这两个方法。程序中使用了 3 种不同方式遍历映射的元素，结合 Java API 掌握其用法。

TreeMap 类实现了 Map 接口的子接口 SortedMap，基本使用方法和 HashMap 类似，只是在 HashMap 接口原有功能的基础上增加了对添加的"键一值"对元素按照"键"进行升序排列的功能。向 TreeMap 添加的"键一值"对元素的键类型必须实现 Comparable 接口或定义比较器类。构造 TreeMap 对象时，给其构造方法传一个比较器对象，否则程序编译时出现 java.lang.ClassCastException 异常，这一点和 TreeSet 用法相同。

【例 7-8】 演示 TreeMap 的使用。

程序 TreeMapTest.java 如下。

```
public class TreeMapTest {
    public static void main(String[] args) {
        Map m=new TreeMap();
        m.put("zhangsan","13212349876");
        m.put("zhangsan","13212349876");
        m.put("lisi","13212349876");
        m.put("zhaojun","13212349876");
        m.put("wangwu","13212349876");
        m.put("liuliu","13212349876");
        Set s=m.keySet();
        for(Object key:s){
            System.out.println("key="+key+"\tvalue="+m.get(key));
        }
        System.out.println("===============");
        Set entryset=m.entrySet();
        for(Object obj:entryset){
            Map.Entry entry=(Map.Entry) obj;
            System.out.println("key="+entry.getKey()
                    +"\tvalue="+entry.getValue());
        }
        System.out.println("===============");
        Collection c=m.values();
        for(Object obj:c){
            System.out.println("value="+obj);
```

```
        }
    }
}
```

程序运行结果如下。

```
key=lisi        value=13212349876
key=liuliu      value=13212349876
key=wangwu      value=13212349876
key=zhangsan    value=13212349876
key=zhaojun     value=13212349876
===============
key=lisi        value=13212349876
key=liuliu      value=13212349876
key=wangwu      value=13212349876
key=zhangsan    value=13212349876
key=zhaojun     value=13212349876
=========
value=13212349876
value=13212349876
value=13212349876
value=13212349876
value=13212349876
```

【例 7-8】的输出结果按照键值进行了排序。Java API 定义的 String 类已实现 Comparable 接口，所以可以实现按键值进行升序排列。对于键类型为自定义类型的，开发者定义键类型必须实现 Comparable 接口或定义比较器类。

7.6 案 例

本案例实现了综合测评记录的管理，使用集合容器替代数组，实现综合测评记录实体的存储和综合测评记录的增加、删除、修改和查询功能。

7.6.1 案例设计

为了实现综合测评记录的管理，设计了综合测评实体类(Assessment. java)和综合测评管理类(AssessmentManage. java)。具体使用集合 ArrayList 实现了综合测评的存储。AssessmentManage. java 中定义了 ArrayList 类型的列表，用来存放综合测评记录对象和综合测评记录的增加、删除、修改和查询，如图 7-4 所示。

7.6.2 案例演示

运行程序 Test. java，进入综合测评管理界面，如图 7-5 所示。在综合测评管理界面上通过“添加”、“删除”、“修改”和“查询”按钮进行综合测评记录中综合测评的操作。

单击“添加”按钮，进入综合测评记录添加界面，如图 7-6 所示。

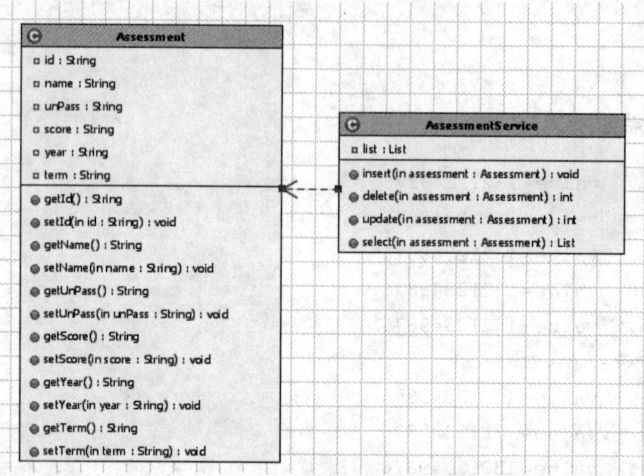

图 7-4　综合测评记录管理类图

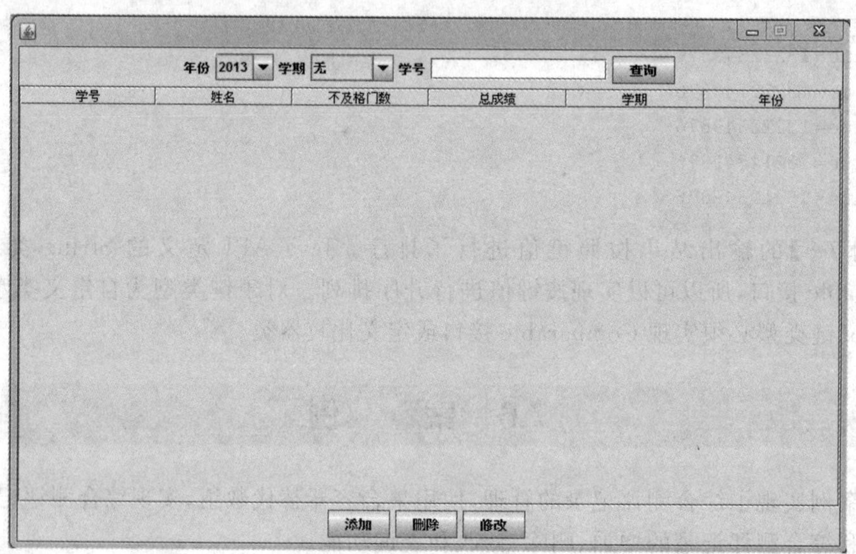

图 7-5　综合测评管理界面

输入相应信息后，单击“确定”按钮，弹出“添加成功”对话框，如图 7-7 所示。

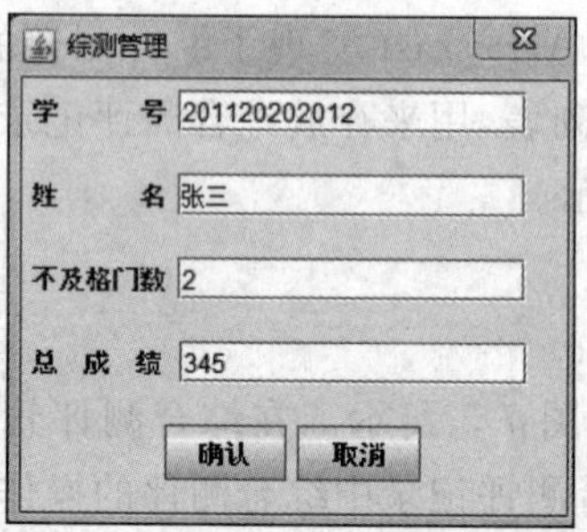

图 7-6　综合测评记录添加界面

图 7-7　“添加成功”对话框

单击“确定”按钮，重新回到综合测评管理界面，此时记录列表中显示新添加的记录，如图 7-8 所示。

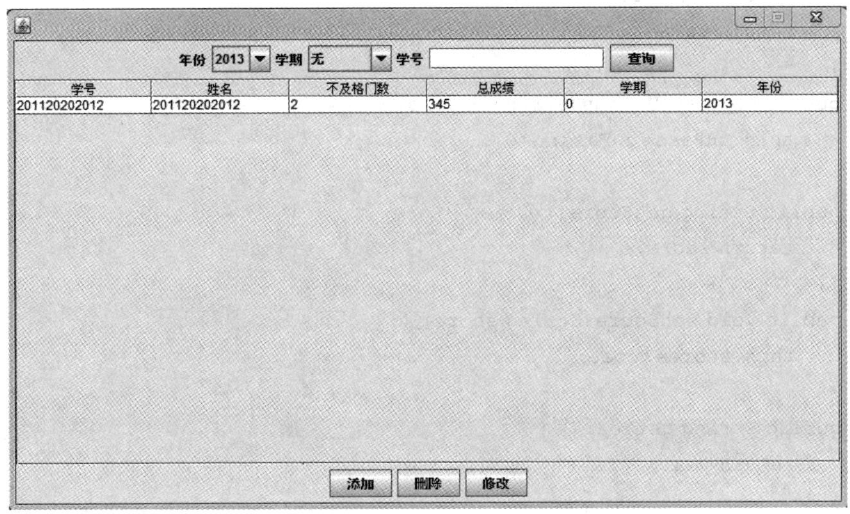

图 7-8 新添加记录后的综合测评管理界面

在综合测评管理界面的记录显示列表中选中某一条记录，单击“删除”或“修改”按钮，进行记录的删除或修改操作。也可以在界面顶端的查询条件输入框或选择框中输入查询条件，然后单击“查询”按钮，进行记录查询操作。

7.6.3 代码实现

程序 Assessment.java 如下。

```
package chapter07;
public class Assessment {
    private String id;                          //学号
    private String name;                        //姓名
    private String unPass;                      //不及格门数
    private String score;                       //总成绩
    private String year;                        //年份
    private String term;                        //学期
    public String getId() {
        return id;
    }
    public void setId(String id) {
        this.id=id;
    }
    public String getName() {
        return name;
    }
    public void setName(String name) {
```

```
            this.name=name;
        }
        public String getUnPass() {
            return unPass;
        }
        public void setUnPass(String unPass) {
            this.unPass=unPass;
        }
        public String getScore() {
            return score;
        }
        public void setScore(String score) {
            this.score=score;
        }
        public String getYear() {
            return year;
        }
        public void setYear(String year) {
            this.year=year;
        }
        public String getTerm() {
            return term;
        }
        public void setTerm(String term) {
            this.term=term;
        }
    }
```

程序 AssessmentManage.java 如下。

```
package chapter07;
import java.util.ArrayList;
import java.util.Iterator;
import java.util.List;
public class AssessmentManager {
    private List list=new ArrayList();
    //添加一项综测
    public void insert(Assessment assessment) {
        System.out.println(assessment.getId());
        System.out.println(assessment.getYear());
        System.out.println(assessment.getTerm());
        list.add(assessment);
    }
    //删除一项综测
    public int delete(Assessment assessment) {
```

```
    int flag=0;
    int i=0;
    String id=assessment.getId();
    String year=assessment.getYear();
    String term=assessment.getTerm();
    Iterator it=list.iterator();
    while(it.hasNext()) {
        assessment=(Assessment) it.next();
        if(assessment.getId().equals(id)
                && assessment.getYear().equals(year)
                && assessment.getTerm().equals(term)) {
            list.remove(i);
            flag=1;
            break;
        }
        i++;
    }
    return flag;
}
//修改一项综测
public int update(Assessment assessment) {
    String id=assessment.getId();
    String year=assessment.getYear();
    String term=assessment.getTerm();
    int i=0;
    int flag=0;
    Iterator it=list.iterator();
    Assessment assess=null;
    while(it.hasNext()) {
        assess=(Assessment) it.next();
        if(assess.getId().equals(id)
                && assess.getYear().equals(year)
                && assess.getTerm().equals(term)) {
            list.remove(i);
            System.out.println(list.isEmpty());
            list.add(i,assessment);
            flag=1;
        }
        i++;
    }
    return flag;
}
//查询综测
public List select(Assessment assessment) {
```

```
        String id=assessment.getId();
        String year=assessment.getYear();
        String term=assessment.getTerm();
        List selectList=new ArrayList();
        Iterator it=list.iterator();
        while(it.hasNext()) {
            assessment=(Assessment) it.next();
            if((id.trim().equals("") || assessment.getId().equals(id))
                    && assessment.getYear().equals(year)
                    &&(term.equals("0") || assessment.getTerm().equals(term))){
                selectList.add(assessment);
            }
        }
        return selectList;
    }
}
```

程序 MyJTable.java 如下。

```
package chapter07;
import javax.swing.JTable;
import javax.swing.table.TableModel;
public class MyJTable extends JTable {
    public MyJTable(TableModel dm){
        super(dm);
    }
    public boolean isCellEditable(int rowIndex,int columnIndex){
        return false;
    }
}
```

程序 Test.java 如下。

```
package chapter07;
import java.awt.BorderLayout;
import java.awt.Dimension;
import java.awt.FlowLayout;
import java.awt.Toolkit;
import java.awt.event.ActionEvent;
import java.awt.event.ActionListener;
import java.text.SimpleDateFormat;
import java.util.Calendar;
import java.util.Date;
import java.util.Iterator;
import java.util.List;
import javax.swing.Box;
```

```
import javax.swing.JButton;
import javax.swing.JComboBox;
import javax.swing.JDialog;
import javax.swing.JFrame;
import javax.swing.JLabel;
import javax.swing.JOptionPane;
import javax.swing.JPanel;
import javax.swing.JScrollPane;
import javax.swing.JTextField;
import javax.swing.table.DefaultTableModel;
public class Test {
    private JFrame jf=new JFrame();
    Dimension faceSize=new Dimension(800,600);
    private Dimension screenSize=Toolkit.getDefaultToolkit().getScreenSize();
    //查询
    private JPanel pSelect=new JPanel();
    private JLabel lSelectYear=new JLabel("年份");
    private JComboBox cSelectYear=new JComboBox();
    private JLabel lSelectTerm=new JLabel("学期");
    private JComboBox cSelectTerm=new JComboBox();
    private JLabel lSelectId=new JLabel("学号");
    private JTextField tSelectId=new JTextField(15);
    private JButton bSelect=new JButton("查询");
    //查询结果放在一个 JTable
    private MyJTable table;
    private DefaultTableModel tableModel;
    private JScrollPane tableScrollPane;
    private Object[] tableTitle={ "学号","姓名","不及格门数","总成绩","学期","年份"};
    private Object[][] tableData={ new Object[] { "" } };
    //对学生信息进行管理的添加、删除、修改按钮
    private JPanel buttonPanel=new JPanel();
    private JButton insert=new JButton("添加");
    private JButton delete=new JButton("删除");
    private JButton update=new JButton("修改");
    //单击添加、修改时弹出的对话框
    private JDialog dialog=new JDialog(jf,"综测管理");
    private Box box=Box.createVerticalBox();
    private JPanel pId=new JPanel(new FlowLayout(FlowLayout.LEFT));
    private JPanel pName=new JPanel(new FlowLayout(FlowLayout.LEFT));
    private JPanel pUnpass=new JPanel(new FlowLayout(FlowLayout.LEFT));
    private JPanel pScore=new JPanel(new FlowLayout(FlowLayout.LEFT));
    private JLabel lId=new JLabel("学    号");
    private JLabel lName=new JLabel("姓    名");
    private JLabel lUnpass=new JLabel("不及格门数");
```

```
private JLabel lScore=new JLabel("总  成  绩");
private JTextField tId=new JTextField(15);
private JTextField tName=new JTextField(15);
private JTextField tUnpass=new JTextField(15);
private JTextField tScore=new JTextField(15);
private JPanel pButton=new JPanel();
private JButton confirm=new JButton("确认");
private JButton cancel=new JButton("取消");
private AssessmentManager service=new AssessmentManager();
//用于标记是添加还是修改
private String id;
private String year;
private String term;
public void init() {
    pSelect.add(lSelectYear);
    pSelect.add(cSelectYear);
    pSelect.add(lSelectTerm);
    pSelect.add(cSelectTerm);
    pSelect.add(lSelectId);
    pSelect.add(tSelectId);
    pSelect.add(bSelect);
    int currentYear=Integer.valueOf(getTime().substring(0,4));
    for(int i=0; i <4; i++,currentYear--) {
        cSelectYear.addItem(currentYear);
    }
    cSelectTerm.addItem("无");
    cSelectTerm.addItem("第一学期");
    cSelectTerm.addItem("第二学期");
    cSelectTerm.addActionListener(new ActionListener() {
        public void actionPerformed(ActionEvent e) {
            if(cSelectTerm.getSelectedItem().equals("无")) {
                insert.setVisible(false);
            } else {
                insert.setVisible(true);
            }
        }
    });
    //查询按钮的监听器
    bSelect.addActionListener(new ActionListener() {
        public void actionPerformed(ActionEvent e) {
            String year=String.valueOf(cSelectYear.getSelectedItem());
            String term=String.valueOf(cSelectTerm.getSelectedIndex());
            String id=tSelectId.getText().trim();
            Assessment assessment=new Assessment();
```

```
            assessment.setId(id);
            assessment.setYear(year);
            assessment.setTerm(term);
            List list=service.select(assessment);
            clearTable();
            Iterator it=list.iterator();
            while(it.hasNext()) {
                assessment=(Assessment) it.next();
                insertTable(assessment);
            }
        }
    });
    //table
    tableModel=new DefaultTableModel(tableData,tableTitle);
    table=new MyJTable(tableModel);
    tableScrollPane=new JScrollPane(table,
            JScrollPane.VERTICAL_SCROLLBAR_AS_NEEDED,
            JScrollPane.HORIZONTAL_SCROLLBAR_AS_NEEDED);
    clearTable();
    //button
    buttonPanel.add(insert);
    buttonPanel.add(delete);
    buttonPanel.add(update);
    //添加按钮的监听器
    insert.addActionListener(new ActionListener() {
        public void actionPerformed(ActionEvent e) {
            //如果是添加,则将 id=null;
            id=null;
            term=String.valueOf(cSelectTerm.getSelectedIndex());
            year=String.valueOf(cSelectYear.getSelectedItem());
            tId.setText("");
            tId.setEditable(true);
            tName.setText("");
            tUnpass.setText("");
            tScore.setText("");
            dialog.setVisible(true);
        }
    });
    //删除按钮的监听器
    delete.addActionListener(new ActionListener() {
        public void actionPerformed(ActionEvent e) {
            //获得选择删除的行号数组
            int[] selected=table.getSelectedRows();
            //如果 selected 的长度为 0,说明没有选择要删除的
```

```
                if(selected.length==0) {
                    JOptionPane.showMessageDialog(jf,"请选择要删除的综测!","提
                            示",JOptionPane.WARNING_MESSAGE);
                } else {
                    //提示是否要进行删除
                    int flag=JOptionPane.showConfirmDialog(jf,"确定删除吗?",
                            "提示",JOptionPane.OK_CANCEL_OPTION,
                            JOptionPane.WARNING_MESSAGE);
                    //如果选择是,则进行删除
                    if(flag==JOptionPane.OK_OPTION) {
                        Assessment assessment=new Assessment();
                        for(int i=selected.length -1; i >=0; i--) {
                            assessment.setId((String) tableModel.getValueAt(
                                    selected[i],0));
                            assessment.setTerm((String) tableModel.getValueAt(
                                    selected[i],4));
                            assessment.setYear((String) tableModel.getValueAt(
                                    selected[i],5));
                            service.delete(assessment);
                            tableModel.removeRow(selected[i]);
                        }
                    }
                }
            }
        });
        //修改按钮的监听器
        update.addActionListener(new ActionListener() {
            public void actionPerformed(ActionEvent e) {
                int row=table.getSelectedRow();
                if(row==-1) {
                    JOptionPane.showMessageDialog(jf,"请选择要修改的列!","提示",
                            JOptionPane.WARNING_MESSAGE);
                } else {
                    //如果进行修改,就将 id=要修改的学号
                    id=String.valueOf(table.getValueAt(row,0));
                    term=String.valueOf(table.getValueAt(row,4));
                    year=String.valueOf(table.getValueAt(row,5));
                    //设置 tId 的内容
                    tId.setText(id);
                    //设置 tId 不可修改
                    tId.setEditable(false);
                    tName.setText(String.valueOf(table.getValueAt(row,1)));
                    tName.setEditable(false);
                    tUnpass.setText(String.valueOf(table.getValueAt(row,2)));
```

```
                tScore.setText(String.valueOf(table.getValueAt(row,3)));
                //设置 dialog 可见
                dialog.setVisible(true);
            }
        }
    });
    jf.setLayout(new BorderLayout());
    //设置 pSelect 在 jf 的北面
    jf.add(pSelect,BorderLayout.NORTH);
    //设置 pSelect 在 jf 的中心
    jf.add(tableScrollPane,BorderLayout.CENTER);
    //设置 pSelect 在 jf 的南面
    jf.add(buttonPanel,BorderLayout.SOUTH);
    jf.pack();
    jf.setSize(faceSize);
    jf.setLocation((int)(screenSize.width - faceSize.getWidth()) / 2,
            (int)(screenSize.height - faceSize.getHeight()) / 2);
    jf.setResizable(false);
    jf.setDefaultCloseOperation(JFrame.EXIT_ON_CLOSE);
    jf.setVisible(true);
    pId.add(lId);
    pId.add(tId);
    pName.add(lName);
    pName.add(tName);
    pUnpass.add(lUnpass);
    pUnpass.add(tUnpass);
    pScore.add(lScore);
    pScore.add(tScore);
    pButton.add(confirm);
    pButton.add(cancel);
    //确定按钮的监听器
    confirm.addActionListener(new ActionListener() {
        public void actionPerformed(ActionEvent e) {
            Assessment assessment=new Assessment();
            assessment.setId(tId.getText());
            assessment.setName(tId.getText());
            assessment.setUnPass(tUnpass.getText());
            assessment.setScore(tScore.getText());
            assessment.setTerm(term);
            assessment.setYear(year);
            if(id !=null) {
                int flag=service.update(assessment);
                dialog.dispose();
                if(flag==1) {
```

```
                    JOptionPane.showMessageDialog(jf,"修改成功!","提示",
                            JOptionPane.WARNING_MESSAGE);
                    int row=table.getSelectedRow();
                    table.setValueAt(assessment.getUnPass(),row,2);
                    table.setValueAt(assessment.getScore(),row,3);
                } else {
                    JOptionPane.showMessageDialog(jf,"修改失败!","提示",
                            JOptionPane.WARNING_MESSAGE);
                }
            } else {
                service.insert(assessment);
                insertTable(assessment);
                dialog.dispose();
                JOptionPane.showMessageDialog(jf,"添加成功!","提示",
                        JOptionPane.WARNING_MESSAGE);
            }
        }
    });
    //取消按钮的监听器
    cancel.addActionListener(new ActionListener() {
        public void actionPerformed(ActionEvent e) {
            dialog.dispose();
        }
    });
    box.add(pId);
    box.add(pName);
    box.add(pUnpass);
    box.add(pScore);
    box.add(pButton);
    dialog.add(box);
    dialog.setBounds((int)(screenSize.width - 280) / 2,
            (int)(screenSize.height - 240) / 2,280,240);
}
public void insertTable(Assessment assessment) {
    String[] newCell=new String[7];
    newCell[0]=assessment.getId();
    newCell[1]=assessment.getName();
    newCell[2]=assessment.getUnPass();
    newCell[3]=assessment.getScore();
    newCell[4]=assessment.getTerm();
    newCell[5]=assessment.getYear();
    tableModel.addRow(newCell);
}
```

```
    public void clearTable() {
        int rows=tableModel.getRowCount();
        for(int i=rows -1; i >=0; i--) {
            tableModel.removeRow(i);
        }
    }
    public String getTime() {
        Calendar c=Calendar.getInstance();
        c.setTimeInMillis(new Date().getTime());
        SimpleDateFormat dateFormat=new SimpleDateFormat(
                "yyyy-MM-dd HH:mm:ss");
        return dateFormat.format(c.getTime());
    }
    public static void main(String[] args) {
        new Test().init();
    }
}
```

7.7 习　　题

一、选择题

(1) ArrayList 的初始化内容如下，(　　)可以删除 list 中所有的“java”。

```
ArrayList list=new ArrayList();
list.add("java");
list.add("aaa");
list.add("java");
list.add("java");
list.add("bbb");
```

A.
```
for(int i=list.size() -1; i >=0; i--) {
    if("java".equals(list.get(i))) {
        list.remove(i);
    }
}
```

B.
```
for(int i=0; i <list.size(); i++) {
    if("java".equals(list.get(i))) {
        list.remove(i);
    }
}
```

C. `list.remove("java");`

D. `list.removeAll("java");`

(2) 根据下面的代码,选择正确的是(　　)。

```
import java.util.*;
public class TestListSet{
    public static void main(String args[]){
        List list=new ArrayList();
        list.add("Hello");
        list.add("Learn");
        list.add("Hello");
        list.add("Welcome");
        Set set=new HashSet();
        set.addAll(list);
        System.out.println(set.size());
    }
}
```

A. 编译不通过　　　　B. 编译通过,运行时异常

C. 编译运行都正常,输出 3　　　　D. 编译运行都正常,输出 4

二、填空题

(1) Vector 类的对象是通过 capacity 和 capacityIncrement 两个值来改变集合的容量,其中 capacity 表示集合最多能容纳的________,capacityIncrement 表示每次增加多少容量。

(2) Collection 接口的特点是元素________;List 接口的特点是元素________(有|无)顺序,________(可以|不可以)重复;Set 接口的特点是元素________(有|无)顺序,________ 可以|不可以)重复;Map 接口的特点是元素是________,其中________可以重复,________不可以重复。

(3) 下列关于 Map 接口中常见的方法: put 方法表示放入一个键值对,如果键已存在,则________,如果键不存在,则________。remove 方法接受________个参数,表示________。get 方法表示________,get 方法的参数表示________,返回值表示________。要想获得 Map 中所有的键,应该使用方法________,该方法返回值类型为________。要想获得 Map 中所有的值,应该使用方法________,该方法返回值类型为________。要想获得 Map 中所有的键值对的集合,应该使用方法________,该方法返回一个________类型所组成的 Set。

三、程序设计题

(1) 写 MyStack 类,实现栈功能,要求在类中使用 ArrayList 保存数据。写 MyStackTest 类,对栈功能进行测试。

(2) 写 MyQueue 类,实现队列功能,要求在类中使用 ArrayList 保存数据。写 MyQueueTest 类,对队列功能进行测试。

(3) 使用 TreeSet 和 Comparator,编写 TreeSetTestInner 类,要求对 TreeSet 中的元

素"HashSet"、"ArrayList"、"TreeMap"、"HashMap"、"TreeSet"、"LinkedList"进行升序和倒序排列，并使用匿名内部类和静态内部类分别实现。

(4) 使用 TreeSet 和 Comparator，编写 TreeSetTest2 类，要求对 TreeSet 中的元素 1～元素 10 进行排列，排序逻辑为奇数在前，偶数在后，奇数按照升序排列，偶数按照降序排列。

(5) 类图结构如图 7-9 所示。

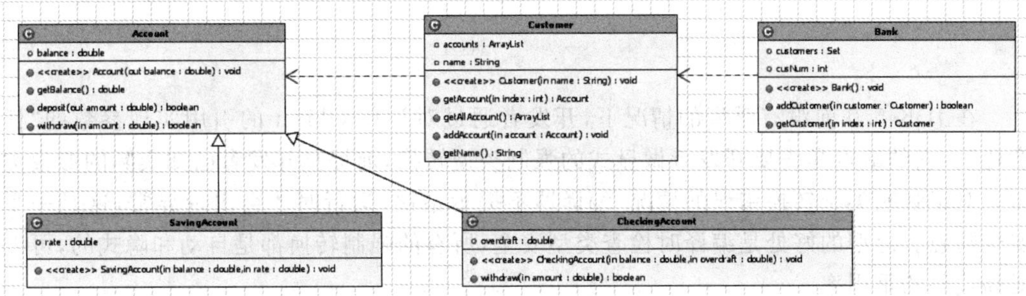

图 7-9 类图结构

① 以代码形式表示类结构，并为方法和构造器提供合理的实现；

② 使用 TestBanking 类测试代码。

四、实训题

(1) 题目

班级成绩管理。

(2) 实现功能

修改第 4 章班级成绩管理，采用集合框架实现。

泛　　型

在 JDK 5.0 前没有泛型的情况下，开发者通过对类型 Object 的引用实现参数的“任意化”。它的缺点是需要开发者做显式的强制类型转换，前提是开发者已知实际的参数类型。对于强制类型转换错误的情况，编译器不提示错误，运行时才会出现异常，这是一个安全隐患。泛型的好处是编译时检查类型安全，所有的强制转换都是自动和隐式的，可以提高代码的重用率。

本章主要介绍泛型的概念、泛型的使用和泛型的进阶。

8.1 泛型简介

泛型(Generics)是自 JDK5.0 开始引入的一种 Java 语言新特性，实质是将原本确定不变的数据类型参数化。作为对原有 Java 类型体系的扩充，使用泛型可以提高 Java 应用程序的类型安全、可维护性和可靠性。为更好地说明 Java 语言引入泛型机制的动机，先回顾一下使用集合框架时经常遇到的数据“造型”问题。

为了提供广泛的适用性，传统的集合会将所有加入其中的元素当做 Object 类型来处理。以 Vector 集合为例，从语法上讲，可以向其中添加任何类型的元素(基本类型数据会被自动封装为相应的封装类对象)。在 JDK1.4 以前，Vector 添加元素的方法 add()/addElement()的形参以及访问元素的方法 get()/elementAt()的返回值均定义为 Object 类型，就是基于此原因。实际使用时，必须将从集合中读取的元素值再强制转换为所期望的类型，才能完全正常使用，如下述代码所示(假定事先已存在相应的 Person 类定义)。

```
Vector v=new Vector();
v.addElement(new Person("Tom",18));
Person p=(Person)v.elementAt(0);
p.showInfo();
```

实际开发中，向某个集合加入的元素通常都是同一种类型的数据，而不会将多种不同性质和用途的信息(如学生信息、考试题目、考试成绩、图书信息)保存到同一个集合中，这样检索和处理会很困难。这种情况下，每次取用集合元素时的例行造型操作只是增加开发者编码负担，无法杜绝取用元素时可能出现类型转换异常问题，因为集合本身不会对添加到其中的元素类型进行限制。例如，向保存人员信息(Person 对象)的集合中误加入一个其他类型的元素(如 String 对象)时，编译阶段是发现不了此问题的，程序运行取用集合元素则会出错。

一种理想的情况是，消除取用集合元素时代码中的强制类型转换，如事先规定好一个集合中允许加入的具体元素类型，然后在编译环节实现集合中添加元素的类型检查，以防止将非预期类型的元素保存到集合中，这就是泛型所做的工作。

泛型允许编译器实施由开发者设定的附加类型约束，将类型检查从运行时挪到编译时进行，这样类型错误就可以在编译时暴露出来，而不是在运行时才发作（抛出ClassCastException运行异常）。这非常有助于早期错误排查，并提高程序的可靠性，至于减少强制类型转换操作，只能算是泛型的一个附带好处。

8.2 使用泛型

8.2.1 集合框架中的泛型使用

JDK集合框架中对泛型的使用是最具代表性的，普遍形式是在创建集合容器时规定允许保存的元素类型，然后由编译器负责添加元素的类型合法性检查，取用集合元素时就不必再进行强制类型转换处理了。下面是对几种常用集合类型使用泛型的例子。

【例 8-1】 演示在List集合中使用泛型。

程序VectorTest.java如下。

```
package ch08;
import java.util.Vector;
import java.util.Date;
public class VectorTest{
    public static void main(String args[]){
        Vector<String> v=new Vector<String>();
        v.addElement("Tom");
        v.addElement("Billy");
        v.addElement("Nancy");
        v.addElement(new Date());
        v.addElement(new Integer(300));
        for(int i=0;i<v.size();i++){
            String name=v.elementAt(i);
            System.out.println(name);
        }
    }
}
```

【例 8-1】编译时将出错，报错信息如下。

```
VectorTest.java:9:无法将 java.util.Vector<java.lang.String>中的
addElement(java.lang.String) 应用于(java.util.Date) v.addElement(new Date());
VectorTest.java:10:无法将 java.util.Vector<java.lang.String>中的
addElement(java.lang.String) 应用于(java.lang.Integer) v.addElement(new
Integer(300));
```

程序产生错误的原因是，泛型声明格式为：数据类型＜类型参数＞，程序中声明 Vector 变量和创建对象时使用了类型参数“＜String＞”来标识，其作用是限定集合中允许加入的元素只能为 String（或其子类）类型，具体语法将在 8.3 节详细介绍。程序试图向该集合中加入的最后两个元素违背了类型约束条件，因此未能通过编译时检查，将出错的两条语句注释掉，并重新编译运行程序，输出结果如下。

```
Tom
Billy
Nancy
```

在接下来的 for 循环中取用集合元素时，未再进行强制类型转换处理，而直接作为 String 类型使用，这就是使用泛型的好处。可以想见，如果限制集合中允许加入的元素类型为 Date 型，就只能向其中加入 Date 型元素了。

【例 8-2】 演示在 HashTable 中使用泛型。

程序 HashTableTest.java 如下。

```java
package ch08;
import java.util.Hashtable;
public class TestHashtable{
    public static void main(String args[]){
        Hashtable<Integer,Employee>ht=new Hashtable<Integer,Employee>();
        ht.put(101,new Employee(101,"张三",5000));
        ht.put(102,new Employee(102,"李四",4800));
        ht.put(106,new Employee(106,"赵六",8620));
        Employee e=ht.get(102);
        e.showInfo();
    }
}
class Employee{
    private final int id;
    private String name;
    private double salary;

    public Employee(int id,String name,double salary){
        this.id=id;
        this.name=name;
        this.salary=salary;
    }
    public int getId(){
        return id;
    }
    public String geName(){
        return name;
    }
    public void setName(String name){
        this.name=name;
```

```
    }
    public double getSalary(){
        return salary;
    }
    public void setSalary(double salary){
        this.salary=salary;
    }
    public void showInfo(){
        System.out.println(id +"\t" +name +"\t" +salary);
    }
}
```

【例 8-2】的运行结果如下。

```
102     李四     4800.0
```

和【例 8-1】的情况类似，类型参数“<Integer,Employee>”用于限定当前映射集合的元素只能以 Integer 类型数据为“键”，而元素值则必须是 Employee 类型数据。程序中直接将 int 型数据当做映射“键”来使用，是由于 Java 的自动封装机制——系统已自动将 int 型数据值转换为 Integer 类型对象。

8.2.2 泛型的向后兼容性

Java 语言中的泛型是维护向后兼容的，也就是说，完全可以不采用泛型，而继续沿用过去的做法，这也是泛型设计的一个重要目标。因此，尽管 JDK 5.0 开始的许多 Java API，尤其是集合框架都已经泛型化改造过了，但所有使用集合类的现有代码（如第 11 章中的所有例程）仍可以不加修改地在新版本的 JRE 中运行，当然，这些未加改造的旧式代码将无法享用泛型带来的便利和安全性。

此外，在高版本开发环境中，编译未启用泛型机制的集合框加应用代码时，会输出类似如下形式的编译提示信息（参见【例 8-1】）。

```
注意：ArrayListTest.java 使用了未经检查或不安全的操作
注意：要了解详细信息，请使用-Xlint:unchecked 重新编译
```

此时可以使用 SuppressWarnings 注解关闭此类编译提示或警告信息，如【例 8-3】所示。

【例 8-3】 演示关闭编译提示或警告信息。

程序 SuppressWarningsTest.java 如下。

```
package ch08;
import java.util.Date;
import java.util.Vector;
import java.lang.SuppressWarnings;
@ SuppressWarnings({"unchecked"})
public class TestSuppressWarnings{
    public static void main(String args[]){
        Vector v=new Vector();
```

```
            v.addElement("Tom");
            v.addElement("Billy");
            v.addElement("Nancy");
            v.addElement(new Date());
            v.addElement(new Integer(300));
            for(int i=0;i<v.size();i++){
                Object o=v.elementAt(i);
                System.out.println(o);
            }
        }
    }
```

【例 8-3】编译通过，不输出任何提示信息，运行时输出结果如下。

```
Tom
Billy
Nancy
Fri Jun 08 13:29:28 GMT+08:00 2008
300
```

尽管泛型技术支持向后兼容，在新的应用开发中，还是应该改用泛型方式解决类型约束问题。

8.3 泛型进阶

8.3.1 类型参数

在【例 8-2】泛型使用的实例中，已讲过在数据类型或构造方法名后添加"＜类型名称＞"来限制类型的做法，例如"Vector＜String＞"。其中，尖括号括起来的部分称为类型参数（Type Parameter），而这种由类型参数修饰的类型被称为泛型类。为便于理解和记忆，可以将泛型类理解为一种新的构造类型，当然也一定属于引用类型。

泛型类中的类型参数可以用于任何可以使用类名的地方。看一下前面使用过的 java. util. Vector 类的定义代码摘要。

```
public class Vector<E> ... {
    public void addElement(E obj) {...}
    public E elementAt(int index) {...}
}
```

通过上述代码可以看出，Vector 类已经被使用类型参数 E 进行了泛型化处理，这里的 E 也称"形式类型参数"。实际使用该泛型类时，需要指定相应的具体类型，后者称实际类型参数，如"Vector＜String＞"。形式类型参数与实际类型参数的关系类似于方法的形参与实参之间的关系，只不过类型参数保存的是具体的类型，而不是数据值。

当声明泛型类变量或调用构造方法创建泛型类的对象时，应该明确指定类型参数的值，如“Vector<String> v = new Vector<String>();”。

编译器遇到 Vector<String>类型的变量时，就知道此 Vector 变量/对象的类型参数 E 已被绑定为 String 类型，进而也就确定其 addElement()方法的参数与 elementAt()方法返回值均为 String 类型。如果使用泛型类时没有显式给出类型参数，则将默认作为 Object 类型处理。注意：应该在声明泛型类变量和创建对象时均给出类型参数，且两者应保持一致。

除了异常类型、枚举或匿名内部类，任何类都可以具有类型参数。为加深理解，下面定义一个自己的泛型类。

【例 8-4】 演示自定义泛型类。

程序 PersonTest.java 如下。

```
package ch08;
class Person<T>{
    private final int id;
    private T secrecy;
    public Person(int id){
        this.id=id;
    }
    public int getId(){
        return id;
    }
    public void setSsecrecy(T secrecy){
        this.secrecy=secrecy;
    }
    public T getSecrecy(){
        return secrecy;
    }
}
public class PersonTest{
    public static void main(String[] args){
        Person<String>p1=new Person<String>(101);
        p1.setSsecrecy("芝麻开门");
        String s=p1.getSecrecy();
        System.out.println(p1.getId()+"\t 密码是:"+s);

        Person<Double>p2=new Person<Double>(102);
        p2.setSsecrecy(8700.45);
        double money=p2.getSecrecy();
        System.out.println(p2.getId()+"\t 秘密资金数额:"+money);
    }
}
```

【例 8-4】的运行结果如下。

```
101    密码是：芝麻开门
102    秘密资金数额：8700.45
```

通过程序运行结果可以看出，程序中的泛型类 Person 可以在使用时通过类型参数 T 指定其属性 secrecy 的具体类型(以及该属性相应存/取方法的参数和返回值类型)，进而实现通用的信息存储能力。虽然保存单个、类型和含义不确定的数据在真正开发中几乎没有实用价值，但其在实现原理上与集合框架类型是相同的。

Java 编码惯例中，推荐使用单个的大写字母作为类型参数名称，并建议只用少量的类型参数名称。对于常见的泛型模式，推荐的使用名称如下。

K：键，比如映射的键。

V：值，比如 List 和 Set 的内容，或者 Map 中的值。

E：元素，比如 Vector<E>。

T：泛型。

8.3.2 类型通配符

引入泛型机制后，Java 类型结构变得复杂起来，同一个泛型类搭配不同的类型参数复合而成的类型(如 Person<String>和 Person<Double>)属于同一个类，却是不同的类型，这是一种新情况。泛型类可以理解为具有广泛适用性、尚未最终定型的类型，这与前面的抽象类有所不同——泛型类中“未确定”的是其要处理的数据类型，而抽象类中“未确定”的则是其规划功能(抽象方法)的具体实现细节。而使用泛型类时指定具体类型参数的“定型”过程，类似于抽象类中的抽象方法在子类中被实现的过程，都是由抽象变为具体、由不确定变为确定的过程。

需要强调的是，同一个泛型类与不同的类型参数复合而成的类型间并不存在继承关系，即使是类型参数间存在继承关系时也是如此。例如，Vector<String>不是 Vector <Object>的子类型。这样规定是有道理的，否则，如果界定 Vector<String>是 Vector <Object>的子类型，按照 Java 语言的多态性规则，就可能出现如【例 8-5】所示的尴尬局面。

【例 8-5】 演示泛型“继承”。

程序 Test.java 如下。

```
package ch08;
import java.util.Vector;
public class Test{
    public static void main(String[] args){
        Vector<String>vs=new Vector<String>();
        Vector<Object>vo=vs;
        vo.add(new Integer(300));
    }
}
```

【例 8-5】中绕过类型参数限制，向 Vector<String>集合对象中加入了非 String 类型的元素，这破坏了类型安全性限制，使用泛型也就没有意义了。

程序 Test.java 代码当然是通不过编译的，其报错信息如下。

```
D:\ex\Test.java:5: 不兼容的类型
找到: java.util.Vector<java.lang.String>
```

```
需要：java.util.Vector<java.lang.Object>
     Vector<Object>vo=vs;
```

下面讨论一个新问题——既然一个泛型类可以“定型”为多种不同的具体类型，相互间又没有继承关系，对于这些“出自同门”又“形同陌路”的类型，在处理上是否存在可能的共通之处呢？下面以 Vector 集合元素的遍历为例进行分析。

【例 8-6】 演示遍历泛型 Vector 集合。

程序 VectorTest1.java 如下。

```
package ch08;
import java.util.Vector;
public class VectorTest1{
    public static void main(String[] args){
        Vector<String>vs=new Vector<String>();
        vs.add("Tom");
        vs.add("Billy");
        vs.add("Kessey");
        VectorTest1 t=new VectorTest1();
        t.overview(vs);
    }
    public void overview(Vector<String>v){
        for(String o:v){
            System.out.println(o);
        }
    }
}
```

【例 8-6】的运行结果如下。

```
Tom
Billy
Kessey
```

程序中定义了一个专门方法 overview(Vector<String> v)来遍历 Vector<String>类型集合，这当然是可以的，问题是可能还需要定义多个类似的方法来遍历其他类型的 Vector 集合元素。例如定义 overview(Vector<Person> v)、overview(Vector<Integer> v)等方法，以分别遍历 Vector<Person>、Vector<Integer>类型集合中的元素，而使用 Vector<Object>类型的形参是不具通用性的，因为 Vector<Object>并非 Vector<Person>、Vector<Integer>等的父类。这显然过于烦琐，引入泛型机制后，代码的通用性似乎不如从前了。

一种可能的处理办法是，将遍历方法的形参定义为不带任何类型参数的原型类型 Vector，但这样会破坏已有的类型安全性，【例 8-6】的改造如下。

```
import java.util.*;
public class VectorTest1{
    public static void main(String[] args){
```

```
        Vector<String>vs=new Vector<String>();
        vs.add("Tom");
        vs.add("Billy");
        vs.add("Kessey");
        VectorTest1 t=new VectorTest1();
        t.overview(vs);
    }
    public void overview(Vector v){
        v.add(new Integer(300));
        v.add(new Date());
        for(Object o:v){
            System.out.println(o);
        }
    }
}
```

改造后的代码能够编译和运行,只是编译时会出现例行的"unchecked"提示信息。在编译器看来,overview(Vector v)方法中的 Vector 集合 v 未受到元素类型限制,因此允许向其中添加任意类型元素的操作,这样就破坏了原有的类型安全性限制。

为解决类似问题,Java 泛型机制中引入了类型通配符"?"。

【例 8-7】 演示类型通配符的使用。

程序 VectorTest2.java 如下。

```
package ch08;
import java.util.Vector;
public class VectorTest2{
    public static void main(String[] args){
        VectorTest2Test t=new VectorTest2();
        Vector<String>vs=new Vector<String>();
        vs.add("Tom");
        vs.add("Billy");
        vs.add("Kessey");
        t.overview(vs);
        Vector<Integer>vi=new Vector<Integer>();
        vi.add(300);
        vi.add(500);
        t.overview(vi);
    }
    public void overview(Vector<?>v){
        for(Object o:v){
            System.out.println(o);
        }
    }
}
```

【例 8-7】似乎和使用原型类 Vector 差不多,实则不然。使用类型通配符的好处有两点，仍以 Vector<?>为例进行如下说明。

(1) Vector<?>是任何泛型 Vector 的父类型，因此可以将 Vector<String>、Vector<Integer>、Vector<Object>等作为实参传给 overview(Vector<?> v)方法进行处理。

(2) Vector<?>类型的变量在调用方法时是受到限制的——凡是必须知道具体类型参数才能进行的操作均被禁止。

例如，Vector<?>上禁止调用 add()方法，因为编译器在不知道具体类型参数的情况下允许向该集合添加任何类型的元素都是不妥的，只好采取这一保守的做法。而检索元素操作是允许的，此时读取出的元素均被当做 Object 类型处理，代码如下。

```
Vector<String>vs=new Vector<String>();
vs.add("Tom");
Vector<?>v=vs;
v.add("Billy");                        //非法
Object e=v.elementAt(0);               //合法
System.out.println(e);
```

上述限制并不等同于将 Vector<?>变为“只读”的，在不需要编译器确定类型参数的情况下，也是可以修改集合内容的。例如，下述代码是合法的。

```
Vector<String>vs=new Vector<String>();
vs.add("Tom");
vs.add("Billy");
Vector<?>v=vs;
v.remove(new Integer(200));
v.clear();
```

其中，remove()方法形参为 Object 类型，clear()方法则不需要参数，因此其运行都不受具体类型参数影响。

8.3.3 泛型方法

泛型类可以在多个方法间实施类型约束，如在 Vector<E>中，类型参数 E 同时出现在该类的部分方法声明(也称方法签名)中，代码如下。

```
public void addElement(E obj) {...}
public E elementAt(int index) {...}
```

当声明一个 Vector<E> 类型的变量时，如“Vector<String> vs;”，同时也是在这些方法间宣告了相应的类型约束——在变量 vs 上调用 add()的参数与 get()方法的返回值必须同为 String 类型。

与泛型类的情况类似，方法也可以被泛型化，且无论其所属的类是否为泛型类。

【例 8-8】 演示泛型方法的使用。

程序 VectorTest3.java 如下。

```
package ch08;
```

```
import java.util.Vector;
public class VectorTest3{
    public static void main(String[] args){
        VectorTest3Test t=new VectorTest3();
        String valid=t.evaluate("tiger","tiger");
        Integer i=t.evaluate(new Integer(300),new Integer(350));
        System.out.println(valid);
        System.out.println(i);
    }

    public <T>T evaluate(T a,T b){
        if(a.equals(b))
            return a;
        else
            return null;
    }
}
```

【例 8-8】的运行结果如下。

```
tiger
null
```

在程序 VectorTest3.java 中，evaluate()方法的功能是：判断两个参数所引用的对象是否等价，如等价则返回第一个参数值，否则返回 null（此处未考虑可能出现的空指针异常）。其声明中的“<T>”用于标明这是一个泛型方法——类型 T 是可变的，不必显式地告知编译器 T 具体取何值，但出现了多处（两个形参、一个返回值类型）的这些值必须都是相同的。

代码“String valid=t.evaluate("tiger","tiger");”之所以能够通过编译，是因为编译器进行了适当的推断——替代 T 的 String 或 Integer 等类型满足方法声明中被施加的类型约束。代码“String valid = t.evaluate("tiger",new Integer(200));”将通不过编译，因为这不符合先前的类型约束，两个实参与返回值的类型不一致且不兼容。

方法 evaluate()中的类型参数 T 也可以添加到其所在类的定义中，此时类 VectorTest3 就变成了泛型类，代码如下。

```
package ch08;
import java.util.Vector;
public class VectorTest3<T>{
    public static void main(String[] args){
        VectorTest3Test<String>ts=new VectorTest3Test<String>();
        String valid=ts.evaluate("tiger","tiger");
        System.out.println(valid);
        VectorTest3<Integer>ti=new VectorTest3<Integer>();
        Integer i=ti.evaluate(new Integer(300),new Integer(300));
        System.out.println(i);
    }
```

```
    public T evaluate(T a,T b){
        if(a.equals(b))
            return a;
        else
            return null;
    }
}
```

到底什么情况下该使用泛型方法，而不是将整个类定义为泛型类(将类型 T 添加到类定义)呢？其原则如下。

(1) 当要施加的类型约束只作用于一个方法的多个参数之间、而不涉及类中的其他方法时，应将之定义为泛型方法。因为泛型方法的类型参数是局部性的，相当于方法中的局部变量，这样可以简化其所在类型的声明和处理开销。

(2) 要施加类型约束的方法为静态方法时，只能将之定义为泛型方法，因为静态方法不能使用其所在类的类型参数。

8.3.4 受限制的类型参数

泛型机制还允许开发者对类型参数指定附加的约束，以更好地切合实际需要。先看一个具体例子，再作分析。

【例 8-9】 演示使用受限制的类型参数。

程序 PointTest.java 如下。

```
package ch08;
import java.lang.Number;
class Point<T extends Number>{
    private T x;
    private T y;
    public Point(){
    }
    public Point(T x,T y){
        this.x=x;
        this.y=y;
    }
    public T getX(){
        return x;
    }
    public T getY(){
        return y;
    }
    public void setX(T x){
        this.x=x;
    }
    public void setY(T y){
        this.y=y;
```

```
    }
    public void showInfo(){
        System.out.println("x=" +x +",y=" +y);
    }
}
public class PointTest{
    public static void main(String[] args){
        Point<Integer>pi=new Point<Integer>(20,40);
        pi.setX(pi.getX() +100);
        pi.showInfo();
        Point<Double>pd=new Point<Double>();
        pd.setX(3.45);
        pd.setY(6.78);
        pd.showInfo();
        Point<String>ps=new Point<String>();    //非法
    }
}
```

在【例 8-9】中，Point 类用于描述平面直角坐标系中点的坐标，其封装的应为数值型信息（如 int、float、double 等）。考虑到类型参数不能为基本数据类型，而 java.lang.Number 是所有数值型封装类（如 Integer、Float、Double 等）的父类型，于是决定限制泛型类 Point 的类型参数必须为 Number 或其子类类型，并使用 extends 关键字来标明这种继承层次上的限制。接下来，在使用该泛型类的过程中，指定的类型参数就必须符合此继承层次限制，否则通不过编译时检查，如【例 8-9】Test.java 类的 main()方法中最后一行代码编译时会出错，其报错信息如下。

```
D:\ex\Test.java:12: 类型参数 java.lang.String 不在其限制范围之内
        Point<String>ps=new Point<String>();
D:\ex\Test.java:12: 类型参数 java.lang.String 不在其限制范围之内
        Point<String>ps=new Point<String>();
```

类似地，也可以限制类型参数必须实现指定的接口，但也是使用 extends 关键字（注意，不是 implements）进行标识，代码如下。

```
public class MyGenerics<T extends MyInterface>{
    //...
}
interface MyInterface{
    //...
}
```

类型通配符“?”是一种特殊的类型参数，也可以对其进行一定程度的限制。

【例 8-10】 演示使用受限制的类型通配符。

程序 VectorTest4.java 如下。

```
package ch08;
```

```
import java.util.Vector;
public class VectorTest4{
    public static void main(String[] args){
        Test t=new Test();
        Vector<Integer>vi=new Vector<Integer>();
        vi.add(300);
        vi.add(500);
        t.show(vi);
        Vector<Double>vd=new Vector<Double>();
        vd.add(3.14);
        vd.add(5.78);
        t.show(vd);
        Vector<String>vs=new Vector<String>();
        vs.add("Tom");
        vs.add("Billy");
        //t.show(vs);                //非法
        Vector<? extends Number>va ;
        va=vi;
        va=vd;
        //va=vs;                     //非法
    }

    public void show(Vector<? extends Number>v){
            System.out.println(v);
    }
}
```

程序运行结果如下。

```
[300,500]
[3.14,5.78]
```

【例 8-10】中，局部变量 va 和方法形参 v 均被定义为 Vector<? extends Number>类型，这意味它们将能且只能接收任何以 Number 或其子类为类型参数的泛型 Vector。

8.4 案 例

本章案例主要实现了成绩的管理，实际上是对第 7 章综合测评记录案例进行了修改。主要目的是采用泛型定义集合提高代码的安全性。

8.4.1 案例设计

为了实现成绩管理功能，定义了成绩类(Course. java)、成绩管理类(CourseManager. java)和表格类(MyJTable. java)。CourseManage. java 中定义了带有泛型的 ArrayList 类型的属性，用来存储课程对象，实现课程的增加、删除、修改和查询，如图 8-1 所示。

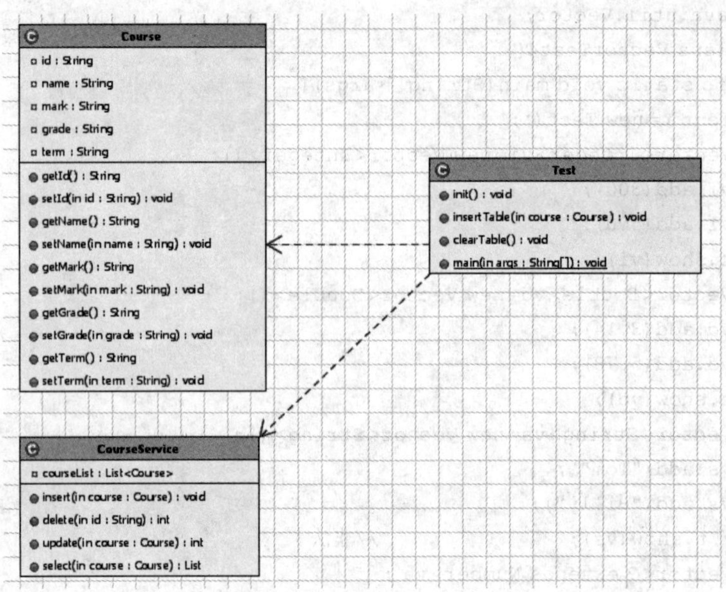

图 8-1　成绩管理类图

8.4.2　案例演示

运行程序，进入课程信息管理界面，如图 8-2 所示。可以通过“添加”、“删除”、“修改”和“查询”按钮进行课程信息记录的操作。

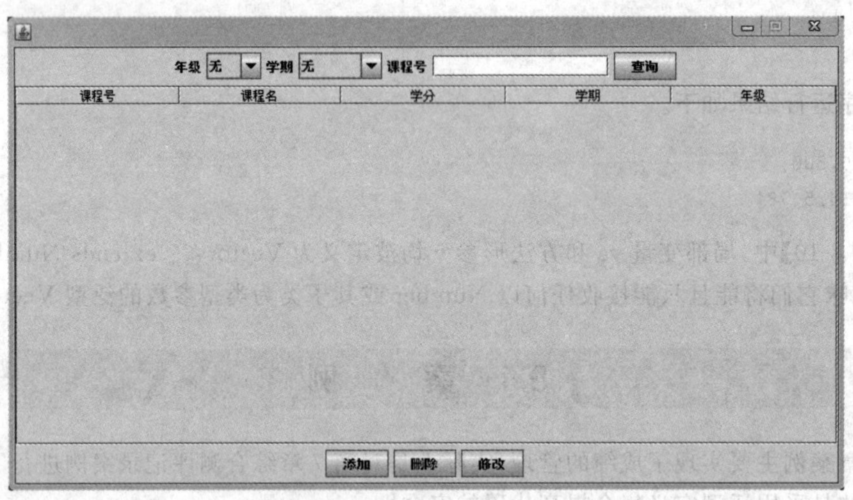

图 8-2　课程信息管理界面

单击“添加”按钮，进入课程信息添加界面，如图 8-3 所示。

输入所要添加课程的信息后，单击“确定”按钮，弹出“添加成功”对话框，如图 8-4 所示。

在课程信息管理界面中，还可以进行课程信息的删除、修改和查询操作，与上一章综合测评信息的删除、修改和查询操作一样，不再详述。

图 8-3 课程信息添加界面

图 8-4 “添加成功”对话框

8.4.3 代码实现

程序 Course.java 如下。

```
package chapter08;
public class Course {
    private String id;                          //课程号
    private String name;                        //课程名
    private String mark;                        //学分
    private String grade;                       //年级
    private String term;                        //学期
    public String getId() {
        return id;
    }
    public void setId(String id) {
        this.id=id;
    }
    public String getName() {
        return name;
    }
    public void setName(String name) {
        this.name=name;
    }
    public String getMark() {
        return mark;
    }
    public void setMark(String mark) {
        this.mark=mark;
    }
    public String getGrade() {
        return grade;
    }
    public void setGrade(String grade) {
```

```
        this.grade=grade;
    }
    public String getTerm() {
        return term;
    }
    public void setTerm(String term) {
        this.term=term;
    }
}
```

程序 CourseManager.java 如下。

```
package chapter08;
import java.util.ArrayList;
import java.util.Iterator;
import java.util.List;
public class CourseManager {
    private List<Course>courseList=new ArrayList<Course>();
    public void insert(Course course) {
        courseList.add(course);
    }
    public int delete(String id) {
        int i=0;
        int flag=0;
        //用迭代器遍历 courseList
        Iterator<Course>it=courseList.iterator();
        Course course=null;
        while(it.hasNext()) {
            course=it.next();
            if(course.getId().equals(id)) {
                courseList.remove(i);
                flag=1;
                break;
            }
            i++;
        }
        return flag;
    }
    public int update(Course course) {
        String id=course.getId();
        int i=0;
        int flag=0;
        Iterator<Course>it=courseList.iterator();
        while(it.hasNext()) {
            course=it.next();
```

```
            if(course.getId().equals(id)) {
                courseList.remove(i);
                courseList.add(i,course);
                flag=1;
            }
            i++;
        }
        return flag;
    }
    public List<Course>select(Course course) {
        String id=course.getId();
        String grade=course.getGrade();
        String term=course.getTerm();
        List<Course>selectList=new ArrayList<Course>();
        for(Course cour: courseList) {
            if((id.trim().equals("") || cour.getId().equals(id))
                    && cour.getGrade().equals(grade)
                    &&(term.equals("0") || cour.getTerm().equals(term))) {
                selectList.add(cour);
            }
        }
        return selectList;
    }
}
```

程序 MyJTable.java 如下。

```
package chapter08;
import javax.swing.JTable;
import javax.swing.table.TableModel;
public class MyJTable extends JTable {
    public MyJTable(TableModel model){
        super(model);
    }
    public boolean isCellEditable(int rowIndex,int columnIndex){
        return false;
    }
}
```

程序 Test.java 如下。

```
package chapter08;
import java.awt.BorderLayout;
import java.awt.Dimension;
import java.awt.FlowLayout;
import java.awt.Toolkit;
```

```
import java.awt.event.ActionEvent;
import java.awt.event.ActionListener;
import java.util.Iterator;
import java.util.List;
import javax.swing.Box;
import javax.swing.JButton;
import javax.swing.JComboBox;
import javax.swing.JDialog;
import javax.swing.JFrame;
import javax.swing.JLabel;
import javax.swing.JOptionPane;
import javax.swing.JPanel;
import javax.swing.JScrollPane;
import javax.swing.JTextField;
import javax.swing.table.DefaultTableModel;
public class Test {
    private JFrame jf=new JFrame();
    Dimension faceSize=new Dimension(800,600);
    private Dimension screenSize=Toolkit.getDefaultToolkit().getScreenSize();
    //按学号查询
    private JPanel pSelect=new JPanel();
    private JLabel lSelectGrade=new JLabel("年级");
    private JComboBox cSelectGrade=new JComboBox();
    private JLabel lSelectTerm=new JLabel("学期");
    private JComboBox cSelectTerm=new JComboBox();
    private JLabel lSelectId=new JLabel("课程号");
    private JTextField tSelectId=new JTextField(15);
    private JButton bSelect=new JButton("查询");
    //查询结果放在一个 JTable
    private MyJTable table;
    private DefaultTableModel tableModel;
    private JScrollPane tableScrollPane;
    private Object[] tableTitle={ "课程号","课程名","学分","学期","年级" };
    private Object[][] tableData={ new Object[] { "" } };
    //对学生信息进行管理的添加、删除、修改按钮
    private JPanel buttonPanel=new JPanel();
    private JButton insert=new JButton("添加");
    private JButton delete=new JButton("删除");
    private JButton update=new JButton("修改");
    //单击添加、修改时弹出的对话框
    private JDialog dialog=new JDialog(jf,"课程管理");
    private Box box=Box.createVerticalBox();
    private JPanel pId=new JPanel(new FlowLayout(FlowLayout.LEFT));
    private JPanel pName=new JPanel(new FlowLayout(FlowLayout.LEFT));
```

```
private JPanel pMark=new JPanel(new FlowLayout(FlowLayout.LEFT));
private JPanel pGrade=new JPanel(new FlowLayout(FlowLayout.LEFT));
private JPanel pTerm=new JPanel(new FlowLayout(FlowLayout.LEFT));
private JLabel lId=new JLabel("课程号");
private JLabel lName=new JLabel("课程名");
private JLabel lMark=new JLabel("学    分");
private JLabel lTerm=new JLabel("学    期");
private JLabel lGrade=new JLabel("年    级");
private JTextField tId=new JTextField(15);
private JTextField tName=new JTextField(15);
private JTextField tMark=new JTextField(15);
private JComboBox cTerm=new JComboBox();
private JComboBox cGrade=new JComboBox();
private JPanel pButton=new JPanel();
private JButton confirm=new JButton("确认");
private JButton cancel=new JButton("取消");
private CourseManager service=new CourseManager();
//用于标记是添加还是修改
private String id;
public void init() {
    pSelect.add(lSelectGrade);
    pSelect.add(cSelectGrade);
    pSelect.add(lSelectTerm);
    pSelect.add(cSelectTerm);
    pSelect.add(lSelectId);
    pSelect.add(tSelectId);
    pSelect.add(bSelect);
    cSelectGrade.addItem("无");
    cSelectGrade.addItem("大一");
    cSelectGrade.addItem("大二");
    cSelectGrade.addItem("大三");
    cSelectGrade.addItem("大四");
    cSelectTerm.addItem("无");
    cSelectTerm.addItem("第一学期");
    cSelectTerm.addItem("第二学期");
    cSelectTerm.addActionListener(new ActionListener() {
        public void actionPerformed(ActionEvent e) {
            if(cSelectTerm.getSelectedItem().equals("无")) {
                insert.setVisible(false);
            } else {
                insert.setVisible(true);
            }
        }
    });
```

```
//查询按钮的监听器
bSelect.addActionListener(new ActionListener() {
    public void actionPerformed(ActionEvent e) {
        String grade=String.valueOf(cSelectGrade.getSelectedItem());
        String term=String.valueOf(cSelectTerm.getSelectedIndex());
        String id=tSelectId.getText().trim();
        Course course=new Course();
        course.setId(id);
        course.setGrade(grade);
        course.setTerm(term);
        List<Course>list=service.select(course);
        clearTable();
        Iterator<Course>it=list.iterator();
        while(it.hasNext()) {
            course=(Course) it.next();
            insertTable(course);
        }
    }
});
//table
tableModel=new DefaultTableModel(tableData,tableTitle);
table=new MyJTable(tableModel);
tableScrollPane=new JScrollPane(table,
        JScrollPane.VERTICAL_SCROLLBAR_AS_NEEDED,
        JScrollPane.HORIZONTAL_SCROLLBAR_AS_NEEDED);
clearTable();
//button
buttonPanel.add(insert);
buttonPanel.add(delete);
buttonPanel.add(update);
//添加按钮的监听器
insert.addActionListener(new ActionListener() {
    public void actionPerformed(ActionEvent e) {
        //如果是添加,则将 id=null;
        id=null;
        tId.setText("");
        tId.setEditable(true);
        tName.setText("");
        tMark.setText("");
        dialog.setVisible(true);
    }
});
//删除按钮的监听器
delete.addActionListener(new ActionListener() {
```

```
    public void actionPerformed(ActionEvent e) {
        //获得选择删除的行号数组
        int[] selected=table.getSelectedRows();
        //如果 selected 的长度为 0,说明没有选择要删除的
        if(selected.length==0) {
            JOptionPane.showMessageDialog(jf,"请选择要删除的综测!","提
                        示",JOptionPane.WARNING_MESSAGE);
        } else {
            //提示是否要进行删除
            int flag=JOptionPane.showConfirmDialog(jf,"确定删除吗?",
                    "提示",JOptionPane.OK_CANCEL_OPTION,
                    JOptionPane.WARNING_MESSAGE);
            //如果选择是,则进行删除
            if(flag==JOptionPane.OK_OPTION) {

                String id=null;
                for(int i=selected.length -1; i >=0; i--) {
                    id=String.valueOf(tableModel.getValueAt(selected[i],0));
                    service.delete(id);
                    tableModel.removeRow(selected[i]);
                }
            }
        }
    }
});
//修改按钮的监听器
update.addActionListener(new ActionListener() {
    public void actionPerformed(ActionEvent e) {
        int row=table.getSelectedRow();
        if(row==-1) {
            JOptionPane.showMessageDialog(jf,"请选择要修改的列!","提示",
                        JOptionPane.WARNING_MESSAGE);
        } else {
            //如果进行修改,就将 id=要修改的学号
            id=String.valueOf(table.getValueAt(row,0));
            String term=String.valueOf(table.getValueAt(row,3));
            String grade=String.valueOf(table.getValueAt(row,4));
            //设置 tId 的内容
            tId.setText(id);
            //设置 tId 不可修改
            tId.setEditable(false);
            tName.setText(String.valueOf(table.getValueAt(row,1)));
            tMark.setText(String.valueOf(table.getValueAt(row,2)));
            cTerm.setSelectedItem(term);
```

```
                cGrade.setSelectedItem(grade);
                //设置 dialog 可见
                dialog.setVisible(true);
            }
        }
    });
    jf.setLayout(new BorderLayout());
    //设置 pSelect 在 jf 的北面
    jf.add(pSelect,BorderLayout.NORTH);
    //设置 pSelect 在 jf 的中心
    jf.add(tableScrollPane,BorderLayout.CENTER);
    //设置 pSelect 在 jf 的南面
    jf.add(buttonPanel,BorderLayout.SOUTH);
    jf.pack();
    jf.setSize(faceSize);
    jf.setLocation((int)(screenSize.width - faceSize.getWidth()) / 2,
            (int)(screenSize.height - faceSize.getHeight()) / 2);
    jf.setResizable(false);
    jf.setDefaultCloseOperation(JFrame.EXIT_ON_CLOSE);
    jf.setVisible(true);
    cTerm.addItem("第一学期");
    cTerm.addItem("第二学期");
    cGrade.addItem("大一");
    cGrade.addItem("大二");
    cGrade.addItem("大三");
    cGrade.addItem("大四");
    pId.add(lId);
    pId.add(tId);
    pName.add(lName);
    pName.add(tName);
    pMark.add(lMark);
    pMark.add(tMark);
    pTerm.add(lTerm);
    pTerm.add(cTerm);
    pGrade.add(lGrade);
    pGrade.add(cGrade);
    pButton.add(confirm);
    pButton.add(cancel);
    //确定按钮的监听器
    confirm.addActionListener(new ActionListener() {
        public void actionPerformed(ActionEvent e) {
            Course course=new Course();
            course.setId(tId.getText());
            course.setName(tName.getText());
```

```
        course.setMark(tMark.getText());
        int term=Integer.valueOf(cTerm.getSelectedIndex());
        if(term==0) {
            course.setTerm("第一学期");
        } else {
            course.setTerm("第二学期");
        }
        int grade=Integer.valueOf(cGrade.getSelectedIndex());
        switch(grade) {
        case 0:course.setGrade("大一");break;
        case 1:course.setGrade("大二");break;
        case 2:course.setGrade("大三");break;
        case 3:course.setGrade("大四");break;
        }
        if(id !=null) {
            int flag=service.update(course);
            dialog.dispose();
            if(flag==1) {
                JOptionPane.showMessageDialog(jf,"修改成功!","提示",
                        JOptionPane.WARNING_MESSAGE);
                int row=table.getSelectedRow();
                table.setValueAt(course.getName(),row,1);
                table.setValueAt(course.getMark(),row,2);
                table.setValueAt(course.getTerm(),row,3);
                table.setValueAt(course.getGrade(),row,4);
            } else {
                JOptionPane.showMessageDialog(jf,"修改失败!","提示",
                        JOptionPane.WARNING_MESSAGE);
            }
        } else {
            service.insert(course);
            insertTable(course);
            dialog.dispose();
            JOptionPane.showMessageDialog(jf,"添加成功!","提示",
                    JOptionPane.WARNING_MESSAGE);
        }
    }
});
//取消按钮的监听器
cancel.addActionListener(new ActionListener() {
    public void actionPerformed(ActionEvent e) {
        dialog.dispose();
    }
});
```

```
            box.add(pId);
            box.add(pName);
            box.add(pMark);
            box.add(pTerm);
            box.add(pGrade);
            box.add(pButton);
            dialog.add(box);
            dialog.setBounds((int)(screenSize.width - 280) / 2,
                    (int)(screenSize.height - 240) / 2,280,240);
        }
        public void insertTable(Course course) {
            String[] newCell=new String[7];
            newCell[0]=course.getId();
            newCell[1]=course.getName();
            newCell[2]=course.getMark();
            newCell[3]=course.getGrade();
            newCell[4]=course.getTerm();
            tableModel.addRow(newCell);
        }
        public void clearTable() {
            int rows=tableModel.getRowCount();
            for(int i=rows -1; i >=0; i--) {
                tableModel.removeRow(i);
            }
        }
        public static void main(String[] args) {
            new Test().init();
        }
}
```

8.5 习　　题

一、解答题

(1) 什么是泛型？使用泛型有什么优点？

(2) 泛型的实现过程是什么？

二、程序设计题

(1) 编写一个泛型方法，能够返回一个 int 类型数组的最大值和最小值、String 类型数组的最大值和最小值(按字典排序)。

(2) 试编写一个 List 类型的对象，只能存储通讯录(存储同学的姓名和联系方式)，并输出通讯录的列表到控制台。

异　　常

编写程序不可能十全十美，有可能出现一些错误。这些错误分为两类：一是开发者编写的代码有问题，需要开发者改正错误；二是由外部环境造成的，也就是由于“某些出乎意料的事件”造成的，这时应该合理有效地处理它，使程序能够正常运行。第二类错误就是本章要讲的 Java 异常处理，即要求程序出错时要有对应的处理措施。异常处理是软件开发的重要内容，开发者必须清楚地意识到程序运行出错在所难免，而出错后处理措施的优劣决定着软件产品的健壮性，进而影响软件产品的接受度和普及推广度，并在一定程度上决定着软件产品的最终命运。

作为一种主流的面向对象编程语言，Java 在异常处理方面拥有完备的机制体系和良好的处理性能。本章详细介绍 Java 中异常的概念、异常体系、异常分类、异常处理机制、异常处理、自定义异常等内容。

9.1　异常概念和分类

9.1.1　异常概念

异常是在程序运行过程中发生的意料之外的事件，它可以中断程序的正常执行流程。有些程序在编译阶段无法正常完成程序编译，如开发者编程中的语法错误就属于这种异常。异常分为错误(Error)和违例(Exception)两种，一是错误，指 JVM 错误、内存资源耗尽等严重情况，一旦发生错误是不可恢复的，只能终止程序。二是违例，指由于编程错误或偶然因素引发的事件导致的一般性问题，如网络连接中断、试图打开/读取不存在的文件、数组越界、空指针访问、对负数开平方等。发生违例，可以通过适当的手段使程序继续运行。本章 Java 异常处理就是针对违例进行处理。

为了对异常有比较直观的认识，首先来看几个异常的实例。

【例 9-1】 演示产生除数为零的异常。

程序 ZeroException.java 如下。

```
package ch09;
public class ZeroException {
    public static void main(String[] args) {
        int a=10;
        int b=0;
```

```
        System.out.println("a 除以 b 的结果是："+a/b);
        System.out.println("This is end!");
    }
}
```

程序运行结果如下。

```
Exception in thread "main" java.lang.ArithmeticException: /by zero
    at book.ch06.javaException.ZeroException.main(ZeroException.java:12)
```

【例 9-1】没有语法错误，编译通过，但是运行中产生了 java. lang. ArithmeticException 类型异常，即算术异常，具体原因是“/by zero”，即除数 b 为零。“at book. ch06. javaException. ZeroException. main(ExceptionTest1. java:12)”说明产生异常代码的位置在 main 方法，具体在 ZeroException. java 源文件的第 12 行。运行结果中并没有打印出“This is end!”说明程序发生异常使得程序运行终止。

【例 9-2】 演示空指针异常。

程序 NullException. java 如下。

```
package ch09;
public class NullException {
    public static void main(String[] args) {
        Person p=null;
        System.out.println(p.name);
        System.out.println("This is end!");
    }
}
class Person{
    String name;
}
```

程序运行结果如下。

```
Exception in thread "main" java.lang.NullPointerException
    at book.ch06.javaException.NullException.main(NullException.java:11)
```

【例 9-2】没有语法错误，编译通过，但是运行中产生了 java. lang. NullPointerException 类型异常，即空指针异常，具体原因是使用引用变量来调用一个对象的属性或方法，没有确保该引用确实指向了一个对象。“at book. ch06. javaException. NullException. main(NullException. java:11)”说明了产生异常代码位置在 main 方法，具体在 NullException. java 源文件的第 11 行。程序运行结果中并没有打印出“This is end!”说明程序发生异常使得程序运行终止。

【例 9-3】 演示数据格式转化异常。

程序 DataFormatException. java 如下。

```
package ch09;
public class DataFormatException {
    public static void main(String[] args) {
        Integer i=Integer.parseInt("aaa");
```

```
            System.out.println(i);
            System.out.println("This is end!");
        }
}
```

程序运行结果如下。

```
Exception in thread "main" java.lang.NumberFormatException: For input string: "aaa"
    at java.lang.NumberFormatException.forInputString(NumberFormatException.java:48)
    at java.lang.Integer.parseInt(Integer.java:449)
    at java.lang.Integer.parseInt(Integer.java:499)
    at book.ch06.javaException.DataFormatException.main(DataFormatException.java:10)
```

【例 9-3】没有语法错误，编译通过，但是运行中产生了 java. lang. NumberFormatException 类型异常，即数据格式转换异常，具体原因是 For input string: "aaa"，即参数为字符串"aaa"，应该为数字。

"at book. ch06. javaException. DataFormatException. main(DataFormatException. java: 10)"说明了产生异常代码的位置在 main 方法，具体在 DataFormatException. java 源文件的第 10 行。运行结果中并没有打印出"This is end!"，说明程序发生异常使得程序运行终止。

【例 9-4】 演示数组越界异常。

程序 ArrayOutOfBoundsException. java 如下。

```
package ch09;
public class ArrayOutOfBoundsException {
    public static void main(String[] args) {
        int[] a={4,2,7,9,0};
        for(int i=0;i<=a.length;i++){
            System.out.println(a[i]);
        }
        System.out.println("This is end!");
    }
}
```

程序运行结果如下。

```
4
2
7
9
0
Exception in thread "main" java.lang.ArrayIndexOutOfBoundsException: 5 at book.ch06.
javaException.ArrayOutOfBoundsException.main(ArrayOutOfBoundsException.java:12)
```

【例 9-4】没有语法错误，编译通过，但是运行中产生了 java. lang. ArrayIndexOutOfBoundsException 类型异常，即数组越界异常，具体原因是数组共有 5 个元素，试图去访问它的第 6 个元素(数组下标索引从 0 开始，5 代表数组的第 6 个元素)。

"atBook. ch06. javaException. ArrayOutOfBoundsException. main (ArrayOutOfBounds-

Exception.java:12)"说明了产生异常代码的位置在main方法,具体在ArrayOutOfBounds-Exception.java源文件的第12行。运行结果中并没有打印出"This is end!"说明程序发生异常使得程序运行终止。

【例9-5】 演示检查型异常。

程序CheckedException.java如下。

```
package ch09;
import java.io.FileInputStream;
public class CheckedException {
    public static void main(String[] args) {
        FileInputStream fis=new FileInputStream("D:\\mytext1.txt");
        System.out.println("This is end!");
    }
}
```

程序运行结果如下。

```
Exception in thread "main" java.lang.Error: Unresolved compilation problem:
    Unhandled exception type FileNotFoundException
    at book.ch06.javaException.CheckedException.main(CheckedException.java:8)
```

【例9-5】具有语法错误,编译未通过,因为"Unhandled exception type FileNotFoundException",即没有处理文件没有找到的异常,FileNotFoundException异常属于检查型异常,Java编译器要求开发者必须捕获和处理,否则会编译报错,这将在9.1.2小节详细介绍。运行过程中产生了java.lang.Error类型异常,即错误,具体原因是"Unresolved compilation problem",即没有解决编译错误。"at book.ch06.javaException.CheckedException.main(CheckedException.java:8)"说明了产生异常代码的位置在main方法,具体在CheckedException.java源文件的第8行。运行结果中并没有打印出"This is end!"说明程序发生异常使得程序运行终止。

上述5个程序实例产生的异常是十分常见的异常。通过实例可以看出,异常的产生是有原因的,即异常产生是有条件的;Java中的异常作为对象存在;异常发生时,如果没有相应的处理语句,程序将终止运行。

9.1.2 异常分类

Java是面向对象编程语言。Java中的"万物"皆对象,当然Java中的异常也是以对象的形式存在,只是异常是特殊的运行错误对象,属于面向对象规范的一部分。Java异常是异常类的对象,Java API中声明了很多异常类,每个异常类都代表了一种运行"错误"。当Java程序运行过程中发生一个可识别的运行"错误"时,即该"错误"有一个异常类与之相对应时,系统都会产生一个相应的异常类对象,即产生一个异常。

Java API中定义了很多异常类型,即Java异常类。它们的层次结构如图9-1所示。

图9-1中并没有列出所有的异常类。从图中可以看出,Throwable是Java中所有异常类的根类,它有两个子类:错误(Error)与违例(Exception),两者的概念在9.1.1小节中已叙述,主要区别是严重程度不同。Java的异常处理主要讲解Exception的处理。

Java异常类分为两大类:一类是运行时异常,也称为未检查型异常(unchecked),一

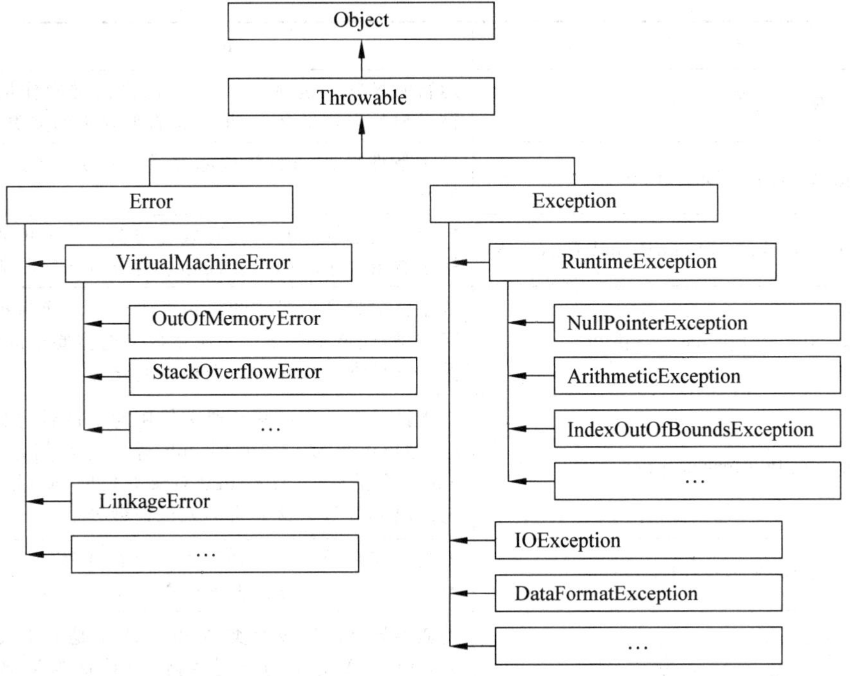

图 9-1　Java 异常类的层次结构图

类是非运行时异常,也称为检查型异常(checked)。下面结合 9.1.1 小节中的 5 个实例讲解这两类异常。

在以上 5 个程序中,前 4 个是没有编译错误的,但运行时产生了算数异常、空指针异常、数据格式转换异常和数组越界访问异常,它们属于未检查型异常。对于这类异常,编译器不要求必须捕获,即在程序中不进行异常处理,编译时也不会报错。此时开发者编写程序时必须考虑到有可能发生异常的情况,确保异常不要发生。例如,当两个数做除法运算时,必须保证除数不能为零;当使用一个对象时,必须保证对象不是 null 等。

【例 9-5】编译出错,产生了错误,并指明原因为"Unresolved compilation problem: Unhandled exception type FileNotFoundException"。原因是在源程序中读取一个文件时有可能找不到文件,即产生 FileNotFoundException 异常,该异常属于检查型异常,编译器要求必须进行捕获、处理,否则编译出错。

9.1.3　常见异常

Java 中异常种类很多,在实际的软件开发编程中,常见的 Java 异常如表 9-1 所示。

表 9-1　Java 常见异常

异　常	说　明
java. lang. OutOfMemoryError	内存不足错误。当可用内存不足以让 Java 虚拟机分配给一个对象时,抛出该错误
java. lang. StackOverflowError	堆栈溢出错误。当一个应用递归调用的层次太深而导致堆栈溢出时,抛出该错误

续表

异　　常	说　　明
java. lang. RuntimeException	运行时异常。是所有 Java 虚拟机正常操作期间可以被抛出的异常的父类,即未检查型异常的父类
java. lang. ArithmeticException	算术条件异常。如整数除零等。该异常为未检查型异常
java. lang. ArrayIndexOutOfBoundsException	数组索引越界异常。当对数组的索引值为负数或大于等于数组大小时抛出。该异常为未检查型异常
java. lang. NumberFormatException	数字格式异常。当试图将一个 String 转换为指定的数字类型,而该字符串却不满足数字类型要求的格式时,抛出该异常。该异常为未检查型异常
java. lang. NullPointerException	空指针异常。当试图在要求使用对象的地方使用 null 时,抛出该异常。如调用 null 对象的实例方法、访问 null 对象的属性、计算 null 对象的长度、使用 throw 语句抛出 null 等。该异常为未检查型异常
java. lang. NoSuchMethodException	方法不存在异常。当访问某个类的不存在的方法时,抛出该异常。该异常为未检查型异常
java. lang. ClassCastException	类造型异常。假设有类 A 和 B(A 不是 B 的父类或子类),O 是 A 的实例,当强制将 O 构造为类 B 的实例时,抛出该异常。该异常经常被称为强制类型转换异常。该异常为未检查型异常
java. io. IOException	输入输出异常,此类是失败或中断的输入输出操作生成的异常的父类。该异常为检查型异常
java. io. FileNotFoundException	当不存在具有指定路径名的文件时,此异常将由 FileInputStream、FileOutputStream 和 RandomAccessFile 构造方法抛出。如果该文件存在,但是由于某些原因不可访问,比如试图打开一个只读文件写入,则此时这些构造方法仍然会抛出该异常。该异常为检查型异常
java. io. EOFException	文件已结束异常,当输入过程中意外到达文件或流的末尾时,抛出此异常。该异常为检查型异常
java. lang. ClassNotFoundException	找不到类异常。当试图根据字符串形式的类名构造类,而在遍历 CLASSPAH 之后找不到对应名称的 class 文件时,抛出该异常。该异常为检查型异常

9.2 异常处理

9.2.1 异常处理机制

如果 Java 程序在执行过程中出现异常,系统监测到并自动生成对应异常类的对象,然后将它交给运行时系统。运行时系统会寻找相应的代码处理该异常,如果找不到对应的异常处理代码,运行时系统将终止,相应的 Java 程序也不得不退出;如果找到对应的异常处理块,将执行异常处理块中的代码,然后程序继续运行。Java 异常处理机制如图 9-2 所示。

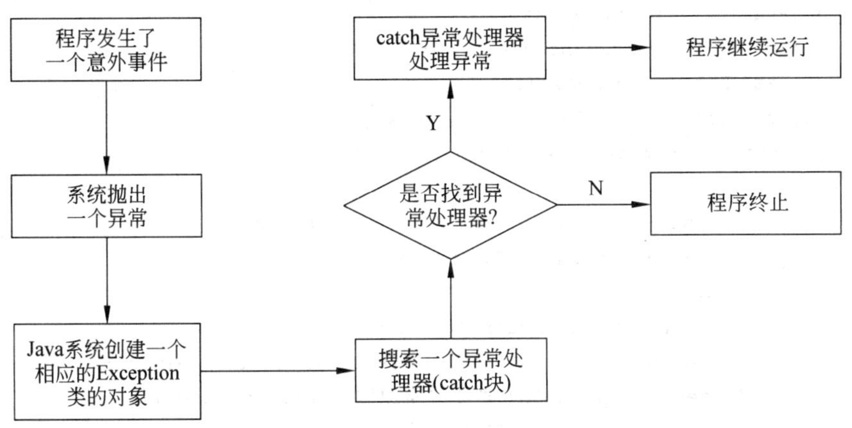

图 9-2 Java 异常处理机制图

生成异常对象并将其交给运行时系统的过程称为抛出(throw)异常。运行时系统在方法的调用栈中查找,即从生成异常的方法开始回溯,直到找到异常处理的代码为止,这一过程称为捕获(catch)异常。执行异常处理代码的过程就是处理异常的过程。

进行异常处理的目的如下。

(1) 使得程序返回到一个安全、已知的状态;

(2) 能够让用户执行其他命令;

(3) 如果可能保存所有的工作;

(4) 如果有必要可以退出,以避免进一步危害。

异常处理有两种方式:一是就地处理,即捕获异常并处理异常;另一个是向上抛出,即不进行捕获和处理异常,向上抛出给方法的调用者。

9.2.2 捕获-处理异常

捕获并处理异常是积极、常用的异常处理方式。捕获处理异常使用 try-catch-finally 代码块,语法如下。

```
try{
    ...//可能产生异常的代码
}catch(ExceptionName1 e1){
    ...//当产生 ExceptionName1 类型异常的处理代码
}catch(ExceptionName2 e2){
    ...//当产生 ExceptionName2 类型异常的处理代码
}[finally{
    ...//无条件执行的语句,一般用于资源的释放
}]
```

【例 9-6】 演示使用 try-catch-finally 代码块进行捕获并处理异常。

程序 ExceptionHandleTest.java 如下。

```
package ch09;
```

```
import java.io.FileInputStream;
import java.io.FileNotFoundException;
public class ExceptionHandleTest {
    public static void main(String[] args){
        FileInputStream fis=null;
        try {
            fis=new FileInputStream("D:\\mytext1.txt");
            System.out.println("In try block!");
            //...
        } catch(FileNotFoundException e) {
            System.out.println("读取的文件(mytext.txt)不存在!");
            System.out.println("产生异常原因: "+e.getCause());
            System.out.println("异常简短信息: "+e.getMessage());
            e.printStackTrace();
        }finally{
            System.out.println("In finally block!");
        }
        System.out.println("This is end!");
    }
}
```

程序运行结果如下。

```
读取的文件(mytext.txt)不存在!
产生异常原因: null
异常简短信息: D:\mytext1.txt(系统找不到指定的文件。)
In finally block!
This is end!
java.io.FileNotFoundException: D:\mytext1.txt(系统找不到指定的文件。)
    at java.io.FileInputStream.open(Native Method)
    at java.io.FileInputStream.<init>(FileInputStream.java:120)
    at java.io.FileInputStream.<init>(FileInputStream.java:79)
    at book.ch06.javaException.ExceptionHandleTest.main(ExceptionHandleTest.
        java:11)
```

【例 9-6】中的文件输入流 FileInputStream 读取文件“D:\mytext1.txt”不存在,从而使程序运行过程产生 FileNotFoundException 类型的异常,try 代码块中产生异常的语句,即“fis=newFileInputStream("D:\\mytext1.txt");”之后的所有程序语句都将不再执行,所以程序运行结果中并没有打印出“In try block!”一旦 try 代码块中有代码发生异常,将抛出给 Java 运行时系统,被对应的 catch 块捕获,接下来执行该 catch 块中的程序语句,进行异常处理。catch 块语句执行后,将无条件执行 finally 块中的语句,即无论 try 代码块中是否有代码发生异常,都将执行 finally 块中的语句。处理完 finally 块中的语句,程序继续运行。Exception 类的 getMessage()用来获得异常的简短信息。getCause()方法用来获取异常产生的原因。printStackTrace()用来打印异常的发生点以及所有的调用点,即打印异常栈轨迹。

【例 9-7】 对产生异常时打印的异常栈轨迹进行分析。

程序 ExceptionStackTraceTest.java 如下。

```
package ch09;
public class ExceptionStackTraceTest {
    public static void main(String[] args) {
        BB b=new BB();
        int[] arr={2,3,4,5,6};
        b.work(null,3);
    }
}
class BB{
    //判断指定数组中是否包含指定的参数值
    public String contain(int[] arr,int dest){
        String str="no contain";
        try{
            for(int i=0;i<arr.length;i++){
                if(arr[i]==dest){
                    str="contain";
                    break;
                }
            }
        }catch(Exception e){
            System.out.println("Exception Message:"+e.getMessage());
            System.out.println("Exception Stack Trace:");
            e.printStackTrace();
            str="Error";
        }
        return str;
    }
    //调用 contain 方法
    public void work(int[] arr,int dest){
        String str=contain(arr,dest);
        System.out.println("Result:"+str);
    }
}
```

程序运行结果如下。

```
Exception Message:null
Exception Stack Trace:
java.lang.NullPointerException
at book.ch06.javaException.BB.contain(ExceptionStackTraceTest.java:15)
    at book.ch06.javaException.BB.work(ExceptionStackTraceTest.java:31)
    at book.ch06.javaException.ExceptionStackTraceTest.main
        (ExceptionStackTraceTest.java:7)
Result:Error
```

【例 9-7】中的 main 方法中调用"b. work(null, 3);",为一个数组的引用传了值 null,然后去遍历数组,所以发生了 java. lang. NullPointerException。程序中方法的调用顺序为 main 方法→work 方法→contain 方法,JVM 将运行轨迹存在栈中,栈的特征是先进后出,所以使用 printStackTrace()方法打印异常栈信息的顺序和方法调用是相反的。printStackTrace()方法显示的错误信息比其他异常方法详细,指明了出错种类、具体位置和运行栈轨迹,开发者可以在该信息中自上而下查找到第一行自己编写(不是调用 API)的代码,进而找到真正的出错位置,然后依据给出的方法间的调用关系进行追溯检查。

【例 9-8】 演示捕获处理检查型异常。

程序 CheckedException1. java 如下。

```
package ch09;
import java.io.FileInputStream;
import java.io.FileNotFoundException;
import java.io.FileOutputStream;
import java.io.IOException;
public class CheckedException1 {
    public static void main(String[] args) {
        FileInputStream fis=null;
        FileOutputStream fos=null;
        try {
            fis=new FileInputStream("D:\\mytext1.txt");
            fos=new FileOutputStream("D:\\mytext2.txt");
            int b=fis.read();
            while(b!=-1){
                fos.write(b);
                b=fis.read();
            }
        } catch(FileNotFoundException e) {
            e.printStackTrace();
            System.out.println("File is missing!");
        } catch(IOException e) {
            e.printStackTrace();
        } finally{
            try {
                if(fis!=null)fis.close();
                if(fos!=null)fos.close();
            } catch(IOException e) {
                e.printStackTrace();
            }
        }
        System.out.println("This is end!");
    }
}
```

若指定文件路径下存在“D:\\mytext1. txt”文件,【例 9-8】实现了将“D:\\mytext1. txt”文件内容复制到“D:\\mytext2. txt”文件。

程序运行结果如下。

```
This is end!
```

若指定文件路径下不存在“D:\\mytext1. txt”文件,程序运行结果如下。

```
java.io.FileNotFoundException: D:\mytext1.txt(系统找不到指定的文件。)
    at java.io.FileInputStream.open(Native Method)
    at java.io.FileInputStream.<init>(FileInputStream.java:120)
    at java.io.FileInputStream.<init>(FileInputStream.java:79)
    at book.ch06.javaException.CheckedException.main(CheckedException.java:18)
File is missing!
This is end!
```

通过【例 9-8】可以看出,一般情况下,try 语句后必须跟一个或多个 catch 语句块,finally 语句块可选。当 try/catch 语句块中有多个 catch 语句块时,其捕获异常类对象应从特殊到一般,即异常类型范围从窄到宽。【例 9-8】中能够捕获处理的异常对象为 FileNotFoundException 类型和 IOException 类型,FileNotFoundException 类型是 IOException 类型的子类型,符合从特殊到一般的原则,如果将两者的捕获顺序颠倒,程序将出现编译错误。

9.2.3 声明抛出异常

除了使用 try-catch-finally 代码块进行异常捕获处理外,声明抛出异常是另一种异常处理方式,这是一种消极的异常处理方式,声明抛出异常即向上抛出,就是不进行捕获和处理异常,向上抛出给方法的调用者。抛出异常使用 throws 关键字,使用规则如下。

```
[<modifiers>] <return_type><method_name>([<argument_list>])
[throws <exception>[,<exception>]*] {
        [<block>]
}
```

【例 9-9】 演示声明抛出异常的使用。

程序 CheckedException2. java 如下。

```
package ch09;
public class CheckedException2 {
    public static void main(String[] args) {
        CheckedException ce=new CheckedException();
        try {
            ce.readFile();
        } catch(IOException e) {
            e.printStackTrace();
        }
```

```
    }
    public void readFile() throws IOException{
        FileInputStream fis=null;
        FileOutputStream fos=null;
        fis=new FileInputStream("D:\\mytext1.txt");
        fos=new FileOutputStream("D:\\mytext2.txt");
        int b=fis.read();
        while(b!=-1){
            fos.write(b);
            b=fis.read();
        }
        if(fis!=null)fis.close();
        if(fos!=null)fos.close();
        System.out.println("This is end!");
    }
}
```

【例 9-9】的运行情况和结果与【例 9-8】一样。在 readFile()方法内没有进行异常处理,而是使用 throws 关键字抛出 IOException 类型异常。一旦声明抛出异常,即解除了自身异常处理的责任,方法体内不必再使用 try-catch-finally 代码块,进行异常捕获和处理。当程序运行时,如果出现所抛出类型异常时,将由方法的调用者捕获并处理异常,【例 9-9】将由 main()方法处理异常。同理,对于可能产生的异常,main()方法也可以采用"消极"的处理方式,不进行异常处理,继续向上抛出异常。main()方法的调用者是 JVM,程序运行过程一旦发生异常,运行时系统找不到异常处理代码,程序将因发生异常终止运行而退出。所以,除非事先约定,否则开发者在程序中不要采用声明抛出异常的"消极"处理方式。

在子类重写父类方法时,声明抛出异常将受到一定限制。子类中的重写方法要么与父类中被重写方法抛出相同的异常,要么抛出异常的子类,但不能抛出更大范围类型的异常。

【例 9-10】 演示子类中重写方法抛出异常。

程序 B.java 如下。

```
package ch09;
import java.io.FileNotFoundException;
import java.io.IOException;
public class B{
    public void b() throws IOException{
    }
}
class C extends B{
    public void b() throws FileNotFoundException,IOException{      //合法
    }
}
class D extends B{
    public void b() throws Exception{                              //非法
```

```
    }
}
```

【例 9-10】中，类 B 中定义方法 b()并声明抛出 IOException 类型异常。定义子类 C 继承类 B，并重写 B 中方法 b()，声明抛出的异常类型为 FileNotFoundException 和 IOException，为 B 类中方法 b()抛出异常类型 IOException 的子类型或本身类型，没有扩大所抛出异常类型的范围，程序正确编译通过。定义子类 D 继承类 B 并重写 B 中方法 b()，声明抛出的异常类型为 Exception，为 B 类中方法 b()抛出异常类型 IOException 的父类型，扩大所抛出异常类型的范围，程序编译出错。

9.2.4 人工抛出异常

除了程序运行出错时由系统自动生成并抛出异常对象外，还可以人工创建异常对象并抛出。人工抛出异常使用关键字 throw，代码如下。

```
IOException e=new IOException();
throw e;
```

或者

```
throw new Exception();
```

人工抛出异常时一定要注意，人工抛出的对象必须是 Throwable 及其子类的对象，否则编译时将产生语法错误。

【例 9-11】 演示人工抛出异常的使用。

程序 ZeroException.java 如下。

```
package ch09;
public class ZeroException {
    public int division(int a,int b){
        if(b==0){
            throw new ArithmeticException();
        }
        return a/b;
    }
    public static void main(String[] args) {
        int a=10;
        int b=5;
        ZeroException ze=new ZeroException();
        int result;
        try{
            result=ze.division(a,b);
            System.out.println("a 除以 b 的结果是: "+result);
        }catch(ArithmeticException e){
            System.out.println("除数不能为零!");
        }
```

```
    }
}
```

【例 9-11】中，当 division(int a,int b)方法的参数 b 为 0，将执行人工抛出异常语句“throw new ArithmeticException()”，程序运行结果如下。

```
除数不能为零!
```

【例 9-11】中，当 division(int a,int b)方法的参数 b 不为 0，假如为 5，程序运行结果如下。

```
a 除以 b 的结果是: 2
```

9.3 自定义异常

在 Java 语言中，除了使用 Java API 中定义的异常类体系中的异常类外，开发者还可以自定义异常类。该异常类不属于 Java 异常类体系，运行时系统无法自动识别和抛出，必须人工抛出，所以自定义异常类必须继承 Exception。

【例 9-12】 演示自定义异常类的使用。

程序 MyExceptionTest.java 如下。

```
package ch09;
public class MyExceptionTest {
    public static void main(String[] args) {
        MyExceptionTest me=new MyExceptionTest();
        me.manager(-10);
    }
    public void manager(int num){
        try {
            register(num);
        } catch(MyException e) {
            System.out.println(e.getMessage()
                    +"注册失败!错误类型为: "+e.getIdNumber());
        }
    }
    public void register(int num) throws MyException{
        if(num<0){
            throw new MyException("输入人数不合理!",3);
        }
        System.out.println("注册人数为"+num);
    }
}
class MyException extends Exception{
    private String message;                          //异常简短信息
    private int idNumber;                            //错误类型
    public MyException(String message,int idNumber){
        super(message);
```

```
        this.idNumber=idNumber;
    }
    public int getIdNumber(){
        return idNumber;
    }
}
```

程序运行结果如下。

```
输入人数不合理!注册失败!错误类型为: 3
```

【例 9-12】中,类 MyException 为自定义异常类,定义该类时继承了 Exception 类,这样 MyException 才具有了异常类的特点。在自定义异常类中定义了构造方法,在构造方法中调用了父类 Exception 的带有参数的构造方法,同时定义了一个私有属性 idNumber,用来记载异常类型信息。在创建异常对象并在构造方法中初始化,即指明异常错误类型。

在 MyExceptionTest 类的 register(int num)方法中,对于可能发生的自定义异常,并没有进行捕获和处理,而是采用了人工抛出,在声明 register(int num)方法时抛出异常。这就使得 register(int num)方法的调用者要进行异常处理,上述程序是在 manager(int num)方法中对自定义异常进行了捕获和处理。

Java API 为开发者提供比较完备的异常类体系,即针对常见的各种异常类型事先定义了相应的异常类型。一般情况下,使用 Java 语言编程不需要人工抛出异常和自定义异常类型,除非有特殊需要,才要自定义异常类。

9.4 案　　例

本章案例用于实现学生查询功能,主要目的是演示自定义异常在程序设计中的应用。

9.4.1 案例设计

为了演示自定义异常的使用,以下定义了异常类(NotFoundException. java)。为了使案例在 GUI 下运行,在 Test. java 类中使用了 JFrame 等 GUI 类。如图 9-3 所示。

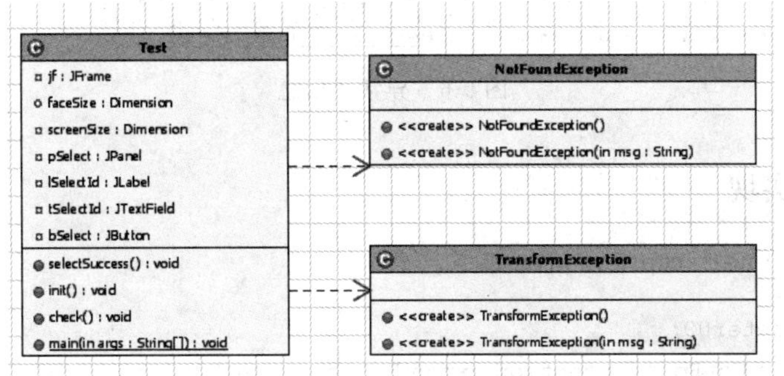

图 9-3　自定义异常类图

9.4.2 案例演示

运行程序，进入学生信息查询界面，如图 9-4 所示。

当用户输入一个不存在的学生学号，单击“查询”按钮后，程序弹出查询失败异常对话框，如图 9-5 所示。

图 9-4 学生信息查询界面

图 9-5 查询异常对话框界面

同时控制台输出异常栈信息，如图 9-6 所示。

```
chapter09.NotFoundException: 抛出查询失败异常!
	at chapter09.Test$1.actionPerformed(Test.java:39)
	at javax.swing.AbstractButton.fireActionPerformed(AbstractButton.java:1995)
	at javax.swing.AbstractButton$Handler.actionPerformed(AbstractButton.java:2318)
	at javax.swing.DefaultButtonModel.fireActionPerformed(DefaultButtonModel.java:387)
	at javax.swing.DefaultButtonModel.setPressed(DefaultButtonModel.java:242)
	at javax.swing.plaf.basic.BasicButtonListener.mouseReleased(BasicButtonListener.java:236)
	at java.awt.Component.processMouseEvent(Component.java:6216)
	at javax.swing.JComponent.processMouseEvent(JComponent.java:3265)
	at java.awt.Component.processEvent(Component.java:5981)
	at java.awt.Container.processEvent(Container.java:2041)
	at java.awt.Component.dispatchEventImpl(Component.java:4583)
	at java.awt.Container.dispatchEventImpl(Container.java:2099)
	at java.awt.Component.dispatchEvent(Component.java:4413)
	at java.awt.LightweightDispatcher.retargetMouseEvent(Container.java:4556)
	at java.awt.LightweightDispatcher.processMouseEvent(Container.java:4220)
	at java.awt.LightweightDispatcher.dispatchEvent(Container.java:4150)
	at java.awt.Container.dispatchEventImpl(Container.java:2085)
	at java.awt.Window.dispatchEventImpl(Window.java:2475)
	at java.awt.Component.dispatchEvent(Component.java:4413)
	at java.awt.EventQueue.dispatchEvent(EventQueue.java:599)
	at java.awt.EventDispatchThread.pumpOneEventForFilters(EventDispatchThread.java:269)
	at java.awt.EventDispatchThread.pumpEventsForFilter(EventDispatchThread.java:184)
	at java.awt.EventDispatchThread.pumpEventsForHierarchy(EventDispatchThread.java:174)
	at java.awt.EventDispatchThread.pumpEvents(EventDispatchThread.java:169)
	at java.awt.EventDispatchThread.pumpEvents(EventDispatchThread.java:161)
	at java.awt.EventDispatchThread.run(EventDispatchThread.java:122)
```

图 9-6 异常栈信息

9.4.3 代码实现

程序 NotFoundException.java 如下。

```
package chapter09;
public class NotFoundException extends Exception {
    public NotFoundException() {
        super();
    }
```

```
    public NotFoundException(String msg) {
        super(msg);
    }
}
```

程序 Test.java 如下。

```
package chapter09;
import java.awt.BorderLayout;
import java.awt.Dimension;
import java.awt.Toolkit;
import java.awt.event.ActionEvent;
import java.awt.event.ActionListener;
import javax.swing.JButton;
import javax.swing.JFrame;
import javax.swing.JLabel;
import javax.swing.JOptionPane;
import javax.swing.JPanel;
import javax.swing.JTextField;
public class Test {
    private JFrame jf=new JFrame();
    Dimension faceSize=new Dimension(400,300);
    private Dimension screenSize=Toolkit.getDefaultToolkit().getScreenSize();
    private JPanel pSelect=new JPanel();
    private JLabel lSelectId=new JLabel("学号");
    private JTextField tSelectId=new JTextField(15);
    private JButton bSelect=new JButton("查询");
    public void selectSuccess() {
        JOptionPane.showMessageDialog(jf,"查询成功!","提示",
                JOptionPane.WARNING_MESSAGE);
    }
    public void init() {
        pSelect.add(lSelectId);
        pSelect.add(tSelectId);
        pSelect.add(bSelect);
        bSelect.addActionListener(new ActionListener() {
            public void actionPerformed(ActionEvent e) {
                String id=tSelectId.getText().trim();
                if(id.equals("123456")) {
                    JOptionPane.showMessageDialog(jf,"查询成功!","提示",
                            JOptionPane.WARNING_MESSAGE);
                } else {
                    JOptionPane.showMessageDialog(jf,"查询失败!抛出查询失败异
                            常!","提示",JOptionPane.WARNING_MESSAGE);
                    try {
```

```
                        throw new NotFoundException("抛出查询失败异常!");
                    } catch(Exception e1) {
                        e1.printStackTrace();
                    }
                }
            }
        });
        jf.setLayout(new BorderLayout());
        //设置 pSelect 在 jf 的北面
        jf.add(pSelect,BorderLayout.NORTH);
        jf.pack();
        jf.setSize(faceSize);
        jf.setLocation((int)(screenSize.width - faceSize.getWidth()) / 2,
                (int)(screenSize.height - faceSize.getHeight()) / 2);
        jf.setResizable(false);
        jf.setDefaultCloseOperation(JFrame.EXIT_ON_CLOSE);
        jf.setVisible(true);
    }
    public void check() {
        String id=tSelectId.getText();
    }
    public static void main(String[] args) {
        new Test().init();
    }
}
```

9.5 习　　题

一、选择题

(1) 抛出异常时,应该使用(　　)。

A. throw　　B. catch　　C. finally　　D. throws

(2) 对于已经被定义为检查型异常的方法,编程时(　　)。

A. 必须使用 try/catch 语句处理异常,或用 throws 将其抛出

B. 如果程序错误,必须使用 try/catch 语句处理异常

C. 可以置之不理

D. 只能使用 try/catch 语句处理

(3) 以下(　　)不是处理异常时用到的关键字。

A. try　　B. final　　C. throws　　D. catch

(4) 对于 try 和 catch 子句的排列方式,下列哪一项是正确的?(　　)

A. 子类异常在前,父类异常其后

B. 父类异常在前,子类异常其后

C. 只能有子类异常

D. 父类异常和子类异常不能同时出现在同一个 try 程序段内

(5) 一个 catch 语句段一定总和下列(　　)相联系。

A. try 语句段　　　　B. finally 语句段

C. throw　　　　D. throws

(6) 阅读下面代码,正确的是(　　)。

```
public class TestTryAndTry {
    public static void main(String args[]){
        System.out.println(ma());
    }
    public static int ma(){
        try{
            return 100;
        }finally{
            try{
                return 200;
            }finally{
                return 500;
            }
        return 1000;
        }
    }
}
```

A. 编译错误　　　　B. 输出 100

C. 输出 200　　　　D. 输出 500

E. 输出 1000

二、填空题

(1) 异常处理是由________、________和 finally 块 3 个关键字所组成的程序块。

(2) 异常类的最上层为________类,此类有两个子类,分别是________和________。

(3) 自定义异常类时,可以通过继承________类或者继承其子类实现。

(4) Java 语言中常用异常类 ClassNotFoundException 是用来处理________类型的异常。

(5) 任何没有被程序捕获的异常将最终被________处理。

三、程序设计题

(1) 按要求完成下题。

① 编写 OwnException 类,要求继承 Exception 类;

② 编写 OwnExceptionSource 类,要求包含方法 a(),a()抛出 OwnException;

③ 编写 OwnExceptionHandler 类，要求包含 main()，在 main()中调用 OwnExceptionSource 类的 a()，并处理相关异常。

(2) 编写 DivisionByZero 类，包含如下内容。

① division()：要求执行 10/0 操作，并使用异常处理机制处理产生的异常；

② main()：调用 division()；

③ 修改 division()：执行 10/0 不变，但不在方法中处理产生的异常，改将异常抛出；

④ 修改 main()：调用 division()并处理其抛出的异常。

(3) 程序 TestException.java 的代码如下。

```
public class TestException{
    public static void main(String[] args){
        System.out.println(args[0]);
        System.out.println(args[1]);
        System.out.println(args[2]);
    }
}
```

要求修改程序 TestException.java，要求：在命令行输入参数不能满足输出要求时，会抛出相应异常，使用异常处理机制处理抛出的异常。

第10章 流

前 9 章的数据处理都是在内存中进行的，这些数据没有保存，程序结束时数据也随之消失。本章要学习的流越出了 JVM 边界，与外界进行数据交换，也就是可以从外界获取数据，也可以向外界发送数据。从本质上讲，计算机程序的运行过程，实际就是用给定的处理逻辑处理数据的过程，它包括数据获取、数据处理和数据输出。数据的处理逻辑体现在程序代码中：数据的获取方式有多种，可以从程序中直接给出，也可以从键盘输入，以及前面讲过的使用命令行参数，也可以从文件中读取，后面还有从数据库读取数据以及通过网络连接等。同样，数据的输出亦是如此。流章节相关内容就是使程序和外界进行数据读写（交换）。

本章主要介绍流的基本概念、流的分类、Java 中流的体系结构、常用流类的使用以及文件操作即 File 类的使用。

10.1 流的基本概念

所谓 I/O(Input/Output)，即输入与输出，跨越了 JVM 边界，与外界进行数据交换。程序可以从外界读取数据，也可以向外界输出数据。能为程序提供数据输入的地方，称为数据源。数据源即数据的来源，指一切可以提供数据的地方，如磁盘上的文件、键盘、网络连接等。能接收程序数据输出的目的地称为数据宿，即一切可以接收数据的地方，如磁盘上的文件、显示器、打印机。目前，业内很多人将数据源和数据宿均称为数据源。

Java 把不同数据源和程序间的数据传输抽象地描述成“流”(Stream)，计算机中处理的数据形式为“0”或“1”这样的二进制位，所以流也称为数据流。Java 语言是纯面向对象语言，将输入和输出都抽象为流对象，Java API 定义了很多流类，存放在 java. io 包下。流是一组有序的数据序列，是字节的源与目的，流内放的就是数据序列，既可以从流中获得数据，也可以向其中写入数据。输入是指数据流入程序，输出是指数据从程序流出。I/O 流即输入流和输出流，判断输入流和输出流的最有效办法就是以当前程序作为参照，如果是读数据，就用输入流，如果是写数据，就用输出流。

为了从数据源获取信息，输入流和数据源建立连接并打开输入流，程序可从输入流读取信息，如图 10-1 所示。

当程序向数据源（目标位置）写信息时，输出流和数据源建立连接，并打开输出流，程序通过输出流向数据源（目标位置）写信息，如图 10-2 所示。

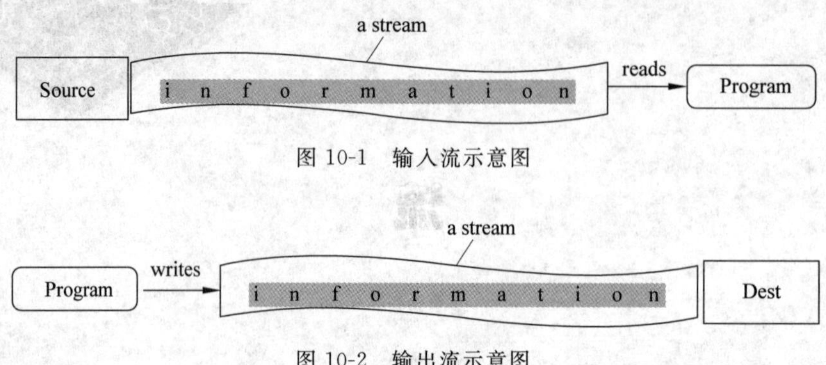

图 10-1　输入流示意图

图 10-2　输出流示意图

10.2　流的分类

数据流的分类方式有 3 种，如下所示。

(1) 按照数据流动的方向划分

根据流的数据流向不同，流可以分为输入流(InputStream)和输出流(OutputStream)。通过 10.1 小节可以知道，输入流只能从流中读数据，不能向其写数据；输出流只能向流中写数据，不能从流中读数据。Java 中的流一般都是成对出现的，一个是输入流，另一个是对应的输出流。java.io.RandomAccessFile 流类是个特例，该类既是输入流，又是输出流，即通过该流类既可以读数据，也可以写数据。

(2) 按照流的功能划分

根据流的功能不同，流可以分为节点流和功能流(或过滤流、处理流)。节点流只能直接连接数据源，进行数据读/写操作；功能流只能对已经存在的节点流进行连接和封装，通过封装增强流的读/写功能和处理效率，功能流不能和数据源直接连接。

(3) 按照流操作的数据单位划分

根据流操作的数据单位不同，流可以分为字节流和字符流。字节流以字节为单位进行数据的读/写，每次读写一个或多个字节数据；字符流以字符为单位进行数据的读/写，每次读写一个或多个字符数据。Java 的命名惯例是以 InputStream 或 OutputStream 结尾的流为字节流，以 Reader 或 Writer 结尾的流为字符流。通过流结尾单词即可区分字节流和字符流类型。

10.3　流的体系结构

Java API 在 java.io 包下定义了很多流类。开发者可以直接使用 Java API 提供的流类编写程序。在流类的体系结构中，Java API 提供了 4 个顶层流类，顶层流类均为抽象类，其中 InputStream 和 OutputStram 是字节流，Reader 和 Writer 是字符流，InputStream 和 Reader 是输入流，Writer 和 OutputStram 是输出流，均为相应流类型的抽象父类。如图 10-3 所示。

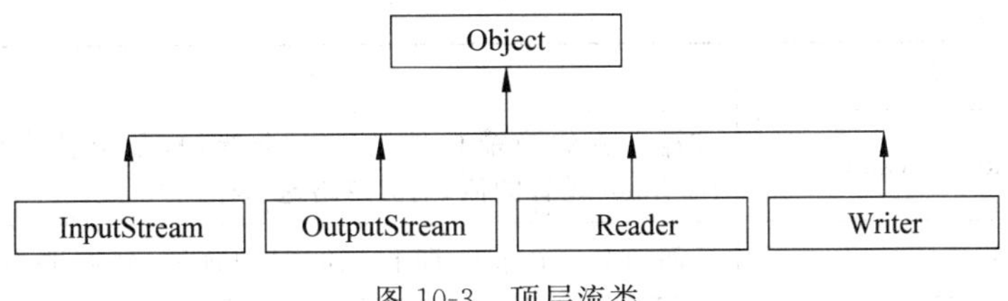

图 10-3 顶层流类

10.3.1 InputStream

抽象类 java.io.InputStream 是所有字节输入流的父类,该类定义了以字节为单位读取数据的基本方法,并在子类中进行了分化和实现。InputStream 类的层次结构如图 10-4 所示。

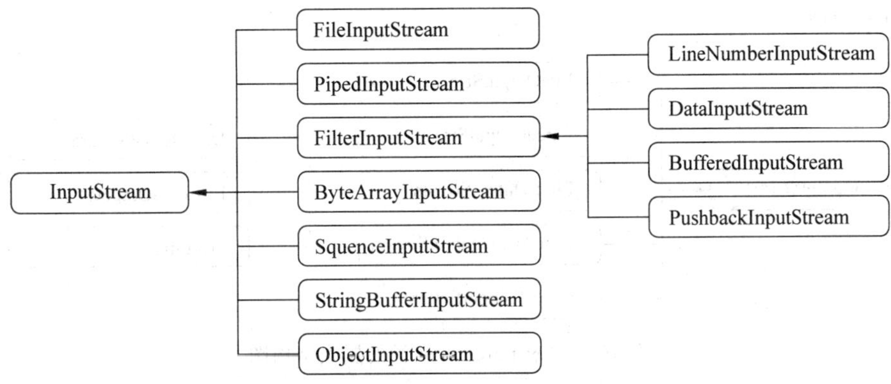

图 10-4 InputStream 类的层次结构图

InputStream 类中定义了字节输入流的常用基本方法,其中主要方法如表 10-1 所示。

表 10-1 InputStream 类中的主要方法

方 法	说 明
public abstract int read()	从输入流中读取下一个字节数据。将字节值转化为 0～255 之间的无符号整数返回,如果返回 -1,表示读到了输入流的末尾
public int read(byte[] b)	从输入流中读取一定数目的字节数据,存放在一个缓冲字节数组,同时以一个整数形式返回实际读取的字节数。如果返回 -1,表示读到了输入流的末尾
public int read(byte[] b, int off, int len)	从输入流中读取一定数目的字节数据,存放在一个缓冲字节数组,同时以一个整数形式返回实际读取的字节数。如果返回 -1,表示读到了输入流的末尾。off 指定在数组 b 中存放数据的起始偏移位置;len 指定读取的最大字节数
public long skip(long n)	在输入流中跳过 n 个字节,并返回实际跳过的字节数
public int available()	返回在不发生阻塞的情况下可读取的字节数
public void close()	关闭输入流,释放和这个流相关的系统资源

续表

方 法	说 明
public void mark(int readlimit)	在输入流的当前位置放置一个标记,如果读取的字节数多于readlimit设置的值,则流忽略这个标记
public void reset()	返回到上一个标记,即上一次调用mark(int readlimit)方法的位置
public boolean markSupported()	测试当前流是否支持mark和reset方法。如果支持,返回true,否则返回false

10.3.2 OutputStream

抽象类java.io.OutputStream是所有字节输出流的父类,该类定义了以字节为单位向流中写数据的基本方法,并在子类中进行了分化和实现。OutputStream类的层次结构如图10-5所示。

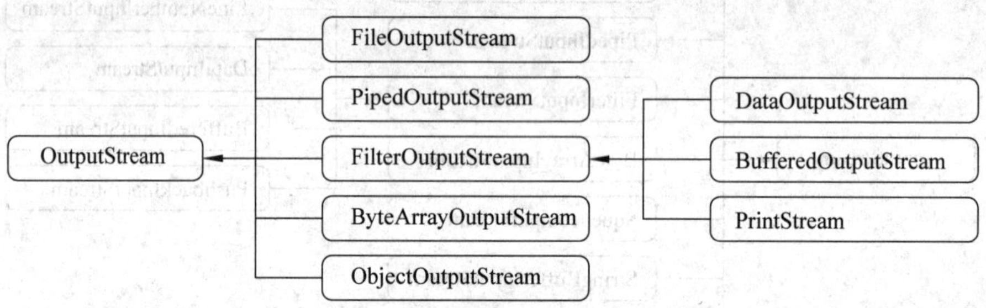

图10-5 OutputStream类的层次结构图

OutputStream类中定义了字节输出流的基本方法,其中主要方法如表10-2所示。

表10-2 OutputStream类中的主要方法

方 法	说 明
public abstract void write(int b)	将方法整数参数的二进制最低8位(第一个字节)写入输出流中
public void write(byte[] b)	将字节数组b中的所有字节写入输出流中
public void write(byte[] b, int off, int len)	将字节数组b中从偏移量off开始的len个字节的数据写入输出流中
public void flush()	刷新输出流,强制缓冲区中的输出字节写入到输出流中
public void close()	关闭输出流,释放和这个流相关的系统资源

10.3.3 Reader

抽象类java.io.Reader是所有字符输入流的父类,该类定义了以字符为单位读取数据的基本方法,并在子类中进行了分化和实现。Reader类的层次结构如图10-6所示。

Reader类中定义了字符输入流的基本方法,其中主要方法如表10-3所示。

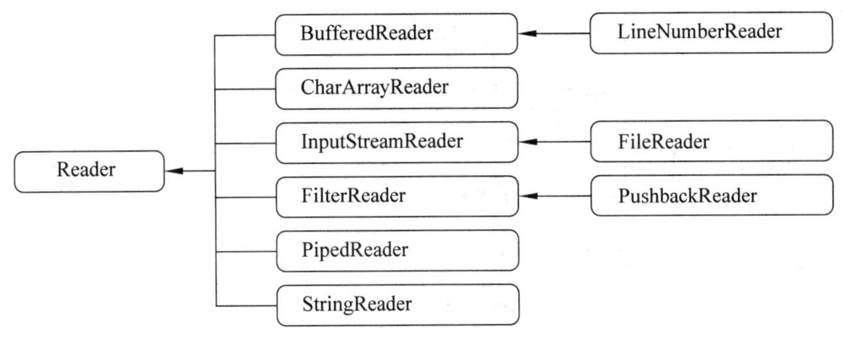

图 10-6 Reader 类的层次结构图

表 10-3 Reader 类中的主要方法

方　法	说　明
public int read()	从输入流中读取下一个字符数据。将字符值转化为 0～65 535(0x0000～0xffff)之间的无符号整数返回,如果返回－1,表示读到了输入流的末尾
public int read(char[] cbuf)	从输入流中读取一定数目的字符数据,存放在一个缓冲字符数组,同时以一个整数形式返回实际读取的字符数。如果返回－1,表示读到了输入流的末尾
public abstract int read(char[] cbuf, int off, int len)	从输入流中读取一定数目的字符数据,存放在一个缓冲字符数组,同时以一个整数形式返回实际读取的字符数。如果返回－1,表示读到了输入流的末尾。off 指定在数组 b 中存放数据的起始偏移位置;len 指定读取的最大字符数
public boolean ready()	判断是否准备好,如果准备好,则可以进行读操作
public void reset()	返回到上一个标记,即上一次调用 mark(int readlimit)方法的位置
public long skip(long n)	在输入流中跳过 n 个字符,并返回实际跳过的字符数
public abstract void close()	关闭流,并释放与之关联的所有资源
public void mark(int readAheadLimit)	在输入流的当前位置放置一个标记,如果读取的字符数多于 readlimit 设置的值,则流忽略这个标记
public boolean markSupported()	测试当前流是否支持 mark 和 reset 方法。如果支持,返回 true,否则返回 false

10.3.4 Writer

抽象类 java.io.Writer 是所有字符输出流的父类,该类定义了以字符为单位写数据的基本方法,并在子类中进行了分化和实现。Writer 类的层次结构如图 10-7 所示。

Writer 类中定义了字符输出流的基本操作方法,其中主要方法如表 10-4 所示。

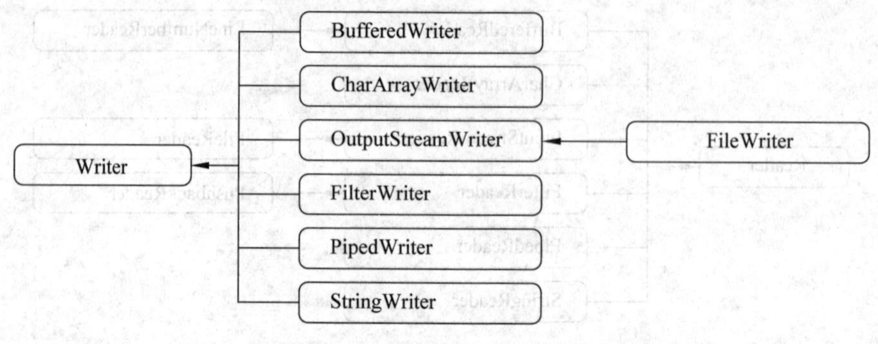

图 10-7　Writer 类的层次结构图

表 10-4　Writer 类中的主要方法

方　　法	说　　明
public void write(int c)	将方法整数参数的二进制制最低 16 位(最后两个字节)写入到输出流中
public void write(char[] cbuf)	将字符数组 cbuf 中的所有字符写入到输出流中
public abstract void write(char[] cbuf,int off,int len)	将字符数组 cbuf 中从偏移量 off 开始的 len 个字符的数据写入到输出流中
public void write(String str)	将字符串 str 中所有字符依次写入到输出流中
public void write(String str,int off,int len)	将字符串 str 中从索引位置 off 开始的 len 个字符的数据写入到输出流中
public abstract void close()	关闭流,并释放与之关联的所有资源
public abstract void flush()	刷新输出流,强制缓冲区中的输出字节写入到输出流中

10.4　常用流的使用

介绍常用流的使用之前,先介绍流的操作步骤。

10.4.1　流的操作步骤

(1) 实例化流

通过实例化流获得流对象,获得流对象是进行流操作的前提。实例化流通过使用流类的构造方法实现。有关流类的构造方法,可以在使用具体流类时查阅 Java API 文档。

(2) 包装流

第一步实例化流对象用到的流类为节点流,构造流对象时和数据源建立连接。节点流处理效率较低,操作功能较弱,因此通过第一步获得的节点流对象使用功能流进行包装,以提高流的处理效率或增强流的功能。通过流对象的包装建立一个"流链"的过程如图 10-8 所示。

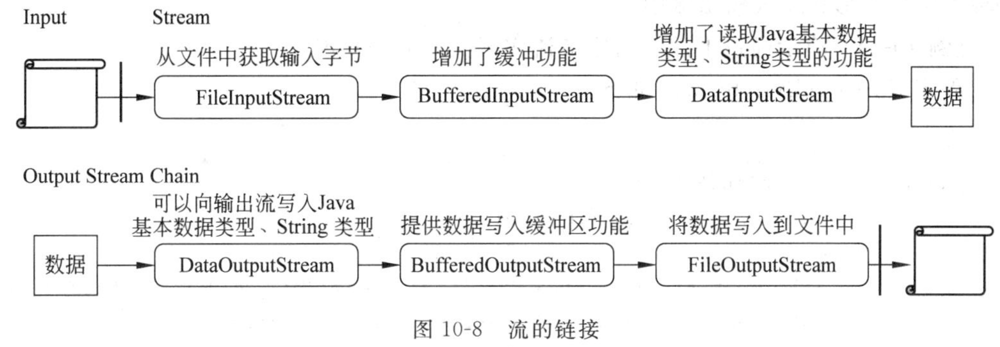

图 10-8　流的链接

(3) 读写流

对第二步包装好的流对象进行读/写操作。对于输入流进行读取操作,输出流进行写入操作。从程序上看,读写操作的是流对象,本质上读写操作的是和流对象相连接的数据源。

(4) 对于流类型为输出流的流对象,清除缓存

一般情况下,进行流操作时,包装流对象时要增加流对象的缓存功能,以提高流的操作效率。流对象进行读写操作时,经常和外部设备进行数据交互,CPU 和外部设备直接交互的效率很低,和内存交互效率很高,因此进行数据读写时先将数据读写到缓存,当达到一定数量时,再与外设交互,以提高程序效率。输出流类中的 flush()方法强制输出缓存的内容,不过该方法只有实现了该方法的流类对象才能使用该对象,在顶层输出流类中使用该方法只是空实现。

(5) 关闭流

关闭流对象的同时释放与该对象相关联的系统资源,节省系统资源,减轻内存的压力。

10.4.2 字节流

FileInputStream/FileOutputStream 是一对常用的字节流,也属于节点流,可以与数据源直接相连,实现以字节为单位读写本地文件的数据。使用 FileInputStream 类构造方法构造输入流对象时,需要指定一个确实存在的本地文件路径,否则程序将出现 java. io. FileNotFoundException: XXXXXX (系统找不到指定的文件)的问题。使用 FileOutputStream 类构造方法构造输出流对象时,指定文件路径代表的本地文件存不存在均可。如果存在,写入数据时将覆盖原文件内容,如果不存在,系统将自动创建文件,并将内容写入其中。

BufferedInputStream/BufferedOutputStream 是一对字节流,也属于功能流,不能和数据源直接相连,只能对节点流进行包装,为字节输入流和字节输出流增加缓冲功能。

DataInputStream/DataOutputStream 是一对字节流,也属于功能流,不能和数据源直接相连,只能对节点流或功能流进行包装,增强流的功能。

DataInputStream/DataOutputStream 分别实现了 DataInput/DataOutput 接口。DataInputStream 允许应用程序以与机器无关方式从底层输入流中读取基本 Java 数据类型和 String 类型数据;DataOutputStream 允许应用程序以适当方式将基本 Java 数据类

型或者字符串形式写入输出流中。

【例 10-1】 演示通过上述三对字节流实现文件复制功能。

程序 FileCopyByByte.java 如下。

```
package ch10;
public class FileCopyByByte {
    public static void main(String[] args) {
        try {
            FileInputStream fis=new FileInputStream("D:\\ch10\\file.txt");
            BufferedInputStream bis=new BufferedInputStream(fis);
            FileOutputStream fos=new FileOutputStream("D:\\ch10\\file1.txt");
            BufferedOutputStream bos=new BufferedOutputStream(fos);
            /*
             *第一种读写方式
             */
            int read;
            while((read=bis.read())!=-1){
                bos.write(read);
            }
            int len;
            byte[] b=new byte[1024];
            /*
             * 第二种读写方式
             */
            while((len=bis.read(b))!=-1){
                bos.write(b,0,len);
            }
            /*
             * 第三种读写方式
             */
            while((len=bis.read(b,0,1024))!=-1){
                bos.write(b,0,len);
            }
            //关闭资源
            bis.close();
            bos.close();
        } catch(FileNotFoundException e) {
            e.printStackTrace();
        } catch(IOException e) {
            e.printStackTrace();
        }
    }
}
```

【例 10-1】实现了文件复制功能。程序中给出了 3 种不同的数据读写方式,运行程序时一定要去掉其中的两种。

【例 10-2】 演示通过 DataInputStream/DataOutputStream 流实现对 Java 基本数据类型和 String 类型数据的读写。

程序 DataStreamTest. java 如下。

```
package ch10;
public class DataStreamTest {
    public static void main(String[] args) {
        try {
            FileOutputStream fos=new FileOutputStream("D:\\ch10\\aa.txt");
            BufferedOutputStream bos=new BufferedOutputStream(fos);
            DataOutputStream dos=new DataOutputStream(bos);

            dos.writeUTF("Java 软件开发技术是目前最主流的软件开发技术!");
            dos.writeChar('A');
            dos.writeInt(49);
            dos.writeDouble(3.14);
            dos.flush();
            dos.close();          //执行关闭流对象方法时默认执行刷新方法
            FileInputStream fis=new FileInputStream("D:\\ch10\\aa.txt");
            BufferedInputStream bis=new BufferedInputStream(fis);
            DataInputStream dis=new DataInputStream(bis);
            System.out.println(dis.readUTF());
            System.out.println(dis.readChar());
            System.out.println(dis.readInt());
            System.out.println(dis.readDouble());
            dis.close();
        } catch(FileNotFoundException e) {
            e.printStackTrace();
        } catch(IOException e) {
            e.printStackTrace();
        }
    }
}
```

【例 10-2】实现了对 Java 基本数据类型和 String 类型数据的读写，程序先使用输出流创建文件“D:\\ch10\\aa. txt”，并将数据写入文件，然后再用输入流读取文件“D:\\ch10\\aa. txt”中写入的数据，打印在控制台。程序中的流对象使用了两层包装，使得节点流对象具有了缓冲和读写 Java 数据类型的功能。有一点要注意，当打开由流新创建的文件“D:\\ch10\\aa. txt”时，发现内容是乱码，这是由于文件中数据的存储格式与 JVM 内存中的数据存储格式不相同，这对用户是透明的。

10.4.3 字符流

FileReader/FileWriter 是一对常用的字符流，也属于节点流，可以与数据源直接相连，实现对以字符为单位读写本地文件的数据。

使用 FileReader 类构造方法构造输入流对象时，需要指定一个确实存在的本地文件路径，否则程序将出现 java.io.FileNotFoundException：XXXXXX（系统找不到指定的文件）的问题。使用 FileWriter 类构造方法构造输出流对象时，指定文件路径代表的本地文件存不存在均可，如果存在，写入数据时将覆盖原文件内容，如果不存在，系统将自动创建文件，并将内容写入其中。

BufferedReader/BufferedWriter 是一对字符流，也属于功能流，不能和数据源直接相连，只能对节点流进行包装，为字符输入流和字符输出流增加缓冲功能。

【例 10-3】 演示通过字符流实现文件复制功能。

程序 FileCopyByChar.java 如下。

```
package ch10;
public class FileCopyByChar {
    public static void main(String[] args) {
        try {
            FileReader fr=new FileReader("D:\\ch10\\file.txt");
            BufferedReader br=new BufferedReader(fr);
            FileWriter fw=new FileWriter("D:\\ch10\\file1.txt");
            BufferedWriter bw=new BufferedWriter(fw);
            /*
             * 第一种读写方式
             */
            int read;
            while((read=br.read())!=-1){
                bw.write(read);
            }

            int len;
            char[] c=new char[1024];
            /*
             * 第二种读写方式
             */
            while((len=br.read(c))!=-1){
                bw.write(c,0,len);
            }
            /*
             * 第三种读写方式
             */
            while((len=br.read(c,0,1024))!=-1){
                bw.write(c,0,len);
            }
            /*
             * 第四种读写方式
             */
            String str;
```

```
            while((str=br.readLine())!=null){
                bw.write(str);
            }
            //关闭资源
            br.close();
            bw.close();
        } catch(FileNotFoundException e) {
            e.printStackTrace();
        } catch(IOException e) {
            e.printStackTrace();
        }
    }
}
```

【例 10-3】和【例 10-1】功能相同，均实现了文件复制功能。只是两个程序使用不同类型的流类，【例 10-1】使用的字节流，【例 10-3】使用的字符流。程序中给出了 4 种不同的数据读写方式，运行程序时一定要去掉其中的三种。

10.4.4 字节字符转换流

InputStreamReader/OutputStreamWriter 是一对特殊的流类，通过流的名字可以看出，这一对流用来实现将字节流和字符流之间的相互转换。InputStreamReader 实现了字节流向字符流的转换输入；OutputStreamWriter 则实现了字节流向字符流的转换输出。

【例 10-4】 演示使用 InputStreamReader/OutputStreamWriter 实现文件复制功能。

程序 TransformStreamTest.java 如下。

```
package ch10;
public class TransformStreamTest {
    public static void main(String[] args) {
        try {
            FileInputStream fis=new FileInputStream("D:\\ch10\\file.txt");
            InputStreamReader isr=new InputStreamReader(fis);
            BufferedReader br=new BufferedReader(isr);
            FileOutputStream fos=new FileOutputStream("D:\\ch10\\file2.txt");
            OutputStreamWriter osw=new OutputStreamWriter(fos);
            BufferedWriter bw=new BufferedWriter(osw);
            String str;
            while((str=br.readLine())!=null){
                bw.write(str);
                bw.newLine();
            }
            br.close();
            bw.close();
        } catch(FileNotFoundException e) {
            e.printStackTrace();
        } catch(IOException e) {
```

```
                e.printStackTrace();
            }
        }
    }
```

【例 10-4】也实现了文件复制功能,在程序实现过程中使用字节字符转换流,先将字节流转换为字符流,再将字符流转换为字节流。

10.4.5 随机读取文件流

RandomAccessFile 类既是输入流,也是输出流。RandomAccessFile 是一个很有用的类,可以将字节流写入到磁盘文件中,也可以从磁盘文件中读出字节流。它同时实现了 DataInput 和 DataOutput 接口,提供了对文件随机存取的功能。利用该类可以在文件的任何位置读取或写入数据。该类提供了一个文件指针,用来标志要进行读写操作的下一数据的位置。

RandomAccessFile 类中定义的主要方法如表 10-5 所示。

表 10-5 RandomAccessFile 类中的主要方法

方　　法	说　　明
public RandomAccessFile (String name, String mode)	创建从中读取和向其中写入(可选)的随机访问文件流,name 为文件所指定的名称,mode 指定文件的访问模式,具体如下: "r":以只读方式打开。调用文件对象的任何 write 方法都将导致抛出 IOException。 "rw":以读写方式打开。如果该文件尚不存在,则尝试创建该文件。 "rws":以读写方式打开,对于 "rw",还要求对文件的内容或元数据的每个更新都同步写入到底层存储设备。 "rwd":以读写方式打开,对于 "rw",还要求对文件内容的每个更新都同步写入到底层存储设备
public long getFilePointer()	返回此从文件开头到当前位置的偏移量,即文件指针的当前位置,在该位置发生下一个读取或写入操作
public long length()	返回此文件的长度
public void seek(long pos)	设置文件指针当前位置,在该位置发生下一个读取或写入操作。

此外,RandomAccessFile 类中还定义许多以字节为单位读写数据的方法、读写 Java 基本数据类型和 String 类型的方法,以及以行为单位读取数据的方法。可以通过 Java API 文档查阅。

【例 10-5】 演示使用 RandomAccessFile 类实现文件随机读写。

程序 RandomAccessFileTest.java 如下。

```
package ch10;
public class RandomAccessFileTest {
    public static void main(String[] args) {
        try {
            RandomAccessFile raf=new RandomAccessFile("D:\\ch10\\student.txt","rw");
            Student s1=new Student(1001,"aaa",45);
```

```
            Student s2=new Student(1002,"aa",34);
            Student s3=new Student(1003,"a",35);
            Student s4=new Student(1004,"a",30);
            s1.writeStudent(raf);
            s2.writeStudent(raf);
            s3.writeStudent(raf);
            s4.writeStudent(raf);
            raf.seek(0);
            Student s=new Student();
            for(long i=0;i<raf.length();i=raf.getFilePointer()){
                s.readStudent(raf);
                System.out.println("num="+s.num+"\tname="+s.name
                        +"\tage="+s.age);
            }
            raf.close();
        } catch(FileNotFoundException e) {
            e.printStackTrace();
        } catch(IOException e) {
            e.printStackTrace();
        }
    }
}
class Student{
    int num;
    String name;
    int age;
    public Student() {
    }
    public Student(int num,String name,int age) {
        this.num=num;
        this.name=name;
        this.age=age;
    }
    public void writeStudent(RandomAccessFile raf)
        throws IOException{
        raf.writeInt(this.num);
        raf.writeUTF(this.name);
        raf.writeInt(this.age);
    }
    public void readStudent(RandomAccessFile raf)
        throws IOException{
        this.num=raf.readInt();
        this.name=raf.readUTF();
        this.age=raf.readInt();
    }
}
```

程序运行结果如下。

```
num=1001    name=aaa    age=45
num=1002    name=aa     age=34
num=1003    name=a      age=35
num=1004    name=a      age=30
```

【例 10-5】实现了对学生对象信息的随机读写。

10.4.6 PrintStream/PrintWriter

java.io.PrintStream 在 OutputStream 的基础之上提供了增强功能，以方便地输出各种类型数据（不限于 byte 类型）的格式化形式。例如，使用其多次重载过的 print()、println()或 printf()方法输出任何类型的数据。

PrintStream 可以作为节点流使用，直接和数据源相连，也可以作为功能流包装其他字节输出流，以提供更强的流功能。

在【例 10-1】中，可以使用 PrintStream 类来完成写操作。使用 PrintStream 类对【例 10-1】的字节输出流对象 bos 进行包装，以增强输出流对象的功能，访问时可以使用 PrintStream 类的 println()方法，代码如下。

```
PrintStream ps=new PrintStream(bos);
int len;
byte[] b=new byte[1024];
while((len=bis.read(b,0,1024))!=-1){
    ps.println(new String(b,0,len));
}
```

java.io.PrintWriter 和 java.io.PrintStream 非常相似，也提供了 PrintStream 类提供的各种打印方法。两者区别在于：作为功能流，PrintStream 只能包装 OutputStream 类型的字节输出流，而 PrintWriter 既可以包装 OutputStream 类型的字节输出节点流，也可以包装 Writer 类型字符输出流。

将上述代码中的 PrintStream 改为 PrintWriter，其他代码不变，程序照常运行，代码如下。

```
PrintStream ps=new PrintStream(bos);
```

改为

```
PrintWriter ps=new PrintWriter(bos);
```

在【例 10-4】中可以使用 PrintWriter 类来完成写操作，代码如下。

```
PrintWriter pw=new PrintWriter(bw);
String str;
while((str=br.readLine())!=null){
    pw.println(str);
}
```

10.4.7 标准I/O

程序运行过程中，通常需要与用户交互，而控制台程序的主要交互方式如下：用户使用键盘作为标准输入设备，向程序中输入数据，程序利用计算机终端窗口作为标准输出设备，显示输出数据，这种操作被称为标准输入/输出(Standard Input/Output，Std I/O)或控制台输入/输出。

标准输入/输出是应用程序最基本、最常用的功能之一，java.lang.System 类的 3 个静态成员提供了标准输入/输出的操作功能。

(1) System.out：java.io.PrintStream 类型，提供向"标准输出"写出数据的能力。PrintStream 类的 write 方法本来是写到输出流中(或数据源中)，对于 System.out，JVM 启动时将其重定向在计算机的终端窗口。

(2) System.in：java.io.InputStream 类型，提供从"标准输入"读入数据的能力。InputStream 类的 read 方法本来是从输入流中(或数据源中)读取数据，JVM 在启动时将其重定向在计算机的键盘，即从键盘获得输入。

(3) System.err：java.io.PrintStream 类型，提供向"标准错误输出"写出数据的能力。用于错误信息的输出，当程序错误时，系统通过 System.err.println()方法，自动将错误信息输出到计算机的终端窗口。实际中很少使用。

【例 10-6】 演示标准输入/输出的使用。

程序 StandardIOTest.java 如下。

```
package ch10;
public class StandardIOTest{
    public static void main(String args[]){
        String s;
        InputStreamReader isr=new InputStreamReader(System.in);
        BufferedReader br=new BufferedReader(isr);
        try{
            s=br.readLine();
            while(!s.equals("")){
                System.out.println("Read:" +s);
                s=br.readLine();
            }
            br.close();
        }catch(IOException e){
            e.printStackTrace();
        }
    }
}
```

程序运行结果如下。

```
你好！
Read:你好！
```

```
我是土豆
Read:我是土豆
```

【例 10-6】运行后，输入“你好!”，单击回车键，控制台输出“Read：你好!”；输入“我是土豆”，单击回车键，控制台输出“Read：我是土豆”，当什么都没有输入，s. equals("")返回 true，单击回车键，退出程序。

10.5 对象序列化

当两个进程进行远程通信时，彼此可以发送各种类型的数据。无论是何种类型的数据，都会以二进制序列的形式在网络上传送。发送方需要把这个 Java 对象转换为字节序列，才能在网络上传送；接收方则需要把字节序列再恢复为 Java 对象。把 Java 对象转换为字节序列保存起来的过程称为对象的序列化；把字节序列恢复为 Java 对象的过程称为对象的反序列化。对象的序列化主要有两种用途：一是把对象的字节序列永久保存到硬盘上，通常存放在一个文件中，便于日后还原这个对象；二是在网络上传送对象的字节序列。

一个对象要想能够实现序列化，其所属类型必须实现 Serializable 接口或 Externalizable 接口。对象序列化使用 ObjectOutputStream/ObjectInputStream 这一对流类，它利用 ObjectOutputStream 中的 writeObject()方法；对象的反序列化利用 ObjectInputStream 中的 readObject()方法。

对象序列化的规则如下。

(1) 当一个对象被序列化时，只保存对象的没有 transient 修饰的非静态成员变量，不能保存任何的成员方法和静态的成员变量。

(2) 如果一个对象的成员变量是一个对象，那么这个对象的数据成员也会被保存。

(3) 利用对象的反序列化重新构建对象时，它并不会调用这个对象当中的任何构造方法，仅仅是根据先前保存对象的状态信息，在内存中重新还原这个对象。

(4) 如果一个可序列化的对象包含对某个不可序列化的对象的引用，那么整个序列化操作将会失败，并且会抛出一个 NotSerializableException。将这个引用标记为 transient，那么对象仍然可以序列化。

【例 10-7】 演示对象的序列化。

程序 ObjectStreamTest. java 如下。

```java
package ch10;
public class ObjectStreamTest {
    public static void main(String[] args) {
        try {
            FileOutputStream fos=new FileOutputStream("D:\\ch10\\employee.txt");
            BufferedOutputStream bos=new BufferedOutputStream(fos);
            ObjectOutputStream oos=new ObjectOutputStream(bos);
            Employee e1=new Employee("张三",34,1234.12);
            Employee e2=new Employee("lisi",23,6534.12);
            Employee e3=new Employee("王武",65,8765.12);
```

```
            oos.writeObject(e1);
            oos.writeObject(e2);
            oos.writeObject(e3);
            oos.close();
            FileInputStream fis=new FileInputStream("D:\\ch10\\employee.txt");
            BufferedInputStream bis=new BufferedInputStream(fis);
            ObjectInputStream ois=new ObjectInputStream(bis);
            Employee e;
            for(int i=0;i<3;i++){
                e=(Employee) ois.readObject();
                System.out.println("name="+e.name+"\tage="
                        +e.age+"\tsalary="+e.salary);
            }
            ois.close();
        } catch(FileNotFoundException e) {
            e.printStackTrace();
        } catch(IOException e) {
            e.printStackTrace();
        } catch(ClassNotFoundException e) {
            e.printStackTrace();
        }
    }
}
class Employee implements Serializable{
    String name;
    transient int age;
    double salary;
    transient Thread t=new Thread();
    public Employee(String name,int age,double salary) {
        this.name=name;
        this.age=age;
        this.salary=salary;
        System.out.println("=========");
    }
}
```

程序运行结果如下。

```
=========
=========
=========
name=张三    age=0   salary=1234.12
name=lisi    age=0   salary=6534.12
name=王武    age=0   salary=8765.12
```

【例 10-7】中,首先通过 Employee 类的构造方法创建三个 Employee 对象,程序结果中的 3 条"========="是构建对象调用构造方法时执行输出的。然后通过 ObjectInputStream

对象的 writeObject()方法创建 3 个 Employee 对象，以字节序列的形式写入文件“D:\\ch10\\employee. txt”。程序使用 ObjectInputStream 对象的 readObject()方法，将保存在文件“D:\\ch10\\employee. txt”中的字节序列进行对象的反序列化，并输出对象的属性值，从结果可以看出每个对象的 age 属性值均为 0，因为 Employee 类型定义时，age 属性为 transient 修饰，Employee 类型对象在序列化时，age 属性不能被序列化，所以 age 属性的输出值为 int 的默认值 0。同理，Employee 对象的属性 t 由 transient 修饰，也不能被序列化。t 为 Thread 类型，Thread 类型对象是不可序列化的，如果 t 没有 transient 修饰，程序在运行过程中将产生 java. io. NotSerializableException 异常。

10.6 文件操作

java. io. File 类提供一个抽象的、与系统独立的路径表示。给它一个路径字符串，它会将其转换为与系统无关的抽象路径表示，这个路径可以指向一个文件、目录或 URI (Uniform Resource Identifier)。一个 File 类的对象表示了磁盘上的文件或目录，一般情况下，File 只表示文件，但在 Java 中，它不仅表示文件，还表示目录。File 类提供了与平台无关的方法，对磁盘上的文件或目录进行操作。开发者可以使用 File 类进行创建文件/目录、删除文件/目录、查看文件/目录属性等常见的文件/目录操作。

java. io. File 类中定义的常量和主要方法如表 10-6 所示。

表 10-6 File 类中的常量和主要方法

方　法	说　明
public static String separator	File 类中提供的重要的常用字符串常量，表示与系统有关的默认名称分隔符，为了方便被表示为一个字符串。例如，在 Windows 系列操作系统中，separator 的值为“\”，Unix/Linux 操作系统中，separator 的值为“/”
public File(String pathname)	将给定路径名字符串转换为抽象路径名，创建一个新 File 实例
public File(String parent, String child)	在父目录 parent 路径名下创建 child 指定的一个新 File 实例
public boolean canExecute()	判断文件是否是可执行的
public boolean canRead()	判断文件是否是可读的
public boolean canWrite()	判断文件是否是可写的
public boolean createNewFile()	当具有此抽象路径名指定名称的文件不存在时，创建一个新的空文件
public boolean delete()	删除此抽象路径名表示的文件或目录
public void deleteOnExit()	程序运行正常结束后，删除此抽象路径名表示的文件或目录
public boolean exists()	判断抽象路径名表示的文件或目录是否存在
public String getName()	返回抽象路径名表示的文件或目录的名称

续表

方　法	说　明
public String getParent()	返回抽象路径名父目录的路径名字符串；如果此路径名没有指定父目录，则返回 null
public boolean isDirectory()	判断抽象路径名表示的文件是否是一个目录
public boolean isFile()	判断抽象路径名表示的文件是否是一个标准文件
public boolean isHidden()	判断抽象路径名指定的文件是否是一个隐藏文件
public long lastModified()	返回抽象路径名表示的文件最后一次被修改的时间
public long length()	返回抽象路径名表示的文件长度
public String[] list()	返回一个字符串数组，这些字符串由抽象路径名表示的目录中的文件和目录的名字组成
public String[] list(FilenameFilter filter)	返回一个字符串数组，这些字符串由抽象路径名表示的目录中满足指定过滤器条件的文件和目录的名字组成
public boolean mkdir()	创建抽象路径名指定的目录
public boolean setReadOnly()	标记抽象路径名指定的文件或目录，只能对其进行读操作

【例 10-8】 演示 File 类的使用。

程序 FileOperator.java 如下。

```
package ch10;
public class FileOperator{
    /**
     * 新建目录
     * /
    public void newFolder(String folderPath){
        try{
            String filePath=folderPath;
            filePath=filePath.toString();
            File myFilePath=new File(filePath);
            if(!myFilePath.exists()){
                myFilePath.mkdir();
            }
        }catch(Exception e){
            System.out.println("新建目录操作出错");
            e.printStackTrace();
        }
    }
    /**
     * 新建文件
     * /
    public void newFile(String filePathAndName,String fileContent){
        try{
```

```
            String filePath=filePathAndName;
            filePath=filePath.toString();
            File myFilePath=new File(filePath);
            if(!myFilePath.exists()) {
                myFilePath.createNewFile();
            }
            FileWriter resultFile=new FileWriter(myFilePath);
            PrintWriter myFile=new PrintWriter(resultFile);
            String strContent=fileContent;
            myFile.println(strContent);
            resultFile.close();
        }catch(Exception e) {
            System.out.println("新建目录操作出错");
            e.printStackTrace();
        }
    }
    /**
     * 删除文件
     */
    public void delFile(String filePathAndName){
        try{
            String filePath=filePathAndName;
            filePath=filePath.toString();
            File myDelFile=new File(filePath);
            myDelFile.delete();
        }catch(Exception e){
            System.out.println("删除文件操作出错");
            e.printStackTrace();
        }
    }
    /**
     * 删除文件夹
     */
    public void delFolder(String folderPath){
        try{
            delAllFile(folderPath);                           //删除里面所有内容
            String filePath=folderPath;
            filePath=filePath.toString();
            File myFilePath=new File(filePath);
            myFilePath.delete();                              //删除空文件夹
        }catch(Exception e){
            System.out.println("删除文件夹操作出错");
            e.printStackTrace();
        }
    }
    /**
```

```
 * 删除文件夹里面的所有文件
 */
public void delAllFile(String path){
    File file=new File(path);
    if(!file.exists()){
        return;
    }
    if(!file.isDirectory()){
        return;
    }
    String[] tempList=file.list();
    File temp=null;
    for(int i=0; i<tempList.length; i++){
        if(path.endsWith(File.separator)){
            temp=new File(path+tempList[i]);
        }else{
            temp=new File(path+File.separator+tempList[i]);
        }
        if(temp.isFile()){
            temp.delete();
        }
        if(temp.isDirectory()){
            delAllFile(path+"/"+tempList[i]);      //先删除文件夹里面的文件
            delFolder(path+"/"+tempList[i]);       //再删除空文件夹
        }
    }
}
/**
 * 读取文件夹下面所有的文件
 */
public void readFile(String path){
    File file=new File(path);
    if(!file.isDirectory()){
        System.out.println("文件名: "+file.getName());
    }else if(file.isDirectory()){
        System.out.println("文件夹");
        String[] filelist=file.list();
        for(int i=0; i<filelist.length; i++){
            File readfile=new File(path+"//"+filelist[i]);
            if(!readfile.isDirectory()){
                System.out.println("文件名: "+readfile.getName());
            }else if(readfile.isDirectory()){
                readFile(path+"//"+filelist[i]);
            }
        }
    }
```

```
}
/**
 * 复制单个文件
 */
public void copyFile(String oldPath,String newPath){
    try{
        int bytesum=0;
        int byteread=0;
        File oldfile=new File(oldPath);
        if(oldfile.exists()){                                  //文件存在时
            InputStream inStream=new FileInputStream(oldPath);   //读入原文件
            FileOutputStream fs=new FileOutputStream(newPath);
            byte[] buffer=new byte[1444];
            int length;
            while((byteread=inStream.read(buffer))!=-1){
                bytesum +=byteread;                        //字节数,文件大小
                System.out.println(bytesum);
                fs.write(buffer,0,byteread);
            }
            inStream.close();
        }
    }catch(Exception e){
        System.out.println("复制单个文件操作出错");
        e.printStackTrace();
    }
}
/**
 * 复制整个文件夹内容
 */
public void copyFolder(String oldPath,String newPath){
    try{
        (new File(newPath)).mkdirs();         //如果文件夹不存在则建立新文件夹
        File a=new File(oldPath);
        String[] file=a.list();
        File temp=null;
        for(int i=0; i<file.length; i++){
            if(oldPath.endsWith(File.separator)){
                temp=new File(oldPath+file[i]);
            }else{
                temp=new File(oldPath+File.separator+file[i]);
            }
            if(temp.isFile()){
                FileInputStream input=new FileInputStream(temp);
                FileOutputStream output=new FileOutputStream(newPath+"/"+
                                (temp.getName()).toString());
                byte[] b=new byte[1024 * 5];
```

```
                int len;
                while((len=input.read(b))!=-1){
                    output.write(b,0,len);
                }
                output.flush();
                output.close();
                input.close();
            }
            if(temp.isDirectory()){                    //如果是子文件夹
                copyFolder(oldPath+"/"+file[i],newPath+"/"+file[i]);
            }
        }
    }catch(Exception e){
        System.out.println("复制整个文件夹内容操作出错");
        e.printStackTrace();
    }
}
/**
 * 移动文件到指定目录
 */
public void moveFile(String oldPath,String newPath){
    copyFile(oldPath,newPath);
    delFile(oldPath);
}
/**
 * 移动文件到指定目录
 */
public void moveFolder(String oldPath,String newPath){
    copyFolder(oldPath,newPath);
    delFolder(oldPath);
}
public static void main(String[] args){
    FileOperator fileoperate=new FileOperator();
    //读者在此处自行编码测试上述方法
}
}
```

【例 10-8】中定义了常用的操作文件/目录的业务方法，请在 FileOperator.java 的 main 方法中编写操作文件/目录业务方法的测试代码。

10.7 案　　例

本章案例通过使用 I/O 流实现图片上传和下载的功能。案例程序利用 GUI 实现上传下载界面，通过使用 I/O 流中的 FileInputStream 和 FileOutputStream 流类实现文件的读写，进而实现了上传和下载文件的功能。

10.7.1 案例设计

为了简单，本案例只设计了一个类。类图结构如图 10-9 所示。

10.7.2 案例演示

运行程序，进入上传下载操作界面，如图 10-10 所示。

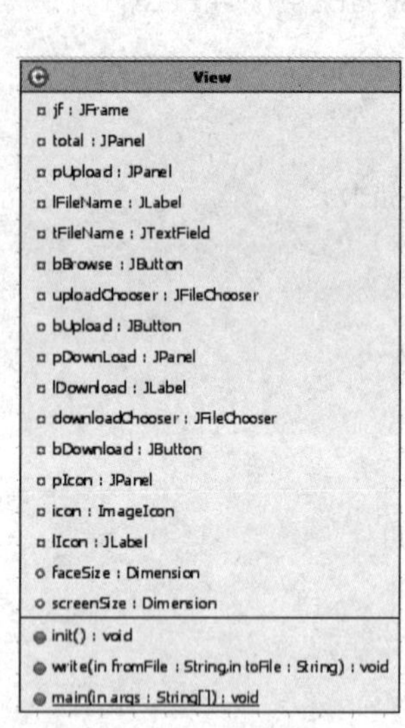

图 10-9 类图结构

图 10-10 文件操作界面

单击“浏览”按钮，弹出上传文件对话框，如图 10-11 所示。

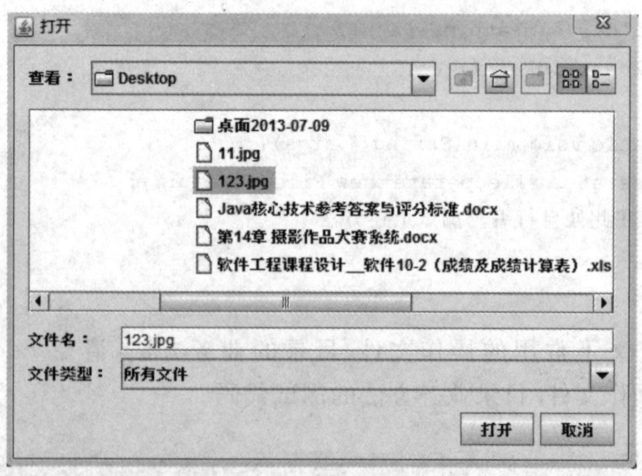

图 10-11 上传文件对话框

选择上传文件后，单击“打开”按钮，此时在“请选择上传的文件”文本框中显示文件的目录路径，如图 10-12 所示。

图 10-12 选择上传文件

单击“上传”按钮，即将所选择的文件上传至指定目录。

在上传下载操作界面单击“下载”按钮，弹出文件存放路径选择对话框，如图 10-13 所示。

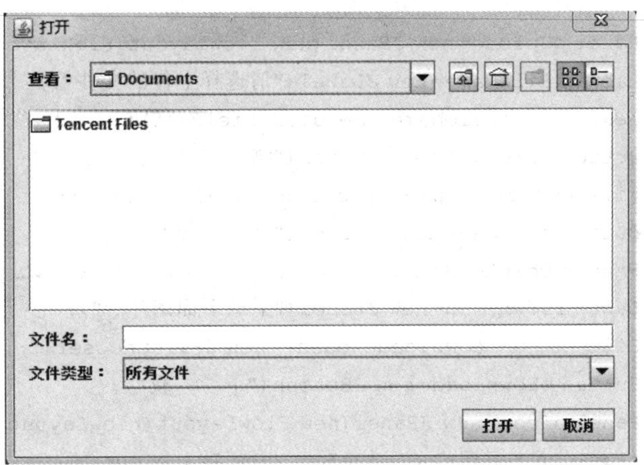

图 10-13 文件存放路径选择对话框

在文件文本框中输入文件名，单击“打开”按钮即可。

10.7.3 代码实现

程序 View.java 如下。

```
package chapter10;
import java.awt.BorderLayout;
import java.awt.Dimension;
import java.awt.FlowLayout;
```

```
import java.awt.Toolkit;
import java.awt.event.ActionEvent;
import java.awt.event.ActionListener;
import java.io.File;
import java.io.FileInputStream;
import java.io.FileNotFoundException;
import java.io.FileOutputStream;
import java.io.IOException;
import javax.swing.ImageIcon;
import javax.swing.JButton;
import javax.swing.JFileChooser;
import javax.swing.JFrame;
import javax.swing.JLabel;
import javax.swing.JOptionPane;
import javax.swing.JPanel;
import javax.swing.JTextField;
public class View {
    private JFrame jf=new JFrame();
    //页面的总 JPanel
    private JPanel total=new JPanel(new BorderLayout());
    //上传
    private JPanel pUpload=new JPanel(new FlowLayout(FlowLayout.LEFT));
    private JLabel lFileName=new JLabel("请选择上传的文件");
    private JTextField tFileName=new JTextField(15);
    private JButton bBrowse=new JButton("浏    览");
    private JFileChooser uploadChooser=new JFileChooser();
    private JButton bUpload=new JButton("上    传");
    private JPanel pDownLoad=new JPanel(new FlowLayout(FlowLayout.LEFT));
    private JLabel lDownload=new JLabel("下载下面图片：");
    private JFileChooser downloadChooser=new JFileChooser();
    private JButton bDownload=new JButton("下    载");
    private JPanel pIcon=new JPanel(new FlowLayout(FlowLayout.LEFT));
    private ImageIcon icon=new ImageIcon(new ImageIcon(
            "bin/chapter10/image/009.jpg").getImage()
            .getScaledInstance(320,320,0));
    private JLabel lIcon=new JLabel(icon);
    Dimension faceSize=new Dimension(600,450);
    //设置运行时窗口的位置
    Dimension screenSize=Toolkit.getDefaultToolkit().getScreenSize();
    public void init() {
        pUpload.add(lFileName);
        pUpload.add(tFileName);
        pUpload.add(bBrowse);
        pUpload.add(bUpload);
```

```
//浏览按钮的监听器
bBrowse.addActionListener(new ActionListener() {
    public void actionPerformed(ActionEvent e) {
        downloadChooser.setCurrentDirectory(new File("."));
        int result=downloadChooser.showOpenDialog(jf);
        if(result==JFileChooser.APPROVE_OPTION) {
            String path=downloadChooser.getSelectedFile().getPath();
            tFileName.setText(path);
        }
    }
});
//上传按钮的监听器
bUpload.addActionListener(new ActionListener() {
    public void actionPerformed(ActionEvent e) {
        String fromFileName=tFileName.getText();
        String toFileName="src/chapter10/image/"+System.
                        currentTimeMillis()+".jpg";
        write(fromFileName,toFileName);
        JOptionPane.showMessageDialog(jf,"上传成功!","提示",
                JOptionPane.WARNING_MESSAGE);
    }
});
pDownLoad.add(lDownload);
pDownLoad.add(bDownload);
//下载按钮的监听器
bDownload.addActionListener(new ActionListener() {
    public void actionPerformed(ActionEvent e) {
        downloadChooser.setCurrentDirectory(new File("."));
        int result=uploadChooser.showOpenDialog(jf);
        if(result==JFileChooser.APPROVE_OPTION) {
            String path=uploadChooser.getSelectedFile().getPath();
            String fromFileName="bin/chapter10/image/009.jpg";
            write(fromFileName,path);
            JOptionPane.showMessageDialog(jf,"下载成功!","提示",
                    JOptionPane.WARNING_MESSAGE);
        }
    }
});
pIcon.add(lIcon);
total.add(pUpload,BorderLayout.NORTH);
total.add(pDownLoad,BorderLayout.CENTER);
total.add(pIcon,BorderLayout.SOUTH);
jf.add(total);
jf.setSize(faceSize);
```

```
        jf.setLocation((int)(screenSize.width - faceSize.getWidth()) / 2,
                (int)(screenSize.height - faceSize.getHeight()) / 2);
        jf.setResizable(false);
        jf.setDefaultCloseOperation(JFrame.EXIT_ON_CLOSE);
        jf.setVisible(true);
    }
    //fromFile 是源文件,toFile 是目的文件
    public void write(String fromFile,String toFile) {
        FileInputStream fis=null;
        FileOutputStream fos=null;
        try {
            fis=new FileInputStream(fromFile);
            fos=new FileOutputStream(toFile);
            byte[] buf=new byte[1024];
            int hasRead=0;
            while((hasRead=fis.read(buf)) >0) {
                fos.write(buf,0,hasRead);
            }
        } catch(FileNotFoundException e) {
            e.printStackTrace();
        } catch(IOException e) {
            e.printStackTrace();
        } finally {
            try {
                fis.close();
                fos.close();
            } catch(IOException e) {
                e.printStackTrace();
            }
        }
    }
    public static void main(String[] args) {
        new View().init();
    }
}
```

10.8 习　　题

一、选择题

(1) 凡是从中央处理器流向外部设备的数据流称为(　　)。

A. 文件流　　B. 字符流　　C. 输入流　　D. 输出流

(2) 程序读入字符文件时,能够以该文件作为直接参数的类是(　　)。

A. FileReader　　B. BufferedReader

C. FileInputStream　　D. ObjectInputStream

(3) java.io 包的 File 类是(　　)。

A. 字符流类　　B. 字节流类　　C. 对象流类　　D. 非流类

(4) 下列描述中,正确的是(　　)。

A. 在 Serializable 接口中定义了抽象方法

B. 在 Serializable 接口中定义了常量

C. 在 Serializable 接口中没有定义抽象方法,也没有定义常量

D. 在 Serializable 接口中定义了成员方法

(5) Java 中用于创建文件对象的类是(　　)。

A. File　　B. Object　　C. Thread　　D. Frame

(6) 从键盘上输入一个字符串创建文件对象,(　　)方法可以判断对象为目录文件还是数据文件。

A. getPath()　　B. getName()

C. isFile()　　D. isAbsolute()

(7) 下列(　　)类不对直接创建对象。

A. InputStream　　B. FileInputStream

C. BufferedInputStream　　D. DataInputStream

(8) 从键盘上输入多个字符时,为了避免回车换行符的影响,需要使用(　　)流方法。

A. write()　　B. flush()　　C. close()　　D. skip()

(9) 以对象为单位,把某个对象写入文件,需要使用(　　)方法。

A. writeInt()　　B. writeObject()

C. write()　　D. writUTF()

(10) 下列(　　)类的方法能够直接把简单数据类型写入文件。

A. OutputStream　　B. BufferedWriter

C. ObjectOutputStream　　D. FileWriter

(11) 若一个类对象能被整体写入文件,则定义该类时必须实现(　　)接口。

A. Runnable　　B. ActionListener

C. WindowsAdapter　　D. Serializable

(12) 下列(　　)类型的数据能以对象的形式写入文件。

A. String　　B. Frame　　C. Dialog　　D. Button

(13) File 类的方法中,用于列举某目录下的子目录及文件的方法是(　　)。

A. long length()　　B. long lastModified()

C. String[]list()　　D. String getName()

(14) 能够以字符串为单位写入文件数据的流类是(　　)。

A. FileOutputStream　　B. FileWriter

C. BufferedWriter　　　　　　　D. OutputStream

(15) 能够向文件输入逻辑型数据的类是(　　)。

A. FileOutputStream　　　　　B. OutputStream

C. FileWriter　　　　　　　　D. DataOutputStream

(16) (　　)方法只对使用了缓冲的流类起作用。

A. read()　　B. write()　　C. skip()　　D. flush()

(17) 下面的程序段创建了 BufferedReader 类的对象 in，以便读取本机 C 盘 my 文件夹下的文件 1.txt。File 构造函数中，正确的路径和文件名的表示是(　　)。

```
File f=new File(填代码处);
file=new FileReader(f);
in=new BufferedReader(file);
```

A. "./1.txt"　　　　　　　　B. "../my/1.txt"

C. "c:\\my\\1.txt"　　　　　D. "c:\my\1.txt"

二、填空题

(1) Java 标准的输出对象包括两个，分别是标准输出对象________和标准错误输出________。

(2) 按照流的方向来分，I/O 流包括________和________。

(3) Java 中的 IO 流分为两种，一种是________，另一种是________。分别由 4 个抽象类来表示，分别是________________。它们通过重载________和________方法定义了 6 个读写操作方法。

(4) InputStreamReader 负责将________转化成 Reader，而 OutputStreamWriter 则将 OutputStream 转化成________。实际上是通过________和________来关联。

(5) 设 a.txt 为当前目录下的一个文本文件，则以字符方式向该文件写数据时，需要建立的输出流通道为______。

(6) System.out 作为 PrintStream 的实例来实现 stdout，它代表的是________。

(7) System.in 作为 InputStream 的实例来实现 stdin，它代表的是________。

(8) 目录是一个包含其他文件和路径列表的 File 类。当创建一个 File 对象且它是目录时，________方法返回 ture。此时，可以调用该对象的________方法来提取该目录内部其他文件和目录的列表。

(9) 下列程序用于显示指定目录下的子目录及文件名，请填写缺少的代码。

```
import java.io.*;
public class DirList{
    public static void main(String args[ ]){
        String fName,files[ ];
        try{
            InputStreamReader iin=new InputStreamReader(System.in);
            BufferedReader bin=new BufferedReader(iin);
```

```
            System.out.println("请输入一个文件名：");
            fName=________               //读入文件名
            File f=new File(fName);
            System.out.println(f.isDirectory());
            if(________){                //判断是否为目录
            int n=(f.list()).length;
            files=new String[n];
            files=f.list();              //获取子目录及文件名
            for(int i=0;i<files.length;i++)
                System.out.println(files[i]);
                    }
        }catch(IOException e){
        }
    }
}
```

三、程序设计题

(1) 编写程序，将键盘输入的内容保存到文件中。

(2) 编写 FileCopy 类，要求将 1 个文件的内容同时复制成多个文件。使用命令行完成文件名的输入。

四、实训题

(1) 题目

简单文件管理器。

(2) 实现功能

① 构建图形界面；

② 完成文件夹与文件的显示；

③ 实现文件的复制与删除功能。

第11章 JDBC访问数据库

JDBC(Java Data Base Connectivity)是Java连接数据库的简称,JDBC API是一种用于执行SQL语句的Java API,可以为多种关系数据库提供统一访问。它由一组用Java语言编写的类和接口组成,编程人员只须一次编写即可访问各种数据库,处处运行。

11.1 JDBC体系结构

Java平台扩展JDBC,可以使程序员方便地使用SQL语句操作数据库中的数据,也能够使用同样的语句访问不同的数据库。为了实现这一目的,JDBC开发人员应用了面向对象中接口的思想,构建了一个特殊的体系结构,如图11-1所示。

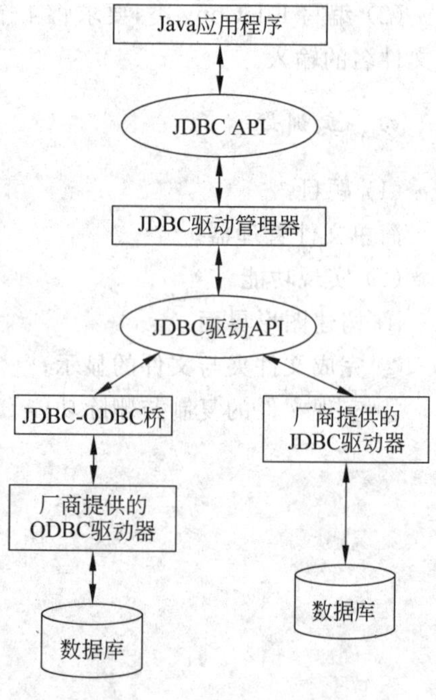

图11-1　JDBC体系结构

Java平台提供JDBC API和JDBC驱动API两部分接口和类。JDBC API是为用户提供的编程接口,用户使用它们开发应用程序。JDBC驱动API则是Java平台提供给数据库厂商的一个开发标准,使数据库厂商能够按照这一标准开发驱动程序,实现操作各种数据库的过程。对于使用ODBC驱动器的数据库,开发了JDBC-ODBC驱动器,实现与ODBC驱动器的连接。

JDBC驱动程序分为以下4类。

(1) ODBC驱动程序加JDBC-ODBC桥

实际上是JDBC被翻译成ODBC,然后使用原有的ODBC驱动程序与数据库通信。使用这种方案需要进行相应的部署和设置,不利于产品的开发和实施。

(2) 本地API

驱动程序由部分Java程序和部分本地代码组成。这种类型的驱动程序把应用程序的JDBC调用转换为对应数据库的调用。需要将数据库驱动程序的部分代码安装到客户机上。

(3) 基于网络协议的纯 Java 驱动程序

驱动程序将 JDBC 转换为与数据库无关的网络协议,之后这种协议又被转换为一种特定的数据库协议。

(4) 基于数据库协议的纯 Java 驱动程序

驱动程序将 JDBC 调用直接转换为数据库使用的网络协议。允许应用程序直接访问数据库服务器。

11.2 JDBC 编程的基本概念

使用 JDBC 开发访问数据库程序时,程序与普通的 Java 程序没有太大区别。进行 JDBC 程序开发的类都包含在 java. sql 和 javax. sql 包中。

开发访问数据库程序,一般需要以下 6 步。

(1) 注册驱动;

(2) 建立连接;

(3) 新建状态;

(4) 执行 SQL 命令;

(5) 处理结果集对象;

(6) 关闭资源。

11.2.1 注册驱动

对具体的数据库操作前,需要将对应数据库厂商或第三方提供的 Java 驱动程序包下载到本地。例如,微软的 SQL Server 数据库提供了 2 个驱动程序包,分别是 sqljdbc 和 sqljdbc4。其中 JDK6 以上版本中要求使用 sqljdbc4。另外也可以引用第三方的驱动程序包 Jtds。

(1) 应用项目中引入对应的 JDBC 包

目的是能在注册时找到对应的驱动程序类。这里的案例使用 SQL Server2005 数据库引擎,为了面向不同版本的通用性,引入 Jtds-1. 2. jar 包。打开 jtds 包,查找 Driver 类,得到 Dirver 类的全名为“net. sourceforge. jtds. jdbc. Driver”。

(2) 注册驱动程序

Java 中提供了 3 种注册驱动程序的办法。分别是通过 DriverManager 类注册驱动;使用 System 类设置 JDBC 驱动属性;使用反射机制进行驱动程序实例化。

① 使用 DriverManager 类注册驱动

DriverManager 类位于 java. sql 包中,用于选择数据库程序和创建新的数据库连接。使用 DriverManager 类中的 registerDriver 方法进行驱动程序的注册,方法调用如下:DriverManager. registerDriver(new 驱动程序类()),例如:注册 SQL Server 驱动为 DriverManager. registerDriver(new net. sourceforge. jtds. jdbc. Driver())。

② 使用 System. setProperty 方法注册

使用 System. setProperty 方法也可以对驱动程序进行注册。例如:注册 SQL Server

驱动 System. setProperty("jdbc. drivers","net. sourceforge. jtds. jdbc. Driver")。

③ 使用反射机制进行实例化

使用反射机制进行驱动程序的实例化。例如,SQL Server 数据库驱动的注册实例化语句为: Class. forName("net. sourceforge. jtds. jdbc. Driver")。推荐使用这种方式。

11.2.2 建立连接

实现数据库连接前,需要进行数据库的准备。包括安装数据库引擎,启动数据库引擎,建立项目的数据库。这已经在数据库应用中讲解,这里不再重复。这部分知识使用的数据库是"Comepetion"。

注册数据库驱动后,就可以连接已经建立好的数据库(数据源)。连接过程中需要指定连接时的参数。具体连接时使用 JDBC URL 的形式进行连接。JDBC URL 的形式与普通 URL 形式一致。格式如下。

```
Jdbc:子协议:其他参数
```

子协议指具体的数据库协议,如 SQL Server 协议为"sqlserver",Oracle 常用子协议为"oracle:thin"。所以连接本地机器上的数据库服务器的 JDBC URL 为 jdbc:jtds:sqlserver://localhost:1433;DatabaseName=Competition。

连接数据,也是使用 DriverManager 类进行连接,返回的是 Connection 对象。使用 DriverManager 的 getConnection 方法连接时,DriverManager 将检查每个驱动程序,查看是否可以建立连接。

连接 SQL Server 数据库的代码如下。

```
public static final String DBDRIVER ="net.sourceforge.jtds.jdbc.Driver";
public static final String DBURL =" jdbc: jtds: sqlserver://127. 0. 0. 1: 1433/
Competetion";
public static final String DBUSER ="sa";
public static final String DBPASS ="123456";
Class.forName(DBDRIVER);//注册
Connection conn =DriverManager.getConnection(DBURL,DBUSER,DBPASS);//连接数据库
```

连接 Oracle 数据库的代码如下。

```
public static final String DBDRIVER ="oracle.jdbc.driver.OracleDriver";
public static final String DBURL ="jdbc:oracle:thin:@ localhost:1521:xe";
public static final String DBUSER ="system";
public static final String DBPASS ="123456";
Class.forName(DBDRIVER);//注册
Connection conn =DriverManager.getConnection(DBURL,DBUSER,DBPASS);//连接数据库
```

连接 MySql 数据库的代码如下。

```
Class.forName("com.mysql.jdbc.Driver");
String url ="jdbc:mysql://127.0.0.1:3306/Competetion? useUnicode=true"+
```

```
                    "&characterEncoding=UTF-8";
String user ="root";
String password ="123456";
conn =DriverManager.getConnection(url, user, password);
```

本章案例采用的是 SQL Server 2005 数据库，编写 Java 语言连接数据库之前要进行数据库的配置工作，如下所示。

(1) 启动 SQL Server 2005 的配置管理器("开始"→"程序"→SQL Server 2005→"配置工具")，如图 11-2 所示。

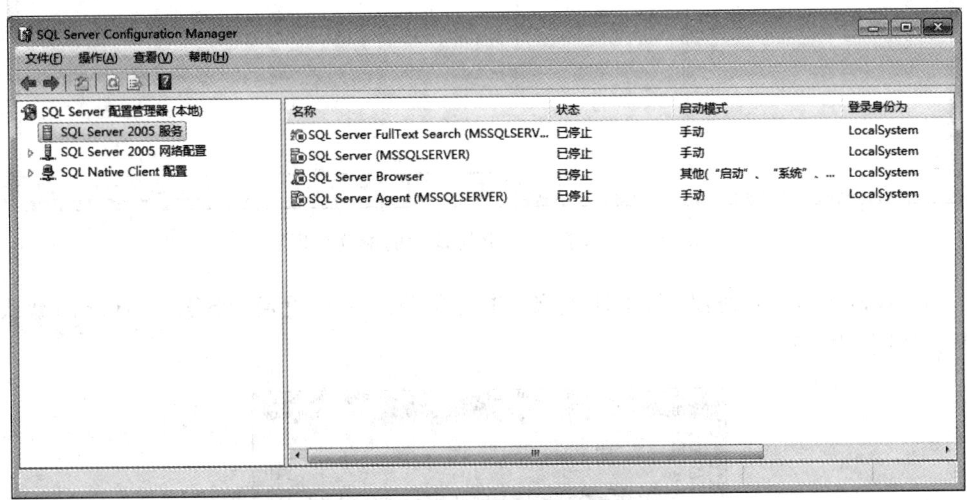

图 11-2 SQL Server 2005 配置管理器

(2) 选择 SQL Server 服务，右击选择"启动"命令。该服务正常启动后，如图 11-3 所示。

SQL Server Configuration Manager
文件(F) 操作(A) 查看(V) 帮助(H)
SQL Server 配置管理器 (本地)
SQL Server 2005 服务
SQL Server 2005 网络配置
SQL Native Client 配置

名称	状态	启动模式	登录身份为
SQL Server FullText Search (MSSQLSERV...	已停止	手动	LocalSystem
SQL Server (MSSQLSERVER)	正在运行	手动	LocalSystem
SQL Server Browser	已停止	其他("启动"、"系统"、...	LocalSystem
SQL Server Agent (MSSQLSERVER)	已停止	手动	LocalSystem

图 11-3 启动 MSSQLSERVER 服务后的配置管理器

(3) 配置管理器的"MSSQLSERVER 的协议"，让数据库服务器启用 TCP/IP 协议进行通信。如图 11-4 所示。

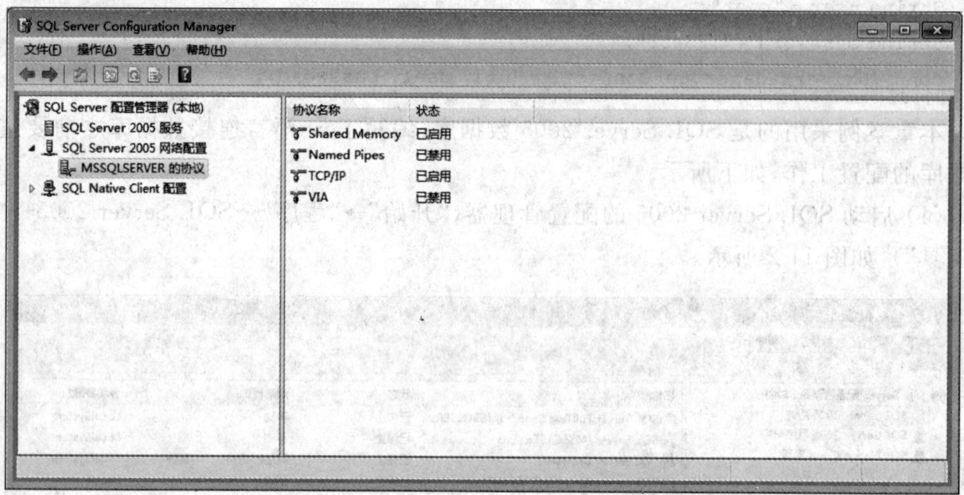

图 11-4 启动 TCP/IP 协议后的配置管理器

(4) 双击 TCP/IP 协议,选择 IP 标签,并且将 TCP 端口设置为 SQL Server 的默认值 1433。如图 11-5 所示。

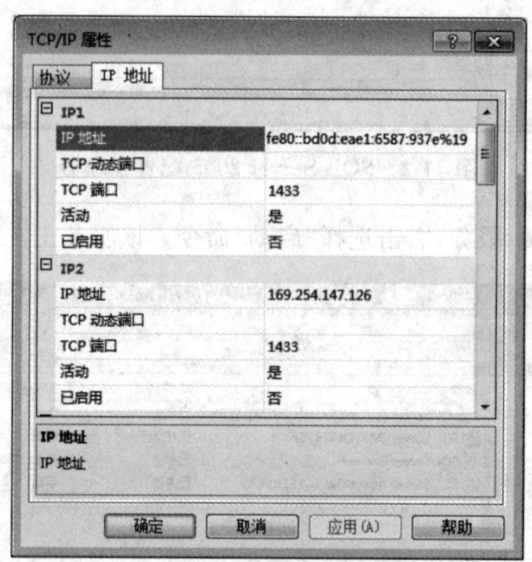

图 11-5 配置端口号

【例 11-1】 在 SQL Server 2005 中创建数据库 Competition,编写程序,测试数据库连接是否成功。

```
//程序 DatabaseConnection.java,是一个数据库连接工具类
import java.sql.Connection;
import java.sql.DriverManager;
import java.sql.SQLException;
import javax.swing.JOptionPane;
```

```
public class DatabaseConnection{
    //数据库连接驱动
    public static final String DBDRIVER="net.sourceforge.jtds.jdbc.Driver";
    //数据库连接的 URL
    public static final String DBURL=
                    "jdbc:jtds:sqlserver://127.0.0.1:1433/Competition";
    //数据库登录名
    public static final String DBUSER="sa";
    //数据库登录密码
    public static final String DBPASS="Ambow99999999";
    private Connection conn=null;
    public DatabaseConnection()  {
        try{
            //加载数据库驱动
            Class.forName(DBDRIVER);
            //获取数据库连接
            conn=DriverManager.getConnection(DBURL,DBUSER,DBPASS);
        }catch(SQLException e)  {
            JOptionPane.showMessageDialog(null,
                "数据库连接失败", "异常", JOptionPane.ERROR_MESSAGE);
            System.exit(0);
        } catch (ClassNotFoundException e){
            JOptionPane.showMessageDialog(null,
                "驱动加载失败", "异常", JOptionPane.ERROR_MESSAGE);
            System.exit(0);
        }
    }
    public Connection getConnection(){
        return this.conn;
    }
    public void close(){
        //关闭数据库连接
        if(this.conn!= null){
            try{
                this.conn.close();
            }catch(SQLException e){}
        }
    }
}
//程序 ConnectSQLServer.java
package connectSqlserver;
import java.sql.Connection;
import java.sql.SQLException;
public class ConnectSQLServer{
```

```
    public static void main(String[] args){
        try{
            Connection con=new DatabaseConnection().getConnection();
            if(con !=null){
                JOptionPane.showMessageDialog(null,
                "数据库连接成功", "祝贺", JOptionPane.INFORMATION_MESSAGE);
                System.exit(0);
            }else{
                JOptionPane.showMessageDialog(null,
                "数据库连接失败", "错误", JOptionPane.ERROR_MESSAGE);
                System.exit(0);
            }
            con.close();
        } catch (SQLException e){
            e.printStackTrace();
        }

    }
}
```

运行程序,如果连接成功,则显示如下结果,如图 11-6 所示。

如果 JDBC 驱动版本不匹配或者没有加载驱动文件,则抛出 FileNotFoundException 异常,catch 语句捕获异常,显示如下结果,如图 11-7 所示。

如果数据库连接失败,则抛出 SQLException 异常,catch 语句捕获异常,显示如下结果,如图 11-8 所示。

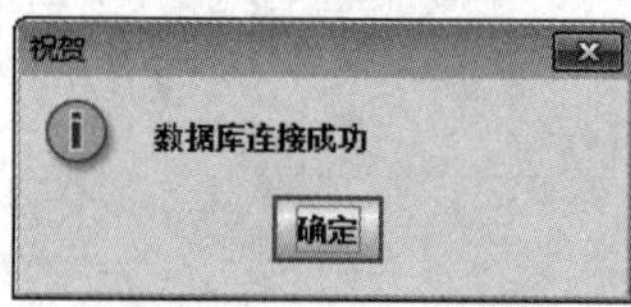

图 11-6　数据库连接成功

图 11-7　数据库加载驱动失败

图 11-8　数据库连接失败

11.2.3　新建状态

状态是描述 SQL 语句状态的接口,状态对象用于将 SQL 语句发送到数据库中执行。状态对象是由 Connection 对象建立的。

有三种不同类型的状态,具体如下。

(1) 状态 1：Statement。Statement 对象用于执行不带参数的简单 SQL 语句。

(2) 状态 2：PreparedStatement。PreparedStatement 对象用于执行带或不带输入参数的预编译 SQL 语句。

(3) 状态 3：CallableStatement。CallableStatement 对象用于执行对数据库已存储过程的调用,添加了参数处理。

下面主要介绍前两种方式。

(1) Statement。

与数据库建立连接后，就可以创建状态。创建状态使用 Connection 对象实现。

【例 11-2】 创建 Statement 状态。

```
Statement st=conn.createStatement();  //conn 为前面创建的 Connection 对象
```

(2) PreparedStatement。

PreparedStatement 继承了 Statement 类，也是使用 Connection 对象建立。使用 Connection 对象建立 PreparedStatement 对象时，必须给定要使用的具体 SQL 语句。构建 PreparedStatement 状态的原因有两个：一是为了提高执行速度，由于 PreparedStatement 进行预编译，速度比 Statement 快；二是 PreparedStatement 利用占位符，进行输入(IN)参数设置。

【例 11-3】 创建 PreparedStatement 状态。

```
String presql="SELECT * FROM dxstudent WHERE sname=?";//带有占位符 SQL 语句
PreparedStatement prest=conn.prepareStatement(presql);//创建状态
pstmt.setString(1, member.getUserName());//向 PreparedStatement 中填充占位符
```

PreparedStatement 在 SQL 语句中可以设置占位符"?"，如代码片段"SELECT * FROM dxstudent WHERE sname=?"，其中的"?"就是占位符。执行这个 SQL 语句前，必须给占位符赋初值。上面的 SQL 语句中使用了一个占位符，序号从"1"开始编写，依此类推。对占位符 1 设置参数值，使用 pstmt. setString(1, member. getUserName());。PreparedStatement 对象设置占位符初值时，必须保证对应类型一致，所以 PreparedStatement 类提供了对应数据类型的 setXxx()方法，如 setString、setInt、setDate 等。

11.2.4 执行 SQL 语句

建立状态(Statement)后，向数据库引擎发出 SQL 语句，让数据库引擎执行 SQL 语句，并得到相应的返回结果。

Statement 提供了 3 种执行方法：executeQuery、executeUpdate 和 execute。如何选择执行方法由 SQL 语句决定。执行 SELECT 语句时，会返回一个结果集，需要使用 executeQuery 方法；执行 INSERT、UPDATE、DELETE 或 SQL DDL(数据定义语言)并影响行数时，使用 executeUpdate 方法；执行结果有多个结果集或更新计数等时，需要使用 execute 方法。常用的是前两种方法。

Statement 执行上面的方法时，需要使用 SQL 语句作为参数，而 PreparedStatement 执行上面的方法时，没有参数，因为建立状态时已经设置了 SQL 语句。

使用 Statement 实现增加、删除、修改的功能，同样，使用 PreparedStatement 也可以实现对应的功能。

【例 11-4】 向数据库的会员表(Members)中插入数据，实现会员注册功能。

设计思路：(1)Members 表：表结构如表 11-1 所示；(2)数据库连接类：依然使用【例 11-1】中的连接工具类(DatabaseConnection)；(3)与数据表 Members 对应的 Members 实体类见【例 11-10】；(4)GUI 类：RegisterView。

表 11-1　Members 表

序号	字　段	类　型	是否为空	约　束	说　明
1	id	int	否	主键,自增,1	内部编号
2	userName	varchar(30)	否		会员登录名
3	password	varchar(50)	否		登录密码
4	trueName	varchar(50)	否		会员姓名
5	idCard	varchar(18)	否		身份证号码
6	telephone	varchar(15)	是		电话
7	email	varchar(40)	是		电子邮箱

```
//程序 RegisterView.java
package ch11;
import java.awt.BorderLayout;
import java.awt.FlowLayout;
import java.awt.Toolkit;
import java.awt.event.ActionEvent;
import java.awt.event.ActionListener;
import java.sql.Connection;
import java.sql.PreparedStatement;
import java.sql.SQLException;
import javax.swing.BorderFactory;
import javax.swing.JButton;
import javax.swing.JLabel;
import javax.swing.JOptionPane;
import javax.swing.JPanel;
import javax.swing.JPasswordField;
import javax.swing.JTextField;
public class RegisterView extends javax.swing.JDialog{
    private Connection conn=null;
    int width,height;
    //定义本类中的所有组件属性
    private JLabel idCardLabel;
    private JLabel emailLabel;
    private JButton exitButton;
    private JButton conformButton;
    private JTextField emailTextField;
    private JTextField trueNameTextField;
    private JTextField telephoneTextField;
    private JTextField idCardTextField;
    private JPasswordField confirmPasswordTextField;
    private JPasswordField passwordTextField;
```

```
private JTextField userNameTextField;
private JLabel confirmPasswordLabel;
private JPanel bodyCenter;
private JLabel telephoneLabel;
private JPanel bodyWest;
private JLabel trueNamelabel;
private JLabel passwordLabel;
private JLabel userNamellabel;
private JPanel bodyPanel;
private Members member;
public RegisterView() {
    super();
    initGUI();
}
private void initGUI() {
        try {
            //去掉标题栏,获取当前屏幕宽和高,将布局设置为空布局
            this.setUndecorated(true);
            width= Toolkit.getDefaultToolkit().getScreenSize().width;
            height= Toolkit.getDefaultToolkit().getScreenSize().height;
            this.setLocation(width/2-200,height/2-200);
            this.setLayout(null);
            //总体面板中的布局设置为边缘布局
            bodyPanel=new JPanel();
            BorderLayout bodyPanelLayout=new BorderLayout();
            getContentPane().add(bodyPanel);
            bodyPanel.setLayout(bodyPanelLayout);
            bodyPanel.setBounds(0, 30, 400, 320);
            //位于边缘布局中西边的面板中设置为流式布局
            bodyWest=new JPanel();
            FlowLayout bodyWestLayout =
                                new FlowLayout(FlowLayout.RIGHT,0,20);
            bodyPanel.add(bodyWest, BorderLayout.WEST);
            bodyWest.setPreferredSize(new java.awt.Dimension(100, 320));
            bodyWest.setLayout(bodyWestLayout);
            //创建用户登录的标签,并加入到流式布局中
            userNamellabel=new JLabel();
            bodyWest.add(userNamellabel);
            userNamellabel.setText("\u7528\u6237\u540d*\uff1a");//UTF-8
            userNamellabel.setPreferredSize(new java.awt.Dimension(70, 25));
            //创建用户密码的标签,并加入到流式布局中
            passwordLabel=new JLabel();
            bodyWest.add(passwordLabel);
            passwordLabel.setText("\u5bc6\u7801*\uff1a");
```

```
passwordLabel.setPreferredSize(new java.awt.Dimension(70, 25));
//创建用户二次输入密码的标签,并加入到流式布局中
confirmPasswordLabel=new JLabel();
bodyfWest.add(confirmPasswordLabel);
confirmPasswordLabel.setText("\u786e\u8ba4\u5bc6\u7801*\uff1a");
confirmPasswordLabel.setPreferredSize(
                            new java.awt.Dimension(70, 25));
//创建用户真实姓名的标签,并加入到流式布局中
trueNamelabel=new JLabel();
bodyWest.add(trueNamelabel);
trueNamelabel.setText("\u771f\u5b9e\u59d3\u540d*\uff1a");
trueNamelabel.setPreferredSize(new java.awt.Dimension(70, 25));
//创建用户身份标识的标签,并加入到流式布局中
idCardLabel=new JLabel();
bodyWest.add(idCardLabel);
idCardLabel.setText("\u8eab\u4efd\u8bc1\u53f7*\uff1a");
idCardLabel.setPreferredSize(new java.awt.Dimension(70, 25));
//创建用户电话号码的标签,并加入到流式布局中
telephoneLabel=new JLabel();
bodyWest.add(telephoneLabel);
telephoneLabel.setText("\u7535\u8bdd\u53f7\u7801 \uff1a");
telephoneLabel.setPreferredSize(new java.awt.Dimension(70, 25));
//创建用户电子邮件的标签,并加入到流式布局中
emailLabel=new JLabel();
bodyWest.add(emailLabel);
emailLabel.setText("\u7535\u5b50\u90ae\u4ef6 \uff1a");
emailLabel.setPreferredSize(new java.awt.Dimension(70, 25));
//位于边缘布局中央的面板设置为流式布局
bodyCenter=new JPanel();
FlowLayout bodyCenterLayout =
                        new FlowLayout(FlowLayout.CENTER,0,20);
bodyCenter.setLayout(bodyCenterLayout);
bodyPanel.add(bodyCenter, BorderLayout.CENTER);
//创建输入用户登录名的文本域,并加入到中央的流式布局中
userNameTextField=new JTextField();
bodyCenter.add(userNameTextField);
userNameTextField.setPreferredSize(new java.awt.Dimension(200, 25));
userNameTextField.setBorder(
                    BorderFactory.createLoweredBevelBorder());
//创建输入用户密码的文本域,并加入到中央的流式布局中
passwordTextField=new JPasswordField();
bodyCenter.add(passwordTextField);
passwordTextField.setPreferredSize(new java.awt.Dimension(200, 25));
passwordTextField.setBorder(
```

```
                    BorderFactory.createLoweredBevelBorder());
//创建输入用户确认密码的文本域,并加入到中央的流式布局中
confirmPasswordTextField=new JPasswordField();
bodyCenter.add(confirmPasswordTextField);
confirmPasswordTextField.setPreferredSize(
                              new java.awt.Dimension(200, 25));
confirmPasswordTextField.setBorder(
                    BorderFactory.createLoweredBevelBorder());
//创建输入用户真实姓名的文本域,并加入到中央的流式布局中
trueNameTextField=new JTextField();
bodyCenter.add(trueNameTextField);
trueNameTextField.setPreferredSize(new java.awt.Dimension(200, 25));
trueNameTextField.setBorder(
                    BorderFactory.createLoweredBevelBorder());
//创建输入用户真实姓名的文本域,并加入到中央的流式布局中
idCardTextField=new JTextField();
bodyCenter.add(idCardTextField);
idCardTextField.setPreferredSize(new java.awt.Dimension(200, 25));
idCardTextField.setBorder(BorderFactory.createLoweredBevelBorder());
//创建输入用户电话号码的文本域,并加入到中央的流式布局中
telephoneTextField=new JTextField();
bodyCenter.add(telephoneTextField);
telephoneTextField.setPreferredSize(new java.awt.Dimension(200, 25));
telephoneTextField.setBorder(
                    BorderFactory.createLoweredBevelBorder());
//创建输入用户电子邮箱的文本域,并加入到中央的流式布局中
emailTextField=new JTextField();
bodyCenter.add(emailTextField);
emailTextField.setPreferredSize(new java.awt.Dimension(200, 25));
emailTextField.setBorder(BorderFactory.createLoweredBevelBorder());
setSize(400, 400);
//添加确定按钮
conformButton=new JButton();
getContentPane().add(conformButton);
conformButton.setText("\u786e\u8ba4");
conformButton.setBounds(65, 360, 70, 25);
//加载监听器接口并实现抽象方法 actionPerformed
conformButton.addActionListener(new ActionListener() {
    public void actionPerformed(ActionEvent e)  {
        // 如果必填项为空,则弹出对话框
        if("".equals(userNameTextField.getText())){
            JOptionPane.showMessageDialog(RegisterView.this,
                                            "用户名为空");
        }else if ("".equals(
```

```
                String.valueOf(passwordTextField.getPassword()))){
                    JOptionPane.showMessageDialog(RegisterView.this,
                                                        "密码为空");
                }else if ( !String.valueOf(passwordTextField.getPassword()).
                equals(     String.valueOf(passwordTextField.getPassword())))
                {
                        JOptionPane.showMessageDialog(RegisterView.this,
                                                        "两次密码不一致");
                }else if ("".equals(trueNameTextField.getText()))  {
                    JOptionPane.showMessageDialog(RegisterView.this,
                                                        "真实姓名为空");
                }else if ("".equals(idCardTextField.getText())){
                    JOptionPane.showMessageDialog(RegisterView.this,
                                                        "身份证号为空");
                }
                member=new Members();
                member.setUserName(userNameTextField.getText());
                member.setPassword(String.valueOf(
                                passwordTextField.getPassword()));
                member.setTrueName(trueNameTextField.getText());
                member.setIdCard(idCardTextField.getText());
                member.setTelephone(telephoneTextField.getText());
                member.setEmail(emailTextField.getText());
                //插入数据表中
                try{
                    if(doCreate(member)){
                       JOptionPane.showMessageDialog(RegisterView.this,
                                                        "注册成功");
                        dispose();
                    }
                } catch (SQLException e1){
                    e1.printStackTrace();
                }
            }
        });
        //退出按钮添加到容器中
        exitButton=new JButton();
        getContentPane().add(exitButton);
        exitButton.setText("\u9000\u51fa");
        exitButton.setBounds(255, 360, 70, 25);
        exitButton.addActionListener(new ActionListener()
        {
            public void actionPerformed(ActionEvent e)  {
                dispose();
```

```
                }
            });
            setVisible(true);
        } catch (Exception e)
        {
            e.printStackTrace();
        }
        setVisible(true);
    }
    //根据 Members 对象信息创建会员,并添加到数据表中
    private boolean doCreate(Members member) throws SQLException   {
        boolean flag=false;
        PreparedStatement pstmt=null;
        String sql="INSERT INTO Members(
            userName,password,trueName,idCard,telephone,email)
                VALUES (?,?,?,?,?,?)";
        try {
            this.conn=new DatabaseConnection().getConnection();
            pstmt=this.conn.prepareStatement(sql);
            pstmt.setString(1, member.getUserName());
            pstmt.setString(2, member.getPassword());
            pstmt.setString(3, member.getTrueName());
            pstmt.setString(4, member.getIdCard());
            pstmt.setString(5, member.getTelephone());
            pstmt.setString(6, member.getEmail());
            int count=pstmt.executeUpdate();
            if (count>0)   {
                flag=true;
            }
        } catch (SQLException e) {
                throw e;
        } finally  {
                pstmt.close();
        }
        return flag;
        }
    }
//程序 DisplayLoginView.java
    package ch11;
    public class DisplayLoginView{
        public static void main(String[] args) {
            RegisterView frame=new RegisterView();
            frame.setVisible(true);
```

```
    }
}
```

程序执行结果如图 11-9 和图 11-10 所示。

图 11-9 增加会员界面

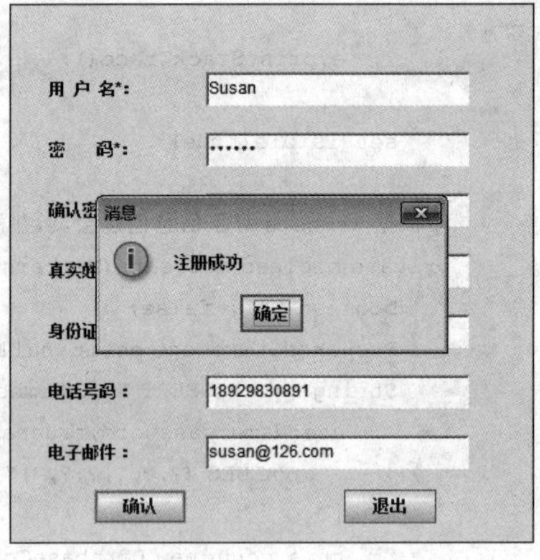

图 11-10 增加会员成功界面

在“确认”按钮的方法中将界面中获取的新会员信息传递给 Members 对象 member，然后调用新添加的 private 方法 doCreate(Members)，该方法先给 conn 赋值为数据库连接，然后调用 JDBC 的 PreparedStatement 引用 stmt 获取参数，然后调用 pstmt.executeUpdate()方法，将会员记录插入到数据库的 Members 表中。由于删除和修改均使用此方法，本章不再举例。

11.2.5 处理结果集

上一节执行的 SQL 语句中没有提到查询语句(SELECT)，因为使用查询语句将得到一个结果集(ResultSet)对象。结果集分为 4 类：基本结果集、滚动结果集、更新结果集和保持结果集。创建不同类型的结果集与创建状态时有关，本书只介绍基本结果集，其他结果集的创建与操作可参阅其他参考书。结果集对象的基本功能就是存储查询结果，而且只能被读取一次，不具备来回滚动读取数据的功能。

(1) 获得结果集对象

获取基本结果集对象，可以通过使用 Statement 状态或 PreparedStatement 状态进行查询，构建结果集对象。

【例 11-5】 使用 Statement 状态构建结果集对象。

```
//程序片段
sql="SELECT * FROM Members where userName=\'Susan\'";
rs=st.executeQuery(sql);//其中 st 为已建立的 Statement 对象
```

【例 11-6】 使用 PreparedStatement 状态构建结果集对象。

```
//程序片段
presql="SELECT * FROM Members where userName=?";
PreparedStatement prest=conn.prepareStatement(presql);
prest.setString(1,'Susan');
rs=prest.executeQuery();
```

(2) 处理结果集对象

得到结果集后,处理结果集的基本方法有两种：一种是移动当前指针;另一种是读取当前指针中存储的数据。

① 移动指针

首次得到结果集时,当前指针指向第1组数据对象的前一个位置,要读取数据时,需要移动指针;读取完当前指针中数据对象的内容后,也需要将指针移动到下一组数据的位置。移动指针的方法为 rs.next();。

② 读取结果集中的数据

读取当前指针指向数据的方法主要是 getXxx(参数)。其中 Xxx 是指要返回值的对应类型;参数是指要读取的列,可以使用整型表示(要读取第几列,这里的参数就是几。因为列号是从1开始的),也可以使用列名。

【例 11-7】 读取 Members 表中的数据。

```
//程序片段,读取结果集中的数据
while (rs!= null && rs.next()) {
    int id=rs.getInt(1);//int id=rs.getInt("id");
    String username=rs.getString(2);//String username=rs.getString("userName");
    String password=rs.getString(3);//String password=rs.getString("password");
    String trueName=rs.getString(4);//String trueName=rs.getString("trueName");
    String idCard=rs.getString(5);//String idCard=rs.getString("idCard");
    String telephone=rs.getString(6);//String telephone=rs.getString("telephone");
    String email=rs.getString(7);//String email=rs.getString("email");
}
```

如果对应列为空值,将返回 Xxx 型的空值,如果 Xxx 是数字类型,如 Float 等,则返回0,boolean 返回 false。使用 getString()可以返回所有列的值,但返回的都是字符串类型的。Xxx 可以代表的类型包括基本的数据类型,如整型(int)、布尔型(Boolean)、浮点型(Float,Double)、比特型(byte),还包括一些特殊的类型,如日期类型(java.sql.Date)、时间类型(java.sql.Time)、时间戳类型(java.sql.Timestamp)、大数型(BigDecimal 和 BigInteger 等)等。

【例 11-8】 使用 JTable 显示 Members 表查询的结果集。

```
//程序 ActionRow.java
package ch11;
import java.sql.Connection;
import java.sql.PreparedStatement;
import java.sql.ResultSet;
```

```
import java.sql.SQLException;
import java.util.ArrayList;
import java.util.List;
import java.util.Vector;
public class ActionRow {
    private Vector< Vector< ? >>row;
    private Connection conn=null;
    private List< Members>allMembers=null;
    private PreparedStatement pstmt=null;
    public void init() {
        conn=new DatabaseConnection().getConnection();
        row=new Vector<Vector<? >>();
        try{
            allMembers=new ArrayList<Members>();
            String sql="SELECT * FROM Members ";
            pstmt=this.conn.prepareStatement(sql);
            ResultSet rs=pstmt.executeQuery();
            Members member=null;
            while (rs!= null && rs.next()) {
                member=new Members();
                member.setId(rs.getInt(1));
                member.setUserName(rs.getString(2));
                member.setPassword(rs.getString(3));
                member.setTrueName(rs.getString(4));
                member.setIdCard(rs.getString(5));
                member.setTelephone(rs.getString(6));
                member.setEmail(rs.getString(7));
                allMembers.add(member);
            }
            rs.close();
            for (int counter=0; counter<allMembers.size(); counter++){
                Vector<String>col=new Vector<String>();
                member=allMembers.get(counter);
                col.add(member.getUserName());
                col.add(member.getTrueName());
                col.add(member.getTelephone());
                col.add(member.getEmail());
                row.add(col);
            }
        }catch (SQLException e){
            e.printStackTrace();
        } finally {
            try{
                pstmt.close();
```

```
            } catch (SQLException e){
                // TODO Auto-generated catch block
                e.printStackTrace();
            }
        }
    }
    public Vector<Vector<? >>getRow() {
        return row;
    }
    public void setRow(Vector<Vector<? >>row) {
        this.row=row;
    }
}
//程序 JTableDisplay.java
package ch11;
import java.awt.BorderLayout;
import java.awt.Container;
import java.awt.event.ActionEvent;
import java.awt.event.ActionListener;
import java.awt.event.WindowAdapter;
import java.awt.event.WindowEvent;
import java.util.Vector;
import javax.swing.JButton;
import javax.swing.JFrame;
import javax.swing.JPanel;
import javax.swing.JScrollPane;
import javax.swing.JTable;
import javax.swing.table.DefaultTableModel;
public class JTableDisplay extends JFrame{
    private static final long serialVersionUID=4022842059629074501L;
    private BorderLayout borderLayout=null;
    private Container container= null;
    private JTable jt=null;
    private DefaultTableModel dtm= null;
    public JTableDisplay() {
        //设定窗体采用边缘布局
        borderLayout=new BorderLayout();
        container=getContentPane();
        container.setLayout(borderLayout);
        //应用泛型,Vector 中依然是存放 Members 的 Vector
        Vector<Vector<? >>row=null;
        //应用默认的表格模式
        dtm=new DefaultTableModel();
        //定义列名
```

```
        String[] tableTitles={"会员名", "会员真实姓名","会员电话","电子邮箱"};
        //泛型为 String 的 Vector 用来添加列名
        Vector<String>tableTitle=new Vector<String>();
        for (int i=0; i<tableTitles.length; i++) {
            tableTitle.add(tableTitles[i]);
        }
        ActionRow ar=new ActionRow();
        ar.init();
        //获取 Vector 中的会员信息
        row=ar.getRow();
        dtm.setDataVector(row, tableTitle);
        jt=new JTable(dtm);
        //添加滚动条
        JScrollPane jsp=new JScrollPane(jt);
        //将表格放置在布局的中央
        container.add(jsp, BorderLayout.CENTER);
        //将删除按钮添加到布局的下方
        JPanel confirmPanel=new JPanel();
        JButton confirmButton=new JButton("确定");
        confirmButton.addActionListener(new ActionListener(){
            //单击按钮后进行删除操作
            @ Override
            public void actionPerformed(ActionEvent e)
            {
                JTableDisplay.this.dispose();
                System.exit(0);
            }
        });
        confirmPanel.add(confirmButton);
        container.add(confirmPanel, BorderLayout.SOUTH);
        this.setBounds(400, 300, 400, 300);
        this.getContentPane().add(jsp);
        this.setVisible(true);
        this.addWindowListener(new WindowMonitor());
    }
    //通过内部类创建视窗关闭方法
    class WindowMonitor extends WindowAdapter {
        public void windowClosing(WindowEvent e) {
            setVisible(false);
            System.exit(0);
        }
    }
}
//程序 JTableTest.java
```

```
package ch11;
public class JTableTest{
    public static void main(String args[]){
        new JTableDisplay();
    }
}
```

执行结果如图 11-11 所示。

会员名	会员真实姓名	会员电话	电子邮箱
Tom	Tomas	13908762345	tom@126.com
Mary	Maria	13682047203	maria@126.com
John	Johnason	13508345431	john@126.com
Sam	Sam Ding	13908724891	sam@126.com
dingding	丁伟	18907836888	dingwei@sohu...
Susan	Susan JJ	18929830891	susan@126.c...

确定

图 11-11 读取结果集执行结果

11.2.6 关闭资源

数据库链接资源有限，如果不能有效关闭和释放资源，会耗尽链接资源。所以，使用 JDBC 后，应显式地关闭和释放资源。特别在异常和错误的情况下，也能够保证链接资源的关闭和释放，以重复利用资源。

资源的关闭顺序与打开顺序相反，顺序是 ResultSet、Statement（PreparedStatement）和 Connection。为了保证在异常情况下也能关闭资源，需要在 try-catch 的 finally 模块中再一次关闭和释放资源。

11.2.7 事务

作为数据库操作的一种规范，JDBC 为数据库的事务（Transaction）提供了支持。事务是由一组 SQL 语句构建成的一个逻辑执行单元，具有原子性（Atomic）、一致性（Consistency）、隔离性（Isolation）和持久性（Durability）特征。

当所有的语句被执行，事务可以被提交（Commit），否则，如果有一个语句遇到错误，事务将被回滚（RollBack）。前面使用 JDBC 操作数据库时，都使用了默认的模式，即数据库处在自动提交模式。当每个 SQL 命令被执行后，就自动提交给了数据库。为了保证在操作数据库中数据的一致性，可以使用事务进行提交和回滚的操作。事务的常规回滚就是取消本次事务的操作，即撤销自上次事务提交以来的所有命令。为了能够很好地控制回滚操作，可以定义保存点（Save Point），这样回滚就可以回到指定的保存点。

设计自己的事务，首先要关闭自动提交模式，然后设置保存点，接下来执行数据库的更新操作。当命令执行过程中出现错误,就可以使用回滚操作回到保存点。

【例 11-9】 事物的使用。

```
//程序片段,事务的执行
…
conn.setAutoCommit(false);//关闭事物自动提交
st=conn.createStatement();
Savepoint sv=conn.setSavepoint();
st.executeUpdate(sql);
if(…){//sql 执行错误
    conn.rollback(sv);//事物回滚
}else{
    conn.commit();//提交事物
}
…
```

11.3 DAO 模式的应用

在面向对象的程序开发中,为了实现实体对象的读写与数据库中表数据的增加、删除、修改和查找功能关联起来,开发人员使用数据访问对象(Data Access Object,DAO)的设计模式,以使低级别的数据访问逻辑与高级别的业务逻辑分离。使用 DAO 模式的基本原理如图 11-12 所示。

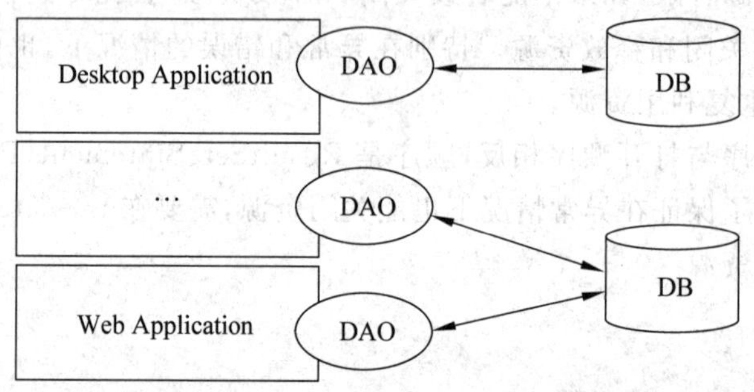

图 11-12 DAO 模式的基本原理

DAO 模式的组成由实体类、对象操作接口(DAO)和对象接口操作类(即 JDBC 操作数据库类)组成。下面分别介绍这一过程。

11.3.1 构建实体类

前面介绍面向对象编程基础时,提到过实体类的构建,就是把类的属性与类的业务分开。实体类包括属性、构造方法、get 和 set 操作。

【例 11-10】 构建 Admins 管理员类、Members 会员类、Products 作品类和 Comments 作品评论类。

```
//【例 11-9】Admins.java
package ch11;
public class Admins{
    //管理员属性包括 id、登录名和密码
    private int id;
    private String userName;
    private String password;
    public int getId(){
        return id;
    }
    public void setId(int id){
        this.id=id;
    }
    public String getUserName(){
        return userName;
    }
    public void setUserName(String userName)    {
        this.userName=userName;
    }
    public String getPassword(){
        return password;
    }
    public void setPassword(String password){
        this.password=password;
    }
}
//程序 Members.java
public class Members extends Admins{
    // Fields
    private int id;
    private String userName;
    private String password;
    private String trueName;
    private String idCard;
    private String telephone;
    private String email;
    public int getId(){
        return id;
    }
    public void setId(int id){
        this.id=id;
    }
    public String getUserName(){
        return userName;
```

```
    }
    public void setUserName(String userName){
        this.userName=userName;
    }
    public String getPassword()     {
        return password;
    }
    public void setPassword(String password){
        this.password=password;
    }
    public String getTrueName(){
        return trueName;
    }
    public void setTrueName(String trueName){
        this.trueName=trueName;
    }
    public String getIdCard(){
        return idCard;
    }
    public void setIdCard(String idCard){
        this.idCard=idCard;
    }
    public String getTelephone(){
        return telephone;
    }
    public void setTelephone(String telephone){
        this.telephone=telephone;
    }
    public String getEmail(){
        return email;
    }
    public void setEmail(String email){
        this.email=email;
    }
}
//程序 Comments.java
public class Comments {
    private int id;//评论编号
    private String observer;//评论者
    private int productId;//评论作品编号
    private String contents;//评论内容
    private int status;//审核状态
    private Calendar publishTime;//评论时间
    public Comments(int id, String observer, int productId, String contents,
```

```
    int status, Calendar publishTime){
    super();
    setId(id);
    setObserver(observer);
    setProductId(productId);
    setContents(contents);
    setStatus(status);
    setPublishTime(publishTime);
}
public int getId(){
    return id;
}
public void setId(int id){
    this.id=id;
}
public String getObserver(){
    return observer;
}
public void setObserver(String observer){
    this.observer=observer;
}
public int getProductId(){
    return productId;
}
public void setProductId(int productId){
    this.productId=productId;
}
public String getContents(){
    return contents;
}
public void setContents(String contents){
    this.contents=contents;
}
public int getStatus(){
    return status;
}
public void setStatus(int status){
    this.status=status;
}
public Calendar getPublishTime(){
    return publishTime;
}
public void setPublishTime(Calendar publishTime)    {
    this.publishTime=publishTime;
```

```
    }
}
//程序 Products.java
package ch11;
import java.io.File;
import java.util.Date;
public class Products {
//作品属性包括作品 id、作品名称、作者会员 id、作品简介、作品审核状态
//人气指数、作品得分和组品提交时间，最后是组品
    private int id;
    private String title;
    private int authorId;
    private String introduce;
    private int status;
    private int exponent;
    private int mark;
    private Date publishTime;
    private File photo;
    public int getId(){
        return id;
    }
    public void setId(int id){
        this.id=id;
    }
    public String getTitle(){
        return title;
    }
    public void setTitle(String title){
        this.title=title;
    }
    public int getAuthorId(){
        return authorId;
    }
    public void setAuthorId(int authorId){
        this.authorId=authorId;
    }
    public String getIntroduce(){
        return introduce;
    }
    public void setIntroduce(String introduce){
        this.introduce=introduce;
    }
    public int getStatus(){
        return status;
```

```
    }
    public void setStatus(int status){
        this.status=status;
    }
    public int getExponent()    {
        return exponent;
    }
    public void setExponent(int exponent){
        this.exponent=exponent;
    }
    public int getMark(){
        return mark;
    }
    public void setMark(int mark){
        this.mark=mark;
    }
    public Date getPublishTime()    {
        return publishTime;
    }
    public void setPublishTime(Date publishTime){
        this.publishTime=publishTime;
    }
    public File getPhoto(){
        return photo;
    }
    public void setPhoto(File photo){
        this.photo=photo;
    }
}
```

11.3.2 对象操作接口

设计对应实体类的操作接口，目的是分离接口与类，在上层应用上实现面向接口编程，使具体数据操作与业务逻辑分离。

【例 11-11】 在摄影作品大赛这个项目中，4个实体类有相应的 DAO 访问接口 IAdminsDAO.java、IMembersDAO.java、IProductsDAO.java 和 ICommentsDAO.java。

```
//程序 IAdminsDao.java
package ch11;
import java.sql.SQLException;
import java.util.List;
public interface IAdminsDAO{
    public boolean doCreate(Admins admin) throws SQLException;
    public boolean doUpdate(Admins admin) throws SQLException;
```

```
    public boolean doDelete(int id) throws SQLException;
    public Admins checkAdmin(String loginName, String loginPass)
        throws SQLException;
    public Admins findById(int id) throws SQLException;
    public List<Admins>findAll() throws SQLException;
}
//程序 IMembersDao.java
package ch11;
import java.sql.SQLException;
import java.util.List;
public interface IMembersDAO{
    public boolean doCreate(Members member) throws SQLException;
    public boolean doUpdate(Members member) throws SQLException;
    public boolean doDelete(int id) throws SQLException;
    public Members checkMember(String userName, String password)
        throws SQLException;
    public Members findById(int id) throws SQLException;
    public List<Members>findAll() throws SQLException;
}
//程序 IProductsDao.java
package ch11;
import java.io.IOException;
import java.sql.SQLException;
import java.util.List;
public interface IProductsDAO{
    public boolean doCreate(Products product) throws SQLException, IOException;
    public boolean doUpdate(Products product) throws SQLException, IOException;
    public boolean doDelete(int id) throws SQLException;
    public Products findById(int id) throws SQLException, IOException;
    public List<Products>findAll() throws SQLException, IOException;
    public List<Products>findAll(String title) throws SQLException,
        IOException;
    public List<Products>findAllPass() throws SQLException, IOException;
    public List<Products>findAllPass(String title) throws SQLException,
        IOException;
}
//程序 ICommentsDao.java
package ch11;
import java.sql.SQLException;
import java.util.List;
public interface ICommentsDAO{
    public boolean doCreate(Comments comment) throws SQLException;
    public boolean doUpdate(Comments comment) throws SQLException;
    public boolean doDelete(int id) throws SQLException;
```

```
    public boolean doDeleteByProduct(Products product) throws SQLException;
    public Comments findById(int id) throws SQLException;
    public List<Comments>findAll() throws SQLException;
    public List<Comments>findAll(int productId) throws SQLException;
}
```

11.3.3 对象操作代理类

代理模式是常用的Java设计模式,它的特征是代理类与实现类有同样的接口,代理类主要负责为委托实现类预处理消息、过滤消息,把消息转发给委托实现类,以及事后处理消息等。代理类与委托类之间通常会存在关联关系,一个代理类的对象与一个委托类的对象关联,代理类的对象本身并不真正实现服务,而是通过调用委托实现类的对象的相关方法来提供特定的服务。

DAO模式加入代理类的目的就是实现数据库连接与增删改查等具体操作分离,完成数据访问之前的预处理工作。

【例11-12】 会员代理类的实现。

```
//程序 IMembersProxy.java
package ch11;
import java.sql.SQLException;
import java.util.List;
public class IMembersDAOProxy implements IMembersDAO{
    private DatabaseConnection dbc=null;
    private IMembersDAO dao=null;
    public IMembersDAOProxy(){
        dbc=new DatabaseConnection();
        // 在代理类中完成数据库连接对象的实例化
        dao=new IMembersDAOImpl(dbc.getConnection());
    }
    public boolean doCreate(Members member) throws SQLException{
        boolean flag=false;
        try{
            if(this.dao.findById(member.getId())= = null){
                flag=dao.doCreate(member);      //调用真实主题实现类
            }
        }catch(SQLException e){
            throw e;
        } finally{
            dbc.close();
        }
        return flag;
    }
    public boolean doDelete(int memberId) throws SQLException {
```

```
        boolean flag=false;
        try{
            flag=this.dao.doDelete(memberId); // 调用真实主题实现类
        }catch(SQLException e)
        {
            throw e;
        }finally{
            this.dbc.close();
        }
        return flag;
    }
    public boolean doUpdate(Members member) throws SQLException {
        boolean flag=false;
        try{
            flag=this.dao.doUpdate(member);    //调用真实主题实现类
        }catch(SQLException e){
            throw e;
        }finally{
            this.dbc.close();
        }
        return flag;
    }
    public List<Members>findAll() throws SQLException {
        List<Members>all=null;
        try{
            all=this.dao.findAll();
        }catch(SQLException e){
            throw e;
        }finally{
            this.dbc.close();
        }
        return all;
    }
    public Members findById(int id) throws SQLExcept;ion {
        Members member=null;
        try{
            member=this.dao.findById(id);
        }catch(SQLException e){
            throw e;
        }finally{
            this.dbc.close();
        }
        return member;
    }
```

```
    public Members checkMember(String userName, String password)
                                                throws SQLException{
        Members member=null;
        try{
            member=this.dao.checkMember(userName, password);
        }catch(SQLException e){
            throw e;
        }finally{
            this.dbc.close();
        }
        return member;
    }
}
```

11.3.4 对象操作实现类

对象操作实现类是在具体数据库代码上对对象操作接口的实现，即通过 JDBC 技术进行真实的增删改查等代码的操作。

【例 11-13】 实现会员操作类 IMembersDAO。

```
//程序 IMembersDAOImpl.java
package ch11;
import java.sql.Connection;
import java.sql.PreparedStatement;
import java.sql.ResultSet;
import java.sql.SQLException;
import java.util.ArrayList;
import java.util.List;
public class IMembersDAOImpl implements IMembersDAO{
    private Connection conn=null;
    public IMembersDAOImpl(Connection conn){
        this.conn=conn;
    }
    //根据 Members 对象信息创建会员,并添加到数据表中
    public boolean doCreate(Members member) throws SQLException{
        boolean flag=false;
        PreparedStatement pstmt=null;
        String sql="INSERT INTO Members(userName,password,
                        trueName,idCard,telephone,email) VALUES (?,?,?,?,?,?)";
        try {
            pstmt=this.conn.prepareStatement(sql);
            pstmt.setString(1, member.getUserName());
            pstmt.setString(2, member.getPassword());
            pstmt.setString(3, member.getTrueName());
```

```
            pstmt.setString(4, member.getIdCard());
            pstmt.setString(5, member.getTelephone());
            pstmt.setString(6, member.getEmail());
            int count=pstmt.executeUpdate();
            if (count>0) {
                flag=true;
            }
        } catch (SQLException e){
            throw e;
        } finally {
            pstmt.close();
        }
        return flag;
    }
    //根据 id 删除会员
    public boolean doDelete(int id) throws SQLException {
        boolean flag=false;
        PreparedStatement pstmt=null;
        String sql="DELETE FROM Members WHERE id=?";
        try {
            pstmt=this.conn.prepareStatement(sql);
            pstmt.setInt(1, id);
            int count=pstmt.executeUpdate();
            if (count>0) {
                flag=true;
            }
        } catch (SQLException e){
            throw e;
        } finally {
            pstmt.close();
        }
        return flag;
    }
    //更改会员信息
    public boolean doUpdate(Members member) throws SQLException {
        boolean flag=false;
        PreparedStatement pstmt=null;
        String sql="UPDATE Members SET userName=?,password=?,trueName=?,
                              idCard=?,telephone=?,email=? WHERE id=?";
        try {
            pstmt=this.conn.prepareStatement(sql);
            pstmt.setString(1, member.getUserName());
            pstmt.setString(2, member.getPassword());
            pstmt.setString(3, member.getTrueName());
```

```
            pstmt.setString(4, member.getIdCard());
            pstmt.setString(5, member.getTelephone());
            pstmt.setString(6, member.getEmail());
            int count=pstmt.executeUpdate();
            if (count>0) {
                flag=true;
            }
        } catch (SQLException e) {
            throw e;
        } finally    {
            pstmt.close();
        }
        return flag;
    }
    //根据 id 号访问会员
    public Members findById(int id) throws SQLException{
        Members member=null;
        PreparedStatement pstmt=null;
        String sql="SELECT * FROM Members WHERE id= ?";
        try {
            pstmt=this.conn.prepareStatement(sql);
            pstmt.setInt(1, id);
            ResultSet rs=pstmt.executeQuery();
            if (rs.next()) {
                member=new Members();
                member.setId(rs.getInt(1));
                member.setUserName(rs.getString(2));
                member.setPassword(rs.getString(3));
                member.setTrueName(rs.getString(4));
                member.setIdCard(rs.getString(5));
                member.setTelephone(rs.getString(6));
                member.setEmail(rs.getString(7));
                }
            rs.close();
        } catch (SQLException e) {
            throw e;
        } finally {
            pstmt.close();
        }
        return member;
    }
    //查询当前所有会员信息
    public List<Members>findAll() throws SQLException{
        List<Members>allMembers=new ArrayList<Members>();
```

```
        PreparedStatement pstmt=null;
        String sql="SELECT id,userName,password,trueName,idCard,telephone,
               email FROM Members ";
        try {
            pstmt=this.conn.prepareStatement(sql);
            ResultSet rs=pstmt.executeQuery();
            Members member=null;
            while (rs.next()) {
                member=new Members();
                member.setId(rs.getInt(1));
                member.setUserName(rs.getString(2));
                member.setPassword(rs.getString(3));
                member.setTrueName(rs.getString(4));
                member.setIdCard(rs.getString(5));
                member.setTelephone(rs.getString(6));
                member.setEmail(rs.getString(7));
                allMembers.add(member);
            }
            rs.close();
        } catch (SQLException e) {
            throw e;
        } finally {
            pstmt.close();
        }
        return allMembers;
    }
    //验证会员登录信息
    public Members checkMember(String userName, String password)
                                                    throws SQLException{
        Members member=null;
        PreparedStatement pstmt=null;
        String sql="SELECT * FROM Members WHERE userName= ?
                                              AND password= =?";
        try {
            pstmt=this.conn.prepareStatement(sql);
            pstmt.setString(1, userName);
            pstmt.setString(2, password);
            ResultSet rs=pstmt.executeQuery();
            if(rs.next()) {
                if(userName.equals(rs.getString(2))&&
                              password.equals(rs.getString(3))){
                    member=new Members();
                    member.setId(rs.getInt(1));
                    member.setUserName(rs.getString(2));
```

```
                member.setPassword(rs.getString(3));
            }
        }
    }catch (SQLException e) {
        throw e;
    } finally    {
        pstmt.close();
    }
    return member;
  }
}
```

11.3.5 工厂模式访问DAO

对于复杂的对象生产过程,特别是根据系统的不同需求生产不同对象实体时,不适合每次都调用各自构造方法,因此采用工厂模式统一管理整个系统对象。工厂模式带来了系统创建对象的革命,它提供创建对象的接口,工厂按照用户需求定制生产产品。

工厂模式分为工厂方法和抽象工厂两种。抽象工厂类只定义相关获取业务对象的抽象方法,具体实现延迟到其子类实现。当创建对象的方法变得复杂了,可将工厂变成抽象类。对于DAO模式,一般只采用简单的工厂方法,按照业务逻辑条件直接生产相应的业务对象。利用工厂模式后,系统又进一步解耦,表现层无需再关心DAO层的变化,一切交给DAO工厂来解决。

【例11-14】 建立代理模式的工厂类。

```
//程序 DAOFactory.java
package ch11;
public class DAOFactory {
    //在工厂类中,分别定义了静态方法获取各自代理类的对象
    public static IAdminsDAO getIAdminsDAOInstance(){
        return new IAdminsDAOProxy();
    }
    public static IMembersDAO getIMembersDAOInstance()    {
        return new IMembersDAOProxy();
    }
    public static IProductsDAO getIProductsDAOInstance(){
        return new IProductsDAOProxy();
    }
    public static ICommentsDAO getICommentsDAOInstance(){
        return new ICommentsDAOProxy();
    }
}
```

11.4 案　例

本案例利用 JDBC 技术和 MySQL 数据库实现课程管理，主要目的是强化 DAO 模式的设计与实现过程。

11.4.1 案例设计

分析课程管理模块，需要实现课程信息的录入、修改、查询和删除功能。根据 DAO 模式与 MVC 模式，设计了 Course. java、DBConnection. java、ICourseDao. java、CourseDaoImpl. java、ICourseService. java、CourseServiceImpl. java 和 CourseManage. java 类和接口，如图 11-13 所示。

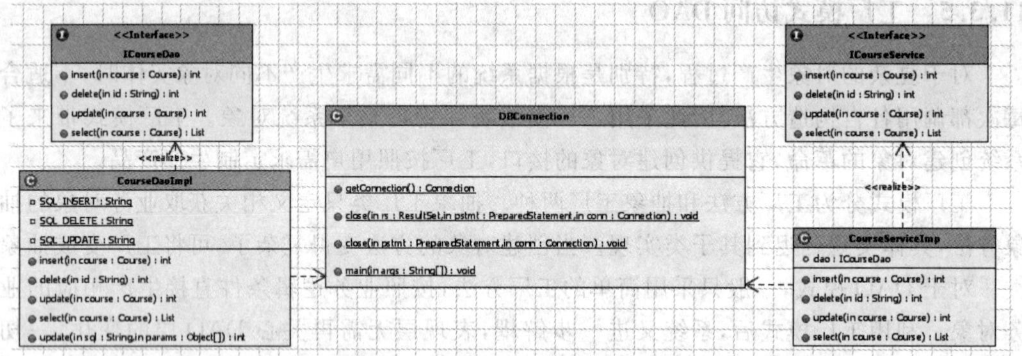

图 11-13　课程管理模块类图

Course. java 类用来描述课程实体对象。DBConnection. java 类中定义了获得数据库连接的方法。ICourseDao. java 接口定义了操作数据库，实现课程添加、删除、修改和查询的抽象方法。CourseDaoImpl. java 类实现了 ICourseDao. java 接口，即实现了操作数据库实现课程添加、删除、修改和查询的所有抽象方法。ICourseService. java 接口定义了实现课程添加、删除、修改和查询业务逻辑的抽象方法。CourseServiceImpl. java 实现了 ICourseService. java 接口，即实现了课程添加、删除、修改和查询业务逻辑的所有抽象方法。CourseManage. java 类使用上述类和接口，实现系统中的课程管理功能。

Course 表结构如表 11-2 所示。

表 11-2　数据库表 Course 的逻辑设计

序号	字段名称	数据类型	主键	说　明
1	Id	Char(6)	FK	课程编号
2	name	Char(50)		课程名称
3	mark	Float(8,1)		学分
4	term	Int(2)		开课学期

11.4.2 案例演示

程序运行后，进入课程信息管理界面，如图 11-14 所示。在课程信息管理界面上，可以通过“添加”、“删除”、“修改”和“查询”按钮进行“添加课程信息记录”、“删除课程信息记录”、“修改课程信息记录”和“查询课程信息记录”的操作。

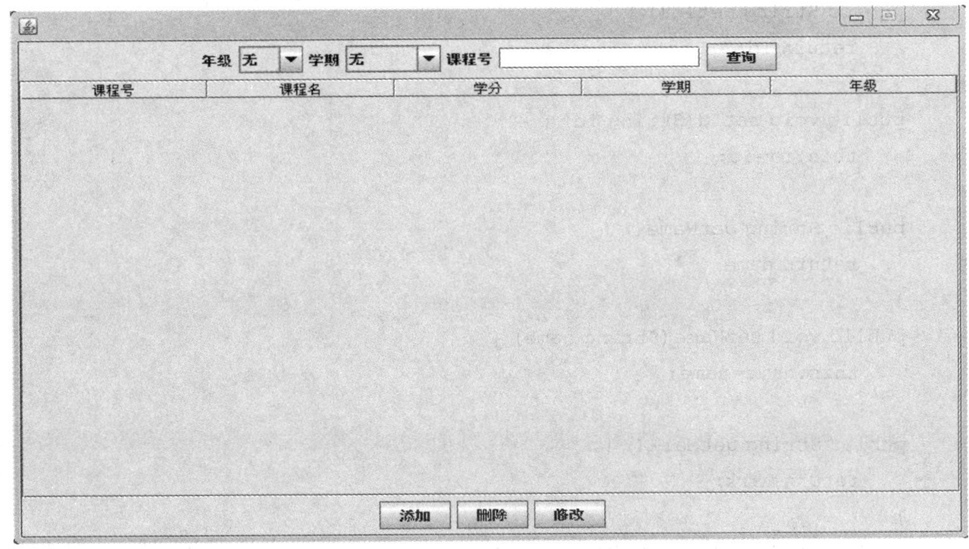

图 11-14 课程信息管理界面

单击“添加”按钮，进入课程添加界面，如图 11-15 所示。

在课程添加界面中输入要添加课程的相关信息，单击“确定”按钮，弹出课程信息添加成功对话框，如图 11-16 所示。

图 11-15 课程信息添加界面

图 11-16 课程信息添加成功对话框

在课程信息管理界面中，还可以进行课程信息的删除、修改和查询操作，操作与上一章综合测评信息的删除、修改和查询操作一样，这里不再详述。

11.4.3 代码实现

程序 Course.java 如下。

```
package chapter11.bean;
```

```
public class Course {
    private String id;
    private String name;
    private String mark;//学分
    private String grade;//年级
    private String term;//学期
    public String getId() {
        return id;
    }
    public void setId(String id) {
        this.id=id;
    }
    public String getName() {
        return name;
    }
    public void setName(String name) {
        this.name=name;
    }
    public String getMark() {
        return mark;
    }
    public void setMark(String mark) {
        this.mark=mark;
    }
    public String getGrade() {
        return grade;
    }
    public void setGrade(String grade) {
        this.grade=grade;
    }
    public String getTerm() {
        return term;
    }
    public void setTerm(String term) {
        this.term=term;
    }
}
```

程序 DBConnection.java 如下。

```
package chapter11.db;
import java.sql.Connection;
import java.sql.DriverManager;
import java.sql.PreparedStatement;
import java.sql.ResultSet;
```

```
import java.sql.SQLException;
public class DBConnection {
    //获得数据库连接
    public static Connection getConnection(){
        Connection conn=null;
        try {
            Class.forName("com.mysql.jdbc.Driver");
            String url=
                    "jdbc:mysql://127.0.0.1:3306/student? useUnicode=
                    true&characterEncoding=UTF-8";
            String user="root";
            String password="123456";
            conn=DriverManager.getConnection(url, user, password);
        } catch (ClassNotFoundException e) {
            e.printStackTrace();
        } catch (SQLException e) {
            e.printStackTrace();
        }
        return conn;
    }
    //关闭数据库资源
    public static void close(ResultSet rs, PreparedStatement pstmt, Connection
            conn) throws Exception {
        if (rs !=null) {
            rs.close();
        }
        if (pstmt !=null) {
            pstmt.close();
        }
        if (conn !=null) {
            conn.close();
        }
    }
    //关闭数据库资源(delete update insert)
    public static void close(PreparedStatement pstmt, Connection conn) throws
            Exception {
        if (pstmt !=null) {
            pstmt.close();
        }
        if (conn !=null) {
            conn.close();
        }
    }
    //测试方法
```

```
    public static void main(String[] args) throws Exception {
        System.out.println(getConnection());
    }
}
```

程序 IcourseDao. java 如下。

```
package chapter11.dao;
import java.util.List;
import chapter11.bean.Course;
public interface ICourseDao {
    public int insert(Course course)throws Exception;
    public int delete(String id)throws Exception;
    public int update(Course course)throws Exception;
    public List<Course>select(Course course)throws Exception;
}
```

程序 CourseDaoImpl. java 如下。

```
package chapter11.dao.imp;
import java.sql.Connection;
import java.sql.PreparedStatement;
import java.sql.ResultSet;
import java.util.ArrayList;
import java.util.List;
import chapter11.bean.Course;
import chapter11.dao.ICourseDao;
import chapter11.db.DBConnection;
public class CourseDaoImpl implements ICourseDao{
    private static final String SQL_INSERT="insert into course (name,mark,grade,
term) values(?,?,?,?)";
    private static final String SQL_DELETE="delete from course where id= ?";
    private static final String SQL_UPDATE="update course set name= ?,mark= ?,
grade= ?,term= ? where id= ?";
    public int insert(Course course) throws Exception {
        return update(SQL_INSERT, new Object[]{course.getName(), course.getMark(),
                    course.getGrade(), course.getTerm()});
    }
    public int delete(String id) throws Exception {
        return update(SQL_DELETE, new Object[]{id});
    }
    public int update(Course course) throws Exception {
        return update(SQL_UPDATE, new Object[]{course.getName(), course.getMark(),
                    course.getGrade(), course.getTerm(), course.getId()});
    }
    public List<Course>select(Course course) throws Exception {
```

```
    List<Course>courseList=null;
    Connection conn=null;
    PreparedStatement pstmt=null;
    ResultSet rs=null;
    String sql="select from course where 1= 1";
    try{
        conn=DBConnection.getConnection();
        pstmt=conn.prepareStatement(sql);
        if(course.getId().trim().equals("")){
            sql +=" and id=" +course.getId();
        }
        if(course.getTerm().equals("无")){
            sql +=" and term=" +course.getTerm();
        }
        if(course.getGrade().trim().equals("无")){
            sql +=" and grade=" +course.getGrade();
        }
        rs=pstmt.executeQuery();
        courseList=new ArrayList<Course>();
        while(rs.next()){
            Course cour=new Course();
            cour.setId(String.valueOf(rs.getInt("id")));
            cour.setName(String.valueOf(rs.getString("name")));
            cour.setMark(String.valueOf(rs.getDouble("mark")));
            cour.setGrade(String.valueOf(rs.getInt("grade")));
            cour.setTerm(String.valueOf(rs.getInt("term")));
            courseList.add(cour);
        }
        return courseList;
    }catch(Exception e){
        e.printStackTrace();
        throw e;
    }finally{
        DBConnection.close(rs, pstmt, conn);
    }
}
public int update(String sql, Object[] params) throws Exception {
    int flag=0;
    Connection conn=null;
    PreparedStatement pstmt=null;
    try {
        conn=DBConnection.getConnection();
        pstmt=conn.prepareStatement(sql);
        if(params !=null && params.length>0){
```

```
                for (int i=1; i<params.length+1; i++) {
                    pstmt.setObject(i, params[i-1]);
                }
            }
            pstmt.executeUpdate();
            flag=1;
        } catch (Exception e) {
            e.printStackTrace();
            throw e;
        }finally{
            DBConnection.close(pstmt, conn);
        }
        return flag;
    }
}
```

程序 ICourseService. java 如下。

```
package chapter11.service;
import java.util.List;
import chapter11.bean.Course;
public interface ICourseService {
    public int insert(Course course) throws Exception;
    public int delete(String id) throws Exception;
    public int update(Course course) throws Exception;
    public List<Course>select(Course course) throws NumberFormatException,
    Exception;
}
```

程序 CourseServiceImpl. java 如下。

```
package chapter11.service.imp;
import java.util.List;
import chapter11.bean.Course;
import chapter11.dao.ICourseDao;
import chapter11.dao.imp.CourseDaoImpl;
import chapter11.service.ICourseService;
public class CourseServiceImp implements ICourseService {
    ICourseDao dao=new CourseDaoImpl();
    public int insert(Course course) throws Exception{
        return dao.insert(course);
    }
    public int delete(String id) throws Exception {
        return dao.delete(id);
    }
    public int update(Course course) throws Exception {
```

```
        return dao.update(course);
    }
    public List<Course>select(Course course) throws NumberFormatException,
            Exception{
        return dao.select(course);
    }
}
```

程序 CourseManage.java 如下。

```
package chapter11.view;
import java.awt.BorderLayout;
import java.awt.Dimension;
import java.awt.FlowLayout;
import java.awt.Toolkit;
import java.awt.event.ActionEvent;
import java.awt.event.ActionListener;
import java.util.Iterator;
import java.util.List;
import javax.swing.Box;
import javax.swing.JButton;
import javax.swing.JComboBox;
import javax.swing.JDialog;
import javax.swing.JFrame;
import javax.swing.JLabel;
import javax.swing.JOptionPane;
import javax.swing.JPanel;
import javax.swing.JScrollPane;
import javax.swing.JTextField;
import javax.swing.table.DefaultTableModel;
import chapter11.bean.Course;
import chapter11.service.ICourseService;
import chapter11.service.imp.CourseServiceImp;
import chapter08. MyJTable;
public class CourseManager {
    private ICourseService service=new CourseServiceImp();
    private JFrame jf=new JFrame();
    Dimension faceSize=new Dimension(800, 600);
    private Dimension screenSize=Toolkit.getDefaultToolkit().getScreenSize();
    // 按学号查询
    private JPanel pSelect=new JPanel();
    private JLabel lSelectGrade=new JLabel("年级");
    private JComboBox cSelectGrade=new JComboBox();
    private JLabel lSelectTerm=new JLabel("学期");
    private JComboBox cSelectTerm=new JComboBox();
```

```
private JLabel lSelectId=new JLabel("课程号");
private JTextField tSelectId=new JTextField(15);
private JButton bSelect=new JButton("查询");
//查询结果放在一个 JTable
private MyJTable table;
private DefaultTableModel tableModel;
private JScrollPane tableScrollPane;
private Object[] tableTitle={ "课程号", "课程名", "学分", "学期", "年级" };
private Object[][] tableData={ new Object[] { "" } };
//对学生信息进行管理的添加、删除、修改按钮
private JPanel buttonPanel=new JPanel();
private JButton insert=new JButton("添加");
private JButton delete=new JButton("删除");
private JButton update=new JButton("修改");
//单击添加、修改时弹出的对话框
private JDialog dialog=new JDialog(jf, "课程管理");
private Box box=Box.createVerticalBox();
private JPanel pId=new JPanel(new FlowLayout(FlowLayout.LEFT));
private JPanel pName=new JPanel(new FlowLayout(FlowLayout.LEFT));
private JPanel pMark=new JPanel(new FlowLayout(FlowLayout.LEFT));
private JPanel pGrade=new JPanel(new FlowLayout(FlowLayout.LEFT));
private JPanel pTerm=new JPanel(new FlowLayout(FlowLayout.LEFT));
private JLabel lId=new JLabel("课程号");
private JLabel lName=new JLabel("课程名");
private JLabel lMark=new JLabel("学    分");
private JLabel lTerm=new JLabel("学    期");
private JLabel lGrade=new JLabel("年    级");
private JTextField tId=new JTextField(15);
private JTextField tName=new JTextField(15);
private JTextField tMark=new JTextField(15);
private JComboBox cTerm=new JComboBox();
private JComboBox cGrade=new JComboBox();
private JPanel pButton=new JPanel();
private JButton confirm=new JButton("确认");
private JButton cancel=new JButton("取消");
//用于标记是添加还是修改
private String id;
public void init() {
    pSelect.add(lSelectGrade);
    pSelect.add(cSelectGrade);
    pSelect.add(lSelectTerm);
    pSelect.add(cSelectTerm);
    pSelect.add(lSelectId);
    pSelect.add(tSelectId);
```

```
pSelect.add(bSelect);
cSelectGrade.addItem("无");
cSelectGrade.addItem("大一");
cSelectGrade.addItem("大二");
cSelectGrade.addItem("大三");
cSelectGrade.addItem("大四");
cSelectTerm.addItem("无");
cSelectTerm.addItem("第一学期");
cSelectTerm.addItem("第二学期");
cSelectTerm.addActionListener(new ActionListener() {
    public void actionPerformed(ActionEvent e) {
        if (cSelectTerm.getSelectedItem().equals("无")) {
            insert.setVisible(false);
        } else {
            insert.setVisible(true);
        }
    }
});
//查询按钮的监听器
bSelect.addActionListener(new ActionListener() {
    public void actionPerformed(ActionEvent e) {
        String grade=String.valueOf(cSelectGrade.getSelectedItem());
        String term=String.valueOf(cSelectTerm.getSelectedIndex());
        String id=tSelectId.getText().trim();
        Course course=new Course();
        course.setId(id);
        course.setGrade(grade);
        course.setTerm(term);
        List<Course>list=null;
        try {
            list=service.select(course);
        } catch (NumberFormatException e1) {
            e1.printStackTrace();
        } catch (Exception e1) {
            e1.printStackTrace();
        }
        clearTable();
        Iterator<Course>it=list.iterator();
        while (it.hasNext()) {
            course=(Course) it.next();
            insertTable(course);
        }
    }
});
```

```
// table
tableModel=new DefaultTableModel(tableData, tableTitle);
table=new MyJTable(tableModel);
tableScrollPane=new JScrollPane(table,
        JScrollPane.VERTICAL_SCROLLBAR_AS_NEEDED,
        JScrollPane.HORIZONTAL_SCROLLBAR_AS_NEEDED);
clearTable();
// button
buttonPanel.add(insert);
buttonPanel.add(delete);
buttonPanel.add(update);
//添加按钮的监听器
insert.addActionListener(new ActionListener() {
    public void actionPerformed(ActionEvent e) {
        // 如果是添加,则将 id=null;
        id=null;
        tId.setText("");
        tId.setEditable(true);
        tName.setText("");
        tMark.setText("");
        dialog.setVisible(true);
    }
});
// 删除按钮的监听器
delete.addActionListener(new ActionListener() {
    public void actionPerformed(ActionEvent e) {
        // 获得选择删除的行号数组
        int[] selected=table.getSelectedRows();
        // 如果 selected 的长度为 0,说明没有选择要删除的
        if (selected.length==0) {
            JOptionPane.showMessageDialog(jf, "请选择要删除的综测!", "提
            示",JOptionPane.WARNING_MESSAGE);
        } else {
            // 提示是否要进行删除
            int flag=JOptionPane.showConfirmDialog(jf, "确定删除吗?",
                    "提示", JOptionPane.OK_CANCEL_OPTION,
                    JOptionPane.WARNING_MESSAGE);
            // 如果选择是,则进行删除
            if (flag==JOptionPane.OK_OPTION) {
                String id=null;
                for (int i=selected.length -1; i >=0; i--) {
                    id= String.valueOf(tableModel.getValueAt(selected
                    [i], 0));
                    try {
```

```
                        service.delete(id);
                    } catch (Exception e1) {
                        e1.printStackTrace();
                    }
                    tableModel.removeRow(selected[i]);
                }
            }
        }
    }
});
// 修改按钮的监听器
update.addActionListener(new ActionListener() {
    public void actionPerformed(ActionEvent e) {
        int row=table.getSelectedRow();
        if (row==-1) {
            JOptionPane.showMessageDialog(jf, "请选择要修改的列!",
                "提示",JOptionPane.WARNING_MESSAGE);
        } else {
            // 如果进行修改,就将 id=要修改的学号
            id=String.valueOf(table.getValueAt(row, 0));
            String term=String.valueOf(table.getValueAt(row, 3));
            String grade=String.valueOf(table.getValueAt(row, 4));
            // 设置 tId 的内容
            tId.setText(id);
            // 设置 tId 不可修改
            tId.setEditable(false);
            tName.setText(String.valueOf(table.getValueAt(row, 1)));
            tMark.setText(String.valueOf(table.getValueAt(row, 2)));
            cTerm.setSelectedItem(term);
            cGrade.setSelectedItem(grade);
            // 设置 dialog 可见
            dialog.setVisible(true);
        }
    }
});
jf.setLayout(new BorderLayout());
// 设置 pSelect 在 jf 的北面
jf.add(pSelect, BorderLayout.NORTH);
// 设置 pSelect 在 jf 的中心
jf.add(tableScrollPane, BorderLayout.CENTER);
// 设置 pSelect 在 jf 的南面
jf.add(buttonPanel, BorderLayout.SOUTH);
jf.pack();
jf.setSize(faceSize);
```

```
        jf.setLocation((int) (screenSize.width - faceSize.getWidth())/2,
                (int) (screenSize.height - faceSize.getHeight())/2);
        jf.setResizable(false);
        jf.setDefaultCloseOperation(JFrame.EXIT_ON_CLOSE);
        jf.setVisible(true);
        cTerm.addItem("第一学期");
        cTerm.addItem("第二学期");
        cGrade.addItem("大一");
        cGrade.addItem("大二");
        cGrade.addItem("大三");
        cGrade.addItem("大四");
        pId.add(lId);
        pId.add(tId);
        pName.add(lName);
        pName.add(tName);
        pMark.add(lMark);
        pMark.add(tMark);
        pTerm.add(lTerm);
        pTerm.add(cTerm);
        pGrade.add(lGrade);
        pGrade.add(cGrade);
        pButton.add(confirm);
        pButton.add(cancel);
        //确定按钮的监听器
        confirm.addActionListener(new ActionListener() {
            public void actionPerformed(ActionEvent e) {
                Course course=new Course();
                course.setId(tId.getText());
                course.setName(tId.getText());
                course.setMark(tMark.getText());
                int term=Integer.valueOf(cTerm.getSelectedIndex());
                if(term==0) {
                    course.setTerm("第一学期");
                } else {
                    course.setTerm("第二学期");
                }
                int grade=Integer.valueOf(cGrade.getSelectedIndex());
                switch(grade) {
                case 0:course.setGrade("大一");break;
                case 1:course.setGrade("大二");break;
                case 2:course.setGrade("大三");break;
                case 3:course.setGrade("大四");break;
                }
                if (id !=null) {
```

```
            int flag=0;
            try {
                flag=service.update(course);
            } catch (Exception e1) {
                e1.printStackTrace();
            }
            dialog.dispose();
            if (flag==1) {
                JOptionPane.showMessageDialog(jf, "修改成功!", "提示",
                        JOptionPane.WARNING_MESSAGE);
                int row=table.getSelectedRow();
                table.setValueAt(course.getName(), row, 1);
                table.setValueAt(course.getMark(), row, 2);
                table.setValueAt(course.getTerm(), row, 3);
                table.setValueAt(course.getGrade(), row, 4);
            } else {
                JOptionPane.showMessageDialog(jf, "修改失败!", "提示",
                        JOptionPane.WARNING_MESSAGE);
            }
        } else {
            try {
                service.insert(course);
            } catch (Exception e1) {
                e1.printStackTrace();
            }
            insertTable(course);
            dialog.dispose();
            JOptionPane.showMessageDialog(jf, "添加成功!", "提示",
                    JOptionPane.WARNING_MESSAGE);
        }
    }
});
// 取消按钮的监听器
cancel.addActionListener(new ActionListener() {
    public void actionPerformed(ActionEvent e) {
        dialog.dispose();
    }
});
box.add(pId);
box.add(pName);
box.add(pMark);
box.add(pTerm);
box.add(pGrade);
box.add(pButton);
```

```
        dialog.add(box);
        dialog.setBounds((int) (screenSize.width -280)/2,
                (int) (screenSize.height -240)/2, 280, 240);
    }
    public void insertTable(Course course) {
        String[] newCell=new String[7];
        newCell[0]=course.getId();
        newCell[1]=course.getName();
        newCell[2]=course.getMark();
        newCell[3]=course.getGrade();
        newCell[4]=course.getTerm();
        tableModel.addRow(newCell);
    }
    public void clearTable() {
        int rows=tableModel.getRowCount();
        for (int i=rows -1; i >=0; i--) {
            tableModel.removeRow(i);
        }
    }
    public static void main(String[] args) {
        new CourseManager().init();
    }
}
```

11.5 习　　题

一、选择题

(1) 使用 Java 程序访问数据库时,首先与数据库建立连接,连接前应加载数据库驱动程序,该语句为(　　)。

A. Class. forName("sun. jdbc. odbc. JdbcOdbcDriver")

B. DriverManage. getConnection("","","")

C. Result rs= DriverManage. getConnection("","",""). createStatement()

D. Statement st= DriverManage. getConnection("","",""). createStaement()

(2) Java 程序与数据库连接后,需要查看某个表中的数据,使用(　　)语句。

A. executeQuery()　　　　B. executeUpdate()

C. executeEdit()　　　　D. executeSelect()

(3) 关于 JDBC 访问数据库的说法,错误的是(　　)。

A. 建立数据库连接时,必须加载驱动程序,可采用 Class. forName()实现

B. 用于建立与某个数据源的连接,可采用 DriverManager 类的 getConnection 方法

C. 建立数据库连接时,必须要进行异常处理

D. JDBC中查询语句的执行方法必须采用Statement类实现

(4) 在Java中,(　　)是数据库连接技术。

A. ODBC　　B. JDBC

C. 数据库厂家驱动程序　　D. 数据库厂家的连接协议

(5) 典型的JDBC程序按(　　)顺序编写。

① 释放资源

② 获得与数据库的物理连接

③ 执行SQL命令

④ 注册JDBC Driver

⑤ 创建不同类型的Statement

⑥ 如果有结果集,则处理结果集

A. ④③⑥①②⑤　　B. ④②③⑥①⑤

C. ④②③⑤⑥①　　D. ④②⑤③⑥①

(6) 下列(　　)是JDBC编程的异常类型。

A. SQLException　　B. SQLError

C. SQLFatal　　D. SQLTruncation

(7) 接口Statement中的executeUpdate方法的返回类型以及代表的含义分别是(　　)。

A. ResultSet;结果集　　B. int;受影响的记录数量

C. boolean;是否成功　　D. 有无ResultSet返回

(8) 要限制查询语句返回的最多记录数,通过调用Statement的(　　)方法实现。

A. setFetchSize　　B. setMaxFieldSize

C. setMaxRows　　D. setFlush

(9) 下列关闭数据库连接的顺序,正确的是(　　)。

A. 先关闭Statement,再关闭ResultSet,最后关闭Connection

B. 先关闭ResultSet,再关闭Statement,最后关闭Connection

C. 先关闭ResultSet,再关闭Connection,最后关闭Statement

D. 先关闭Statement,再关闭Connection,最后关闭ResultSet

二、填空题

(1) Java数据库操作的基本流程是________________________________。

(2) 下面程序片段是输出"计算机10-1"班的全体同学的学号和姓名。其中数据表为Student(包括字段:学号(sno)、姓名(sname)、班级(sclass))的过程。

```
String driverName="com.microsoft.sqlserver.jdbc.SQLServerDrive";
String URL= "jdbc:sqlserver://localhost:1433;DatabaseName=xinxi";
Connection conn=null;
try{
    Class.forName(driverName);
```

```
conn= DriverManager.getConnection(URL, "sa", "sa");
System.out.println("数据库已连接成功");
Statement st=__________________;(1)
String sql=__________________ ;(2)
ResultSet rs=st.executeQuery (sql);
whiles(rs!= null&&rs.next()){
    System.out.println("学号:"+rs.getString("sno"));
    System.out.println("姓名:"+___________);(3)
}
conn.close();
} catch(ClassNotFoundException e){
}catch(SQLException e){
}
```

三、实训题

（1）题目

学生成绩管理子系统。

（2）实现功能

① 学生个人成绩的增加、删除、修改和查找。

② 按照班级的形式进行课程成绩的导入与导出。

（3）提示

使用 DAO 模式进行设计与实现。

线　　程

大多数语言只能运行单独的一个程序块,无法同时运行不同的多个程序块。Java 的多线程机制弥补了这个缺憾,可以让不同的程序块一起运行,使程序运行更加顺畅,同时也达到了多任务处理的目的,提高程序运行速度和效率。支持多线程编程是 Java 语言吸引开发者的众多显著特点之一。

本章主要介绍 Java 中的多线程机制,包括线程的基本概念、线程的概念模型、Java 中线程的创建、线程的生命周期、线程状态转换、临界资源问题、线程同步、线程死锁、线程通信等内容。

12.1 线程基础

12.1.1 线程的基本概念

程序是计算机指令的集合,或一组指令序列,以文件的形式存储在磁盘上。程序是一个静态的概念,而操作系统中运行的是一个动态概念——进程。提出进程是为了实现并发执行环境,以提高计算机系统性能。进程是程序在数据集合上的一次执行过程,是资源申请、调度和独立运行的单位。例如,在操作系统上可以同时运行 QQ 聊天程序、音乐播放器程序、Java 集成开发程序和浏览器程序。实际就是在操作系统中创建了对应进程。对于单 CPU 的计算机来说,同一时刻只有一个进程在运行,而不是同时运行多个进程,它们之间通过时间间隔交替运行,由于时间间隔较短,所以感觉是多个进程同时运行,实际上是并发执行。

线程实质是进程中一个独立执行线索,一个进程至少包括一个线程。在支持线程的系统中,进程执行时,真正完成任务的是线程。线程又称为轻量级进程,它和进程一样拥有独立的执行控制,区别在于线程没有独立的存储空间,而是和所属进程中的其他线程共享一个存储空间,线程之间的切换只需要切换执行流程和相关的局部变量,这种切换要比进程之间的切换效率高得多。所以要设计一个程序来完成多任务时,常采用多线程设计。很多程序设计语言需要线程软件包或系统提供的特殊接口实现多线程,而 Java 语言是第一个语言级支持多线程的语言。

12.1.2 线程的概念模型

Java 语言内在支持多线程,它的很多类都是在多线程环境下定义的。Java 中的线程由 3 部分组成,如图 12-1 所示。

(1) 虚拟的 CPU:封装在 java. lang. Thread 类中,由 Thread 的对象封装模拟实现线程运行需要的 CPU。

(2) CPU 所执行的代码,传递给 Thread 类,由 Thread 的对象执行。

(3) CPU 所处理的数据,传递给 Thread 类,由 Thread 的对象处理。

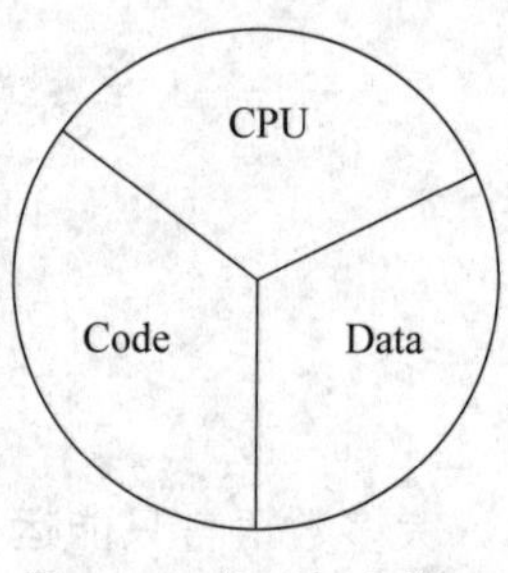

图 12-1 线程概念模型

12.1.3 线程的创建

Java 中线程的创建有两种方式,一是直接继承 java. lang. Thread 类;二是实现 java. lang. Runnable 接口。

1. 继承 Thread 类

java. lang. Thread 类是由 Java API 为开发者提供线程类,这在 Java 的多线程机制中是十分重要的。这一点通过线程的概念模型可以看出,线程运行需要的虚拟 CPU 由 Thread 类封装模拟,线程代码和所要处理的数据交由 Thread 对象运行和处理。

java. lang. Thread 类中定义的主要常量、构造方法如表 12-1 所示。

表 12-1 Thread 类中的主要常量、构造方法

方 法	说 明
public static final int MAX_PRIORITY	常量,值为整数 10,线程可以具有的最高优先级
public static final int MIN_PRIORITY	常量,值为整数 1,线程可以具有的最低优先级
public static final int NORM_PRIORITY	常量,值为整数 5,分配给线程的默认优先级
public Thread()	构造方法,创建一个新的 Thread 对象,名字默认为 Thread-n,n 为大于等于 0 的整数
public Thread(String name)	构造方法,创建一个新的 Thread 对象,名字指定为 name
public Thread(Runnable target)	构造方法,创建一个新的实现了 Runnable 接口的线程类对象,即传入的参数
public Thread(Runnable target, String name)	构造方法,创建一个新的实现了 Runnable 接口的线程类对象,即传入的参数,同时指定线程名字为 name
public static int activeCount()	返回当前线程的线程组中活动线程的数目
public static Thread currentThread()	返回对当前正在执行的线程对象的引用
public long getId()	返回该线程的唯一标识 ID
public String getName()	返回该线程的名称

续表

方　法	说　明
public void setName(String name)	设置线程名称为参数 name
public int getPriority()	返回线程的优先级
public void setPriority(int newPriority)	设置线程的优先级
public Thread.State getState()	返回该线程的状态。返回值类型为 Thread.State 类型，是一种枚举类型，该枚举类型所包括的枚举值如下。 (1) BLOCKED：受阻塞并且正在等待监视器锁的某一线程的线程状态 (2) NEW：至今尚未启动的线程的状态 (3) RUNNABLE：可运行线程的线程状态 (4) TERMINATED：已终止线程的线程状态 (5) TIMED_WAITING：具有指定等待时间的某一等待线程的线程状态。 (6) WAITING：某一等待线程的线程状态
public void interrupt()	中断线程
public static boolean interrupted()	测试当前线程是否已经中断
public boolean isAlive()	测试线程是否处于活动状态
public boolean isDaemon()	测试该线程是否为守护(后台)线程
public void setDaemon(boolean on)	将该线程标记为守护(后台)线程
public boolean isInterrupted()	测试线程是否已经中断
public void run()	线程体，线程处理的所有业务逻辑均放在该方法中，线程运行时执行该方法。run()方法不被显示调用，当调用线程的 start()方法时，Java 虚拟机自动调用线程 run()方法
public void start()	使该线程开始执行，Java 虚拟机调用该线程的 run()方法
public void join()	当前线程执行某一线程 join()方法，当前线程等到该线程执行完之后才能执行
public void join(long millis)	当前线程执行某一线程 join()方法，当前线程等到该线程执行完之后才能执行。等待时间最长为参数 millis 指定的毫秒数
public void join(long millis, int nanos)	当前线程执行某一线程 join()方法，当前线程等到该线程执行完之后才能执行。等待时间最长为参数 millis 毫秒＋nanos 纳秒指定的时间
public static void sleep(long millis)	使线程休眠，休眠时间为 ms。线程休眠时不释放占有的资源
public static void sleep(long millis, int nanos)	使线程休眠，休眠时间为 ms＋ns。线程休眠时不释放所占有的资源
public static void yield()	暂停当前正在执行的线程对象，并执行其他线程。调用该方法的线程并不进入阻塞状态，而直接进入就绪状态

续表

方　法	说　明
public void notify()	在同步块中执行，唤醒锁定对象的等待队列中的一个线程
public void notifyAll()	在同步块中执行，唤醒锁定对象的等待队列中的所有线程
public void wait()	在同步代码中执行，调用该方法的线程将暂停执行进入对象的等待队列，并释放对象的锁。直到有其他线程在锁定同一对象的同步代码中执行 notify 方法或 notifyAll 方法

表 12-1 中所述 Thread 类的常量、构造方法和方法在多线程编程中经常使用，应熟练掌握。随着本章内容的学习，可以通过程序实例掌握 Thread 类的常量、构造方法和方法的使用。

【例 12-1】 演示直接继承 Thread 类的方式创建线程类。

程序 ThreadTest1.java 如下。

```
package ch12;
public class ThreadTest1 {
    public static void main(String[] args) {
        MyThread1 t1=new MyThread1();
        MyThread1 t2=new MyThread1();
        t1.start();
        t2.start();
        for(int i=1;i<=5;i++){
            System.out.println(Thread.currentThread().getName()+":"+i);
        }
        System.out.println(Thread.currentThread().getName()+" is over!");
        System.out.println("main method is over!");
    }
}
class MyThread1 extends Thread{
    public void run(){
        for(int i=1;i<=5;i++){
            System.out.println(this.getName()+":"+i);
        }
        System.out.println(this.getName()+" is over!");
    }
}
```

程序运行结果如下。

```
main:1
Thread-0:1
Thread-0:2
Thread-0:3
Thread-0:4
```

```
Thread-0:5
Thread-0 is over!
main:2
main:3
Thread-1:1
main:4
main:5
Thread-1:2
Thread-1:3
Thread-1:4
Thread-1:5
Thread-1 is over!
main is over!
main method is over!
```

【例 12-1】中定义线程类 MyThread1 类直接继承 Thread 类。在 ThreadTest1 类的 main 方法中创建了两个 MyThread1 线程类对象 t1 和 t2，并启动执行，创建线程时没有为线程命名，故 t1 和 t2 采用线程默认名字 Thread-0 和 Thread-1。从程序运行结果看，main 线程中的循环先执行了一次，Thread-0(t1)线程获得执行权后执行，直到线程结束，然后 main 线程和 Thread-1(t2)线程交替执行，直至线程结束。多线程程序每次执行的运行结果基本不会是完全相同，原因是运行结果取决于系统中线程的调度情况以及线程获得执行权时执行时间片的长短。

2. 实现 Runnable 接口

定义线程类除了直接继承 Thread 类，还可以通过实现 Runnable 接口的方式定义线程类。

【例 12-2】 演示实现 Runnable 接口的方式创建线程类。

程序 ThreadTest2. java 如下。

```
package ch12;
public class ThreadTest2 {
    public static void main(String[] args) {
        MyThread2 t=new MyThread2();
        Thread t1=new Thread(t,"线程一");
        Thread t2=new Thread(t,"线程二");
        t1.start();
        t2.start();
        for(int i=1;i<=5;i++){
            System.out.println(Thread.currentThread().getName()+":"+i);
        }
        System.out.println(Thread.currentThread().getName()+" is over!");
        System.out.println("main method is over!");
    }
```

```
}
class MyThread2 implements Runnable{
    public void run() {
        for(int i=1;i<=5;i++){
            System.out.println(Thread.currentThread().getName()+":"+i);
        }
        System.out.println(Thread.currentThread().getName()+" is over!");
    }
}
```

程序运行结果如下。

```
main:1
main:2
main:3
main:4
main:5
main is over!
main method is over!
线程一:1
线程一:2
线程一:3
线程一:4
线程二:1
线程一:5
线程二:2
线程二:3
线程二:4
线程二:5
线程二 is over!
```

【例 12-2】中的线程类 MyThread2 实现了接口 Runnable，通过这种方式创建的线程类在实例化线程类对象后，还必须要通过 Thread 类进行封装。例如：

```
MyThread2 t=new MyThread2();
Thread t1=new Thread(t,"线程一");
```

t 不能作为线程启动运行，必须将 t 作为参数构造 Thread 对象 t1，t1 才可以启动运行。但是有一点必须注意，此时 t1 启动运行的线程是 t，执行的线程体也是 t 的。

从程序运行的结果来看，线程一、线程二和 main 线程基本是轮流交替执行，直至线程运行结束。

【例 12-1】和【例 12-2】演示了 Java 中有两种实现创建线程的方式，直接继承 java. lang. Thread 类和实现 java. lang. Runnable 接口。下面编写一个程序实例来分析这两种方式的区别。

【例 12-3】 实现模拟铁路售票系统，通过四个售票点发售某日某次列车的 100 张车票，一个售票点用一个线程表示。

程序 SellTicketSystemTest1.java 如下。

```
package ch12;
public class SellTicketSystemTest1 {
    public static void main(String[] args){
        new SellTicketSystem1().start();
        new SellTicketSystem1().start();
        new SellTicketSystem1().start();
        new SellTicketSystem1().start();
    }
}
class SellTicketSystem1 extends Thread {
    private int ticket=100;
    public void run(){
        while(true){
            if(ticket>0){
                System.out.println(Thread.currentThread().getName()
                        +" is selling ticket" +ticket--);
            }else{
                break;
            }
        }
    }
}
```

程序运行结果如下。

```
Thread-0 is selling ticket100
Thread-0 is selling ticket99
Thread-0 is selling ticket98
Thread-0 is selling ticket97
Thread-0 is selling ticket96
Thread-0 is selling ticket95
Thread-0 is selling ticket94
Thread-0 is selling ticket93
Thread-0 is selling ticket92
Thread-0 is selling ticket91
Thread-0 is selling ticket90
Thread-0 is selling ticket89
Thread-0 is selling ticket88
Thread-0 is selling ticket87
Thread-1 is selling ticket100
Thread-1 is selling ticket99
Thread-2 is selling ticket100
Thread-3 is selling ticket100
```

```
Thread-3 is selling ticket99
Thread-2 is selling ticket99
Thread-1 is selling ticket98
Thread-1 is selling ticket97
Thread-2 is selling ticket98
Thread-3 is selling ticket98
Thread-3 is selling ticket97
Thread-3 is selling ticket96
Thread-3 is selling ticket95
Thread-2 is selling ticket97
Thread-2 is selling ticket96
Thread-2 is selling ticket95
……………………………
……………………………
```

从【例 12-3】的运行结果看，每个票号都被打印了 4 次，即 4 个线程各自卖各自的 100 张票，而不是卖共同的 100 张票。这是怎么造成的呢？需要指出的是，多个线程处理同一个资源，一个资源只能对应一个对象，上面的程序创建了四个 SellTicketSystem1 对象，就等于创建了 4 个资源，每个资源都有 100 张票，每个线程都在独自处理各自的资源。经过程序演示和分析可以总结，要实现铁路售票程序，只能创建一个资源对象，同时创建多个线程处理该资源对象。

【例 12-3】中线程类的定义直接继承 Thread 类，下面通过线程类实现 Runnable 接口的方式来解决这个问题。

【例 12-4】 实现模拟铁路售票系统。

程序 SellTicketSystemTest2.java 如下。

```
package ch12;
public class SellTicketSystemTest2{
    public static void main(String[] args){
        SellTicketSystem2 t=new SellTicketSystem2();
        new Thread(t).start();
        new Thread(t).start();
        new Thread(t).start();
        new Thread(t).start();
    }
}
class SellTicketSystem2 implements Runnable{
    private int ticket=100;
    public void run(){
        while(true){
            if(ticket>0){
                System.out.println(Thread.currentThread().getName()
                        +" is selling ticket" +ticket--);
```

```
            }else{
                break;
            }
        }
    }
}
```

程序运行结果如下。

```
Thread-2 is selling ticket100
Thread-2 is selling ticket98
Thread-2 is selling ticket97
Thread-2 is selling ticket96
Thread-2 is selling ticket95
Thread-2 is selling ticket94
Thread-2 is selling ticket93
Thread-2 is selling ticket92
Thread-2 is selling ticket91
Thread-2 is selling ticket90
Thread-2 is selling ticket89
Thread-2 is selling ticket88
Thread-2 is selling ticket87
Thread-2 is selling ticket86
Thread-2 is selling ticket85
Thread-2 is selling ticket84
Thread-2 is selling ticket83
Thread-2 is selling ticket82
Thread-2 is selling ticket81
Thread-2 is selling ticket80
Thread-2 is selling ticket79
Thread-2 is selling ticket78
Thread-2 is selling ticket77
Thread-2 is selling ticket76
Thread-1 is selling ticket75
Thread-0 is selling ticket99
Thread-1 is selling ticket73
Thread-2 is selling ticket74
Thread-3 is selling ticket70
Thread-3 is selling ticket68
Thread-3 is selling ticket67
Thread-3 is selling ticket66
Thread-3 is selling ticket65
..............................
..............................
```

从【例 12-4】的运行结果看，避免了【例 12-3】中出现的问题。【例 12-4】创建了 4 个线程，每个线程调用同一个 SellTicketSystem2 对象中的 run()方法，访问的是同一个对象中的变量(tickets)的实例，满足了实际需求。像在 Windows 上可以启动多个记事本程序一样，多个进程使用同一个记事本程序代码。

通过比较分析【例 12-3】和【例 12-4】，相对直接继承 Thread 类来说，创建线程类实现 Runnable 接口有如下显著的好处。

(1) 适合多个具有相同程序代码的线程处理同一资源的情况，对虚拟 CPU(线程)、程序的代码和数据进行了有效分离，较好地体现了面向对象的设计思想。

(2) 避免由于 Java 的单继承特性带来的局限。如果一个线程类是已经继承了某一个类的子类，由于一个类不能同时有两个直接父类，所以不能用继承 Thread 类的方式，那么这个类就只能采用实现 Runnable 接口的方式。

(3) 有利于程序的健壮性，代码能够被多个线程共享，代码与数据是独立的。

12.2 线程的状态

12.2.1 线程状态转换

在 Java 语言中，每个线程都需经历新建(New)、就绪(Runnable)、运行(Running)、阻塞(Blocked)和死亡(Dead)5 种状态，线程从新建到死亡的状态变化称为生命周期，如图 12-2 所示。线程的阻塞状态分为 3 种，即 wait 等待池阻塞(Blocked in object wait pool)、lock 等待池阻塞(Blocked in lock pool)和其他阻塞(Otherwise Blocked)。

线程状态转换具体描述如下：

(1) 线程的实现有两种方式，一是继承 Thread 类；二是实现 Runnable 接口。不管哪种方式，当通过 new 关键字创建了线程对象后，该线程就进入了新建状态；

(2) 处于新建状态的线程对象调用了 start()方法，就进入就绪(可运行)状态；

(3) 处于就绪状态的线程对象被操作系统选中，获得 CPU 时间片，就会进入运行状态；

(4) 处于运行状态的线程对象可以通过不同方式进入不同线程状态，分为 5 种情况，具体描述如下。

① 处于运行状态的线程对象的 run()方法或 main()方法运行结束后，线程就进入死亡(程序运行完成而运行终止)状态；

② 处于运行状态的线程对象，当线程对象调用了自身的 sleep()方法或其他线程的 join()方法，或者发出了 I/O 请求，就会进入阻塞状态(该状态即停止当前线程，但并不释放占有的资源)。当 sleep()结束或 join()结束后，或者 I/O 操作结束、调用线程的 interupt 方法，该线程进入就绪状态，继续等待 OS 分配时间；

③ 处于运行状态的线程对象，当线程对象调用了 yield()方法，放弃当前获得的 CPU

时间片，或者时间片用完线程还没结束，线程对象回到就绪状态，这时与其他进程处于同等竞争状态，OS 有可能接着又让这个进程进入运行状态；

④ 当线程对象刚进入运行状态，但还没运行，发现线程运行需要的资源被 synchronized(同步)，并获取不到锁标记，将会立即进入阻塞(锁等待池)状态，等待获取锁标记，一旦线程获得锁标记后，就转入就绪状态，等待 OS 分配 CPU 时间片；

⑤ 处于运行状态的线程对象，当线程调用 wait()方法后，会进入阻塞(等待队列)状态，进入这个状态会释放占有的所有资源。与(2)中所属的阻塞状态不同，进入这个状态后，是不能自动唤醒的，必须依靠其他线程调用 notify()或 notifyAll()方法，才能被唤醒(由于 notify()只是唤醒一个线程，但不能确定具体唤醒的是哪一个线程，也许需要唤醒的线程不能够被唤醒，因此在实际使用时，一般都用 notifyAll()方法唤醒所有线程)，线程被唤醒后会进入锁池，等待获取锁标记。

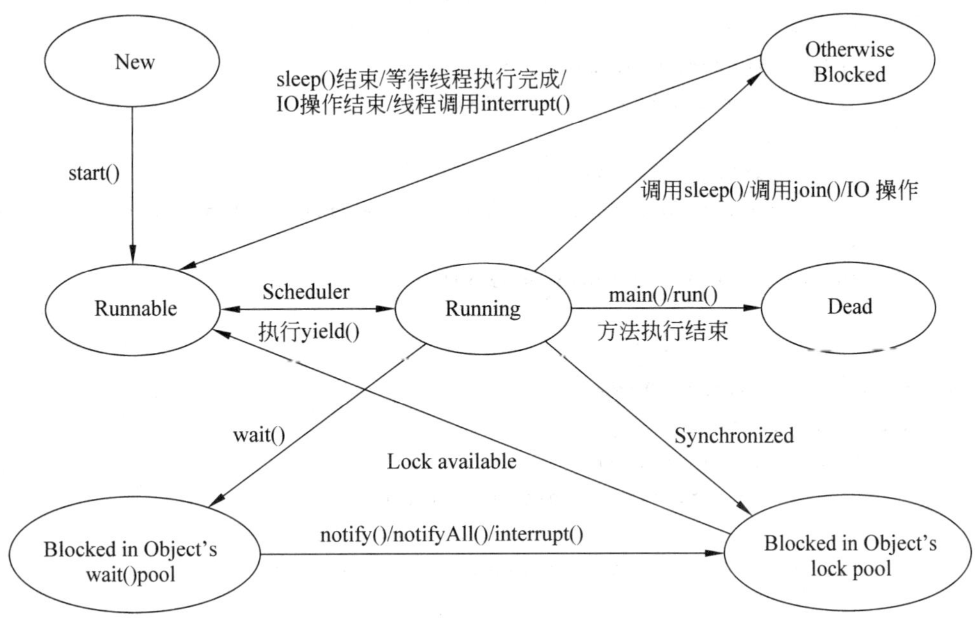

图 12-2 线程的状态转换图

12.2.2 常用的线程状态转换方法

1. 线程的优先级

线程的优先级用 1～10 之间的一个整数表示，数值越大优先级越高，线程的默认优先级为 5。Java 语言中并没有规定优先级低的线程就一定要让优先级高的线程先运行，且直到线程结束自身再运行，所以开发时不能利用优先级来控制线程的执行。Thread 类提供优先级的相关方法：setPriority(int newPriority)和 getPriority()分别用来设置线程的优先级和获得线程优先级，另外还提供了三个 int 类型属性常量，即 MAX_PRIORITY、

MIN_PRIORITY、NORM_PRIORITY，分别表示线程的最大优先级(10)、最小优先级(1)和默认优先级(5)。

【例 12-5】 演示线程优先级的使用。

程序 ThreadPriorityTest.java 如下。

```
package ch12;
public class ThreadPriorityTest {
    public static void main(String[] args) {
        System.out.println("max==="+Thread.MAX_PRIORITY);
        System.out.println("min==="+Thread.MIN_PRIORITY);
        System.out.println("norm==="+Thread.NORM_PRIORITY);
        System.out.println("main==="+Thread.currentThread().getPriority());
        MyThread4 t1=new MyThread4();
        t1.setPriority(Thread.MAX_PRIORITY);
        t1.start();
        MyThread4 t2=new MyThread4();
        t2.setPriority(Thread.MIN_PRIORITY);
        t2.start();
        for(int i=1;i<=5;i++){
            System.out.println(Thread.currentThread().getName()+":"+i);
        }
        System.out.println("main is over!");
    }
}
class MyThread4 extends Thread{
    public void run(){
        for(int i=1;i<=5;i++){
            System.out.println(this.getName()+":"+i);
        }
        System.out.println(this.getName()+" is over!");
    }
}
```

程序运行结果如下。

```
max===10
min===1
norm===5
main===5
main:1
Thread-0:1
Thread-0:2
Thread-0:3
Thread-0:4
Thread-0:5
```

```
main:2
main:3
main:4
main:5
Thread-0 is over!
main is over!
Thread-1:1
Thread-1:2
Thread-1:3
Thread-1:4
Thread-1:5
Thread-1 is over!
```

【例 12-5】首先打印出线程类 Thread 中定义的优先级常量值以及线程默认的优先级。程序设置线程 t1 和 t2 的优先级分别为 10 和 1，main 线程采用默认优先级 5。从程序运行结果看出，先是线程 t1 和 main 线程交替运行，直至执行完成，t2 再运行，直至执行完成。虽然线程 t1 的优先级比 main 线程优先级高，但线程 t1 在运行过程中并不占"绝对"优势，所以不能在程序中使用设置优先级的方式来控制线程。

2. 线程的串行化

线程的串行化使用 join()方法，如果线程 A 调用了线程 B 的 join()方法，那么直到线程 B 执行完成后，线程 A 才能执行。当一个线程的运行需要另一个线程运行的结果时，要使用线程的串行化。线程的串行化实际应用广泛，多用无参方法，带有参数的 join()方法在实际应用中很少使用。

【例 12-6】 演示线程串行化的使用。

程序 JoinTest.java 如下。

```
package ch12;
public class JoinTest {
    public static void main(String[] args) {
        MyThread5 t=new MyThread5();
        t.start();
        try {
            t.join();//直到线程 t 执行完之后，main 线程再执行
        } catch (InterruptedException e) {
            e.printStackTrace();
        }
        for(int i=1;i<=5;i++){
            System.out.println(Thread.currentThread().getName()+":"+i);
        }
        System.out.println("main is over!");
    }
}
```

```
class MyThread5 extends Thread{
    public void run(){
        for(int i=1;i<=5;i++){
            System.out.println(this.getName()+":"+i);
        }
        System.out.println(this.getName()+" is over!");
    }
}
```

程序运行结果如下。

```
Thread-0:1
Thread-0:2
Thread-0:3
Thread-0:4
Thread-0:5
Thread-0 is over!
main:1
main:2
main:3
main:4
main:5
main is over!
```

【例 12-6】在 main 线程中调用了 t 线程的 join()方法，那么 main 线程停止执行，t 线程开始运行，直至结束，main 线程才开始运行。程序的运行结果也反映了这一点。

3. sleep 方法

sleep(long millis)方法可以使线程休眠。

【例 12-7】 利用 sleep 方法实现数字时钟。

程序 SleepTest.java 如下。

```
package ch12;
public class SleepTest {
    public static void main(String[] args) {
        JFrame jf=new JFrame("数字时钟");
        JLabel jl=new JLabel("clock");
        jl.setHorizontalAlignment(JLabel.CENTER);
        jf.add(jl);
        jf.setBounds(500, 300, 150, 100);
        jf.setDefaultCloseOperation(JFrame.EXIT_ON_CLOSE);
        jf.setVisible(true);
        Clock clock=new Clock(jl);
        clock.start();
    }
```

```
}
class Clock extends Thread{
    private JLabel jl;
    public Clock(JLabel jl) {
        this.jl=jl;
    }
    public void run(){
        while(true){
            jl.setText(this.getTime());
            try {
                Thread.sleep(1000);
            } catch (InterruptedException e) {
                e.printStackTrace();
            }
        }
    }
    public String getTime(){
        Calendar c=new GregorianCalendar();
        int year=c.get(Calendar.YEAR);
        int month=c.get(Calendar.MONTH)+1;
        int day=c.get(Calendar.DATE);
        int h=c.get(Calendar.HOUR_OF_DAY);
        int m=c.get(Calendar.MINUTE);
        int s=c.get(Calendar.SECOND);
        String pmo=month<10?"0":"";
        String pd=day<10?"0":"";
        String ph=h<10?"0":"";
        String pm=m<10?"0":"";
        String ps=s<10?"0":"";
        return year+"-"+pmo+month+"-"+pd+day+"-"+ph+h
            +"-"+pm+m+"-"+ps+s;
    }
}
```

程序运行结果如图 12-3 所示。

图 12-3　程序 SleepTest.java 的运行结果

【例 12-7】运行结果显示一个窗体，窗体中央位置显示当前日期时间的"年-月-日 时-分-秒"形式。程序中 Clock 线程中的 getTime()方法获得当前日期时间的"年-月-日 时-分-秒"形式，线程体 run()方法中执行一个死循环，循环体中将 getTime()方法获得当前日期时间设置为窗体显示文本，然后是当前线程休眠 1 000ms，即 1s，休眠完成后开始下一次循环。所以窗体显示效果是当前日期时间的"年-月-日 时-分-秒"形式，间隔 1 秒变化 1 次。

4. yield()方法

yield()方法使线程让步给其他线程执行。使用该方法后，线程并不进入阻塞状态，而是直接进入就绪状态。yield()方法主要用于一个线程释放已经用完资源时调用，以便其他线程获得使用资源的机会。

【例 12-8】 使用 yield()方法实现线程让步。

程序 YieldTest.java 如下。

```
package ch12;
public class YieldTest {
    public static void main(String[] args) {
        MyThread6 t1=new MyThread6(true);
        MyThread6 t2=new MyThread6(false);
        MyThread6 t3=new MyThread6(true);
        t1.start();
        t2.start();
        t3.start();
    }
}
class MyThread6 extends Thread{
    private boolean flag=false;                //flag用于标示是否为让步线程
    public MyThread6(boolean flag) {
        this.flag=flag;
    }
    public void run(){
        long start=(new Date()).getTime();//返回从1970年1月1日0时0分0秒0毫
                                            秒到现在所经历的毫秒数
        for(int i=1;i<500;i++){
            if(flag){
                yield();
            }
            System.out.println(this.getName()+":"+i);
        }
        long end=(new Date()).getTime();
        System.out.println(this.getName()+"运行了"+(end-start)+"ms");
    }
}
```

程序运行结果如下。

```
Thread-2:1
Thread-1:1
Thread-0:1
…
```

```
Thread-1运行了 79ms
Thread-0:499
...
Thread-0运行了 110ms
...
Thread-2运行了 110ms
```

【例 12-8】将线程 t1(Thread-0)和 t3(Thread-2)设置为让步线程。在这两个线程中，每执行一次循环调用一个 yield()方法，使线程让步于其他线程，t2(Thread-1)线程为不让步线程。所以线程 t1 的运行时间相对较短，线程 t2 和 t3 运行时间相对较长。

5. 线程终止

Thread 类定义了 stop()方法，调用线程的 stop()方法可以使线程终止运行。但是 stop()方法存在不安全因素，不推荐使用。可以通过标识变量等价实现 stop()方法，从而使线程终止运行。

【例 12-9】 使用标识标量的方式等价实现终止线程运行。

程序 StopTest.java 如下。

```
package ch12;
public class StopThreadTest {
    public static void main(String[] args){
        MyThread7 t=new MyThread7();
        t.start();
        try {
            Thread.sleep(1);
        } catch (InterruptedException e){
            e.printStackTrace();
        }
        for(int i=1;i<=5;i++){
            System.out.println(Thread.currentThread().getName()+":"+i);
        }
        System.out.println("main is over!");
        t.shutDown();
    }
}
class MyThread7 extends Thread{
    private boolean flag=false;//flag用来表示线程是否结束
    public void run(){
        int i=0;
        while(true){
            if(flag){
                break;
            }
```

```
            System.out.println(this.getName()+":"+(i++));
        }
        System.out.println(this.getName()+" is over!");
    }
    public void shutDown(){
        this.flag=true;
    }
}
```

程序运行结果如下。

```
Thread-0:0
Thread-0:1
Thread-0:2
Thread-0:3
Thread-0:4
main:1
Thread-0:5
main:2
Thread-0:6
main:3
main:4
Thread-0:7
main:5
Thread-0:8
main is over!
Thread-0:9
Thread-0 is over!
```

【例 12-9】中,线程类 MyThread7 定义了一个标示变量 flag,用来表示线程是否结束,初始值设为 false,即没有结束,其中定义了 shutDown()方法,该方法实现将 flag 设为 true,即表示线程终止。在线程体中的循环中,根据 flag 变量的值决定线程是否结束。main 线程中首先创建了 MyThread7 线程 t(Thread-0),并启动线程,然后 main 线程休眠,那么线程 t(flag 初始值为 false)开始执行,main 线程休眠结束后,main 线程和线程 t 交替执行,当 main 线程执行程序语句"t. shutDown();"后,flag 值变为 true,线程 t 执行线程体中的循环时跳出循环,线程 t 终止执行而结束。

12.3 线程同步

12.3.1 临界资源问题

首先通过一段代码分析临界资源的问题。下述代码描述数据结构栈的实现,其中包括入栈方法 push(char c)和出栈方法 pop(),实例变量 index 表示栈中元素的个数,字符数组 data 存放栈元素。下述栈的实现代码在单线程环境下执行是完全正确的。

```
class Stack{
    int index=0;
    char[] data=new char[6];
    public void push(char c){
        data[index]=c;
        index++;
    }
    public char pop(){
        index--;
        return data[index];
    }
}
```

下面分析上述代码在多线程环境下是否正确。

(1) 假定当前栈中有两个元素 A 和 B,那么 index=2,如图 12-4(a)所示。

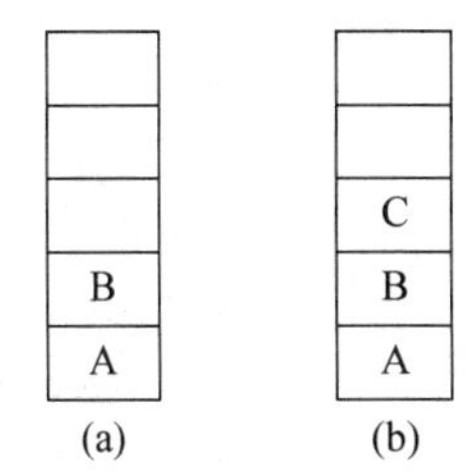

图 12-4 栈中存储元素情况图

(2) 有一个线程 t1:执行入栈方法 push(C),执行代码 data[2]=C;将要执行 index++,但还没做,此时线程 t1 失去了执行权(时间片用完,或让步于其他线程,或其他原因),所以 index 值仍为 2,栈中元素情况如图 12-4(b)所示。

(3) 有一个线程 t2:执行出栈方法 pop();执行 index--,此时 index=2-1=1;返回 data[1],即返回值为 B。

分析结果:线程 t2 调用出栈方法 pop()应该返回栈顶元素 C(此时 C 已经入栈),但是由于第 2 步线程 t1 没有修改 index 的值,导致线程 t2 没有真正拿到栈顶元素 C,而拿到元素 B,造成数据不一致。

根据上述代码分析,在多线程环境下,对于入栈方法 push(char c)和出栈方法 pop()中的代码,同一时刻只能允许一个线程访问。直到该线程访问完成后,另一个线程才能访问,这样才能保证数据的一致性。

同一时刻只允许一个线程访问的资源,称为临界资源;处理临界资源的代码称为临界区。上述代码中,index 和 data 中的元素都是临界资源,入栈方法 push(char c)和出栈方法 pop()为临界区。

【例 12-4】实际涉及了临界资源的问题,修改【例 12-4】,在线程类 SellTicketSystem2 的线程体中的 if 判断语句中加入使用当前线程休眠的语句。

【例 12-10】 修改【例 12-4】,模拟火车站售票系统。

程序 SellTicketSystemTest3. java 如下。

```
package ch12;
public class SellTicketSystemTest3{
    public static void main(String[] args){
```

```
            SellTicketSystem2 t=new SellTicketSystem2();
            new Thread(t).start();
            new Thread(t).start();
            new Thread(t).start();
            new Thread(t).start();
        }
    }
    class SellTicketSystem3 implements Runnable{
        private int ticket=100;
        public void run(){
            while(true){
                if(ticket>0){
                    try {
                        Thread.currentThread().sleep(10);
                    } catch (InterruptedException e){
                        e.printStackTrace();
                    }
                    System.out.println(Thread.currentThread().getName()
                        +" is selling ticket" +ticket--);
                }else{
                    break;
                }
            }
        }
    }
```

程序运行结果如下。

```
⋮
Thread-2 is selling ticket3
Thread-0 is selling ticket2
Thread-2 is selling ticket1
Thread-1 is selling ticket0
Thread-3 is selling ticket-1
Thread-0 is selling ticket-2
```

从【例 12-10】的运行结果(最后 3 条打印语句)可以看出,线程 Thread-1 卖了票号为 0 的车票,线程 Thread-3 卖了票号为-1 的车票,线程 Thread-0 卖了票号为-2 的车票,这显然是错误的,因为票号为 0、-1、-2 的车票是根本不存在的。造成这种结果的原因是:当还有最后一张车票(票号为 1)时,此时 ticket=1,线程 Thread-2 通过 if 判断进入 if 语句块,进入后休眠,没有执行卖票操作,即没有执行 ticket--,此时 ticket 的值还为 1;线程 Thread-1 获得执行权,由于此时 ticket 的值还为 1,线程 Thread-1 通过 if 判断进入 if 语句块,进入后休眠,没有执行卖票操作,即没有执行 ticket--,此时 ticket 的值还为 1;同理,线程 Thread-3 和线程 Thread-0 也可以通过 if 判断进入 if 语句块,当线程休眠结束后，出现了 Thread-2 卖了票号为 1 的车票，Thread-1 卖了票号为 0 的车票，线程 Thread-3 卖了票号为－1 的车票，线程 Thread-0 卖了票号为－2 的车票的情况。

上述情况发生的最根本原因是，线程类 SellTicketSystem2 中的 ticket 属于临界资源，线程体中的 if 语句块为临界区。对于 if 语句块，同一时刻只能有一个线程访问，所以【例 12-4】并没有完全正确地模拟火车站售票过程。

12.3.2 线程同步

为了保证共享数据操作的完整性，Java 语言引入了互斥锁概念。Java 中的每一个对象都有一个互斥锁（有且仅有一个），一旦加上锁后（获得了该对象的访问权），同一时刻只能有一个线程访问临界区。Java 中使用关键字 synchronized 给对象加锁，synchronized 可以修饰方法，也可以修饰代码块，用 synchronized 修饰的方法称为同步方法，用 synchronized 修饰的代码块称为同步代码块。在定义同步代码块时，开发者可以直接指定加锁对象，对于同步方法，不用指定加锁对象，JVM 默认同步方法给 this 对象加锁。

下面改正【例 12-10】，使之能够完全正确地模拟火车站售票过程，通过为临界区添加对象锁来保护临界资源。

【例 12-11】 修改【例 12-10】，实现模拟火车站售票系统。

程序 SellTicketSystemTest4. java 如下。

```
package ch12;
public class SellTicketSystemTest4{
    public static void main(String[] args){
        SellTicketSystem2 t=new SellTicketSystem2();
        new Thread(t).start();
        new Thread(t).start();
        new Thread(t).start();
        new Thread(t).start();
    }
}
class SellTicketSystem4 implements Runnable{
    private int ticket=100;
    public void run(){
        while(true){
            synchronized(this){
                if(ticket>0){
                    try {
                        Thread.currentThread().sleep(10);
                    } catch (InterruptedException e) {
                        e.printStackTrace();
                    }
                    System.out.println(Thread.currentThread().getName()
                          +" is selling ticket" +ticket--);
                }else{
```

```
                        break;
                    }
                }
            }
        }
    }
```

程序运行结果如下。

```
Thread-0 is selling ticket100
Thread-0 is selling ticket99
Thread-0 is selling ticket98
Thread-0 is selling ticket97
Thread-0 is selling ticket96
Thread-0 is selling ticket95
Thread-0 is selling ticket94
Thread-0 is selling ticket93
Thread-3 is selling ticket92
Thread-3 is selling ticket91
Thread-3 is selling ticket90
Thread-2 is selling ticket89
Thread-1 is selling ticket88
⋮
Thread-1 is selling ticket14
Thread-2 is selling ticket13
Thread-2 is selling ticket12
Thread-2 is selling ticket11
Thread-3 is selling ticket10
Thread-3 is selling ticket9
Thread-0 is selling ticket8
Thread-0 is selling ticket7
Thread-3 is selling ticket6
Thread-3 is selling ticket5
Thread-3 is selling ticket4
Thread-3 is selling ticket3
Thread-2 is selling ticket2
Thread-2 is selling ticket1
```

【例 12-11】中将临界区(if 代码块)放入 synchronized 代码块中,即将临界资源保护起来,synchronized 代码块的使用语法格式如下。

```
synchronized(对象){
    //访问临界资源的代码
}
```

synchronized 块中的对象可以是任意对象,如果线程要执行 synchronized 块中的代码(访问临界资源),首先应拿到 synchronized 块同步对象的锁,否则不能访问 synchronized 块中的代码。线程一旦获得锁后,直到执行完所有 synchronized 块中的代码才释放对象锁,因为对象锁有且仅有一把锁,保证了一个线程执行同步块代码过程中其他线程不能执行同步块代码,确保数据的一致性。【例 12-11】的运行结果是正确的,不会出现卖出票号为 0 或负数的情况,正确模拟了火车站的售票过程。

Synchronized 也可以修饰方法,修饰方法同步的对象是 this。通过线程类 SellTicketSystem2 代码,将访问临界资源的代码放在一个方法,然后使用 Synchronized 修饰该方法,修改后的代码如下。

```
class SellTicketSystem4 implements Runnable{
    private int ticket=100;
    public void run(){
        while(true){
            sell();
            if(ticket<=0){
                break;
            }
        }
    }
    public synchronized void sell(){
        if(ticket>0){
            try {
                Thread.currentThread().sleep(10);
            } catch (InterruptedException e) {
                e.printStackTrace();
            }
            System.out.println(Thread.currentThread().getName()
                    +" is selling ticket" +ticket--);
        }
    }
}
```

修改后的程序运行结果和使用同步代码块的程序运行结果相同,区别在于本程序使用了同步方法,同步方法所同步的对象为 this,即为 this 对象加锁,同步方法体同一时刻只能有一个线程访问,有效避免了数据不一致情况的发生。

12.4 线程死锁

并发运行的多个线程彼此等待对方占有的资源、都无法运行的状态称为死锁。产生死锁的原因主要是系统资源不足、进程运行推进的顺序不合适、资源分配不当等。如果系统资源充足,进程的资源请求都能够满足,死锁的可能性就很低,否则就会因争夺有限的资源而陷入死锁。其次,进程运行推进顺序与速度不同,也可能产生死锁。

【例 12-12】 演示线程死锁。

程序 DeadThreadTest.java 如下。

```
package ch12;
public class DeadThreadTest{
    public static void main(String[] args) {
        StringBuffer str=new StringBuffer("ABCDEFG");
        MyThread8 t=new MyThread8(str);
        t.start();
        synchronized (str) {
            try {
                t.join();
            } catch (InterruptedException e) {
                e.printStackTrace();
            }
        }
        System.out.println("main is over!");
    }
}
class MyThread8 extends Thread{
    StringBuffer s=new StringBuffer();
    public MyThread8(StringBuffer s) {
        this.s=s;
    }
    public void run(){
        try {
            Thread.sleep(1);
        } catch (InterruptedException e) {
            e.printStackTrace();
        }
        synchronized (s) {
            s.reverse();
            System.out.println("after reverse:"+s);
        }
        System.out.println(this.getName()+" is over");
    }
}
```

【例 12-12】运行出现线程死锁，导致程序不能正常终止。产生死锁的原因是：main 线程中拿到 str 对象的锁后执行“t.join();”，main 线程(等待时不释放 str 对象锁)等待线程 t 执行完后再执行，线程 t 要执行，也必须获得 str 对象的锁，实际线程 t 不可能获得 str 对象锁。此时就形成了 main 线程拿着 str 对象锁等待线程 t 执行完获得执行权，而线程 t 拥有执行权等待 str 对象锁的状态，即死锁状态。上述程序去掉 main 方法同步块修饰符 synchronized 或 MyThread8 线程体中同步块修饰符 synchronized，即可解决死锁问题,synchronized 关键字一定要慎用。

12.5 线程通信

在多线程程序设计中,最重要的一点是使得多线程之间进行相互通信。多线程程序中的线程没有任何联系,相互之间是孤立的,就失去了多线程程序的意义了。Java 中多线程通信的主要方法是 wait()、notify()、notifyAll()。为了在多线程并发运行时避免死锁,线程阻塞时应该尽可能释放占用的资源,使得其他线程获得运行的机会。线程的 wait()方法就是使线程等待同时释放线程占有的资源。

下面通过程序实例模拟生产者-消费者问题,演示线程间通信。生产者生产产品,而消费者消费产品,生产者生产出产品后,将其放在一个仓库,然后通知消费者来拿产品并等待,等消费者拿走产品后,生产者再往仓库放产品(消费者拿走产品后通知生产者继续放产品);消费者从仓库拿走产品后,通知生产者继续往仓库放产品并等待,等生产者放完产品后再来取产品(生产者放完产品后通知消费者来取产品)。

利用多线程来解决这个问题:通过刚才的分析,看该问题中有如下几个对象:生产者、消费者,另外还有放置产品的仓库。仓库是用来存放产品的,以面向对象程序设计的思想编写"仓库"这个类,将产品数据和操作产品的方法组织在一起,也就是说仓库类要提供放置产品和获得产品的方法。生产者和消费者用线程来表示。

【例 12-13】 实现模拟生产者消费者问题。

程序 ProConTest.java 如下。

```
package ch12;
public class ProConTest {
    public static void main(String[] args) {
        MyStack ms=new MyStack();
        Produce p=new Produce(ms);
        Consume c=new Consume(ms);
        Thread t1=new Thread(p);
        Thread t2=new Thread(c);
        t1.start();
        t2.start();
    }
}
class MyStack{
    int index=0;//表示元素个数
    char[] data=new char[6];//存放栈中元素
    public synchronized void push(char c){
        if(index==data.length){
            try {
                this.wait();
            } catch (InterruptedException e) {
```

```
                e.printStackTrace();
            }
        }
        data[index]=c;
        index++;
        System.out.println("Produce生产产品:"+c);
        this.notify();
    }
    public synchronized char pop(){
        if(index==0){
            try {
                this.wait();
            } catch (InterruptedException e) {
                e.printStackTrace();
            }
        }
        index--;
        System.out.println("Consume:"+data[index]);
        this.notify();
        return data[index];
    }
}
class Produce implements Runnable{
    MyStack ms;
    public Produce(MyStack ms) {
        this.ms=ms;
    }
    public void run(){
        for(int i=0;i<=20;i++){
            char c=(char)(Math.random()*26+'A');
            ms.push(c);
            try {
                Thread.sleep((int)(Math.random()*10));
            } catch (InterruptedException e) {
                e.printStackTrace();
            }
        }
    }
}
class Consume implements Runnable{
    MyStack ms;
    public Consume(MyStack ms) {
        this.ms=ms;
    }
```

```
    public void run(){
        for(int i=0;i<=20;i++){
            ms.pop();
            try {
                Thread.sleep((int)(Math.random() * 1000));
            } catch (InterruptedException e) {
                e.printStackTrace();
            }
        }
    }
}
```

程序运行结果如下。

```
Produce 生产产品:C
Consume:C
Produce 生产产品:L
Produce 生产产品:H
Produce 生产产品:Y
Produce 生产产品:G
Produce 生产产品:T
Produce 生产产品:E
Consume:E
Produce 生产产品:S
Consume:S
Produce 生产产品:G
Consume:G
Produce 生产产品:S
Consume:S
Produce 生产产品:S
Consume:S
Produce 生产产品:M
Consume:M
Produce 生产产品:O
Consume:O
Produce 生产产品:W
Consume:W
Produce 生产产品:D
Consume:D
Produce 生产产品:A
Consume:A
Produce 生产产品:F
Consume:F
Produce 生产产品:T
Consume:T
Produce 生产产品:P
```

```
Consume:P
Produce生产产品:T
Consume:T
Produce生产产品:U
Consume:U
Consume:T
Consume:G
Consume:Y
Consume:H
Consume:L
```

【例 12-13】的运行结果正确描述了生产者-消费者问题。在实现过程中注意以下两个问题。

(1) wait 方法、notify 方法放在同步块或同步方法中，由于这里使用的是同步方法，所以同步的对象是 this；

(2) 调用 wait 方法，此时将线程放入 this 对象的等待队列中，notify 方法唤醒的也是 this 对象的等待队列的线程。这里一定要注意 wait 方法和 notify 方法要处于锁定同一对象的同步代码块或同步方法中，否则将会产生一些问题。

12.6 案　　例

本章案例程序利用多线程技术模拟实现多用户登录功能。

12.6.1 案例设计

为了实现多用户登录功能，案例程序通过多线程方式处理多用户登录请求，类图如图 12-5 所示。类 User. java 描述了用户实体，该类实现了 Serializable 接口，目的是使该

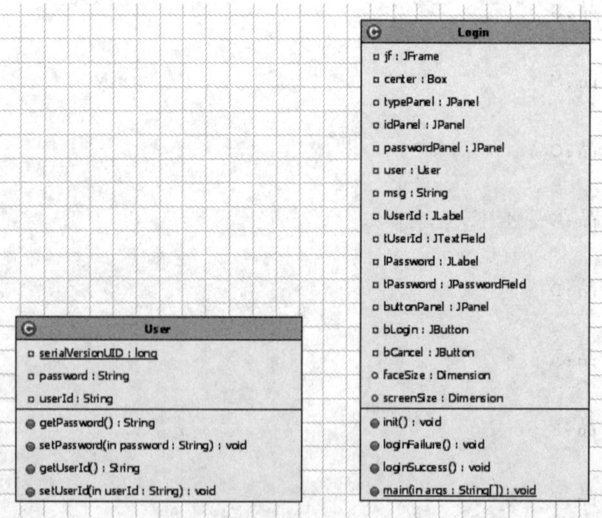

图 12-5　类图结构

类型的对象在网络中传输。类 Login.java 设计实现了处理多用户登录请求,每当有用户登录时,将启动一个线程来处理该请求。

12.6.2 案例演示

运行程序 Login.java,进入登录界面,如图 12-6 所示。

在图 12-7 中输入用户名、密码后单击"登录"按钮,程序将验证用户名和密码是否为空,如果成功将弹出如图 12-7 所示的登录成功对话框。

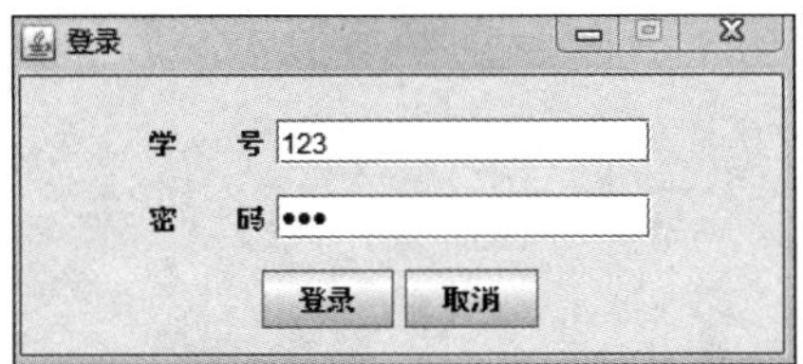

图 12-6 登录界面

图 12-7 登录成功对话框

12.6.3 代码实现

程序 User.java 如下。

```
package chapter12;
import java.io.Serializable;
public class User implements Serializable{
    private static final long serialVersionUID=-7289326535575405369L;
    private String userId;
    private String password;
    public String getUserId() {
        return userId;
    }
    public void setUserId(String userId) {
        this.userId=userId;
    }
    public String getPassword() {
        return password;
    }
    public void setPassword(String password) {
        this.password=password;
    }
}
```

程序 Login.java 如下。

```
package chapter12;
import java.awt.BorderLayout;
```

```
import java.awt.Dimension;
import java.awt.Toolkit;
import java.awt.event.ActionEvent;
import java.awt.event.ActionListener;
import java.net.Socket;
import javax.swing.Box;
import javax.swing.JButton;
import javax.swing.JFrame;
import javax.swing.JLabel;
import javax.swing.JOptionPane;
import javax.swing.JPanel;
import javax.swing.JPasswordField;
import javax.swing.JTextField;
public class Login {
    private JFrame jf;
    //水平 box
    private Box center=Box.createVerticalBox();
    //用户类型的 JPanel
    private JPanel typePanel=new JPanel();
    //学号的 JPanel
    private JPanel idPanel=new JPanel();
    //密码的 JPanel
    private JPanel passwordPanel=new JPanel();
    private User user;
    private String msg;
    private JLabel lUserId=new JLabel("学          号");
    private JTextField tUserId=new JTextField(15);
    private JLabel lPassword=new JLabel("密          码");
    private JPasswordField tPassword=new JPasswordField(15);
    private JPanel buttonPanel=new JPanel();
    private JButton bLogin=new JButton("登录");
    private JButton bCancel=new JButton("取消");
    Dimension faceSize=new Dimension(350, 150);
    //设置运行时窗口的位置
    Dimension screenSize=Toolkit.getDefaultToolkit().getScreenSize();
    public void init() {
        jf=new JFrame();
        jf.setTitle("登录");
        idPanel.add(lUserId);
        idPanel.add(tUserId);
        passwordPanel.add(lPassword);
        passwordPanel.add(tPassword);
        center.add(typePanel);
        center.add(idPanel, BorderLayout.NORTH);
```

```
center.add(passwordPanel, BorderLayout.CENTER);
buttonPanel.add(bLogin);
buttonPanel.add(bCancel);
bLogin.addActionListener(new ActionListener() {
    public void actionPerformed(ActionEvent e) {
        String userId=tUserId.getText();
        String password=String.valueOf(tPassword.getPassword());
        if (userId.trim().equals("") || userId==null
                || password.trim().equals("") || password==null) {
            JOptionPane.showMessageDialog(jf, "用户名或密码不能为空!",
              "提示",JOptionPane.WARNING_MESSAGE);
        } else {
            user=new User();
            user.setUserId(userId);
            user.setPassword(password);
            new Thread(new Runnable() { //多线程代码
                public void run(){
                    //如果用户名和密码不为空,则登录成功
                    if (!user.getUserId().trim().equals("") &&
                        !user.getPassword().trim().equals("")) {
                        msg="yes";
                    } else{
                        msg="no";
                    }
                //如果服务器端返回"yes",则登录成功,否则,登录失败
                    if(msg.trim().equals("yes")) {
                        loginSuccess();
                        System.out.println("您好!"+user.getUserId()+
                                            ",欢迎您使用该系统!");
                    } else {
                        loginFailure();
                    }
                }
            }).start();
        }
    }
});
bCancel.addActionListener(new ActionListener() {
    public void actionPerformed(ActionEvent e) {
        System.exit(0);
    }
});
center.add(buttonPanel);
jf.add(center);
```

```
        jf.pack();
        jf.setSize(faceSize);
        jf.setLocation((int) (screenSize.width -faceSize.getWidth())/2,
                    (int) (screenSize.height -faceSize.getHeight())/2);
        jf.setResizable(false);
        jf.setDefaultCloseOperation(JFrame.EXIT_ON_CLOSE);
        jf.setVisible(true);
    }
    public void loginFailure() {
        JOptionPane.showMessageDialog(jf, "用户名或密码或用户类型不正确!", "提
                                    示", JOptionPane.WARNING_MESSAGE);
    }
    public void loginSuccess() {
        JOptionPane.showMessageDialog(jf, "登录成功!", "提示",
                                    JOptionPane.WARNING_MESSAGE);
    }
    public static void main(String[] args) throws Exception {
        Login client=new Login();
        //显示页面
        client.init();
    }
}
```

12.7 习　　题

一、选择题

(1) 下列关于 Java 线程的说法中,(　　)是正确的。

A. 每一个 Java 线程可以看成由代码、一个真实的 CPU 以及数据 3 部分组成

B. 创建线程的两种方法中,从 Thread 类中继承的创建方式能防止出现多父类

C. Thread 类属于 java. util 程序包

D. 以上说法无一正确

(2) 运行下列程序,会产生哪种结果?(　　)

```
public class X extends Thread implements Runable{
  public void run(){
        System.out.println("this is run()");
  }
  public static void main(String args[]) {
        Thread t=new Thread(new X()); t.start();
  }
}
```

A. 第 1 行会产生编译错误　　B. 第 6 行会产生编译错误

C. 第 6 行会产生运行错误　　D. 程序会运行和启动

(3) 下面的(　　)方法,不能在任意时刻被任何线程调用。

A. wait()　　B. sleep()

C. yield()　　D. synchronized(this)

(4) 下列关于线程优先级的说法中,正确的是(　　)。

A. 线程的优先级是不能改变的

B. 线程的优先级是在创建线程时设置的

C. 在创建线程后的任何时候都可以设置

D. B 和 C

(5) 在线程的生命周期中,正确的状态是(　　)。

A. 新建状态、运行状态和终止状态

B. 新建状态、运行状态、阻塞状态和终止状态

C. 新建状态、可运行状态、运行状态、阻塞状态和终止状态

D. 新建状态、可运行状态、运行状态、恢复状态和终止状态

(6) Thread 类中,能运行线程体的方法是(　　)。

A. start()　　B. resume()　　C. init()　　D. run()

(7) 在线程同步中, 为了唤醒另一个等待的线程,使用(　　)方法。

A. sleep()　　B. wait()　　C. notify()　　D. join()

(8) 使用(　　)方法,可以得到当前正在运行的线程。

A. getName()　　B. Thread. CurrentThread()

C. sleep()　　D. run()

(9) (　　)不属于线程的状态。

A. 就绪状态　　B. 运行状态　　C. 挂起状态　　D. 独占状态

(10) 当线程被创建后,其所处的状态是(　　)。

A. 阻塞状态　　B. 运行状态　　C. 就绪状态　　D. 新建状态

(11) 当线程调用 start()后,其所处状态为(　　)。

A. 阻塞状态　　B. 运行状态　　C. 就绪状态　　D. 新建状态

(12) Thread. sleep()方法调用后,当等待时间未到,该线程所处状态为(　　)。

A. 阻塞状态　　B. 运行状态　　C. 就绪状态　　D. 新建状态

(13) wait()方法首先是哪个类的方法?(　　)

A. Object　　B. Thread　　C. Runnable　　D. File

(14) 当线程因异常而退出 run()后,其所处状态为(　　)。

A. 阻塞状态　　B. 运行状态　　C. 就绪状态　　D. 结束状态

(15) 下面的(　　)关键字通常用来对对象的加锁,该标记使得对对象的访问是排他的。

A. transient　　B. synchronized　　C. serialize　　D. static

(16) 阅读下列代码,答案正确的是(　　)。

```
class Example {
    public static void main(String args[]) {
        Thread.sleep(3000);
        System.out.println("sleep");
    }
}
```

A. 编译出错　　　　　　　　　　　B. 运行时异常

C. 正常编译运行,输出 sleep　　　D. 正常编译运行,但没有内容输出

(17) 阅读下面代码,答案正确的是(　　)。

```
class MyThread extends Thread{
    public void run(){
        for(int i=0; i<100; i++){
            System.out.println("$ $ $ ");
        }
    }
}
public class TestMyThread{
    public static void main(String args[]){
        Thread t=new MyThread();
        t.start();
        t.start();
        t.start();
    }
}
```

A. 编译出错　　　　　　　　　　　B. 编译正常,运行时有错

C. 编译运行都无错误,产生 1 个线程　D. 编译运行都无错误,产生 3 个线程

二、填空题

(1) 实现线程的两种方式分别是________和________。

(2) 线程生命期内包括的状态有________________。

(3) 取得当前线程的语句是________________。

(4) 主线程的名称是____________,默认创建的第一个子线程的名称是____________。

(5) 可以调用 Thread 类的方法________和________来存取线程的优先级,线程的优先级界于________和________之间,默认是________。

(6) 守护线程一般被用于在后台为其他线程提供服务。调用方法________可以判断一个线程是否是守护线程,也可以调用方法________将一个线程设为守护线程。

(7) 下列程序的功能是在监控台上每隔 1 秒钟显示一个字符串“Hello”，能够填写在程序中的下划线位置，使程序完整并能正确运行的语句是：

```
public class Test implements Runnable{
    public static void main(String args[]){
        Test t=new Test();
        Thread tt=new Thread(t); tt.start();
    }
    public void run(){
        for(;;){
            try{
                ____________________ ;
            }catch(________ e){}
        System.put.println("Hello");
        }
    }
}
```

(8) 启动“a”和“b”两个线程，使每个线程间隔 1000ms 显示 1 次该线程的名称，各显示 6 次。

```
public class TTTest{
      public static void main(String args[]){
            ____________________;//(1)
            new SimpleThread("b").start();
      }
}
class SimpleThread extends Thread {
        public SimpleThread(String str){
            super(str);
        }
        ________________{//(2)
            for(int i=0;i<6;i++) {
                try{
                    ____________________ ;//(3)
                }catch(InterruptedException e){
                    e.printStackTrace();
                }
                System.out.print("_Done-"+getName());
            }
      }
}
```

三、程序设计题

(1) 编写 MyQueue 类，实现线程安全的队列，并写 MyQueueTest 类，创建多个线程，对 MyQueue 类进行测试。提示：队列中存储 Object 类型的数据，操作逻辑为先进先出，利用 Vector 保存数据。

（2）按要求完成下题：

① 编写 Storage 类，要求保存 1 个 int 类型的数据；

② 编写 Counter 类，要求继承 Thread 类，作用为往 Storage 对象中保存 0～99 的数据；

③ 编写 Printer 类，要求继承 Thread 类，作用为取出 Storage 对象中保存的数据并输出；

④ 编写 Test 类，要求分别创建 Counter 类的对象和 Printer 类的对象。

（3）利用多线程编程模拟龟兔赛跑。

提示：可以采用 Math.random()取得 0～1 之间的随机数，模拟比赛进程，如总距离为 100 米，在随机数 0～0.3 之间代表兔子跑，每次跑 2 米，在 0.3～1 之间代表乌龟跑，每次跑 1 米，先跑完 100 米者为胜利者。Race 类：产生 RabbitAndTurtle 的两个实例，分别代表兔子和乌龟。RabbitAndTurtle 类：继承 Thread 类，实现赛跑的逻辑。

（4）编写程序，让系统能在规定的时间后关机。

网络编程

Java 平台成功的主要原因是适合编写网络程序，访问网络资源。本章将从网络的基本概念出发，讲述 Socket、Datagram 和 URL 在程序开发中的应用。

13.1 网络基本概念

目前，Internet 的网络体系结构以 TCP/IP(Transmission Control Protocol/Internet Protocol)协议为核心构建。互联网上的计算机之间通过 TCP 和 UDP(User Datagram Protocol)协议通信。

(1) TCP/IP 模型

TCP/IP 模型分成 4 个层次，分别是网络访问层、网际互联层、传输层(主机到主机)、和应用层。模型如图 13-1 所示。

应用层 (HTTP、FTP、…)
传输层 (TCP、UDP、…)
网际互联层 (IP、…)
网络访问层 (设备驱动、…)

图 13-1　TCP/IP 模型

应用层提供所需的各种服务，例如 HTTP、FTP、Telnet、DNS、SMTP 等。

传输层为应用层实体提供端到端的通信功能。定义了两个主要的协议：传输控制协议(TCP)和用户数据报协议(UDP)。TCP 协议提供的是一种可靠的、面向连接的数据传输服务；而 UDP 协议提供的则是不可靠的、无连接的数据传输服务。

网际互联层主要解决主机到主机的通信问题。有 4 个主要协议：网际协议(IP)、地址解析协议(ARP)、互联网组管理协议(IGMP)和互联网控制报文协议(ICMP)。IP 协议是网际互联层最重要的协议，它提供的是一个不可靠、无连接的数据包传递服务。

TCP/IP 并未定义网络访问层的协议，而由参与互连的各网络使用自己的物理层和数据链路层协议，然后与 TCP/IP 的网络访问层进行连接。

(2) TCP 协议

TCP 协议提供可靠的、面向连接的传输控制协议，即传输数据前要先建立逻辑连接，然后再传输数据，最后释放连接。TCP 提供端到端、全双工通信；采用字节流方式，如果字节流太长，将其分段；提供紧急数据传送功能。由 IETF(Internet Engineering Task Force)的 RFC 793 说明。

面向连接意味着两个使用 TCP 的应用程序(通常是一个客户和一个服务器)彼此交换数据前必须先建立一个 TCP 连接。这一过程与打电话相似,即需要在通话双方间建立一条电话线路。在一个 TCP 连接中,仅有两方彼此通信。广播和多播不能用于 TCP。

(3) UDP 协议

UDP 与 TCP 同处在传输层,用于数据包的处理。UDP 是一种无连接的传输层协议,提供面向事务简单的、不可靠信息的传送服务。UDP 不提供数据包分组、组装,不能对数据包进行排序,即当报文发送后,是无法得知其是否安全完整到达的。UDP 协议适用端口分别运行在同一台设备上的多个应用程序。由 IETF 的 RFC 768 说明。

在网络质量不好的环境下,UDP 协议数据包丢失比较严重。但是由于 UDP 具有面向非连接,资源消耗小、处理速度快的优点,所以通常音频、视频和普通数据在传送时使用 UDP 较多,因为它们即使偶尔丢失一两个数据包,也不会对接收结果产生太大影响。比如聊天用的 QQ 使用的就是 UDP 协议。

(4) 端口(PORT)

在 Internet 上,主机间通过 TCP/IP 协议发送和接收数据包,各个数据包根据目的主机 IP 地址进行互联网络中的路由选择。当数据包送达目的主机时,由于操作系统支持多程序(进程)并发运行,目的主机应该把接收到的数据包传送给进程中的哪一个呢? 操作系统根据应用程序定义的端口号接收带有相同端口号的数据包,即使用端口来解决这个问题。

端口号被定义为 2B 长,范围为 0~65 535。端口号常被划分为 3 类,0~1 023 常称为公认端口(Well Known Ports),它们紧密绑定(binding)一些服务。通常这些端口明确表明了某种服务的协议,如 80 端口是 HTTP 通信。1 024~49 151 常称为注册端口(Registered Ports),它们松散地绑定一些服务,即有许多服务绑定这些端口,它们同样用于许多其他目的。9 152~65 535 常称为动态或私有端口(Dynamic or Private Ports),理论上不应为服务分配这些端口。实际上,机器通常从 1 024 起分配动态端口,但也有例外: SUN 的 RPC 端口从 32 768 开始。

13.2 java.net 包

Java 为用户开发网络程序提供了 java.net 包,包中封装了实现网络应用程序需要的类和接口。该包中包含了基本的网络编程实现,是网络编程的基础。java.net 包中的类和接口可以分为两部分:提供传输层开发的类和接口,用于处理地址、套接字、接口和异常;提供应用层开发的类和接口,用于处理 URI(统一资源定位符)、URL、URL 连接和异常。

表 13-1 中列出了 java.net 包中的部分常用类;表 13-2 中列出了部分常用的异常类。

其中 URL、URLConnection、Socket、ServerSocket 类使用 TCP 通信。而 DatagramPacket、DatagramSocket 和 MulticastSocket 类使用 UDP 通信。

表 13-1 java.net 中的部分类

类　　名	说　　明
DatagramPacket	表示数据包
DatagramSocket	表示用来发送和接收数据包的套接字
InetAddress	表示互联网协议（IP）地址
MulticastSocket	多播数据包套接字类用于发送和接收 IP 多播包
ServerSocket	实现服务器套接字
Socket	实现客户端套接字(也可以就叫“套接字”)
URL	类 URL 代表一个统一资源定位符,它是指向互联网“资源”的指针
URLConnection	抽象类 URLConnection 是所有类的超类,它代表应用程序和 URL 之间的通信链接
URLDecoder	HTML 格式解码的实用工具类
URLEncoder	HTML 格式编码的实用工具类

表 13-2 java.net 中的部分异常类

类　　名	说　　明
BindException	试图将套接字绑定到本地地址和端口时发生错误的情况下,抛出此异常
ConnectException	试图将套接字连接到远程地址和端口时发生错误的情况下,抛出此异常
SocketException	抛出此异常,指示在底层协议中存在错误,如 TCP 错误
SocketTimeoutException	如果在读取或接受套接字时发生超时,则抛出此异常

13.3 基于 TCP 的 Socket 编程

Socket 的英文原义是“插座”。Socket 起源于 UNIX 系统,是一种应用程序间通信的协议。Socket 通常也称做“套接字”,用于描述请求或应答的 IP 地址和端口,主要用于网络应用程序之间的通信。

13.3.1 InetAddress 类

Internet 上的主机有两种表示地址的方式：域名和 IP 地址。有时需要通过域名查找它对应的 IP 地址,有时又需要通过 IP 地址来查找主机名。Java 中的 InetAddress 是 IP 地址的封装类。

InetAddress 类没有提供构造方法,不能通过 new 关键字进行对象实例化,因此程序员只能利用一些静态方法来获取对象实例,再通过这些对象实例来对 IP 地址或主机名进行处理。获取 InetAdress 实例的方法如表 13-3 所示。

表 13-3 获取 InetAdress 实例的方法

方　法	说　明
static InetAddress[] getAllByName(String host)	在给定主机名的情况下,根据系统上配置的名称服务返回其 IP 地址组成的数组
static InetAddress getByAddress(byte[] addr)	在给定原始 IP 地址的情况下返回 InetAddress 对象
static InetAddress getByAddress(String host, byte[] addr)	根据提供的主机名和 IP 地址创建 InetAddress
static InetAddress getByName(String host)	在给定主机名的情况下确定主机的 IP 地址
static InetAddress getLocalHost()	返回本地主机

【例 13-1】 根据域名获取主机的 IP 地址。

程序源文件 TestInetAddress.java 如下。

```
package ch13;
import java.net.InetAddress;
import java.net.UnknownHostException;
public class TestInetAddress {
    private static void displayAllbyName( String urlName) throws
    UnknownHostException{
        System.out.println(urlName+" all Ip :");
        InetAddress allNetAddress[]=InetAddress.getAllByName(urlName);
        for(int i=0;i<allNetAddress.length;i++){
            System.out.println(allNetAddress[i]);
        }
    }
    public static void main(String args[]){
        InetAddress netAddress=null;
        try{
            netAddress=InetAddress.getLocalHost();
            System.out.println("LocaoHost:"+netAddress);
            displayAllbyName("www.imut.edu.cn");
            displayAllbyName("www.baidu.com");
            displayAllbyName("www.sohu.com");
            displayAllbyName("www.sina.com");
        }catch(UnknownHostException e){
            System.out.println("Net Exception:"+e.getMessage());
        }
    }
}
```

程序的运行结果如下。

```
LocaoHost:imut-xode2hly1z/115.24.93.16
```

```
www.imut.edu.cn all Ip :
www.imut.edu.cn/202.207.16.138
www.baidu.com all Ip :
www.baidu.com/61.135.169.125
www.baidu.com/61.135.169.105
www.sohu.com all Ip :
www.sohu.com/123.125.116.12
www.sina.com all Ip :
www.sina.com/218.60.32.23
www.sina.com/218.60.32.24
www.sina.com/218.60.32.25
www.sina.com/218.60.32.26
www.sina.com/218.60.32.27
www.sina.com/218.60.32.28
www.sina.com/218.60.32.29
www.sina.com/218.60.32.30
www.sina.com/218.60.32.21
www.sina.com/218.60.32.22
```

13.3.2 Socket 编程模型

使用 Socket 进行网络程序通信,程序采用 C/S(Client/Server)架构进行设计,即需要设计服务器和客户端两个程序。通常计算机上运行的服务器程序有一个绑定了端口号(Port)的套接字(Socket)。服务器一直在等待,套接字(Socket)监听来自客户端的连接请求。

使用 Socket 实现服务器与客户机进行通信的程序模型,如图 13-2 所示。下面分别从服务器端和客户端进行说明。

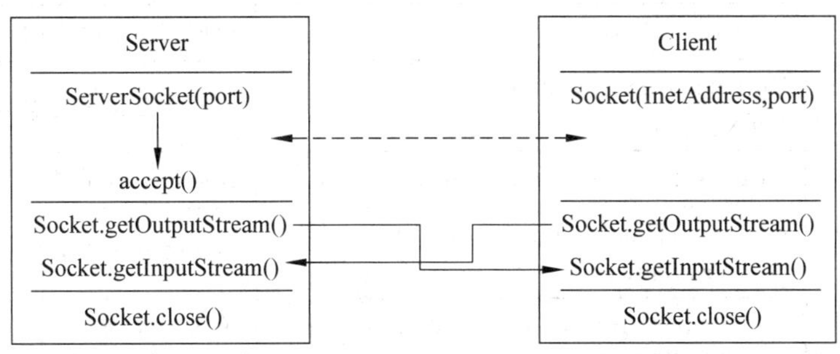

图 13-2 Socket 编程模型

(1) 服务器端:服务器端需要首先指定服务器端口,在实例化服务器套接字后,服务器处在监听状态下,客户机才能进行连接请求。

(2) 客户端:客户机需要已知服务器运行的主机名和服务器监听的端口号。客户机使用连接请求,尽力与服务器程序建立连接。一旦客户机的请求被接受,套接字就被建立,客户端可以使用该套接字与服务器进行通信。客户机也需要绑定一个本地端口号,与服务器相区别,这个端口号的分配通常是由系统指定的。连接请求过程如图 13-3 所示。

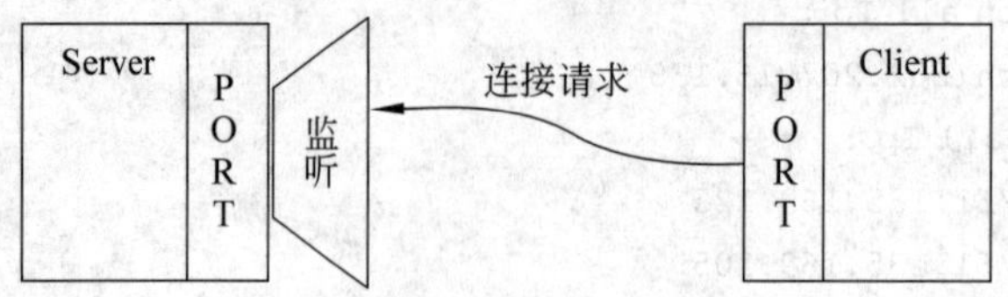

图 13-3　客户机连接服务器

一旦服务器接受了连接请求并连接成功后，服务器通过连接建立一个新的绑定了本地端口号的套接字，同时也可以得到远程客户机的地址和端口号。客户机一旦和服务器建立连接，就可以实现双向通信，进行写(Write)和读(Read)的操作。

java.net 包中为 Socket 开发提供了支持，开发中主要使用类，如表 13-4 所示。

表 13-4　Socket 与 ServerSoket 类

类	方　法	说　明
Socket	Socket(InetAddress address,int port) throws IOException	构造方法
	Socket(String host,int port) throws UnknowHostException,IOException	
	Socket(InetAddress address,int port, InetAddress localAddr,int localport) throws IOException	
	InetAddress getInetAddress()	返回套接字连接的主机地址
	InetAddress getLocalAddress()	返回套接字绑定的本地地址
	InputStream getInputStream() throws IOException	获得该套接字的输入流
	int getLocalPort()	返回套接字绑定的本地端口
	OutputStream getOutputSteam() throws IOException	返回该套接字的输出流
	int getSoTimeout() throws SocketException	返回该套接字最长等待时间
	void setSoTimeout(int timeout) throws SocketException	设置该套接字最长等待时间
	void shutdownInput()throws IOException	关闭输入流
	void shutdownOutput()throws IOException	关闭输出流
	void close()throws IOException	关闭套接字
Server Socket	ServerSocket(int port) throws IOException	构造方法
	ServerSocket(int port, int backlog) throws IOException	
	ServerSocket(int port,int backlog, InetAddress bindAddr) throws IOException	

续表

类	方　　法	说　　明
Server Socket	Socket accept() throws IOException	监听并接受客户端 Socket 连接
	InetAddress getInetAddress()	返回服务器套接字的本地地址
	int getLocalPort()	返回套接字监听的端口
	int getSoTimeout()throws SocketException	返回该套接字最长等待时间
	void setSoTimeout(int timeout)throws SocketException	设置该套接字最长等待时间
	void close()throws IOException	关闭套接字

13.3.3 服务器程序

下面设计一个使用 Socket 进行通信的客户机与服务器程序案例，来说明开发 Socket 通信程序的过程。案例的功能比较简单，就是将客户机发出的消息显示在服务器端，当接收到"bye"信息时，客户机和服务器断开连接，关闭服务器和客户机程序。

【例 13-2】 服务器程序功能：服务器启动后，监听端口一旦接收客户机请求，服务器将客户机发给它的信息输出到自己的标准输出设备上。当接到"bye"信息时，服务器关闭。

服务器程序文件 SingleUserServer.java 如下。

```
package ch13;
import java.io.BufferedReader;
import java.io.IOException;
import java.io.InputStreamReader;
import java.io.PrintWriter;
import java.net.ServerSocket;
import java.net.Socket;
import java.util.Date;
public class SingleUserServer {
public static void main(String[] args) throws IOException{
    System.out.println("Server Start!");
    System.out.println(new Date());
    System.out.println("进入监听(Listen...)");
    ServerSocket server=new ServerSocket(5678);
    Socket client=server.accept();
    BufferedReader in=new BufferedReader(new
                        InputStreamReader(client.getInputStream()));
    PrintWriter out=new PrintWriter(client.getOutputStream());
    String username=in.readLine();
    System.out.println(username+"上线");
    out.println(username+"欢迎你!");
    out.flush();
    while(true){
```

```
            String str=in.readLine();
            System.out.println(str);
            out.println("被服务器接收....");
            out.flush();
            if(str.equals("bye"))
                    break;
        }
        System.out.println(in.readLine());
        out.println("再见!");
        out.flush();
        client.close();
        System.out.println("Server Shuntdown!");
        }
}
```

服务器程序启动后的运行结果如下。

```
Server Start!
Tue Oct 30 23:02:25 CST 2012
进入监听(Listen...)
```

从【例 13-2】中可以得到服务器程序的具体编写过程，分为以下 4 个步骤。

① 调用 ServerSocket(port)，创建一个服务器端套接字，并绑定指定端口；

② 调用 accept()，监听连接请求，如果客户端请求连接，则接受连接，返回通信套接字；

③ 调用 Socket 类的 getOutputStream()和 getInputStream，获取输出流和输入流，开始网络数据的发送和接收；

④ 最后关闭通信套接字。

13.3.4 客户端程序

客户端程序是与服务器程序配套的程序，客户端功能就是建立 Socket 实例，向服务器发出连接请求。

【例 13-3】 建立客户端程序，向服务器发送信息，并接受服务器发来的消息，显示在输出设备上。当信息是"bye"时，关闭客户程序。本客户端程序是 13.3.3 节中服务器程序的配套程序。

程序 Client.java 如下。

```
package ch13;
import java.io.PrintWriter;
import java.net.InetAddress;
import java.net.Socket;
public class Client{
    public static void main(String[] args)throws Exception{
        Socket server;
        server=new Socket(InetAddress.getLocalHost(),5678);
```

```
        BufferedReader in=new BufferedReader(new
                          InputStreamReader(server.getInputStream()));
        PrintWriter out=new PrintWriter(server.getOutputStream());
        BufferedReader wt=new BufferedReader(new
                          InputStreamReader(System.in));
        System.out.println("客户端启动!");
        System.out.println("输入登录用户名:");
        String name=wt.readLine();
        out.println(name);
        out.flush();
        System.out.println(in.readLine());
        while(true){
            String str=wt.readLine();
            out.println(str);
            out.flush();
            if(str.equals("bye")){
                break;
            }
            System.out.println(in.readLine());
        }
        System.out.println("断开连接!");
        out.println(name+"Logoff");
        out.flush();
        System.out.println(in.readLine());
        server.close();
    }
}
```

客户机程序与服务器通信的运行结果如下。

服务器端:	客户端:
Server Start!	客户端启动!
Wed Oct 31 07:39:57 CST 2012	输入登录用户名:
进入监听(Listen...)	mzq
mzq 上线	mzq 欢迎你!
今天有 Java 课吗	今天有 Java 课吗
我要学习了	被服务器接受...
bye	我要学习了
mzqLogoff	被服务器接受...
Server Shuntdown!	bye
	断开连接!
	被服务器接受...

从【例 13-3】中可以得到客户机程序的具体编写过程,分为以下 3 个步骤。

① 调用 Socket(),创建一个流套接字,并连接到服务器端;

② 调用 Socket 类的 getOutputStream()和 getInputStream,获取输出流和输入流,开始网络数据的发送和接收;

③ 最后关闭通信套接字。

13.3.5 多客户端的服务器程序

通过上面的案例可以看出,目前的服务器只能连接一个客户机。在实际应用中,需要多个客户端并行地向服务器提出连接申请,并分别能得到服务器的响应和服务。这就需要服务器程序能够提供对多个客户端的服务,所以客户机与服务器程序就变化为如图 13-4 所示的情况。

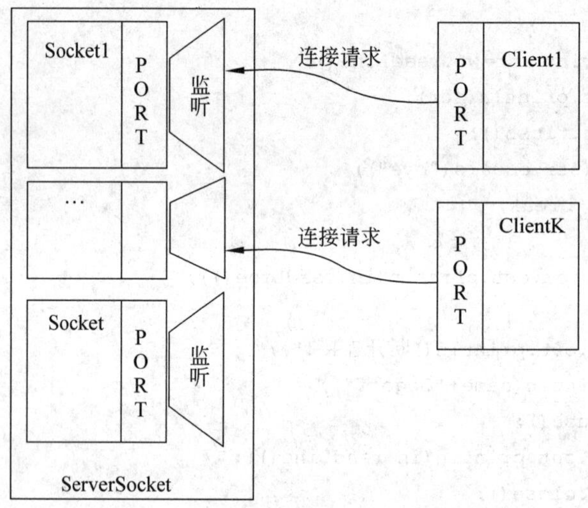

图 13-4 多客户端的服务器程序连接模型

【例 13-4】 建立一个响应多客户端的服务端程序。为了实现服务器程序能够并发响应多客户端提出的连接请求,服务器端采用第 12 章所学线程技术,面对每一个客户机程序提出的连接请求,服务器端为它建立一个独立的 Socket,与之通信。

具体程序文件 MultiUserServer.java 如下。

```
package ch13;
public class MultiUserServer extends Thread{
    private Socket client;
    public MultiUserServer(Socket c){
          this.client=c;
    }
    public void run(){
        try {
              BufferedReader in=new BufferedReader(new
                      InputStreamReader(client.getInputStream()));
              PrintWriter out=new   PrintWriter(client.getOutputStream());
              String username=in.readLine();
```

```
                System.out.println(username+"上线");
                out.println(username+"欢迎你!");
                out.flush();
                while(true){
                    String str=in.readLine();
                    System.out.println(str);
                    out.println("has receive...");
                    out.flush();
                    if(str.equals("bye")){
                        break;
                    }
                }
                System.out.println(in.readLine());
                out.println(username+"GoogBye!");
                out.flush();
                client.close();
            }catch(IOException ex){
            }
        }
        public static void  main(String[] args)throws IOException{
            ServerSocket  server=new ServerSocket(5678);
            List<String>clients=new ArrayList<String>();
            System.out.println("服务器 启动!");
            System.out.println("现在是:"+new Date());
            while(true){
                MultiUserServer mu=new MultiUserServer(server.accept());
                clients.add(mu.client.toString());
                mu.start();
                System.out.println("当前连接数:"+clients.size());
            }
        }
}
```

客户端程序仍然使用【例 13-3】,与多客户端程序进行通信的运行结果如下。

服务器端:	客户端 1:	客户端 2:	客户端 3:
服务器 启动!	客户端启动!	客户端启动!	客户端启动!
现在是: Wed Oct 31	输入登录用户名:	输入登录用户名:	输入登录用户名:
08:23:34 CST 2012	mzq	lili	tom
当前连接数: 1	mzq 欢迎你!	lili 欢迎你!	tom 欢迎你!
mzq 上线	hello	bye	bye
当前连接数: 2	has receive...	断开连接!	断开连接!
lili 上线	bye	has receive...	has receive...
当前连接数: 3	断开连接!		

```
tom上线                has receive...
hello
bye
mzqLogoff
bye
liliLogoff
bye
tomLogoff
```

13.4 基于 UDP 的 Socket 编程

13.4.1 UDP 编程模型

在传输层上,除了 TCP 方式外,还有一种实现的方式就是 UDP 方式。UDP(User Datagram Protocol),即用户数据报协议。UDP 通信不需建立专用的虚拟连接,所以对于服务器的压力要比 TCP 小,因此也是一种常见的网络编程方式。由于是无连接通信,所以最大的缺点是传输不可靠。当需要在网络上传输大量多媒体信息时,会选择 UDP 方式,因为能减少服务器压力。

UDP 的编程模型类似于 TCP 模型,也需要分别建立接收端(服务器)和发送端(客户机)程序。编程模型如图 13-5 所示。

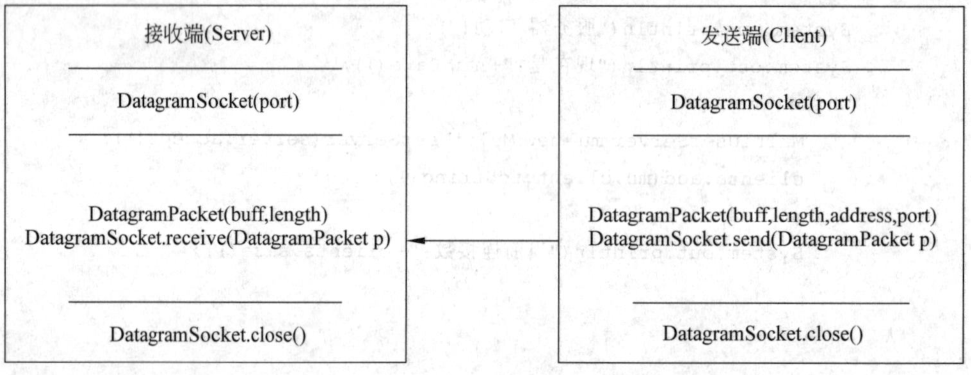

图 13-5 UDP 编程模型

java.net 包也对 UDP 提供了支持。UDP 的编程与 TCP 编程相似,也包含客户端网络编程和服务器端网络编程,主要由两个类实现,分别是 DatagramSocket 类和 DatagramPacket 类。

DatagramSocket 类实现所谓的"网络连接",包括客户端网络连接和服务器端网络连接,即要完成发送数据和接收数据的功能。该类既可以实现客户端连接,也可以实现服务器端连接。DatagramPacket 类用于网络中传输数据的封装,该类的实例代表网络中交换的数据。类的常用方法如表 13-5 所示。

表 13-5 UDP 类的常用方法

类名	方法	说明
DatagramPacket	DatagramPacket(byte[] buf,int length)	接收数据报
	DatagramPacket(byte[] buf,int length,InetAddress address,int port)	数据报文包用来把长度为 ilength 的包发送到指定服务器的指定端口
	getAddress()	返回接收或发送此数据报文的机器的 IP 地址
	getData()	返回接收的数据或发送出的数据
	getLength()	返回发送出的或接收到的数据的长度
	getPort()	返回接管或发送该数据报文的主机的端口
DatagramSocket	DatagramSocket(int port)	创建数据报套接字,并将其绑定到本地主机上的指定端口
	DatagramSocket(int port, InetAddress laddr)	创建数据报套接字,将其绑定到指定的本地地址
	receive(DatagramPacket p)	从此套接字接收数据报
	void send(DatagramPacket p)	从此套接字发送数据报
	bind(SocketAddress addr)	将此 DatagramSocket 绑定到指定的地址和端口
	void close()	封闭此数据报套接字

13.4.2 接收端程序

下面以图片传输的案例说明接收端和发送端程序编写的实现过程。

【例 13-5】 接收端程序主要完成报文接收和图片的接收过程。

程序文件 UdpServer.java 如下。

```
package ch13;
import java.io.BufferedOutputStream;
import java.io.FileNotFoundException;
import java.io.FileOutputStream;
import java.io.IOException;
import java.net.DatagramPacket;
import java.net.DatagramSocket;
import java.net.SocketException;
public class UdpServer implements Runnable{
    int port;
    byte[] buffer;
    boolean stop=false;
    final static int LENGTH=1024;
```

```
        public UdpServer(int port){
            this.port=port;
            buffer=new byte[LENGTH];
        }
        public void run(){
            DatagramSocket dgSocket=null;
            DatagramPacket dgPacket;
            BufferedOutputStream bOut=null;
            try {
                bOut=new BufferedOutputStream(new FileOutputStream("out.bmp"));
            } catch (FileNotFoundException e) {
                e.printStackTrace();
            }
            try {
                System.out.println("UdpServer is Start!");
                dgSocket=new DatagramSocket(port);

                while(!stop){
                    System.out.println("Waite receive!");
                    dgPacket=new DatagramPacket(buffer,LENGTH);
                    dgSocket.receive(dgPacket);
                    bOut.write(dgPacket.getData());
                    bOut.flush();
                    try {
                        Thread.sleep(1000);
                    } catch (InterruptedException e) {
                        e.printStackTrace();
                    }
                }
                bOut.close();
            } catch (SocketException e1) {
                e1.printStackTrace();
            }catch (IOException e2) {
                e2.printStackTrace();
            }finally{
                dgSocket.close();
            }
        }
        public void setStop(boolean stop){
            this.stop=stop;
        }
        public static void main(String[] args){
            UdpServer serverrun=new UdpServer(1234);
            new Thread(serverrun).start();
            try {
```

```
            Thread.sleep(100);
            System.in.read();
            serverrun.setStop(true);
            serverrun.notifyAll();
        } catch (IOException e) {
            e.printStackTrace();
        } catch (InterruptedException e) {
            e.printStackTrace();
        }
    }
}
```

所以，接收端程序的开发过程分为 4 个步骤，具体内容如下。

① 调用 DatagramSocket(int port)，创建一个数据报套接字，并绑定到指定端口上；

② 调用 DatagramPacket(byte[] buf, int length)，建立一个字节数组，以接收 UDP 包；

③ 调用 DatagramSocket 类的 receive()，接收 UDP 包；

④ 最后关闭数据报套接字。

13.4.3 发送端程序编程

发送端主要实现报文的发送过程。

【例 13-6】 建立发送端程序，实现图片的发送。

程序 UdpClient.java 如下。

```
package ch13;
import java.io.BufferedInputStream;
import java.io.FileInputStream;
import java.io.IOException;
import java.net.DatagramPacket;
import java.net.DatagramSocket;
import java.net.InetAddress;
import java.net.SocketException;
import java.net.UnknownHostException;
public class UdpClient implements Runnable{
    private int port;
    private String fileName ;
    public UdpClient(){
        port=1234;
        fileName="tomato.bmp";
    }
    public UdpClient(int port,String fileName){
        this.port=port;
        this.fileName=fileName;
```

```
    }
    public void run() {
        DatagramSocket dgSocket=null;
        DatagramPacket dgPacket;
        try {
            dgSocket=new DatagramSocket();
            BufferedInputStream bIn=new BufferedInputStream(new
                                    FileInputStream(fileName));
            byte buffer[]=new byte[UdpServer.LENGTH];
            int count=bIn.read(buffer, 0, UdpServer.LENGTH);
            System.out.println("Start sending!");
            while(count>0){
                dgPacket=new DatagramPacket(buffer,0,count,
                        InetAddress.getByName("localhost"),port);
                dgSocket.send(dgPacket);
                count=bIn.read(buffer, 0, UdpServer.LENGTH);
                System.out.println("sended!");
                Thread.sleep(1000);
            }
            System.out.println("Sending end!");
            bIn.close();
        } catch (SocketException e) {
            e.printStackTrace();
        } catch (UnknownHostException e) {
            e.printStackTrace();
        } catch (IOException e) {
            e.printStackTrace();
        } catch (InterruptedException e) {
            e.printStackTrace();
        }finally{
            dgSocket.close();
        }
    }
    public static void main(String[] args) {
        UdpClient udpclient=new UdpClient(1234,"tomato.bmp");
        new Thread(udpclient).start();
    }
}
```

接收端和发送端的执行过程如下。

接收端

```
UdpServer is Start!
Waite receive!
Waite receive!
```

发送端

```
Start sending!
sended!
sended!
```

```
Waite receive!                                  sended!
Waite receive!                                  sended!
Waite receive!                                  sended!
Waite receive!                                  sended!
Waite receive!                                  sended!
Waite receive!                                  sended!
Waite receive!                                  sended!
Waite receive!                                  Sending end!
接收文件：out.bmp                                发送文件：tomato.bmp
```

所以，发送端程序的开发过程也分为 4 个步骤，具体内容如下。

① 调用 DatagramSocket()，创建一个数据报套接字；

② 调用 DatagramPacket(byte[] buf, int offset, int length, InetAddress address, int port)，建立要发送的 UDP 包；

③ 调用 DatagramSocket 类的 send()，发送 UDP 包；

④ 最后关闭数据报套接字。

13.5 URL(Uniform Resource Locator)

URL 统一资源定位器是对网络上一个资源的引用。可以通过 URL 访问网络上的对应文件、查询数据库和输出命令。因此，Java 程序也可以通过 URL 访问网络上的资源。URL 看上去比较抽象，实际上，它在 Java 程序中被认为是一个网络地址或一个 URL 对象，是在应用层上的一种应用。

URL 由两部分组成，一部分是协议；另一部分是资源的位置。它的一般格式(带方括号[]的为可选项)如下。

```
protocol ://hostname[:port]/path/[;parameters][?query]# fragmen
protocol:指协议，可以是 http、ftp、telnet、file 等协议；
hostname[:port]:指服务器的地址(域名或 IP 地址)和端口号；
path:资源在服务器上的路径；
[;parameters][?query]:指特定参数选项和动态网页查询参数；
#fragmen:锚点，指网络资源的片段.
```

java.net 包中还提供了一个 URLConnection 类。它是一个抽象类，代表应用程序和 URL 之间的通信链接。该类的实例可用于读取和写入 URL 引用的资源。

通常，创建一个到 URL 的连接需要以下几个步骤。

① 通过在 URL 上调用 openConnection 的方法创建连接对象。

② 处理设置参数和一般请求属性。

③ 使用 connect 方法建立到远程对象的实际连接。

④ 远程对象变为可用。远程对象的头字段和内容变为可访问。

通过使用 URL、URLConnection 类，可以实现网络中资源的访问。

【例 13-7】 实现一个网页解析器。本程序由 3 个类组成，HttpCrawlerGUI(图形界面类)、HttpCrawler(下载网页类)和 HttpParser(网页解析类)。其中,HttpCrawler 类就是使用了 URL、URLConnection 和 HTTPURLConnection 类进行开发实现的。

程序 HttpCrawler.java 如下。

```
package ch13;
import java.io.*;
import java.net.HttpURLConnection;
import java.net.URL;
import java.util.Date;
public class HttpCrawler {
    public static String Alength(String urlString) throws IOException {
        StringBuffer sb=new StringBuffer();
            URL url=new URL(urlString);                    //建立 URL
            HttpURLConnection urlConnection= (HttpURLConnection)
                                url.openConnection();     //打开 URL 连接
            long value;
            value=urlConnection.getContentLength();       //网页的长度
            sb.append(value);
        return sb.toString();
    }
    public static String Atype(String urlString) throws IOException {
        URL url=new URL(urlString);
        HttpURLConnection urlConnection= (HttpURLConnection)
                                        url.openConnection();
        String value;
        value=urlConnection.getContentType();             //网页的类型
        return value;
    }
    public static Date Asertime(String urlString) throws IOException {
        URL url=new URL(urlString);
        HttpURLConnection urlConnection= (HttpURLConnection)
                                        url.openConnection();
        Date value;
        value=new Date((urlConnection.getDate()));
        //网页所在服务器时间
        return value;
    }
    public static Date Amodifytime(String urlString) throws IOException {
        URL url=new URL(urlString);
        HttpURLConnection urlConnection= (HttpURLConnection)
                                        url.openConnection();
        Date value;
        value=new Date(urlConnection.getLastModified());
        //网页最新修改时间
        return value;
    }
```

```
    public static StringBuffer content(String urlString) throws IOException {
        StringBuffer sbuffer=new StringBuffer();
            URL url=new URL(urlString);
            HttpURLConnection urlConnection= (HttpURLConnection)
                                                url.openConnection();
            BufferedReader reader=new BufferedReader(new InputStreamReader(
                    urlConnection.getInputStream()));
            String line=null;
            while ((line=reader.readLine()) !=null) {
                sbuffer.append(line +"\r\n");
            }
        return sbuffer;
    }
}
```

程序 HttpParser.java 如下。

```
package ch13;
public class HttpParser {
    public String hyperlink;
    public String text;
    int flag1=0;
    int flag2=0;
    public static String gettitle(String str) {
        str=str.toLowerCase();
        String title=str.substring(str.indexOf("<title>")+7);//获得标题
        title=title.substring(0, title.indexOf("</title>"));
        return title;
    }
    public void gethypcon(String str) {
        char c;
        String word="";
        String url="";
        String temp="";
        String zw="";
        boolean key=false;
        boolean k=true;
        StringBuffer sbf=new StringBuffer();
        if (str !=null) {
            for (int i=0; i<str.length(); i++) {
                c=str.charAt(i); //取单字
                if (c=='<') { //区分在<>中还是在外
                    key=true;
                    continue;
                }
```

```
if (c=='>') {
    key=false;
    word="";
    continue;
}
if (key) { //目前在<>中
    if (word=="") { //取词
        do {
            word=word+str.charAt(i++);
        } while (str.charAt(i) >='a' && str.charAt(i) <='z'||
                str.charAt(i) >='A' && str.charAt(i) <='Z');
        i--;
        if (word.equals("script")) {//去掉script代码
            while (!word.equals("/script")) {
                word="";
                i++;
                while ((str.charAt(i)>='a' && str.charAt(i)<='z')||
                        str.charAt(i)=='/') {
                    word=word+str.charAt(i++);
                }
            }
            word="";
            key=false;
            i--;
        } else if (word.equals("style")) {
            //去掉style代码
            while (!word.equals("/style")) {
                word="";
                i++;
                while ((str.charAt(i)>='a'&& str.charAt(i)<='z' ||
                        str.charAt(i)=='/')) {
                    word=word+str.charAt(i++);
                }
            }
            word="";
            key=false;
            i--;
        } else if (word.equals("STYLE")) {
            //去掉STYLE代码
            while (!word.equals("/STYLE")) {
                word="";
                i++;
                while ((str.charAt(i)>='A'&& str.charAt(i)<='Z' ||
                        str.charAt(i)=='/')) {
```

```
                word=word +str.charAt(i++);
            }
        }
        word="";
        key=false;
        i--;
    }
}else if (word.equals("a") || word.equals("area")) {
    //A 标签,Area 标签准备获取 HREF 链接
    while (!(str.substring(i).startsWith("href"))&&
            str.charAt(i) != '>'){//找 HREF 标签
        i++;
    }
    if (str.charAt(i)=='>') {//A 标签中没有 HREF 标签
        word="";
        key=false;
        continue;
    } else {//A 标签中有 HREF 标签
        i=i +4;//跳过 href 标签
    }
    while (k && i<str.length()) {
        if (url==""&& (str.charAt(i)=='\''|| str.charAt(i)==' '||
            str.charAt(i)=='"' || str.charAt(i)=='=')){
                i++;
        }else if (url !=""&& (str.charAt(i)=='>'||
    str.charAt(i)=='\''|| str.charAt(i)==' ' ||
             str.charAt(i)=='"')) {
            k=false;
            if (str.charAt(i)=='>') {
                key=false;
                word="";
            }
        } else {
            url=url +str.charAt(i);
            i++;
        }
    }
    //每个 A 标签只能找一个 URL,直接找'>'
    if (!(url.startsWith("javascript:"))
            && !(url.startsWith("mailto:"))
            && !(url.startsWith("https:"))
            && !(url.startsWith("ftp:"))) {
        if ((url.startsWith("http://"))) {//绝对地址
            flag1=flag1 +1;
```

```
                    }
                    else {//相对地址
                        flag2=flag2 +1;
                    }
                    sbf.append(url +"\r\n");
                }
                url="";
                k=true;
                //本段分析结束
            } else { //无用标签,抛弃
                while (str.charAt(i++) !='>')
                    word="";
                key=false;
                i--;
            }
        }else {
            if (str.substring(i).startsWith(" ")) {
            //去掉  
                i +=5;
                zw=zw +"";
            } else {
                zw=(zw +str.charAt(i)).trim();
            }
            temp=zw.replaceAll(" ", "");
            temp=temp.replaceAll(" ", "");
        }
    }
}
sbf.append("HyperLink Number:");
sbf.append(flag1 +flag2);
hyperlink=sbf.toString();
text=temp.trim();
}
public static String getdoc(String st) {
    String[] hlink=st.split("http://");
    String doc="";
    for (int i=1; i<hlink.length; i++) {
        if (hlink[i].indexOf(".doc") !=-1) {
            doc=doc +"http://" +hlink[i];
        }
    }
    return doc;
}
public static String getxls(String str)
```

```
    {
        String[] hlink=str.split("http://");
        String xls="";
        for (int i=1; i<hlink.length; i++) {
            if (hlink[i].indexOf(".xls") !=-1) {
                xls=xls +"http://" +hlink[i];
            }
        }
        return xls;
    }
    public static String getpdf(String str) {
        String[] hlink=str.split("http://");
        String pdf="";
        for (int i=1; i<hlink.length; i++) {
            if (hlink[i].indexOf(".pdf") !=-1) {
                pdf=pdf +"http://" +hlink[i];
            }
        }
        return pdf;
    }
}
```

程序 HttpCrawlerGUI. java 如下。

```
package ch13;
public class HttpCrawlerGUI extends JFrame {
    final JPanel panel=new JPanel();
    final JPanel p1=new JPanel();
    final JPanel p2=new JPanel();
    final JPanel p3=new JPanel();
    final JPanel p4=new JPanel();
    final JPanel p5=new JPanel();
    final JPanel p6=new JPanel();
    final JPanel p7=new JPanel();
    final JPanel p8=new JPanel();
    final JPanel p9=new JPanel();
    final JPanel p10=new JPanel();
    final JPanel p11=new JPanel();
    final JPanel p12=new JPanel();
    final JPanel p13=new JPanel();
    final JPanel p14=new JPanel();
    final JLabel l1=new JLabel("URL");
    final JLabel l2=new JLabel("主 题");
    final JLabel l4=new JLabel("内 容");
    final JLabel l3=new JLabel("超 链");
    final JLabel l5=new JLabel("属 性");
```

```
final JLabel l6=new JLabel("网页所在服务器时间");
final JLabel l7=new JLabel("网页最新修改日期");
final JLabel l8=new JLabel("网页内容长度");
final JLabel l9=new JLabel("网页的类型");
final JLabel l10=new JLabel("分类");
public static JTextField t1=new JTextField("http://");//输入 url
final JTextField t2=new JTextField();//输入主题
final JTextField t3=new JTextField("", 25);//t3~t6 设置属性
final JTextField t4=new JTextField("", 25);
final JTextField t5=new JTextField("", 25);
final JTextField t6=new JTextField("", 25);
final JTextField t7=new JTextField("", 10);//显示分类信息
final JButton b1=new JButton("解析");
final JTextArea wa=new JTextArea(12, 36);//设置内容
final JScrollPane bp=new JScrollPane(wa);
final JTextArea ta=new JTextArea(8, 35);
final JScrollPane sp=new JScrollPane(ta);//设置超链接
private static final long serialVersionUID=8050819330886927766L;
public HttpCrawlerGUI(final String name) {
    super(name);
    final Toolkit kit=Toolkit.getDefaultToolkit();
    final Dimension screenSize=kit.getScreenSize();
    final int screenHeight=screenSize.height;
    final int screenWidth=screenSize.width;
    setSize(800, 600);
    setLocation(screenWidth/5, screenHeight/8);
    final JComboBox jcb=new JComboBox();//设置下拉列表框
    jcb.addItem("Hlink");
    jcb.addItem(".doc");
    jcb.addItem(".xls");
    jcb.addItem(".pdf");
    jcb.setEditable(false);
    jcb.setVisible(true);
    panel.setLayout(new BorderLayout());
    //设置基本面板,在基本面板上增加了两个面板,p1,p2
    panel.add(p1, BorderLayout.NORTH);
    panel.add(p2, BorderLayout.CENTER);
    getContentPane().add(panel);
    p1.setLayout(new BorderLayout());//p1 设置了界面的上半部分
    p1.add(l1, BorderLayout.WEST);
    p1.add(t1, BorderLayout.CENTER);
    p1.add(b1, BorderLayout.EAST);
    p1.add(p4, BorderLayout.SOUTH);
    p4.setLayout(new BorderLayout());
```

```
p4.add(l2, BorderLayout.WEST);
p4.add(t2, BorderLayout.CENTER);
p2.setLayout(new BorderLayout());
//p2 的左面放置了一个显示超链接的文本域,右面放置了一个面板 p6
p2.add(sp, BorderLayout.WEST);
p2.add(p6, BorderLayout.EAST);
p6.setLayout(new BorderLayout());
p6.add(bp, BorderLayout.NORTH);
//p6 的最上面放置了文本域 bp,用于显示正文内容
p6.add(p9, BorderLayout.SOUTH);//用于显示属性
p6.add(p14, BorderLayout.CENTER);
p14.setLayout(new BorderLayout());//显示分类信息
p14.add(l10, BorderLayout.NORTH);
p14.add(t7, BorderLayout.CENTER);
p9.setLayout(new BorderLayout());//用于显示网页所在服务器时间
p9.add(l5, BorderLayout.NORTH);
p9.add(p10, BorderLayout.CENTER);
p10.setLayout(new BorderLayout());//网页最新修改日期
p10.add(l6, BorderLayout.WEST);
p10.add(t3, BorderLayout.EAST);
p10.add(p11, BorderLayout.SOUTH);
p11.setLayout(new BorderLayout());//网页内容长度
p11.add(l7, BorderLayout.WEST);
p11.add(t4, BorderLayout.EAST);
p11.add(p12, BorderLayout.SOUTH);
p12.setLayout(new BorderLayout());//网页的类型
p12.add(l8, BorderLayout.WEST);
p12.add(t5, BorderLayout.EAST);
p12.add(p13, BorderLayout.SOUTH);
p13.setLayout(new BorderLayout());
p13.add(l9, BorderLayout.WEST);
p13.add(t6, BorderLayout.EAST);
setVisible(true);
p2.add(p8, BorderLayout.NORTH);//p8 用于显示超链接、下拉列表框等
p8.setLayout(new BorderLayout());
p8.add(p5, BorderLayout.WEST);
p8.add(p7, BorderLayout.CENTER);
p5.setLayout(new BorderLayout());//p5 左边用于显示"超链接"
p5.add(l3, BorderLayout.WEST);
p5.add(jcb, BorderLayout.CENTER);//p5 中间用于显示下拉列表框
p7.setLayout(new BorderLayout());
p7.add(l4, BorderLayout.EAST);//p7 用于显示"内容"
wa.setLineWrap(true);
t1.setFont(new java.awt.Font("新宋体", Font.LAYOUT_NO_LIMIT_CONTEXT, 16));
```

```
        //设置属性字体
t2.setFont(new java.awt.Font("宋体", Font.LAYOUT_NO_LIMIT_CONTEXT, 16));
t3.setFont(new java.awt.Font("宋体", Font.LAYOUT_NO_LIMIT_CONTEXT, 22));
t4.setFont(new java.awt.Font("宋体", Font.LAYOUT_NO_LIMIT_CONTEXT, 22));
t5.setFont(new java.awt.Font("宋体", Font.LAYOUT_NO_LIMIT_CONTEXT, 22));
t6.setFont(new java.awt.Font("宋体", Font.LAYOUT_NO_LIMIT_CONTEXT, 22));
t7.setFont(new java.awt.Font("宋体", Font.LAYOUT_NO_LIMIT_CONTEXT, 20));
ta.setFont(new java.awt.Font("宋体", Font.LAYOUT_NO_LIMIT_CONTEXT, 15));
        //设置超链接字体
wa.setFont(new java.awt.Font("楷体", Font.LAYOUT_NO_LIMIT_CONTEXT, 15));
        //设置内容字体
l1.setFont(new java.awt.Font("宋体", Font.CENTER_BASELINE, 20));
l2.setFont(new java.awt.Font("宋体", Font.CENTER_BASELINE, 20));
l3.setFont(new java.awt.Font("宋体", Font.CENTER_BASELINE, 20));
l4.setFont(new java.awt.Font("宋体", Font.CENTER_BASELINE, 20));
l5.setFont(new java.awt.Font("宋体", Font.CENTER_BASELINE, 20));
l6.setFont(new java.awt.Font("宋体", Font.CENTER_BASELINE, 15));
l7.setFont(new java.awt.Font("宋体", Font.CENTER_BASELINE, 15));
l8.setFont(new java.awt.Font("宋体", Font.CENTER_BASELINE, 15));
l9.setFont(new java.awt.Font("宋体", Font.CENTER_BASELINE, 15));
l10.setFont(new java.awt.Font("宋体", Font.CENTER_BASELINE, 20));
ta.setBackground(Color.lightGray);
ta.setForeground(Color.BLUE);
wa.setBackground(Color.LIGHT_GRAY);
wa.setForeground(Color.BLUE);
t1.setBackground(Color.LIGHT_GRAY);
t1.setForeground(Color.blue);
t2.setBackground(Color.lightGray);
t2.setForeground(Color.BLUE);
t3.setBackground(Color.lightGray);
t3.setForeground(Color.BLUE);
t4.setBackground(Color.lightGray);
t4.setForeground(Color.BLUE);
t5.setBackground(Color.lightGray);
t5.setForeground(Color.BLUE);
t6.setBackground(Color.lightGray);
t6.setForeground(Color.BLUE);
t7.setBackground(Color.lightGray);
t7.setForeground(Color.BLUE);
jcb.setBackground(Color.LIGHT_GRAY);
jcb.setForeground(Color.BLUE);
l1.setForeground(Color.black);
l2.setForeground(Color.black);
l3.setForeground(Color.black);
```

```
l4.setForeground(Color.black);
l5.setForeground(Color.black);
l6.setForeground(Color.black);
l7.setForeground(Color.black);
l8.setForeground(Color.black);
l9.setForeground(Color.black);
l10.setForeground(Color.black);
b1.setForeground(Color.BLUE);
b1.setFont(new java.awt.Font("宋体", Font.CENTER_BASELINE, 20));
jcb.setFont(new java.awt.Font("宋体", Font.CENTER_BASELINE, 16));
b1.addActionListener(new ActionListener() {//设置解析按钮的事件
    public void actionPerformed(ActionEvent e) {
            exe();
        }
    });
jcb.addItemListener(new ItemListener() {//下拉列表框设置
    public void itemStateChanged(ItemEvent evt) {
        try {
            StringBuffer jieshou=HttpCrawler.content(t1.getText());
            HttpParser hp=new HttpParser();
            hp.gethypcon(jieshou.toString());
            String hk=hp.hyperlink;
            if (jcb.getSelectedItem().toString()=="Hlink"){
                ta.setText(hk);
            }
            else if (jcb.getSelectedItem().toString()==".doc")
                ta.setText(HttpParser.getdoc(hk));
            else if (jcb.getSelectedItem().toString()==".xls")
                ta.setText(HttpParser.getxls(hk));
            else if (jcb.getSelectedItem().toString()==".pdf")
                ta.setText(HttpParser.getpdf(hk));
        } catch (Exception e1) {}
    }
});
ta.addMouseListener(new MouseAdapter(){ //响应事件
        public void mouseClicked(MouseEvent e) {
        ta.setCursor(Cursor.getPredefinedCursor(Cursor.HAND_CURSOR));
                if (e.getClickCount()==3) {
                    Runtime rt=Runtime.getRuntime();
                    try {
                        String[] s={"C:\\Program Files\\Internet Explorer\\
                                iexplore.exe",new String()};
                        s[1]=ta.getSelectedText();
                    if(!(ta.getSelectedText().startsWith("http://")))
```

```
                                s[1]=t1.getText()+"/"+ta.getSelectedText();
                        rt.exec(s);
                        } catch (IOException e1) {}
                    }
                }
            });
        setDefaultCloseOperation(EXIT_ON_CLOSE);//关闭窗口
        setResizable(false);
    }
    private void exe(){
        try{
            StringBuffer jieshou=HttpCrawler.content(t1.getText());//输入网址
            String title=HttpParser.gettitle(jieshou.toString());
            t2.setText(title);
            HttpParser hp=new HttpParser();
            hp.gethypcon(jieshou.toString());
            String hk=hp.hyperlink;
            String co=hp.text;
            ta.setText(hk);
            wa.setText(co);
            SimpleDateFormat sdf=new SimpleDateFormat("yy年MM月dd日 HH:mm:ss");
            Date sbf1=HttpCrawler.Asertime(t1.getText());
            t3.setText(sdf.format(sbf1));
            Date sbf2=HttpCrawler.Amodifytime(t1.getText());
            t4.setText(sdf.format(sbf2));
            String sbf3=HttpCrawler.Alength(t1.getText());
            t5.setText(sbf3);
            String sbf4=HttpCrawler.Atype(t1.getText());
            t6.setText(sbf4);
            int t=hp.flag1+hp.flag2;
            if (t>30)
                t7.setText("此网页以超链接为主");
            else
                t7.setText("此网页以内容为主");
        } catch (Exception e1) {
                    JOptionPane.showMessageDialog(null, "网址输入错误!");
                    HttpCrawlerGUI.t1.setText("http://");
        }
    }
    public static void main(final String[] args) {
        new HttpCrawlerGUI("HTML解析器");
    }
}
```

程序运行后，对 http://ww. sina. com 主页进行了分析，分析结果如图 13-6 所示。

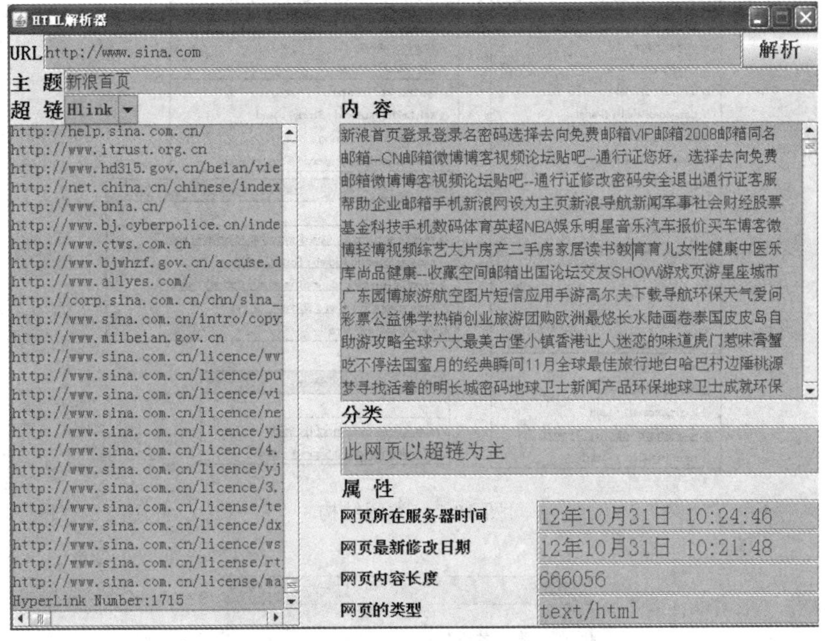

图 13-6　主页分析运行结果

13.6　案　　例

C/S(Client/Server)是软件设计中常用的软件架构。本章案例将采用 C/S 架构模拟多客户登录服务器系统。服务器端采用多线程方式实现。

13.6.1　案例设计

为了实现服务器接收多客户端的登录请求功能，本章案例共设计了 User. java、IOData. java、MyClient. java 和 MyServer. java 4 个类，如图 13-7 所示。类 User. java 描述了用户实体；类 IOData. java 实现了接收对象、发送对象的方法，实现服务器端和客户端之间的通信；类 MyClient. java 模拟客户端向服务器发送请求；MyServer. java 类利用多线程方式处理客户端发来的请求。

13.6.2　案例演示

首先运行服务器端程序 MyServer. java，然后运行客户端程序 MyClient. java，进入登录界面，如图 13-8 所示。

在图 13-8 中输入用户名、密码后单击“登录”按钮。程序 MyClient. java 运行后的登录界面模拟一个客户端向服务器端发送登录请求。可以多次运行程序 MyClient. java，向服务器端多次发送登录请求，服务器端采用多线程方式接收和处理各个登录请求。

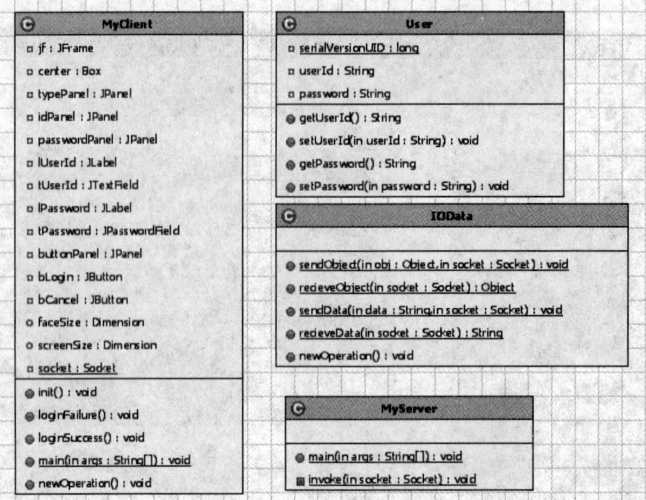

图 13-7　类图结构

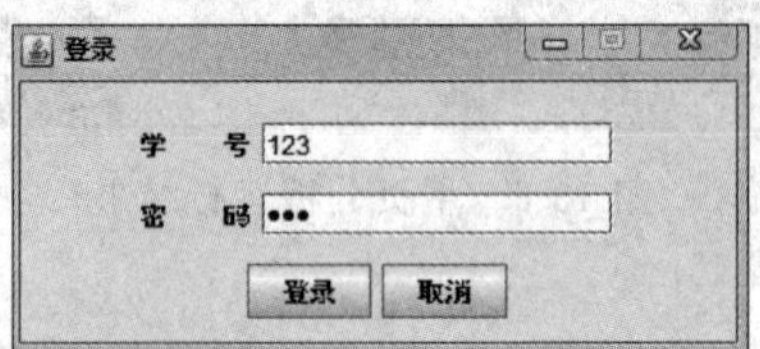

图 13-8　登录界面

13.6.3　代码实现

程序 User.java 如下。

```
package chapter13;
import java.io.Serializable;
public class User implements Serializable{
    private static final long serialVersionUID=-7289326535575405369L;
    private String userId;
    private String password;
    public String getUserId() {
        return userId;
    }
    public void setUserId(String userId) {
        this.userId=userId;
    }
    public String getPassword() {
        return password;
    }
    public void setPassword(String password) {
```

```
            this.password=password;
        }
}
```

程序 IOData.java 如下。

```
package chapter13;
import java.io.BufferedInputStream;
import java.io.BufferedReader;
import java.io.IOException;
import java.io.InputStreamReader;
import java.io.ObjectInputStream;
import java.io.ObjectOutputStream;
import java.io.PrintWriter;
import java.net.Socket;
public class IOData {
    //发送对象
    public static void sendObject(Object obj, Socket socket) {
        ObjectOutputStream os=null;
        try {
            os=new ObjectOutputStream(socket.getOutputStream());
            os.writeObject(obj);
            os.flush();
            System.out.println(socket.isClosed());
        } catch (IOException e) {
            e.printStackTrace();
        }
        System.out.println(socket.isClosed());
    }
    //接收对象
    public static Object recieveObject(Socket socket) {
        Object obj=null;
        ObjectInputStream is=null;
        try {
            is=new ObjectInputStream(new
                    BufferedInputStream(socket.getInputStream()));
            obj=is.readObject();
        } catch (IOException e) {
            e.printStackTrace();
        } catch (ClassNotFoundException e) {
            e.printStackTrace();
        }
        return obj;
    }
    //发送字符串
```

```
    public static void sendData(String data, Socket socket) {
        PrintWriter out=null;
        try {
            out=new PrintWriter(socket.getOutputStream());
            out.println(data);
            out.flush();
        } catch (IOException e) {
            e.printStackTrace();
        }
    }
    //接收字符串
    public static String recieveData(Socket socket) {
        String data=null;
        BufferedReader  in=null;
        try {
            in=new BufferedReader(new InputStreamReader(socket.getInputStream()));
            data=in.readLine();
        } catch (IOException e) {
            e.printStackTrace();
        }
        return data;
    }
}
```

程序 MyClient.java 如下。

```
package chapter13;
import java.awt.BorderLayout;
import java.awt.Dimension;
import java.awt.Toolkit;
import java.awt.event.ActionEvent;
import java.awt.event.ActionListener;
import java.net.Socket;
import javax.swing.Box;
import javax.swing.JButton;
import javax.swing.JFrame;
import javax.swing.JLabel;
import javax.swing.JOptionPane;
import javax.swing.JPanel;
import javax.swing.JPasswordField;
import javax.swing.JTextField;
public class MyClient {
    private JFrame jf;
    //水平 box
    private Box center=Box.createVerticalBox();
```

```
//用户类型的 JPanel
private JPanel typePanel=new JPanel();
//学号的 JPanel
private JPanel idPanel=new JPanel();
//密码的 JPanel
private JPanel passwordPanel=new JPanel();
private JLabel lUserId=new JLabel("学          号");
private JTextField tUserId=new JTextField(15);
private JLabel lPassword=new JLabel("密          码");
private JPasswordField tPassword=new JPasswordField(15);
private JPanel buttonPanel=new JPanel();
private JButton bLogin=new JButton("登录");
private JButton bCancel=new JButton("取消");
Dimension faceSize=new Dimension(350, 150);
//设置运行时窗口的位置
Dimension screenSize=Toolkit.getDefaultToolkit().getScreenSize();
private static Socket socket;
public void init() {
    jf=new JFrame();
    jf.setTitle("登录");
    idPanel.add(lUserId);
    idPanel.add(tUserId);
    passwordPanel.add(lPassword);
    passwordPanel.add(tPassword);
    center.add(typePanel);
    center.add(idPanel, BorderLayout.NORTH);
    center.add(passwordPanel, BorderLayout.CENTER);
    buttonPanel.add(bLogin);
    buttonPanel.add(bCancel);
    bLogin.addActionListener(new ActionListener() {
        public void actionPerformed(ActionEvent e) {
            String userId=tUserId.getText();
            String password=String.valueOf(tPassword.getPassword());
            if (userId.trim().equals("") || userId==null
                    || password.trim().equals("") || password==null) {
                JOptionPane.showMessageDialog(jf, "用户名或密码不能为空!",
                        "提示",JOptionPane.WARNING_MESSAGE);
            } else {
                User user=new User();
                user.setUserId(userId);
                user.setPassword(password);

                //向客户端发送 user 对象
                IOData.sendObject(user, socket);
```

```
                }
            }
        });
        bCancel.addActionListener(new ActionListener() {
            public void actionPerformed(ActionEvent e) {
                System.exit(0);
            }
        });
        center.add(buttonPanel);
        jf.add(center);
        jf.pack();
        jf.setSize(faceSize);
        jf.setLocation((int) (screenSize.width - faceSize.getWidth())/2,
                (int) (screenSize.height - faceSize.getHeight())/2);
        jf.setResizable(false);
        jf.setDefaultCloseOperation(JFrame.EXIT_ON_CLOSE);
        jf.setVisible(true);
    }
    public void loginFailure() {
        JOptionPane.showMessageDialog(jf, "用户名或密码或用户类型不正确!",
                                        "提示",JOptionPane.WARNING_MESSAGE);
    }
    public void loginSuccess() {
        JOptionPane.showMessageDialog(jf, "登录成功!", "提示",
                                        JOptionPane.WARNING_MESSAGE);
    }
    public static void main(String[] args) throws Exception {
        MyClient client=new MyClient();
        //显示页面
        client.init();
        //取得 socket 连接
        socket=new Socket("localhost", 10000);
        System.out.println(socket.isClosed());
        String msg= IOData.recieveData(socket);
        //如果服务器端返回"yes",则登录成功,否则,登录失败
        if(msg.trim().equals("yes")) {
            client.loginSuccess();
        } else {
            client.loginFailure();
        }
    }
}
```

程序 MyServer.java 如下。

```
package chapter13;
import java.io.IOException;
import java.net.ServerSocket;
import java.net.Socket;
public class MyServer {
    public static void main(String[] args) throws IOException {
        ServerSocket server=new ServerSocket(10000);
        while (true) {
            Socket socket=server.accept();
            invoke(socket);
        }
    }
    private static void invoke(final Socket socket) throws IOException {
        new Thread(new Runnable() {
            public void run() {
                //接收 user 对象
              User user= (User) IOData.recieveObject(socket);
              //如果用户名和密码不为空,则登录成功
              if (!user .getUserId().trim().equals("")
                        && !user.getPassword().trim().equals("")) {
                  IOData.sendData("yes", socket);
              } else {
                  IOData.sendData("no", socket);
              }
            }
        }).start();
    }
}
```

13.7 习　　题

一、选择题

(1) Java 提供(　　)类,进行有关 Internet 地址的操作。

A. Socket　　B. ServerSocket

C. DatagramSocket　　D. InetAddress

(2) InetAddress 类中的哪个方法可实现正向名称解析?(　　)

A. isReachable()　　B. getHostAddress()

C. getHosstName()　　D. getByName()

(3) 为了获取远程主机的文件内容,当创建 URL 对象后,需要使用(　　)获取信息。

A. getPort()　　B. getHost

C. openStream()　　D. openConnection()

(4) Java 程序中，使用 TCP 套接字编写服务端程序的套接字类是(　　)。

A. Socket　　B. ServerSocket

C. DatagramSocket　　D. DatagramPacket

(5) ServerSocket 的监听方法 accept()的返回值类型是(　　)。

A. void　　B. Object

C. Socket　　D. DatagramSocket

(6) ServerSocket 的 getInetAddress()的返回值类型是(　　)。

A. Socket　　B. ServerSocket

C. InetAddress　　D. URL

(7) 使用客户端套接字 Socket 创建对象时，需要指定(　　)。

A. 服务器主机名称和端口　　B. 服务器端口和文件

C. 服务器名称和文件　　D. 服务器地址和文件

(8) 使用流式套接字编程时，为了向对方发送数据，需要使用(　　)方法。

A. getInetAddress()　　B. getLocalPort()

C. getOutputStream()　　D. getInputStream()

(9) 使用 UDP 套接字通信时，常用(　　)类打包要发送的信息。

A. String　　B. DatagramSocket

C. MulticastSocket　　D. DatagramPacket

(10) 使用 UDP 套接字通信时，(　　)方法用于接收数据。

A. read()　　B. receive()　　C. accept()　　D. Listen()

(11) 若要取得数据包的源地址，可使用下列哪个语句(　　)?

A. getAddress()　　B. getPort()　　C. getName()　　D. getData()

二、填空题

(1) java.net 包中提供了一个类________，允许数据报以广播方式发送到该端口的所有客户。

(2) 在 TCP/IP 协议的传输层，除了 TCP 协议外还有一个________协议。几个标准的应用层协议 HTTP、FTP、SMTP 使用的都是________协议。________协议主要用于需要很强的实时交互性的场合，如网络游戏、视频会议等。

(3) 得到一个 URL 对象后，就可以通过它读取指定的 WWW 资源。这时将使用 URL 的方法 openStream()，其定义为________。

(4) URL 的构造方法都声明抛出非运行时异常 MalformedURLException，因此生成 URL 对象时，必须要对这一异常进行处理，通常是用________语句进行捕获。

三、程序设计题

(1) 编写客户服务器端程序，使用 Socket 技术实现通信，双方约定通信端口为 6789。服务器端功能：收到客户端信息后，首先判断是否是“BYE”，若是，则立即向对方发送“BYE”，然后关闭监听，结束程序。若不是，则在屏幕上输出收到的信息，并由键盘输入发送到对方的应答信息。客户端功能：收到服务器发来的是“BYE”时，立即向对方发送“BYE”，然后关闭连接，否则继续向服务器发送信息。

(2) 在(1)题的基础上实现一个多客户端通信程序。

四、实训题

(1) 题目

大学生综测系统服务器端程序设计。

(2) 功能

① 接收多客户端的请求；

② 对客户端发来的消息，能够识别指令类型，包括登录、操作和退出等；

③ 客户端程序中不再与数据库服务器直接操作，而是以消息的形式将相关操作发送给服务器端，由服务器端进行相应的操作，最后将执行结果发送给客户端。

综合案例说明

A.1 数据库安装和导入

MySQL数据库管理系统的安装详见电子文档"MySQL5.0安装图解.docx"。对MySQL数据库不熟悉的读者参见电子文档"MySQL入门教程.docx"。MySQL数据库客户端工具SQLyogEnt的使用流程参见电子文档"SQLyogEnt使用说明.docx"。

数据库软件安装后，导入数据库脚本，综合案例涉及的脚本名称为test.sql，直接导入即可。假定test.sql文件在C盘根目录下，用户名是root，密码是123456，密码是安装时设置的密码。

以下两种方法可以执行脚本。

(1) 打开CMD，输入以下命令(不需要转换目录)

```
>mysql -u root -p 123456
```

进入MySQL

```
mysql>use test;
mysql>source c:/test.sql
```

执行成功后，可以用show tables;查看有哪些表(语句后有个分号)。

还可以用desc tableName;查看表结构。

(2) 打开CMD，输入以下命令(进入mysql的bin目录)

```
d:\mysql\bin>mysql -u root -p123 test<c:/test.sql
```

A.2 开发工具的安装和工程导入

选用MyEclipse 10作为本次案例的开发工具。它的安装较为简单，直接解压myeclipse 10.zip，双击可执行文件"myeclipse-10.7.1-offline-installer-windows.exe"，单击Next安装即可。

安装完成后，将项目工程导入MyEclipse中。

操作步骤如下。

(1) 将 Java 工程压缩文件解压到硬盘上，例如 D:\Workspace；

(2) 在 MyEclipse 的 package Explorer 中右击，在弹出的快捷菜单中选择 Import 选项，进入 Import 对话框；

(3) 选择 Existing projects into Workspace 选项，单击 Next 按钮；

(4) 在弹出的对话框中选择 Browse 选项，选择要导入的 Java Project(是一个文件夹)，单击 Finish 按钮；

详细操作见电子文档"导入 Java 工程操作说明. docx"。综合案例源代码工程为电子文档中的压缩文件 evaluateSystem. zip。

A.3 程序运行

本程序采用 C/S 架构设计。运行程序时，需要先运行服务器程序，再运行客户端程序。具体步骤如下。

(1) 首先运行 evaluateSystem 项目中的 server. control 包下的 Sever 类；

(2) 然后运行 evaluateSystem 项目中的 client. view 包下的 LoginView. java 类，在程序运行界面中操作即可。

注意事项：

(1) 项目中连接数据库使用的用户名为 root，密码为 123456，数据库服务器默认为本机，即"localhost"或"127. 0. 0. 1"。如果数据库服务器、数据库用户名和密码不一致，请修改数据库配置文件中的对应属性 url、user 和 password。

(2) 登录用户初始化用户名为"201220205001"，密码为"201220205001"。

参 考 文 献

[1] Java Platform Standard Edition 7 Documentation[EB/OL]. [2013-12-10]. http://docs.oracle.com/javase/7/docs/index.html.

[2] The Java Tutorials[EB/OL]. [2012-12-10]. http://docs.oracle.com/javase/tutorial/index.html.

[3] 埃克尔. Java编程思想[M]. 陈昊鹏,译. 4版. 北京：机械工业出版社,2007.

[4] 昊斯特曼. Java核心技术卷Ⅰ: 基础知识[M]. 叶乃文,邝劲筠,杜永萍,译. 北京：机械工业出版社,2008.

[5] 昊斯特曼. Java核心技术卷Ⅱ高级特性[M]. 叶乃文,邝劲筠,杜永萍,译. 北京：机械工业出版社,2008.

[6] 布洛克. Effective Java中文版[M]. 杨春花,俞黎敏,译. 2版. 北京：机械工业出版社,2009.

[7] 郑莉,王行言,马素霞. Java语言程序设计[M]. 北京：清华大学出版社,2005.

[8] 耿祥义,张跃平. Java设计模式[M]. 北京：清华大学出版社,2009.

[9] 贝茨. OCP Java SE 6 Programmer认证试题解析(Exam310-065)[M]. 白爽,译. 北京：清华大学出版社,2011.

[10] 郭广军,刘安丰,阳西述. Java程序设计教程[M]. 武汉：武汉大学出版社,2008.

[11] 丁振凡. Java语言程序设计实验指导与习题解答[M]. 北京：清华大学出版社,2010.

[12] Jeff Heaton. 网络机器人Java编程指南[M]. 童兆丰,等译. 北京：电子工业出版社,2002.

[13] 辛运帏,饶一梅,马素霞. Java程序设计[M]. 2版. 北京：清华大学出版社,2013.

[14] 辛运帏,饶一梅,谭浩强. Java程序设计题解与上机指导[M]. 3版. 北京：清华大学出版社,2013.

[15] 姜国海. Java应用案例分析[M]. 北京：清华大学出版社,2012.

[16] Robert Lafore. Java数据结构和算法[M]. 计晓云,等译. 2版. 北京：中国电力出版社,2004.

[17] 吴越胜. Java现代软件开发技术[M]. 北京：清华大学出版社,2005.

[18] 罗刚. 自己动手写网络爬虫[M]. 北京：清华大学出版社,2010.

[19] Winder. R. Java软件开发[M]. 3版. 北京：人民邮电出版社,2008.

[20] 张白一,崔尚森. 面向对象程序设计：Java[M]. 2版. 西安：西安电子科技大学出版社,2006.

[21] 安博教育集团. Java核心技术(上、下)[M]. 北京：电子工业出版社,2012.

[22] Roberts S E. Java语言的科学与艺术[M]. 付勇,译. 北京：清华大学出版社,2009.

[23] 林树泽. Java完全自学手册[M]. 北京：机械工业出版社,2009.

[24] Collins J W. 数据结构与Java集合框架[M]. 陈曙晖,译. 北京：清华大学出版社,2006.

[25] 曲培新,庞永庆. Java项目开发案例精粹[M]. 北京：电子工业出版社,2010.

[26] Niemeyer P, Knudsen J. Java语言学习手册[M]. 林琪,译. 北京：中国电力出版社,2004.

[27] 耿祥义,张跃平. Java2实用教程[M]. 3版. 北京：清华大学出版社,2006.